中国石油和化学工业优秀教材

高等学校"十三五"规划教材

能 源 概 论

The Second Edition
第二版

陈 砺　严宗诚　方利国　编著

 化学工业出版社

·北京·

《能源概论》(第二版)从常规能源、新能源与可再生能源、节能与储能三个方面,向读者全面介绍能源科学知识。在综述我国及全球能源形势的基础上,分别对煤炭、石油、天然气和电力四种常规能源的形成机理、性质、勘探与开采、加工转换和利用技术等展开论述;对核能、太阳能、生物质能、风能、地热能、海洋能和氢能的特点、资源量、利用原理与技术及研究进展作了介绍;以节能基本理论及工业、建筑、民用、交通等高耗能行业作为切入点阐述了节能技术,并对储能技术作了简要介绍。在编写过程中,作者充分兼顾各类专业背景的读者群,力求用通俗的论述使读者了解和掌握能源科学的基本原理和方法。

《能源概论》(第二版)可作为普通高等学校各专业本科生或高等职业技术学校各专业高职生能源类通识课的教学用书,也可供非能源专业科技人员参考,或作为能源知识的普及读本。

图书在版编目(CIP)数据

能源概论/陈砺,严宗诚,方利国编著. —2 版. —北京:化学工业出版社,2018.6(2023.1 重印)
ISBN 978-7-122-32021-6

Ⅰ.①能… Ⅱ.①陈…②严…③方… Ⅲ.①能源-概论 Ⅳ.①TK01

中国版本图书馆 CIP 数据核字(2018)第 079924 号

审图号:GS(2018)5880 号

责任编辑:徐雅妮　　　　　　　　　文字编辑:任睿婷
责任校对:宋　玮　　　　　　　　　装帧设计:王晓宇

出版发行:化学工业出版社(北京市东城区青年湖南街 13 号　邮政编码 100011)
印　　装:中煤(北京)印务有限公司
787mm×1092mm　1/16　印张 20　字数 502 千字　　2023 年 1 月北京第 2 版第 2 次印刷

购书咨询:010-64518888　　售后服务:010-64518899
网　　址:http://www.cip.com.cn
凡购买本书,如有缺损质量问题,本社销售中心负责调换。

定　　价:**59.00 元**

前 言

时光荏苒,《能源概论》自 2009 年问世,至今已过去近十年。在这十年里,全球能源体系发生了重大而深刻的变化。主要体现在以下四个方面:

一是能源清洁低碳发展成为大趋势。2015 年 12 月 12 日,《联合国气候变化框架公约》近 200 个缔约方一致同意通过《巴黎协定》,形成了人类社会应对全球气候变化的共识,为 2020 年后全球应对气候变化行动作出了安排。在这个大背景下,各国纷纷制定能源转型战略,提出更高的能效目标,制定更加积极的低碳政策,推动可再生能源发展,加大温室气体减排力度。

二是世界能源供求关系发生深刻变化。以页岩油气技术突破为代表,世界能源供应结构发生了重大变化,新能源与可再生能源技术逐渐走向成熟,能源多极供应的新格局正在形成,供应能力不断增强。而受到经济发展放缓的影响,主要耗能国家能源消费总量趋于稳定甚至下降,全球能源供需矛盾得到缓解。

三是世界能源技术创新进入活跃期。近十年,能源新技术与现代信息、材料和先进制造技术深度融合,常规能源的勘探、开采和利用技术水平不断提高,太阳能、风能、新能源汽车技术不断成熟,大规模储能、氢燃料电池、第四代核电、海洋能、可燃冰等技术有望突破,能源利用的新模式、新业态、新产品日益丰富。

四是世界能源走势面临诸多不确定因素。国际社会利益冲突导致的各类矛盾频发,政治、经济等因素交织使能源走势的不确定性增加。

作为大学生的通识课教材,《能源概论》(第二版)在保持原有特色和主要内容的基础上,对全书的结构和内容作了调整,增加了核能、储能技术和页岩气等章节,对电力输配、天然气水合物等内容进行了扩展,对全书中的时效性数据进行了更新,将各类技术进展补充至相应章节,使读者对能源形势有正确的认识,对各类能源利用技术有基本了解。

《能源概论》(第二版)的修订工作由陈砺和严宗诚完成。陈砺编写了第 6 章,对第 1 章、第 7~16 章进行了审核和修订。严宗诚编写了第 17 章,对第 2~5 章进行了审核和修订。全书由陈砺统稿。胡丽华、杨婵媛、尚晓燕参与了资料收集和校对工作。在编写过程中,编者参考了大量文献资料,在此对这些文献资料的作者表示感谢。

由于编者水平有限,虽经努力,但疏漏和不足之处在所难免,恳请读者批评指正。

编者

2018 年 4 月于广州

第一版前言

能源是人类社会向前发展的重要物质基础。经过长期的演变，人类形成了以煤炭、石油和天然气等不可再生能源为主体的能源体系，它为人类文明的建立和社会的发展做出了重要贡献。然而，随着这些能源蕴藏量的下降以及人类对能源需求量的增加，现有的能源体系受到了严峻的挑战。人们迫切需要利用现代科学技术，提高能源的使用效率，开发新能源，逐步过渡到以可再生能源为主体的可持续的能源体系。

能源涉及各行各业，涉及千家万户，涉及每一个人。在全民中普及能源知识，既可提高国民的科学素养，又可提高国民科学使用能源的水平。许多高等院校面向全体学生开设能源类课程就是一个很好的做法。本书编写的目的就在于为这类课程提供一本合适的教材，即作为普通高等学校各专业本科生或高等职业技术学校各专业高职生能源类通选课的教学用书，同时，也可作为能源知识的普及读本。

能源科学综合性强，涉及自然科学、人文和社会科学的各个领域，包含了从宇宙观到微观的各个尺度。本书从常规能源、新能源与可再生能源、节能三个方面，向读者全面介绍了能源科学知识。在编写过程中，作者充分兼顾各类专业背景的读者群，用通俗的论述使读者了解和掌握能源科学的基本原理和方法。

常规能源是目前支撑人类社会向前发展的主要能源，在未来相当长的时期内，仍将扮演重要的角色。本书从常规能源的形成机理、性质、勘探与开采、加工转换和利用技术等方面展开论述。

新能源与可再生能源种类繁多，虽然目前在能源消费体系中所占的份额还不大，利用技术也还有许多难点未被攻克，但它们是能源发展的新方向，是能源学科研究的前沿和重点。本书介绍了这类能源各自的特点、资源量、利用原理、利用技术以及研究进展。

节能被称为继煤炭、石油、天然气和水电的第五大能源，在能源科学中占有独特而重要的地位，本书从节能基本理论、工业、建筑、民用、交通等方面阐述了节能技术及其进展，并向读者介绍了许多简单实用的节能技巧。

本书还列举了大量参考文献和相关网站，方便读者自学及查阅。

本书由陈砺、王红林、方利国编写，共 15 章。其中第 1 章、第 6~11 章由陈砺编写，第 2~5 章由王红林编写，第 12~15 章由方利国编写，全书由陈砺统稿。董新法对书稿提出了宝贵的意见；成贝贝、王丽、付文、杨慧、李凯欣、包莹玲、马振、李沫林、伍沛亮、罗渚草、梁剑斌等参与了本书的资料收集、文本输入和校对工作；在本书的编写过程中，作者参考了大量文献资料，在此对这些文献资料的作者一并表示感谢。

由于编者水平有限，时间仓促，疏漏之处在所难免，恳请读者批评指正。

编者
2009 年 1 月于广州

目录

第三篇　节能与储能篇

第**1**章

绪　论

人类的进化发展史，是一部不断向自然界索取和利用能源的历史。在人类的历史长河中，技术的重大进步、经济的迅速发展，都与能源的利用息息相关。从 18 世纪欧洲的蒸汽机工业文明，到 19 世纪以内燃机驱动的可移动机械，再到 20 世纪下半叶新能源和可再生能源的绿色风潮，每一次能源的变革都意味着人类文明大踏步地向前迈进。

合理、高效地利用能源，使人类文明可持续地高速发展，是我们共同追求的目标。

1.1　能源

1.1.1　能量与能源

自然界中可以直接或通过转换提供某种形式能量的资源称为能源（energy sources）。能源是一类非常重要的物质，是人类进行生产和赖以生存的重要物质基础，也是社会发展的重要物质基础。

（1）能量

能量是量度物体做功能力或物质运动的物理量。根据物质运动的不同形式，能量可分为机械能、热能、电能、辐射能、化学能和核能等相应的形式。能量有六种基本属性，即状态性、可加性、转换性、传递性、做功性和贬值性。其中转换性与传递性是能量利用中最重要的属性，这两个属性使得人类在不同的地点得到所需形式的能量成为可能。

不同形式的能量可以在一定的条件下相互转换，转换过程服从能量守恒和转换定律，这就是能量的转换性。能量转换设备或转换系统是实现能量转换的必要条件，如燃煤发电过程，煤所含的化学能通过燃烧这种化学反应转换为热能，热能通过燃气轮机、汽轮机等热机转换成机械能，机械能通过发电机转换成电能。在这个转换过程中，燃烧器（例如锅炉）、热机和发电机为转换设备，由它们组成的燃煤发电机组为转换系统。

能量的传递性是能量的又一重要属性，能量的利用通过能量传递得以实现。能量在"势差"的推动下完成传递，如热量传递推动力为温度差、流体流动的推动力为位差或压力差、电流推动力为电位差、物质扩散的推动力为浓度差等。从生产的角度来说，能量传递性保证了各种工艺过程、运输过程和动力过程的实现，为其提供推动力。能量通过各种形式的传递后，最终转移到产品中或散失于环境中。

（2）能源

能源是能量的来源或源泉，包含有化石能源（煤炭、石油、天然气等）、水能、核能、电能、太阳能、生物质能、风能、海洋能、地热能、氢能等基本形式。

能源是人类赖以生存的物质基础，与社会经济的发展和人类的生活息息相关，开发和利用能源资源始终贯穿于社会文明发展的全过程。在长期的生产实践中，人类逐步建立了一门研究能源发展变化规律的科学——能源科学。能源科学以社会学、经济学、人口学、物理学、化学、数学、生物学、地理学、地质学、工程学等科学的理论为指导，研究能源技术中共性的理论问题，以揭示能源技术的一般规律。

（3）能源的单位

能源的单位与能量的单位相同，常用单位有焦耳（J）、瓦时（W·h）、卡（cal）和英热单位（Btu）等。按照《中华人民共和国法定计量单位》的规定，J 和 W·h 是法定单位，cal 和 Btu 是非法定单位。各种能源单位之间可以通过表 1-1 相互换算。

表 1-1　能源单位换算

千焦 （kJ）	千瓦·时 （kW·h）	千卡 （kcal）	马力·时 （hp·h）	公斤力·米 （kgf·m）	英热单位 （Btu）	英尺·磅力 （ft·lbf）
1	2.77778×10^{-4}	2.38846×10^{-1}	3.776726×10^{-4}	1.01927×10^{2}	9.47817×10^{-1}	7.37562×10^{2}
3600	1	859.846	1.359621	3.67098×10^{5}	3412.14	2.65522×10^{6}
4.1868	1.163×10^{-3}	1	1.58124×10^{-3}	426.936	3.96832	3088.03
2.647796×10^{3}	735.499×10^{-3}	632.415	1	270000	2509.63	1952913
9.80665×10^{-3}	2.724069×10^{-6}	2.34228×10^{-3}	3.703704×10^{-6}	1	9.29487×10^{-3}	7.23301
1.05506	2.93071×10^{-4}	2.51996×10^{-1}	3.98466×10^{-4}	1.075862×10^{2}	1	778.169
1.35582×10^{-3}	3.76616×10^{-7}	3.23832×10^{-4}	5.12056×10^{-7}	1.38255×10^{-1}	1.28507×10^{-3}	1

能源的种类不同，计量单位也不同。为了求出不同的热值、不同计量单位的能源总量，以便进行统计和比较，必须建立一类统一的单位。由于各种能源在一定条件下都可以转化为热，所以选用热量作为核算的统一单位。在能源领域的实际工作中，习惯上使用煤当量（亦称标准煤、标煤、标准煤当量）和油当量（亦称标准油、标油、标准油当量）作为能源的单位。煤当量用符号 ce（coal equivalent）表示，油当量用符号 oe（oil equivalent）表示，它们与热量的换算迄今尚无国际公认的统一标准。我国规定，1kg 标准煤当量（kgce）的发热量为 29.27MJ（7000kcal），1kg 标准油当量（kgoe）的发热量为 41.82MJ（10000kcal）。同理有吨煤当量（tce），吨油当量（toe），百万吨煤当量（Mtce），百万吨油当量（Mtoe），可进行相应的换算。

在能源科学领域，常常会涉及数量非常巨大的能源，为了表示方便，通常在能源基本单位前加词冠，国际单位制中常用的词冠如表 1-2 所列。

表 1-2　能源领域常用的词冠

幂	词　冠	国际代号	中文代号
10^{24}	尧它（yotta）	Y	尧
10^{21}	泽它（zetta）	Z	泽
10^{18}	艾可萨（exa）	E	艾
10^{15}	拍它（peta）	P	拍
10^{12}	太拉（tera）	T	太
10^{9}	吉珈（giga）	G	吉
10^{6}	兆（mega）	M	兆
10^{3}	千（kilo）	k	千

（4）能源的量与质

热力学第一定律从数量上揭示了进出体系能量之间的关系，其表述为：

$$体系中累积的能量＝进入体系的能量－离开体系的能量 \tag{1-1}$$

世上的任何过程，小到一个设备上的能量变化，大到一个国家、地区的能源生产、供应和消费都遵循这一规律。热力学第一定律也被称为能量守恒定律。能源平衡通常指某一地区或系统在一定时期内能源投入与产出之间的平衡，是能源工作的重要组成部分。按范围进行划分的能源平衡有：国家能源平衡、地区能源平衡、部门能源平衡、企业能源平衡等；按对象有综合能源平衡和单项能源平衡；按能源种类有煤炭平衡、石油平衡、天然气平衡、水能平衡、热能平衡等各种一次能源平衡或二次能源平衡。对于小系统或单个设备，这类工作通常称为能量平衡，如果以热能为计算基准，则称为热平衡。能源平衡的结果可用表格、能流图等形式表示。通过能源平衡，可以计算出一系列能源利用指标和参数，为能源工作者摸清能耗状况、掌握用能水平、加强能源科学管理、做好节能减排工作和制定能源规划提供科学依据。

人类利用能源的本质是利用其能量做功。根据热力学第二定律，能量不但有数量的大小，而且有质量的高低。如机械能、电能可以完全转变为功，而热能只有部分做功能力。做功能力强的能源被称为高品位能源，反之称为低品位能源。如机械能、电能是高品位能源，接近环境状态的热能是低品位能源。种类相同而状态不同的热能品位是不同的，如高温高压水蒸气的品位比低温低压水蒸气高。能量虽然在数量上守恒，但在传递、转换和使用过程中，由于存在各种不可逆因素，总会伴随着能量的损失，即品位的降低，或者说做功能力的下降，最终达到与环境完全平衡的状态而失去做功能力，成为废能，这就是能量的贬值性。要定量地研究能源做功能力的大小，可以通过有效能、能质系数等指标实现。

1.1.2 能源的分类

能源的种类繁多，人们从研究、利用和开发能源的角度出发，根据能源的特点和相互关系，按一定的规则将它们进行分类。下面介绍几种常见的分类法。

（1）来源分类法

按能源的形成或来源可将能源划分为三大类。

第一类为来自地球外天体的能源，如太阳能及宇宙射线。这里所指的太阳能，也称为广义太阳能，泛指所有来自太阳的能源。除了太阳的直接辐射外，还包括经各种方式转换而形成的能源，如经生物质转化而形成的各种生物质能和化石能源，如煤炭、石油、天然气、油页岩等；经空气或水转化形成的风能、水能、海洋能等。这类能源是目前人类利用的主要能源。第二类为地球本身蕴藏的能源，如地热能和核能。地热能的形式有地热水、岩浆以及地震、火山等。第三类是地球和其他天体相互作用而产生的能源，如由于月球对地球的引力产生的潮汐能。

（2）一、二次能源分类法

一次能源是指自然界中现实存在，或由于自然条件变化而产生的，并没有经过人为加工转换的能源，又称天然能源。如原煤、原油、天然气、天然铀矿、木柴、水能、风能、太阳能、海洋能、地热能等均属这类能源。

在生产和生活中，由于工作需要、便于输送或使用等原因，把一次能源经过一定的加工或转换，使之转换成符合使用条件的能源，习惯上将其称为二次能源，又称人工能源。如汽油、柴油、重油等各类石油制品，电力，焦炭，煤气，水蒸气，燃料酒精，人工沼气等都属于二次能源。

（3）可再生能源与非再生能源分类法

可再生能源是指在一个相当长的时间范围内，自然界可连续再生并有规律地得到补充的一次能源。常见的可再生能源有：太阳能、生物质能、水能、风能、海洋能、地热能等。

非再生能源指那些不能连续再生、短期内无法恢复、可耗尽的一次能源。如煤炭、石油、天然气、核燃料铀等都是经过自然界亿万年演变形成的有限量能源，它们不可重复再生，最终可被用尽。

（4）常规能源与新能源分类法

按利用技术的成熟程度可将能源分为常规能源和新能源。常规能源是指已经大规模生产和广泛利用的、技术比较成熟的能源。如煤炭、石油、天然气、水力能等一次能源，以及煤气、焦炭、汽油、酒精、电力、蒸汽等二次能源。

而那些正在研究和开发，尚未大规模应用的能源则称为新能源。如太阳能、风能、生物质能、海洋能、地热能、氢能等都属于新能源。

新能源是在不同历史时期和科学技术水平条件下，相对于常规能源而言的。随着煤炭、石油、天然气等常规能源储量的不断减少，新能源将成为世界新技术革命的重要内容，成为未来世界持久能源系统的基础。

（5）燃料能源与非燃料能源分类法

燃料能源是用作燃料使用，主要通过燃烧形式释放热能的能源。根据其来源可分为矿物燃料（如石油、天然气、煤炭等），核燃料（如铀、钍等），生物燃料（如木材、秸秆、沼气等）和化学燃料（甲醇、酒精、丙烷、铝、镁等）。根据其形态可分为固体燃料（如煤炭、木材等），液体燃料（如汽油、酒精等），气体燃料（如天然气、沼气等）。燃料能源的利用途径主要是通过燃烧将其中所含的各种形式的能量转换成热能，是人类的主要能源。

非燃料能源无需通过燃烧而直接向人类提供能量。如太阳能、风能、水力能、海洋能、地热能等。非燃料能源所含有的能量形式主要有机械能、光能、热能等。

（6）化石能源与非化石能源分类法

化石能源（有时也称为化石燃料、矿物能源、矿物燃料等），指天然矿物源中含有能量的物质，它们所含的能量可通过化学或物理过程得到释放。化石能源可以是固态、液态或气态的物质，如煤炭、石油、天然气和各种核燃料等。非化石能源指除化石能源以外的其他能源。化石能源是目前支撑人类能源体系的主要能源，由于其具有不可再生性，将逐渐枯竭，最终由非化石能源中的可再生能源所替代。

（7）商品能源与非商品能源分类法

商品能源具有商品的属性，是作为商品经流通环节而消费的能源。主要包括市场上出售的煤炭及其制成品、石油产品、天然气、电力等。

不作为商品交换的能源称为非商品能源。常指来源于植物、动物的能源，如农业、林业的副产品秸秆、薪柴等，人畜粪便及由其产生的沼气，太阳能、风能或未并网的小型电站所发出的电力等。这类能源由使用者自己生产、加工和利用，在发展中国家农村地区的能源消费中占有很大的比重。

（8）含能体能源与过程能源分类法

有些物质本身含有能量，如煤炭、石油、天然气、氢气、生物质等，在把这些物质进行运输和储存的同时，也将能量进行了运输和储存。这类能源称为含能体能源或载体能源。

另一类能源是由于提供能量的物质运动所产生的，如水力能、风能、潮汐能、电能等。这类能源称为过程能源，其特点是不能直接储存。

(9) 清洁能源与非清洁能源分类法

按能源在生产和使用过程中对环境的影响，可将能源分为清洁能源和非清洁能源。清洁能源不对环境造成损害或损害程度较小，如太阳能、水能、风能等。而像煤炭、石油等能源对环境损害程度较大，称为非清洁能源。

除了对能源的整体分类外，通常还将能源按其固有的特性进行划分，主要有以下几种。

替代能源，指具有高效、环境友好、经济和来源广泛特点的，用于替代以往和目前大量使用的低效率能源的能源品种。随着科学技术和社会生产力的发展以及能源资源储备和结构的变化，替代能源将不断出现，原有的替代能源被新的替代能源所替换，这是人类社会进步的必然结果。人类历史上已出现了多次大规模的能源消费结构的更替和变化，如18世纪起以煤炭替代薪柴，20世纪初以石油、天然气替代煤炭，随着化石能源资源储量的变化，煤炭、核能将逐渐成为新的替代能源，最终将以太阳能等可再生能源为基础建立持久的能源体系。

垃圾能源，利用生物技术和化学方法将垃圾中所蕴藏的能量转变成热能或电能等形式提供的能源。垃圾中含有有机物和可燃物，可通过焚烧将其转变为热能，也可利用发酵产生可燃气体，垃圾提供的热能可用以发电提供电能或供用户直接使用。利用垃圾能源，可以化害为利，变废为宝。

终端能源，即到达用户供其使用的能源。这些能源通常经过开采、精制、输送、储存和分配等过程最终成为终端使用的能源。

1.1.3　人类文明与能源

人类有意识地利用能源是从发现和利用火开始的。在远古时代，人们学会了利用火和保存火种，后来又进一步发明了摩擦生火。2004年，考古学家在以色列发现了人类在79万年前使用火来加工食物和制造工具的证据，这是迄今为止考古发现人类最早使用火的记录。而在周口店遗址中，发现了成层的灰烬和伴生的大量烧骨、烧石，说明北京人在50万～60万年前已经有控制地使用火。火的使用，使人类可以食用熟食，扩大了食物来源，增强了体质。火可照明、取暖、驱兽，使人类进一步征服了漫长的黑夜和严寒，减少被猛兽攻击，扩大了生活领域，使人类的种群不断壮大。作为一种生产力，火是从事生产、改进工具、提高生产效率的有效手段，制陶、冶炼金属、酿酒等工艺随着火的使用而出现。火的使用，是人类第一次认识和利用自然规律，自主支配自然力，为人类进入文明时代创造了条件，从而最终把人与动物区分开来，直接成为人类解放的手段。这是人类对抗自然界的一个伟大胜利，是社会发展史上的伟大革命，是人类从必然王国向自由王国迈进的一大步。

在此后的漫长岁月中，人类的能源消费一直是以薪柴为主，辅以畜力，以及逐渐使用的简单的水力和风力机械。直到18世纪60年代，英国的产业革命的兴起，特别是蒸汽机的发明和使用，使劳动生产力有了很大的提高，同时也促使了煤炭勘探、开采和运输业的大发展。人类的能源消费结构完成了从以薪柴为主到以煤炭为主的转变，这在后来被称为能源消费结构的第一次大转变。1860～1920年，世界煤炭产量由136Mtce增至1250Mtce，增加了

8.2 倍。1920 年煤炭占世界能源构成的 87%，跃居第一位。这一转变使人类的生活和文化水平得到了极大提高，甚至从根本上改变了人类社会的面貌。

石油、天然气资源的开发和利用，开始了人类能源利用的又一新时代。1876 年，德国人奥托设计制造了第一台四冲程汽油内燃机，取得了内燃机技术的第一次突破。与蒸汽机相比，内燃机具有体积小、重量轻、效率高等许多突出的优点，更适合在移动式机械上使用。进入 20 世纪，随着第一次世界大战的爆发，对汽车、坦克、轮船及飞机的需求量大增，使这类技术得到了迅猛的发展。从 20 世纪 20 年代开始，石油、天然气的消费量逐渐上升。到 20 世纪 50 年代，随着石油勘探和开采技术的提高，中东、美国和北非相继发现了巨大的油气田，加上石油炼制技术的提高，各种成品油的价格低廉，供应充足。这些因素促使人类的能源消费结构发生了第二次大转变，即从以煤炭为主到以石油、天然气为主的转变。到 1959 年，石油和天然气在世界能源构成中的比重，由 1920 年的 11% 上升到 50%，首次超过煤炭而占第一位，煤炭的比重则由 87% 下降到 48%。1986 年，世界一次能源总消费量为 10810Mtce，其中石油占 38%，天然气占 20%，煤炭占 30%，水电占 7%，核电占 5%。这次转变极大地促进了世界经济的繁荣，创造了历史上空前的物质文明，人类进入了高速发展的快车道。

到目前为止，全球各主要能源消费大国及世界平均的能源消费结构仍处于该状态中。图 1-1 为《BP 世界能源统计 2015》公布的世界能源消费结构。可以看出，石油、天然气两种能源占全世界能源消费总量的 56.7%，美国为 68.6%，俄罗斯为 74.3%。当然，能源的消费结构是根据各国的资源条件等情况而定的，中国、印度等国家由于煤炭资源相对丰富，仍维持以煤炭为主。图 1-2 为近一个世纪以来世界能源消费结构的变化情况。由图中可以看出，进入 21 世纪以来，随着石油、天然气储量的减少和洁净煤利用技术的日趋成熟，石油、天然气的消费量有所下降，而煤炭的消费量出现回升，但能源的消费结构并没有发生大的变化。

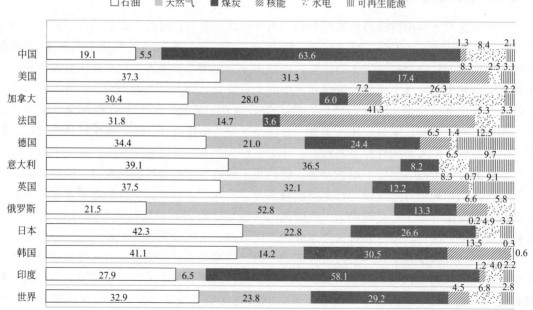

各种能源占全世界能源消费总量比例/%

图 1-1　2015 年世界能源消费结构

两次能源消费结构的大转变，将人类从原始落后的以天然可再生能源为基础的简单机械动力装置时代带入了以煤炭、石油和天然气等不可再生能源为基础的热能装置时代，传统的工业文明比起原始的农耕文明发展速度快，但对大自然的索取量大大增加，可持续性差。在经济高速发展、人类文明程度迅速提高的同时，许多负面效应也相继显现。能源消费量的持续增长给环境带来的压力日益严重，温室效应、环境污染、化石能源枯竭、生态环境破坏等，已成为威胁人类生存和发展的严重问题。如何使能源利用和环境保护相协

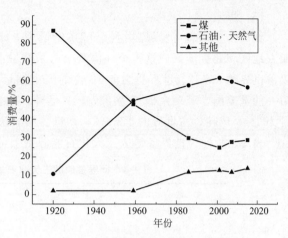

图 1-2　世界能源消费结构变化图

调，维持人类社会的可持续发展，是摆在人类面前的共同任务。从 20 世纪 70 年代开始，人类的能源消费结构开始进入一个新的转变期，即从以石油、天然气为主向以可再生能源为基础的持久、稳定的能源系统转变。这个转变将经历一个漫长的过程，大约需要上百年的时间。在这期间，随着石油、天然气蕴藏量的减少，煤炭、核能可能会重新成为主力能源，但最终将被可再生能源所取代。

1.2　能源现状

地球拥有十分丰富的能源资源，除了化石能源外，还有太阳能等充足的可再生能源。随着勘探和开采技术的提高，化石能源的剩余可采储量有了适度提高，加上人类节能意识的加强，现有化石能源可满足人类相当长一段时间的能源需求。在可以预见的将来，不存在核发电所需的铀资源短缺的问题。可再生能源数量巨大，利用前景非常广阔，随着技术的进步，其应用水平将不断提高，应用范围将不断扩大，可为人类提供充足的清洁能源。

1.2.1　资源状况

（1）石油

到 2015 年底，全球探明的石油剩余可采储量为 239.4×10^9 t。按地区划分，可采石油主要位于中东地区，储量为 113.2×10^9 t，约占世界总量的 47.3%。按国家划分亦极不均匀，排名前 10 位的国家储量为 210.7×10^9 t，约占世界的 88.0%。其中，剩余可采储量最多的国家是伊拉克，为 46.2×10^9 t，约占世界总量的 19.3%。中国石油剩余可采储量为 2.5×10^9 t，占世界的 1.04%，列世界第 14 位。

（2）天然气

到 2015 年底，全球探明天然气剩余可采储量为 186.9×10^{12} m³。天然气较集中地分布在中东和欧洲及欧亚地区。这两个地区的剩余可采储量占世界总量的 70% 以上，其他地区均不足 10%。世界排名前 10 位的国家储量为 148.6×10^{12} m³，占世界的 79.5%。伊朗排名世界第一，其剩余可采储量为 34.0×10^{12} m³，占世界的 18.2%。中国天然气剩余可采储量为 3.8×10^{12} m³，占世界的 2.03%，列世界第 11 位。

（3）煤炭

到 2015 年底，世界煤炭剩余可采储量为 8915.31 亿吨，主要分布在欧洲及欧亚地区、亚太地区和北美地区，这三个地区剩余可采储量占世界总量的 90％以上，中南美地区最少，仅占世界的 1.6％。世界排名前 10 位的国家储量为 7774.15 亿吨，占世界的 87.2％。排名第一的是美国，其剩余储量为 2371.47 亿吨，占世界总量的 26.6％。中国煤炭剩余可采储量为 1145 亿吨，占世界的 12.8％，列世界第 3 位。

表 1-3 所列为世界各地区三大化石能源剩余可采储量比例。

表 1-3　世界各地区三大化石能源剩余可采储量比例

地区	石油/％	天然气/％	煤炭/％
北美	14.0	6.8	27.5
中南美	19.4	4.1	1.6
欧洲及欧亚地区	9.1	30.4	34.9
中东	47.4	42.8	3.7
非洲	7.6	7.5	—
亚太	2.5	8.4	32.3
世界总计	100	100	100

表 1-4 所列为世界三大化石能源剩余可采储量前十位国家的储量比例。

表 1-4　世界三大化石能源剩余可采储量前十位国家的储量比例

国家	石油/％	国家	天然气/％	国家	煤炭/％
伊拉克	19.3	伊朗	18.2	美国	26.6
委内瑞拉	17.7	俄罗斯	17.3	俄罗斯	17.6
沙特	15.7	卡塔尔	13.1	中国	12.8
伊朗	9.3	土库曼斯坦	9.4	澳大利亚	8.6
科威特	6.0	美国	5.6	印度	6.8
俄罗斯	6.0	沙特阿拉伯	4.5	德国	4.5
阿联酋	5.8	阿联酋	3.3	哈萨克斯坦	3.8
美国	3.2	委内瑞拉	3.0	乌克兰	3.8
利比亚	2.8	尼日利亚	2.7	南非	3.4
尼日利亚	2.2	阿尔及利亚	2.4	印度尼西亚	3.1
总计	88.0	总计	79.5	总计	91.0

（4）新能源

① 核能　截至 2013 年 1 月 1 日，世界已查明常规铀资源量为：可采成本小于 130 美元/kg 铀的资源量约 562.90 万吨；可采成本小于 80 美元/kg 铀的资源量约 177.72 万吨；可采成本小于 40 美元/kg 铀的资源量约 68.29 万吨。世界铀资源主要分布在澳大利亚、尼日尔、哈萨克斯坦、加拿大、纳米比亚、俄罗斯、南非、巴西、中国、乌克兰、蒙古等国，铀资源量均在 10 万吨以上，合计占世界铀资源量的 98.5％。我国铀资源量占世界 3.5％。

② 水能　全世界江河的理论水能资源为 48.2 万亿度/年，技术上可开发的水能资源为 19.3 万亿度。我国的江河水能理论蕴藏量为 $6.91×10^8 kW$，每年可发电超过 6 万亿度，可开发的水能资源约 $3.82×10^8 kW$，年发电量 1.9 万亿度。水能是清洁的可再生能源，但与全世界能源需要量相比，水能资源仍很有限，即使把全世界的水能资源全部利用，也不能满足其需求量的 10％。

③ 太阳能　太阳的能量是以电磁波的形式向外辐射的，其辐射功率为 $3.8×10^{23} kW$。

地球接受到太阳总辐射量的 22 亿分之一，即有 $1.73×10^{14}\,kW$ 到达地球大气层的上缘。太阳辐射能在穿越大气层时发生衰减，最后约有一半的能量到达地球表面，即 $8.65×10^{13}\,kW$，这个数字相当于目前全世界发电总量的几十万倍，但目前人类利用的太阳能仅为其中很小的部分。到达我国的太阳辐射能量约为 $1.8×10^{12}\,kW$。

④ 生物质能　地球上每年通过光合作用固定的碳约为 $2×10^{11}\,t$，含能量 $3×10^{18}\,kJ$，相当于目前世界总能耗的 10 倍以上。

⑤ 风能　据估计，全球的风能总量约为 $2.74×10^{12}\,kW$，其中可利用的风能约为 $1.46×10^{11}\,kW$，比地球上可开发利用的水能总量还要大 10 倍。我国风能总量约为 $3.2×10^9\,kW$，可利用的风能为 $2.53×10^8\,kW$。

⑥ 地热能　地球内部蕴藏的热量约为 $1.25×10^{28}\,kJ$，从地球内部传到地面的地热总资源约为 $1.45×10^{23}\,kJ$，相当于 $4.95×10^{15}\,t$ 标准煤燃烧时所放出的热量。如果把地球上储存的全部煤炭燃烧时所放出的热量作为 100 来计算，那么，石油的储量约为煤炭的 8%，目前可利用的核燃料的储量约为煤炭的 15%，而地热能的总储量则为煤炭的 17000 万倍。

⑦ 海洋能　海洋能通常是指海洋本身所蕴藏的能量，包括潮汐能、潮流能、波浪能、温差能、盐差能和海流能等形式的能量，不包括海底储存的煤、石油、天然气和天然气水合物，也不含溶解于海水中的铀、锂等化学能源。海洋是一个巨大的能源转换场，据估计，海洋能中可供利用的能量约为 70 多亿千瓦，是目前全世界发电能力的十几倍。据初步统计，全球及我国各类海洋能储量情况如表 1-5 所列。

表 1-5　各类海洋能资源状况

类　别	潮汐能	波浪能	温差能	盐差能	海流能
全球总储量/×$10^8\,kW$	17	20	100	20	—
我国可开发能量/×$10^8\,kW$	1.1	0.23	1.5	1.1	0.3

1.2.2　消费与需求

据统计，全世界 2015 年一次能源总消费量达到 13147.3Mtoe，其中北美、亚太、欧洲及欧亚地区是主要的消费地区，它们的消费量占世界总量的 84.7%。各地区能源消费量占世界的比例如表 1-6 所示。

表 1-6　世界各地区能源消费比例

地区	石油/%	天然气/%	煤炭/%	核能/%	水电/%	一次能源/%
北美	23.9	28.1	11.1	37.1	16.9	21.3
中南美	7.5	5.0	1.0	0.8	17.1	5.3
欧洲及欧亚地区	19.9	28.8	12.2	45.3	21.8	21.6
中东	9.8	14.1	0.3	0.1	0.7	6.7
非洲	4.2	3.9	2.5	0.4	3.0	3.3
亚太	34.7	20.1	72.9	16.3	40.5	41.8
世界总计	100	100	100	100	100	100

中国是世界消耗一次能源最多的国家，一次能源消费量为 3014.0Mtoe，占世界的 22.9%。美国消耗的一次能源占世界的 17.3%，排在世界第 2 位。表 1-7 所列为主要耗能国家的能源消费比例。

表 1-7　主要耗能国家能源消费比例

国家	石油/%	国家	天然气/%	国家	煤炭/%
美国	19.7	美国	22.8	中国	50.0
中国	12.9	俄罗斯	11.2	印度	10.6
印度	4.5	中国	5.7	美国	10.3
日本	4.4	伊朗	5.5	日本	3.1
俄罗斯	3.3	日本	3.3	俄罗斯	2.3
巴西	3.2	沙特	3.1	南非	2.2
韩国	2.6	加拿大	2.9	韩国	2.2
德国	2.5	德国	2.1	德国	2.0
法国	1.8	英国	2.0	波兰	1.3
意大利	1.4	意大利	1.8	澳大利亚	1.2
总计	56.3	总计	60.4	总计	85.2
国家	核能/%	国家	水电/%	国家	一次能源/%
美国	32.6	中国	28.5	中国	22.9
法国	17.0	加拿大	9.7	美国	17.3
俄罗斯	7.6	巴西	9.1	印度	5.3
中国	6.6	美国	6.4	俄罗斯	5.1
韩国	6.4	俄罗斯	4.3	日本	3.4
加拿大	4.0	挪威	3.5	加拿大	2.5
德国	3.6	印度	3.2	德国	2.4
乌克兰	3.4	日本	2.4	韩国	2.1
英国	2.7	瑞典	1.9	伊朗	2.0
瑞典	2.2	法国	1.4	法国	1.8
总计	86.1	总计	70.4	总计	64.8

图 1-3 为《BP 世界能源统计 2016》公布的 1990～2015 年世界一次能源消费量分布图。从图中可以看出，2005 年到 2015 年这十年间，世界一次能源消费量约增长了 20.2%。在三大能源中，煤炭的增长量最大，为 26.6%；天然气次之，增长了 24.7%；石油增长量最小，

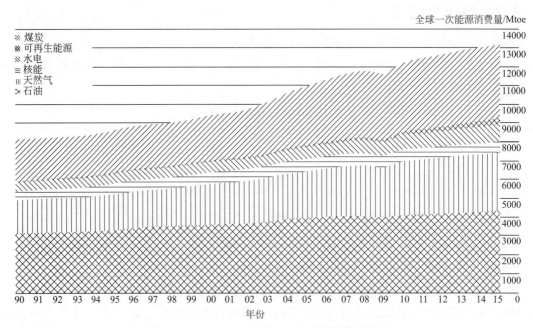

图 1-3　1990～2015 年世界一次能源消费量分布

为 9.2%。水电、核能保持平稳态势，可再生能源增长较快，但在能源消费结构中所占的比例仍然很小。总体而言，若不发生全球性战争和严重自然灾害，人类社会对能源的需求将保持图 1-3 的趋势平稳增长。

1.3 中国能源可持续发展

1.3.1 中国能源生产状况

1949 年以来，我国的能源工业从无到有，从小到大，逐步发展起来。特别是改革开放以后，更得到了飞速发展，基本满足了经济发展和人民生活水平提高对能源提出的要求。

煤炭资源丰富、石油和天然气相对短缺是我国的国情，尽管世界能源消费结构在 20 世纪中叶已从以煤炭为主转向了以石油、天然气为主，但目前我国煤炭的消费仍占有 63% 的绝对主导地位，在今后相当长的时期内，这种格局不会发生改变。1949 年以来，特别是 1978 年改革开放后，我国煤炭工业得到了长足发展，在煤炭采掘生产能力大幅度提高的同时，用于提高煤炭消费质量、降低无效运输的投资也相应增加，新增煤炭洗选能力与新增煤炭采掘能力的比率大幅度提高，煤的气化、液化等清洁利用技术已进入实用化。2014 年，我国煤炭生产量为 38.7 亿吨，占世界煤炭生产总量的 47.7%；我国煤炭消费量为 1.96×10^9 toe，占世界消费总量的 50%。我国煤炭的生产量和消费量均居世界首位。

经过几代人的艰苦努力，我国石油、天然气工业从完全空白发展到目前的较高水平，三大国有石油企业均进入世界 500 强企业的行列，2017 年，中国石油化工集团公司列第 3 位，中国石油天然气股份有限公司列第 4 位，中国海洋石油总公司列第 115 位。2015 年，我国石油产量、天然气产量和原油加工量分别居世界第四、第六和第二位，"十二五"期间，按照稳定东部、加快西部、发展南方、开拓海域的原则，油气勘探开发取得显著成绩，国内原油增储稳产、天然气快速发展，为国家能源安全提供了坚实保障。至 2014 年底，新增石油探明地质储量 65 亿吨以上，产量稳定在 2 亿吨左右；新增常规天然气探明地质储量 3.5 万亿立方米，产量超过 1300 亿立方米。非常规油气开发取得突破性进展，2014 年全国页岩气产量为 12.1 亿立方米，煤层气产量为 36.8 亿立方米。表 1-8 为 2014 年、2015 年我国原油加工量和主要油品产量。油气管网建设和石油储备快速发展。截至 2014 年底，已建成油气管道总里程约 11.7 万千米，其中天然气管道 6.9 万千米，原油管道 2.7 万千米，成品油管道 2.1 万千米，基本形成了横跨东西、纵贯南北、连通海外的油气管网格局。截至 2015 年年中，我国共建成 8 个国家石油储备基地。目前，建设地面库 7 个，分别为舟山、镇海、大

表 1-8 2014 年、2015 年我国原油加工量和主要油品产量

油品	2015 年/万吨	2014 年/万吨	同比增长/%
原油产量	21474.2	21115.2	1.7
原油加工量	525199.2	50278.6	2.8
成品油	33770.1	31825.2	6.1
汽油	121303.6	11066.6	9.4
煤油	3658.6	3001.1	21.9
柴油	18007.9	17757.5	1.4
润滑油	559.0	575.6	−2.9
燃料油	2313.0	2479.1	−6.7

连、黄岛、独山子、兰州、天津国家石油储备基地；地下库 1 个，为黄岛国家石油储备洞库。在搞好国内生产的同时，面对国际石油市场环境变化和国内石油需求的大幅增长，我国各大国有石油公司大力实施"走出去"战略，国际合作取得了新业绩，跨区域油气管网已初具规模。

电力是最重要的二次能源产品，近年来，中国发电量持续保持高增速态势。2007～2011年，发电量从 32559 亿千瓦时增至 47217 亿千瓦时，增加了约 45%，平均每年增速高达11.1%。2012 年，我国新增电力装机容量最多，为 8423 万千瓦。随着我国经济发展进入新常态，对电力的需求有所减缓，发电量的增速也下降至个位数。与此同时，我国电力结构正朝着清洁、绿色的方向大步前进，水电、核电、风电、太阳能和生物质发电等所占的比重不断增加。2014 年全国发电量为 54638 亿千瓦时，其中，水电同比增长 18%，核电同比增长18.89%，火电同比下降 0.4%。2014 年新增生产能力中，火电占比为 21%，而其他清洁能源新增生产能力占比远高于火力发电占比，反映出中国清洁能源发电能力增强的趋势。2015年，我国水电消费量为 254.9Mtoe，占世界水电消费量的 28.5%；我国核电消费量为38.6Mtoe，占世界核电消费量的 6.6%。我国水电和核电消费量在世界的排名分别为第 1 位和第 4 位。我国电力生产企业逐步发展壮大，国家电网、南方电网、电力建设集团、华能集团、神华集团等均为世界 500 强企业，其中国家电网公司在 2017 年世界 500 强榜单中列第 2 位。

随着全球能源供求结构的变化，以及节能减排要求的不断提高，清洁的非化石能源的比例在不断提高，其中可再生能源更受到青睐，与其相关的科学研究和产业化正在加速进行。风电、核电和太阳能发电的比例迅速上升，电动汽车加速普及。2017 年 9 月，国家发展改革委、国家能源局等十五部门联合印发《关于扩大生物燃料乙醇生产和推广使用车用乙醇汽油的实施方案》，在全国范围内推广使用车用乙醇汽油，到 2020 年，基本覆盖全国。

1.3.2 中国能源面临的挑战

能源是人类物质文明和精神文明的重要基础。改革开放 40 年来，我国取得的成就举世瞩目，从体现国家实力的三个重要指标看，2016 年，我国国内生产总值 GDP 完成 74.4 万亿元，居世界第二位；2017 年，我国货物贸易进出口总值 27.79 万亿元，居世界第二位；2017 年末，我国外汇储备余额达到 31399 亿美元，居世界首位，我国能源为上述成就的取得提供了重要支撑。与此同时，我国能源也隐藏着巨大的危机，面临着巨大的挑战，主要表现在以下几个方面。

（1）人均能源资源紧缺

我国拥有比较丰富而且多样的能源资源，化石能源的经济可采储量仅次于美国、俄罗斯，居世界第三位。但我国有 13 亿人口，三大化石能源人均储量极低，远在世界人均水平以下。如我国资源较丰富的煤炭，世界人均可采储量为 126.3t，我国人均 84.8t，为世界人均的 67.1%。世界人均石油可采储量为 33.9t，我国只有 1.9t，仅为世界人均的 5.6%；世界人均天然气可采储量为 26484.3m³，我国只有 2814.8m³，仅为世界人均的 10.6%。

我国一次能源消费虽居世界前列，但人均消费水平并不高。2016 年，我国共消费能源43.6 亿吨标准煤，居世界第一位，但人均仅消费 3.2 吨标准煤，与加拿大、美国、韩国、俄罗斯、法国、德国、日本等国家相比还有较大差距。

（2）能源需求量大，油气供需缺口大

2016 年，我国一次能源生产总量 34.6 亿吨标准煤，其中原煤产量 34.1 亿吨，原油产量 19968.5 万吨，天然气产量 1368.7 亿立方米。与 43.6 亿吨标准煤的能源消费总量相比，存在 9 亿吨标准煤的缺口。在三大化石能源中，石油和天然气的供需缺口最为明显。据海关总署的数据，2017 年，我国共进口原油 4.2 亿吨，同比增加 10.1%；天然气 6857 万吨，同比增加 26.9%；成品油 2964 万吨，同比增加 6.4%。

在改革开放初期，我国还是石油净出口国。1992 年后，经济体制改革强有力地带动了经济建设的发展，由此拉动了石油消费需求的急剧增长。1993 年，我国的石油进口量首次超过了出口量，成为石油净进口国，石油净进口量达 988 万吨，但石油对外依存度仅为 6.7%。至 2008 年，石油对外依存度到达 49.8%。2009 年，石油对外依存度首次突破 50% 警戒线，达到 51.3%。2011 年，我国石油对外依存度首次超越美国的 53.5%，达到 55.2%，2016 年更升至 65.4%。专家认为，当一个国家的石油进口超过 5000 万吨时，国际市场的行情变化就会影响该国的国民经济运行；进口量超过 1 亿吨以后，就要考虑采取外交、经济、军事措施以保证石油供应安全。一方面是我国的石油进口量在逐年增加，极易受到国际油价波动的影响；另一方面国际油价又极易受到政治、军事、经济等各种因素的牵制，石油安全已经上升为国家安全问题。因此，在国际原油市场上为国家争取更多的利益，在国内发现更多的油气储量，提高油气产量，建立石油储备，以保证国家石油安全就显得越来越重要了。

（3）能耗强度高，利用效率低

近年来，我国花大力气进行节能减排攻坚，取得了积极进展，2016 年，能耗强度下降 5%。按照 2010 年不变价格计算，万元 GDP 能耗为 0.68 吨标准煤；按照 2015 年不变价格计算，万元 GDP 能耗为 0.61 吨标准煤。表 1-9 为 2010～2016 年我国单位 GDP 能耗变化情况。

表 1-9　2010～2016 年我国单位 GDP 能耗变化情况

年份	2010	2011	2012	2013	2014	2015	2016
单位 GDP 能耗/(吨标煤/万元)	0.88	0.86	0.83	0.80	0.76	0.72	0.68
能耗强度同比增速/%	−3.0	−2.0	−3.5	−3.7	−4.7	−5.6	−5.0

注：GDP 按照 2010 年不变价格计算。

从世界范围看，我国能耗强度与世界平均水平及发达国家相比仍然偏高，见表 1-10。按照 2015 年美元价格和汇率计算，2016 年我国单位 GDP 能耗为 3.7 吨标准煤/万美元，是世界能耗强度平均水平的 1.4 倍，是发达国家平均水平的 2.1 倍，是美国的 2.0 倍，日本的 2.3 倍，德国的 2.6 倍，英国的 3.7 倍。

表 1-10　世界和部分国家的单位 GDP 能耗

国家	世界平均	发达国家平均	中国	美国	日本	德国	英国
单位 GDP 能耗/(吨标准煤/万美元)	2.6	1.8	3.7	1.8	1.6	1.4	1.0

（4）能源结构不合理，排放量大

由于资源及多方面的原因，我国能源消费结构一直以煤炭为主，相对于世界而言，并没有发生第二次转变，即从以煤炭为主到以石油、天然气为主的转变。2015 年世界能源消费结构中，煤炭占 29.2%、石油占 32.9%、天然气占 24.0%，而我国煤炭占 63.3%、石油占 19.0%、天然气占 5.5%。综合各方面的因素，我国的能源消费结构在今后很长的时期内将维持现有的格局。以煤炭为主的能源结构及煤炭的粗放开采和低水平利用导致了 CO_2、SO_2、PM10 和 PM2.5 等温室气体和污染物大量排放，目前我国 CO_2 排放量已经超过美国居世界第一位。表 1-11 为 2015 年欧洲联盟委员会（European Commission）和荷兰环境评估署（Netherlands Environmental Assessment Agency）公布的世界 CO_2 排放前十位国家的统计数字。

表 1-11 部分国家二氧化碳排放量统计

排序	国家/地区	总排放量/Mt	人均排放量/t	排序	国家/地区	总排放量/Mt	人均排放量/t
1	中国	10330	7.4	7	德国	840	10.2
2	美国	5300	16.6	8	韩国	630	12.7
3	欧盟	3740	7.3	9	加拿大	550	15.7
4	印度	2070	1.7	10	印度尼西亚	510	2.6
5	俄罗斯	1800	12.6		世界总计	35270	
6	日本	1360	10.7				

近年来，我国采取了各种手段治理污染，如燃煤电厂强化脱硫脱硝、冬季供暖煤改气等，取得了可喜的成效，但能源结构的不合理仍是制约 CO_2 和各种污染物排放下降的主要因素。因此，调整能源结构，加大清洁能源的比重成为解决上述问题的杠杆。2016 年，我国非化石能源占一次能源消费比重上升到 13.3%，使单位 GDP 能耗和二氧化碳排放分别下降 5% 和 6.6%，均超额完成年度目标。

1.3.3 能源可持续发展战略

改革开放 40 年来，我国经济快速增长，人民生活水平和综合国力发生了根本的变化。2016 年，我国国内生产总值折合 11.2 万亿美元，占世界经济总量的 14.8%，稳居世界第二位；我国人均国民总收入 8260 美元，在世界银行公布的 216 个国家（地区）排名中，上升至第 93 位。2013～2016 年，我国对世界经济增长的平均贡献率达到 30% 左右，超过美国、欧元区和日本贡献率的总和，居世界第一位。

当今世界，由于化石能源的大量使用，带来环境、生态和全球气候变化等一系列问题。在改革开放前 30 年，我国经济建设的成就在一定程度上是靠基本生产要素的大量投入、靠消耗大量的自然资源、靠付出沉重的环境代价、靠人为投资、靠大量引进国外技术和使用国内大量廉价劳动力拉动的，是一种粗放的、不可持续的经济发展模式。

主动破解困局、加快能源转型发展已经成为世界各国的自觉行动。新一轮能源变革兴起，将为世界经济发展注入新的活力，推动人类社会从工业文明迈向生态文明。近年来，我国经济发展正在进入结构调整、转型升级的攻坚期，新旧增长动能正在转换。创新驱动发展、"一带一路"、"中国制造 2025" 等一系列重大战略正在深入实施。以新技术、新产业、新业态、新模式为特征的新经济蓬勃发展。我国产业结构正在发生重大变革，一大批新兴产业快速涌现，传统产业在国民经济中的比重在下降。在这种大环境下，国家发展改革委和国家能源局在 2016 年末，接连公布了国家《能源发展"十三五"规划》和《能源生产和消费革命战略（2016—2030）》，描绘出我国未来十五年的能源发展蓝图。

近年来，世界能源体系发生了重大的变化。主要体现在以下四个方面：①在人类共同应对全球气候变化的大背景下，世界各国纷纷制定能源转型战略，提出更高的能效目标，制定更加积极的低碳政策，推动可再生能源发展，加大温室气体减排力度，能源清洁低碳发展已成为大势。②以页岩油气革命性突破为代表，世界能源供应结构发生变化，多极供应的新格局正在形成，供应能力不断增强。而主要发达国家能源消费总量趋于稳定甚至下降，使全球能源供需矛盾得到缓解。③能源新技术与现代信息、材料和先进制造技术深度融合，太阳能、风能、新能源汽车技术不断成熟，大规模储能、氢燃料电池、第四代核电等技术有望突破，能源利用新模式、新业态、新产品日益丰富，世界能源技术创新进入活跃期。④世界能源走势面临诸多不确定因素。

今后十余年是我国现代化建设承上启下的关键阶段，我国经济总量将持续扩大，人民生活水平和质量将全面提高，能源保障生态文明建设、社会进步和谐、人民幸福安康的作用更加显著，我国能源发展将进入从总量扩张向提质增效转变的新阶段。国家制定了三步走的能源发展战略。

第一步：到 2020 年，全面启动能源革命体系布局，推动化石能源清洁化，根本扭转能源消费粗放增长方式，实施政策导向与约束并重。能源消费总量控制在 50 亿吨标准煤以内，煤炭消费比重进一步降低，清洁能源成为能源增量主体，能源结构调整取得明显进展，非化石能源占比 15％；单位国内生产总值二氧化碳排放比 2015 年下降 18％；能源开发利用效率大幅提高，主要工业产品能源效率达到或接近国际先进水平，单位国内生产总值能耗比 2015 年下降 15％，主要能源生产领域的用水效率达到国际先进水平；电力和油气体制、能源价格形成机制、绿色财税金融政策等基础性制度体系基本形成；能源自给能力保持在 80％以上，基本形成比较完善的能源安全保障体系，为如期全面建成小康社会提供能源保障。

第二步：2021～2030 年，可再生能源、天然气和核能利用持续增长，高碳化石能源利用大幅减少。能源消费总量控制在 60 亿吨标准煤以内，非化石能源占能源消费总量比重达到 20％左右，天然气占比达到 15％左右，新增能源需求主要依靠清洁能源满足；单位国内生产总值二氧化碳排放比 2005 年下降 60％～65％，二氧化碳排放 2030 年左右达到峰值并争取尽早达峰；单位国内生产总值能耗（现价）达到目前世界平均水平，主要工业产品能源效率达到国际领先水平；自主创新能力全面提升，能源科技水平位居世界前列；现代能源市场体制更加成熟完善；能源自给能力保持在较高水平，更好利用国际能源资源；初步构建现代能源体系。

第三步：展望 2050 年，能源消费总量基本稳定，非化石能源占比超过一半，建成能源文明消费型社会；能效水平、能源科技、能源装备达到世界先进水平；成为全球能源治理的重要参与者；建成现代能源体系，保障实现现代化。

国家将从能源消费、能源供给、能源技术、能源体制、国际合作、保障能力等方面推进能源革命，并实施十三项重大战略行动，以推进重点领域率先突破，它们是：全民节能行动、能源消费总量和强度控制行动、近零碳排放示范行动、电力需求侧管理行动、煤炭清洁利用行动、天然气推广利用行动、非化石能源跨越发展行动、农村新能源行动、能源互联网推广行动、能源关键核心技术及装备突破行动、能源供给侧结构性改革行动、能源标准完善和升级行动、"一带一路"能源合作行动。

参 考 文 献

[1] 王革华. 新能源概论. 第 2 版. 北京：化学工业出版社，2012.

[2] 翟秀静，刘奎仁，韩庆. 新能源技术. 第 3 版. 北京：化学工业出版社，2017.

[3] 黄素逸，高伟. 能源概论. 北京：高等教育出版社，2004.

[4] 黄素逸. 能源与节能技术. 北京：中国电力出版社，2004.

[5] 苏亚欣，毛玉如，赵敬德. 新能源与可再生能源概论. 北京：化学工业出版社，2006.

[6] 清华大学核能与新能源技术研究院《中国能源展望》编写组. 中国能源展望 2004. 北京：清华大学出版社，2004.

[7] 钱伯章，李敏. 世界能源结构向低碳燃料转型——BP 公司发布 2016 年世界能源统计年鉴. 中国石油和化工经济分析，2016，8：35-39.

[8] 郭娟，李维明，么晓颖. 世界煤炭资源供需分析. 中国煤炭，2015，41（12）：124-129.

[9] 龚双金. 2015 年中国石油市场回顾与 2016 年展望. 中国石油和化工经济分析，2016，4：35-39.

[10] 王敏. 电力市场现状及未来走势中国经济报告. 2015，05：69-72.

[11] 龚金双. 2015 年中国石油市场回顾与 2016 年展望. 中国石油和化工经济分析，2016，4：35-39.

[12] 余文林，葛文胜，张伟等. 全球铀资源勘察开发现状及对我国"走出去"战略的建议. 资源与产业，2015，17（3）：45-50.

[13] 国家发展改革委，国家能源局. 能源发展"十三五"规划. 2016.

[14] 国家发展改革委，国家能源局. 能源生产和消费革命战略（2016—2030）. 2016.

[15] 中国工程院化工、冶金、材料工程学部. 钢铁、化工、石化和水泥行业中 CO_2 的排放、评估及其对策研究，2008.

[16] https://www.bp.com/en/global/corporate/energy-economics/statistical-review-of-world-energy.html. BP Statistical Review of World Energy June 2016.

[17] WISE. Uranium mapsand statistics. 2015-01-20 [2015-04-08]. http://www.wise-uranium.org/umaps.html.

[18] http://www.china5e.net/www/dev/newsinfo/newsview/default.php.

[19] http://www.worldenergy.com.cn

[20] http://www.nengyuan.net

第一篇 常规能源

第2章

煤 炭

煤炭，素有"工业粮食"之称。自从第一次工业革命以来，就扮演了非常重要的角色。我国煤炭储量丰富，是世界第一产煤大国，也是世界第一煤炭消费大国，煤炭是我国国民经济的重要支柱。在当代多元化的能源消费结构中，煤炭的丰富性和价廉性，使其会在相当长的一段时期内，在生产和消费中占据主体地位。因此，煤炭的合理开发以及高效、清洁的利用对经济发展和环境保护有着重要的意义。

2.1 煤炭在我国能源结构中的地位

煤炭是一种不可再生的化石能源，约占世界化石能源总储量的4/5。它分布广泛，在世界上80多个国家都已发现有煤炭资源存在。《BP世界能源统计2016》称，2015年世界煤炭探明储量为8915.31亿吨，还可消耗超过一百年。

煤炭是我国能源战略上最安全和最可靠的能源。目前已探明储量为1880亿吨，按目前(15～20)亿吨/年的消耗速度，还可以消耗一百多年。相对煤炭丰富的储量，我国石油和天然气资源有限，水能和核能的发展还存在许多制约因素，新能源的开发尚需时日，因此煤炭在我国具有不可替代的重要作用。《中国能源发展报告2016》指出，近几年，煤炭的开采出现负增长，展望"十三五"，能源行业改革发展面临诸多挑战以及需要重点关注的问题，其中之一是我国煤炭行业已进入"需求增速放缓期、超前产能和库存消化期、环境约束强化期、结构调整攻坚期"的"四期并存"阶段，短期内煤炭市场供大于求的态势很难改变。企业经营困难、产业集中度低、科技创新能力弱等伴生问题将制约煤炭产业"绿色、清洁、高效"发展。

目前煤炭利用的主要途径是通过直接燃烧产生热能用于供热，或通过锅炉燃烧发电转化为电能再使用。还有一些通过物理或化学转化，即气化或者液化制备成气体或液体燃料再用于直接燃烧或发电。煤炭在经济发展中的作用不只是提供廉价能源，更多地表现在综合加工利用领域中。因为煤是以各种复杂高分子有机化合物为主，夹杂多种无机矿物而形成的混合物。现代化工技术已能从煤中提炼出130多种产品和多种稀有贵重元素，这些产品和贵重元素是人民生活和经济建设不可缺少的重要物资。利用煤制取高附加值的化工产品的方法是多种多样的。其中包括煤的干馏（焦化）、加氢、液化、气化、氧化、磺化、卤化、水解、溶剂油提取等。总之，煤炭不论作为能源，还是作为化工原料，在促进全球经济发展特别是可持续发展方面，都发挥着极其重要的作用，过去、现在和将来都是如此。

我国在煤炭综合利用方面做了大量的工作，取得了很大的成绩，但在今后相当长的时间内，煤的综合利用还有待于向纵深发展。我国煤炭综合利用的选择标准应该是清洁、高效、高附加值和高效益。为此，应尽早开发更多适合国情的煤炭利用新技术，以便使我国的煤炭利用技术尽快完成向新技术的转变，并达到国际先进水平，为我国与人类做出更大的贡献。

至于国际社会普遍关注的燃煤对环境污染的问题，科学家正在积极进行洁净煤和煤炭气化、液化等技术的研究，并已取得重要进展。这些技术可大大减少煤中二氧化碳及其他有害气体的排放。需要指出的是，科学家已发现，氢是最重要的洁净能源之一，而煤炭正好是生产氢的重要原料。

我国的煤炭资源存在分布不均、勘探程度低、原煤入洗比重低、高硫煤利用较困难和煤炭综合利用程度差等问题。并且由于以煤炭为主要能源，对交通运输和环境保护带来严重的压力，这些都有待于逐步加以解决。

2.2　煤的形成

煤是古代植物遗体堆积在湖泊、海湾、浅海等地方，经过复杂的生物化学和物理化学作用转化而成的一种具有可燃性能的沉积岩。煤的化学成分主要为碳、氢、氧、氮、硫等元素。

图 2-1　植物变煤的过程示意图

由植物变为煤的过程如图 2-1 所示，可以分为三个阶段。

（1）菌解阶段（泥炭化阶段）

在古生代泥盆纪（距今约 4 亿年）以前，地球上只生长菌藻类低等植物，菌藻类植物死亡以后，在缺氧的环境中经厌氧菌的作用逐渐变成富含沥青质和胶冻状物质，并与泥沙混合成为腐泥。地壳运动过程中，腐泥受其上部泥沙堆积层的压力和地下温度增高的作用，碳含量和氢含量不断增加，氧含量减少，形成不同变质阶段的腐泥煤。

到了古生代石炭纪（约 3 亿年前）以后，陆地面积增大，干旱气候带扩大，菌藻类植物减少，高等植物发育繁茂。高等植物是由纤维素 $[(C_6H_{10}O_5)_n]$、半纤维素、木质素 $(C_{50}H_{49}O_{11})$、蛋白质和脂肪等组成的。高等植物死亡后，残骸堆积在泥炭沼泽带，被积水淹没，各种厌氧菌不断地分解破坏植物残骸，其中的有机质逐渐分解，产生硫化氢、二氧化碳和甲烷等气态产物，植物残骸中氧含量越来越少，碳含量逐渐增加，变成泥炭类物质。泥炭经受进一步的地质作用而转变成腐殖煤。

泥炭质地疏松、褐色、无光泽、密度小，可看出有机质的残体，用火种可以引燃，烟浓灰多。

（2）煤化作用阶段（褐煤阶段）

随着地壳下沉，泥炭层的表面被黏土、泥沙等覆盖，逐渐形成上覆岩层。当泥炭层被其他沉积物覆盖时，泥炭化作用阶段结束。在上覆岩层的压力下，原来疏松多水的泥炭受到压实、脱水、胶结、增碳、聚合等作用，孔隙度减小而变得致密，细菌的生物化学作用消失，碳含量进一步增加，氧和腐殖酸含量逐渐降低，从而变成水分较少、密度较大的褐煤。由泥炭变成褐煤的过程称为成岩作用。褐煤层一般离地表不深，厚度较大，适于露天开采。

褐煤颜色为褐色或近于黑色，光泽暗淡，基本上不见有机物残体，质地较泥炭致密，用火种可以引燃，有烟。

（3）变质阶段（烟煤及无烟煤阶段）

随着地壳的继续下沉及上覆岩层不断加厚，褐煤在地壳深部受到高温、高压作用，进入了变质阶段，褐煤中的有机物分子进一步积聚，含氧量进一步降低，碳含量继续增高，外观色泽和硬度也发生了较大变化，褐煤变成烟煤。烟煤由于燃烧时有烟而得名。由于已无游离的腐殖酸，全部转化为腐黑物，所以颜色一般呈黑色。由于更强烈的地壳运动或岩浆活动，煤层受到更高温度和压力的影响，烟煤还可以进一步变成无烟煤，甚至变成半石墨和石墨。

烟煤颜色为黑色，有光泽，致密状，用蜡烛可以引燃，火焰明亮，有烟。无烟煤颜色为黑色，质地坚硬，有光泽，用蜡烛不能引燃，燃烧无烟。

2.3 煤的组成结构与晶质

2.3.1 煤的结构

煤炭不同于一般的高分子有机化合物或聚合物，它具有特别的复杂性、多样性和非均一性。即使在同一小块煤中，也不存在一个统一的化学结构。迄今为止尚无法分离出或鉴定出构成煤的全部化合物。人们对煤结构的研究，还只限于定性地认识其整体的统计平均结构，定量地确定一系列"结构参数"，如煤的芳香度，以此来表征其平均结构特征。为了形象地描述煤的化学结构，许多学者提出了各种煤的分子模型，但距完全揭示煤的真实有机化学结构仍然存在相当大的距离。

20 世纪 60 年代以前的煤结构模型如图 2-2 所示，煤是由大量的环状芳烃通过各种桥键相连缩合在一起的，其中还夹着含 S 和含 N 的杂环，包含的缩合芳香环数平均为 9 个。缩合芳环数很高是 60 年代以前经典结构模型的共同特点。由于煤中夹杂着含 S 和含 N 的杂环，煤在燃烧过程中会有硫或氮的氧化物产生，从而污染空气。

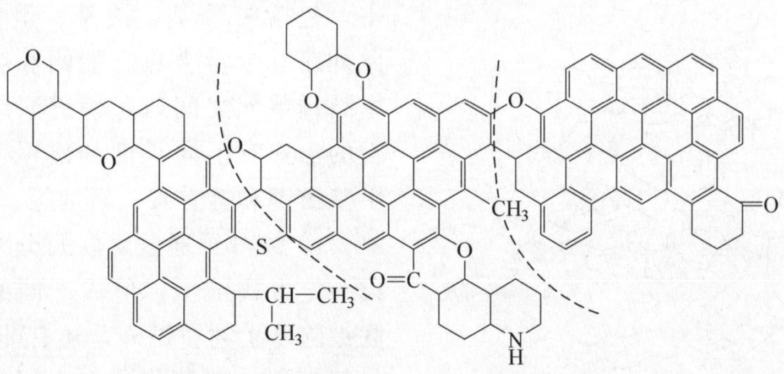

图 2-2　煤的经典结构

到了 20 世纪 80 年代，Wiser 化学结构模型比较全面、合理地反映了煤分子结构的现代概念，可以解释煤的热解、加氢、氧化以及其他化学反应性质，也为煤化工的发展提供了理论上的依据，如图 2-3 所示。从图中可以看出，平均 3～5 个芳环或氢化芳环单位由较短的脂肪链和醚键相连，形成大分子的聚集体，小分子镶嵌于聚集体孔洞或空穴中，可以通过溶剂抽提溶解出来。箭头所指处为结合薄弱的桥键，随着变质程度的增加，碳原子同芳香单元的键力增强，同时氢和氧的含量下降，芳香尺寸不断增大。这一特性到低挥发烟煤后出现较大突变，而在无烟煤阶段迅速增长。

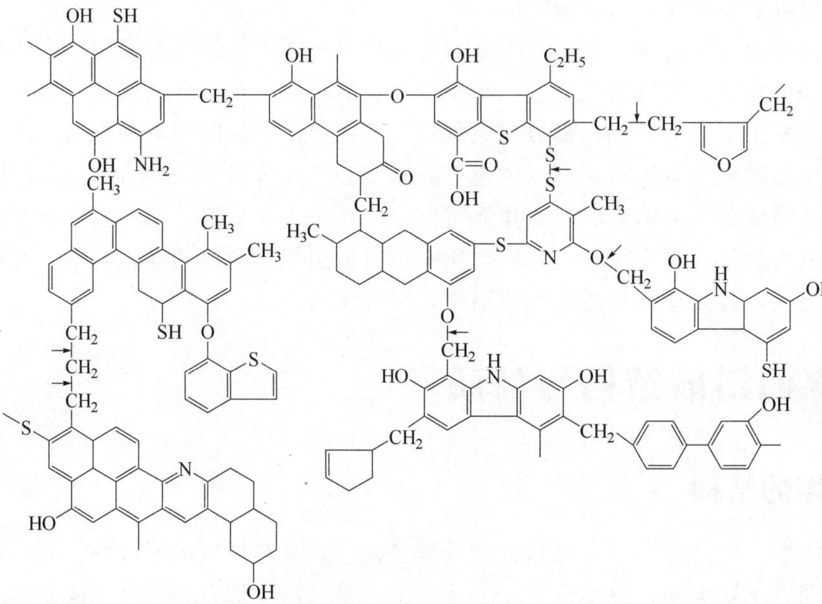

图 2-3　Wiser 化学结构模型

近代多数人所接受的煤化学结构概念可以表达如下。

① 煤结构的主体是三维空间高度交联的非晶质的高分子聚合物，煤的每个大分子由许多结构相似而又不完全相同的基本结构单元聚合而成。图 2-4 为煤的结构中大分子之间由侧链互相联结的示意模型。

② 基本结构单元的核心部分主要是缩合芳香环，也有少量氢化芳香环、酯环和杂环。基本结构单元的外围连接有烷基侧链和各种官能团，如烷基侧链主要有$-CH_2-$、$-CH_2=CH_2-$ 等。官能团以含氧官能团为主，包括酚羟基、羧基、甲氧基和羰基等。此外还有少量含硫官能团和含氮官能团。基本结构单元之间通过桥键联结为煤分子。桥键的形式有不同长度的次甲基键、醚键、次甲基醚键和芳香碳—碳键等。

③ 煤分子通过交联及分子间缠绕在空间以一定方式定型，形成不同的立体结构。交联键除了上述桥键外，还有非化学键作用力，如氢键力、范德华力和电子给予-接受力等。煤分子到底有多大，至今尚无定论，不少人认为基本结构单元数大致在 200～400 范围，

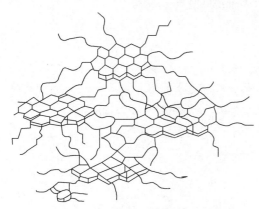

图 2-4　煤中聚合物粒子之间由侧链联结的示意模型

相对分子质量达到数千之大。

通过对煤炭结构的研究认识，在煤燃烧之前利用物理、化学或生物方法对其脱硫、脱硝、脱灰，对于合理利用煤炭资源具有重要意义。

2.3.2 煤的元素组成

煤的元素组成，是研究煤的变质程度，计算煤的发热量，估算煤的干馏产物的重要指标，也是工业中以煤作燃料时进行热量计算的基础。

煤的变质程度不同，其结构单元不同，元素组成也不同。碳含量随变质程度的增加而增加，氢、氧含量随变质程度的增加而减少，氮、硫与变质程度无关（但硫含量与成煤的古地质环境和条件有关）。

煤中除无机矿物质和水分以外，其余都是有机质。构成有机分子的主要是碳、氢、氧、氮等元素。煤中存在的元素有数十种之多，但通常所指的煤的组成元素主要有五种，即碳、氢、氧、氮和硫。种类繁多含量很少的其他元素，一般不作为煤的元素组成，而只当作伴生元素或微量元素。

（1）碳元素

煤由带脂肪侧链的大芳香环和稠环所组成，这些稠环的骨架由碳元素构成。因此碳元素是组成煤的有机高分子的最主要元素。同时煤中还含有少量的无机碳，主要来自碳酸盐类矿物，如石灰岩和方解石等。碳含量随煤化度的升高而增加，泥炭的（干燥无灰基）碳含量为$55\%\sim62\%$；褐煤的碳含量增加到$60\%\sim76.5\%$；烟煤的碳含量为$77\%\sim92.7\%$；一直到高变质的无烟煤，碳含量可高达$88\%\sim98\%$。因此整个成煤过程，也是增碳过程。

（2）氢元素

氢是煤中第二个重要的组成元素。除有机氢外，在煤的矿物质中也含有少量的无机氢，它主要存在于矿物质的结晶水中。在煤的整个变质过程中，随着煤化度的加深，氢含量逐渐减少。煤化度低的煤，氢含量大；煤化度高的煤，氢含量小。

（3）氧元素

氧是煤中第三个重要的组成元素，以有机和无机两种状态存在。有机氧主要存在于含氧官能团中，无机氧则主要存在于煤中的水分、硅酸盐、碳酸盐、硫酸盐和其他氧化物中。煤中有机氧随煤化度的加深而减少，逐渐趋于消失。

（4）氮元素

煤中的氮含量比较少，约为$0.5\%\sim3.0\%$。氮是煤中唯一的完全以有机状态存在的元素。煤中有机氮化物是比较稳定的杂环和复杂的非环结构的化合物，其原生物可能是动、植物脂肪。植物中的植物碱、叶绿素和其他组织的环状结构中都含有氮，而且相当稳定，在煤化过程中不发生变化，成为煤中保留的氮化物。以蛋白质形态存在的氮，仅在泥炭和褐煤中有发现，在烟煤中很少，无烟煤中几乎没有发现，这表明煤中氮含量随煤的变质程度的加深而减少。

（5）硫元素

煤中的硫分是有害杂质，它能使钢铁热脆，设备腐蚀，燃烧时生成的二氧化硫（SO_2）污染大气，危害动、植物生长及人类健康。所以硫分含量是评价煤质的重要指标之一。煤中硫分的多少，似与煤化度的深浅没有明显的关系，而与成煤时的古地理环境有密切的关系。各种形态的硫分的总和称为全硫分。根据煤中硫的赋存形态，一般分为有机硫和无机硫两类。无论煤的变质程度高或低，都含有有机硫。所谓有机硫，是指与煤的有机结构相结合的硫。有机硫主要来自成煤植物中的蛋白质和微生物的蛋白质。煤中无机硫主要来自矿物质中各种含硫化合物，一般有硫化物硫和硫酸盐硫两种，有时也会有微量的单质硫。

(6) 水分

煤中的水分，按其在煤中存在的状态，可以分为外在水分、内在水分和化合水三种。

① 外在水分，指煤在开采、运输、储存和洗选过程中，附着在煤的颗粒表面以及直径大于 10^{-5} cm 的毛细孔中的水分。外在水分以机械的方式与煤相结合，蒸汽压与纯水的蒸汽压相等，较易蒸发。

② 内在水分，指煤在一定条件下达到空气干燥状态时所保持的水分。内在水分以物理化学的方式与煤相结合，以吸附或凝聚的方式存在于煤粒内部直径小于 10^{-5} cm 的毛细孔中，蒸汽压小于纯水的蒸汽压，较难蒸发。

外在水分与内在水分的总和称为煤的全水分。

③ 化合水，指以化学方式与矿物质结合的，在全水分测定后仍保留下来的水分，即通常所说的结晶水和结合水。

(7) 矿物质

煤中矿物质的主要成分有黏土、高岭土、黄铁矿和方解石等，矿物类型属硅酸盐、碳酸盐、硫酸盐、金属硫化物和硫化亚铁等。煤中矿物质一般有以下三个来源。

① 原生矿物质，指存在于成煤植物中的矿物质，主要是碱金属和碱土金属的盐类。它参与煤的分子结构，与有机质紧密结合在一起，在煤中呈细分散状态分布，很难用机械方法洗选出去。这类矿物质含量一般仅为 1%～2%。

② 次生矿物质，指成煤过程中，由外界混入煤层中的矿物质。次生矿物质选除的难易程度与其分布状态有关，若在煤中分散均匀，且颗粒较小，就很难与煤分离；若颗粒较大，在煤中较为聚集，则将煤破碎后利用密度差可将其选除。

③ 外来矿物质，指在采煤过程中混入煤中的顶、底板岩石和夹矸层中的矸石。外来矿物质的密度越大，块度越大，越易与煤分离，用一般选煤方法即可除去。

2.3.3 煤炭的质量及分类

煤的用途广泛，各个用户对煤质都有一定的要求，而各地所产的煤，性质差别很大，为了合理地使用煤炭资源，满足各种用户的要求，必须对煤进行科学地分类。

(1) 评价煤炭质量的主要指标

① 水分，有内在水分和外在水分两种，两种水分之和称为煤全水分，水分会降低煤的有效发热量。

② 灰分，也有内在灰分和外在灰分两种，内在灰分是成煤植物中所含的无机物和成煤过程中混入的矿物质，外在灰分则是煤炭开采过程中混入的岩石碎块。煤中的灰分多少影响到煤的发热量。

③ 挥发分，是煤中有机质可燃体的一部分，主要成分是甲烷、氢及其他碳氢化合物。因为挥发分不是煤中固有的，而是在特定温度下热解的产物，所以确切地说应称为挥发分产率。挥发分是煤分类的重要指标。煤的挥发分反映了煤的变质程度，煤的变质程度越小则挥发分越大，如泥炭的挥发分高达 70%，褐煤一般为 40%～60%，烟煤为 10%～50%，高变质的无烟煤则小于 10%。煤的变质程度越高，挥发分含量就越少。

④ 发热量，是指单位质量的煤，完全燃烧时放出的热量，煤的发热量是煤炭的主要质量指标。煤的发热量主要与煤的可燃元素（碳、氢）含量有关，因而也与煤的变质程度有关。

⑤ 胶质层厚度，反映了煤的黏结性，这一指标对炼焦用煤很重要，是工业用煤分类的一个重要指标。煤的胶质层厚度一般随煤的变质程度而有规律地变化。

⑥ 硫分和磷分。硫是煤中的有害物质，燃烧时硫会变成二氧化硫、三氧化硫和硫化氢等有害气体，腐蚀设备，污染大气。煤炭按含硫量分为四类：低硫煤，$<1.5\%$；中硫煤，$1.5\%\sim2.5\%$；高硫煤，$2.5\%\sim4\%$；富硫煤，$>4\%$。

磷也是煤中的有害物质，我国煤的含磷量都比较低，一般为 $0.001\%\sim0.1\%$。

（2）煤炭的分类

现在我国采用的是 1986 年颁布的中国煤炭分类国家标准（GB 5751—86）。见表 2-1。

表 2-1　中国煤炭分类（1986 年 10 月 1 日起执行）

类　别	代　号	数　码	分　类　指　标					
			$V^r/\%$	$G_{R.I}$	Y/mm	$B/\%$	$H^r/\%$	$P_M/\%$
无烟煤	WY	01,02,03	$\leqslant10$					
贫煤	PM	11	$>10.0\sim20.0$	$\leqslant5$				
贫瘦煤	PS	12	$>10.0\sim20.0$	$>5\sim20$				
瘦煤	SM	13,14	$>10.0\sim20.0$	$>20\sim65$				
焦煤	JM	24	$>20.0\sim28.0$	$>50\sim65$	<25.0	$(\leqslant150)$		
		15,25	$>10.0\sim20.0$	>65	<25.0			
肥煤	FM	16,26,36	$>10.0\sim37.0$	(>85)	>25			
1/3 焦煤	1/3JM	35	$>28.0\sim37.0$	>65	<25.0	$(\leqslant220)$		
气肥煤	QF	46	>37.0	(>85)	>25.0	(>220)		
气煤	QM	34	$>28.0\sim37.0$	$>50\sim65$	<25.0	$(\leqslant220)$		
		43,44,45	>37.0	$>35\sim65$	<25.0			
长焰煤	CY	41,42	$\geqslant37.0$					
褐煤	HM	51	>37.0				$\leqslant30$	$\leqslant24$
		52	>37.0				$>30\sim50$	

注：V^r——干燥无灰基挥发分（%）；$G_{R.I}$——烟煤的黏结指数；Y——烟煤的胶质层最大厚度（mm）；H^r——干燥无灰基氢含量（%）；B——烟煤的奥亚膨胀度（%）；P_M——煤样的透光率（%）。

2.4　煤的开采与运输

2.4.1　煤的开采

根据煤炭资源埋藏深度的不同，通常有露天开采和矿井开采两种采煤方法。

露天开采是指移去煤层上面的表土和岩石（覆盖层），开采显露的煤层。这种采煤方法，习惯上称为剥离法开采。此法在煤层埋藏不深的地方应用最为合适，地形平坦，矿层作水平延展，能进行大范围剥离的矿区最为经济。许多现代化露天矿使用设备足以剥除厚达 60 余米的覆盖层。在欧洲，褐煤矿广泛采用露天开采，在美国，大部分无烟煤和褐煤亦用此法。

（1）露天采煤

根据采矿作业情况，露天矿分为山坡露天矿和凹陷露天矿，封闭圈以上的称为山坡露天矿，以下的称为凹陷露天矿。

露天开采时，把矿岩按照一定的厚度划分为若干个水平分层，自上而下逐层开采，并保持一定的超前关系，这些分层称为台阶或阶段。台阶是露天采煤场的基本构成要素。进行采矿和剥岩作业的台阶称为工作台阶，暂不作业的台阶称为非工作台阶。露天采场是由各种台阶组成的。开采时，将工作台阶划分成若干个具有一定宽度的条带顺序开采，称为采掘带。并按照各台阶作用不同，分为工作平盘、安全平台、运输平台和清扫平台，如图2-5所示。

露天矿床开采与运输方式和矿山工程的发展有着密切的联系，而运输方式又与矿床地质地形条件、开采环境、受矿点及废石堆积的位置等因素有关。可以分为公路运输开拓、铁路运输开拓、平硐溜井开拓、胶带运输开拓、斜井开拓和联合开拓等。图2-6是露天矿直进-回返坑线示意图。

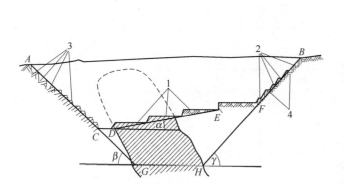

图2-5 露天采场构成要素

1—工作平盘；2—安全平台；3—运输平台；4—清扫平台

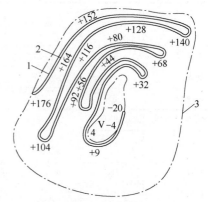

图2-6 露天矿直进-回返坑线

1—出入沟；2—连接平台；3—矿区
上部境界；4—矿区底部境界

（2）矿井开采

对埋藏过深不适用于露天开采的煤层可用矿井开采。矿井开采根据通向煤层的通道不同分为竖井、斜井、平硐3种方法。

竖井是一种从地面开掘以提供到达某一煤层或某几个煤层通道的垂直井。从一个煤层下掘到另一个煤层的竖井称为盲井。在井下，开采出的煤倒入竖井旁侧位于煤层水平以下的煤仓中，再装入竖井箕斗从井下提升上来。

斜井是用来开采非水平煤层或是从地面到达某一煤层或多煤层之间的一种倾斜巷道。斜井中装有用来运煤的带式输送机，人员和材料用轨道车辆运输。

平硐是一种水平或接近水平的隧道，开掘于水平或倾斜煤层在地表露出处，常随着煤层开掘，它允许采用任何常规方法将煤从工作面连续运输到地面。

目前，我国地下采煤采用爆破采煤工艺、普通机械化采煤工艺和综合机械化采煤工艺三种。

① 爆破采煤工艺，简称炮采。有爆破落煤、爆破及人工装煤、刮板输送机或溜槽运煤、单体支柱支护工作空间顶板、人工回柱放顶等主要工序。炮采的机械化水平低，产量小，工人劳动强度大，作业环境差，但对地质条件适应性强，且装备价格便宜，操作技术容易掌

握，生产技术管理简单，在开采极薄煤层、急倾斜煤层、难采煤层、不稳定煤层和边角煤方面有一定的优势。现主要在部分私营煤矿采用这种工艺。

② 普通机械化采煤工艺，简称普采，特点是用采煤机同时完成落煤和装煤工序，而运煤、支护顶板和处理采空区与爆破采煤工艺基本相同。普采设备价格便宜，受地质条件限制较小，工作面搬迁容易，在综采设备难以发挥优势的条件下，普采往往能取得较好的技术经济效果。与综采相比，普采操作技术比较简单，组织生产比较容易，因此，普采是我国中小型煤矿发展采煤机械化的重点。

③ 综合机械化采煤工艺，简称综采，采煤工作面的落煤、装煤、运煤、支护和处理采空区五个主要工序全部实现了机械化，是目前最先进的采煤工艺。

综采工作面的主要设备有双滚筒采煤机、可弯曲刮板辅送机、自移式液压支架（见图2-7）。平巷内的主要设备有桥式转载机、可伸缩胶带输送机、移动变电站、液压泵站及电气设备。

综采具有高产、高效、安全、低耗以及作业环境好、劳动强度小的优点，是采煤工艺重要的发展方向。综采设备价格昂贵，设备多、质量大、安装和拆卸费工费时，受断

图 2-7　综采工作面

层、煤层倾角和厚度等地质条件影响较大，为发挥综采优势，应在良好的地质条件和生产技术条件下使用。

2.4.2　煤炭开采新技术

实现煤炭资源合理持续健康发展，就开采技术而言，首先要实现煤炭工业开采技术的现代化，一方面要科学利用煤炭资源，降低资源消耗速度，延长资源服务年限，做到相对可持续；另一方面煤炭生产要向集约、高效、洁净、环保方向发展。

（1）发展综采技术，提高煤炭产量

运用现代高新技术改造传统生产技术，提高工作面单产，实现一矿（井）一面的高度集中化生产，将带动煤矿开采及生产系统各环节的变革，使现代采煤工艺及煤矿生产向高产、高效、高安全和高可靠性方向发展。综采技术水平大大提高了采煤技术，我国最高综采单队产量达到（800～1000）万吨/年的水平。全国目前综采机械化程度达到70%以上。

我国的薄煤层可采储量约为60多亿吨，占全国煤炭总储量的19%。薄煤层的开采可以提高我国煤炭资源的利用率。引进国外滑行刨煤机、刮板输送机及计算机远程控制系统，实现全自动无人工作面采煤。最高日产5300t，年产可达（120～150）万吨，是薄煤层高产高效及工作面全面自动化的重要发展方向。

（2）大力发展露天开采

世界露天开采技术向设备大型化、开采集约化方向发展。露天开采具有安全、高效、易复垦、回采率高、成本低、便于采用数字信息技术等特点，世界各产煤大国无一不优先发展露天开采。经济发达国家露天开采成本比井工低75%～83%，生产效率比井工高7～9倍。我国露天开采与井工开采相比，1t煤投资比井工低20%～30%，建设工期短1/4～1/3，生

产成本低 15%～30%，生产效率高 1 倍以上，煤炭回收率达 95%，百万吨死亡率为国有井工矿的 1/30。提高露天采煤产量在总产量中的比重，是实现煤炭资源有序合理开发，提高煤炭资源安全保障程度十分重要的途径之一。

（3）实施开采-复垦一体化，保持环境可持续发展

实施开采-复垦一体化工艺技术，边开采边复垦，并在复垦土地修复、矿山生态重建、高边坡控制与滑坡防治、煤炭自燃防治等方面提出了许多新的技术问题。大型、新技术、综合工艺、集约化生产、开采-复垦一体化、数字智能化管理是 21 世纪露天采煤工艺和技术发展的主要趋向。

近几年来，由于对采煤方法进行了改革，以及更新了一批现代化采煤设备，已使一大批煤矿跨入了现代化高产高效煤矿的行列。随着国民经济的发展，煤矿安全条件将进一步得到改善，采煤生产技术必将达到国际先进水平。

2.4.3 煤的运输

我国煤炭资源分布极不平衡，具有东少西多、南少北多的分布特点。60%～70% 的煤炭储量集中在山西、陕西和内蒙古西部。煤炭消耗地却在东南及沿海地区，这样就造成了我国煤炭生产和运输之间存在的突出矛盾，存在北煤南运、西煤东运的格局。

（1）传统的运输方式

煤炭运输主要有三种：水运、铁路运输和公路运输。水运具有运量大、运输成本低的优势。我国海岸线漫长，沿岸有多个煤炭运输港口，如秦皇岛、青岛、上海、北海等，这些港口都是煤炭海运的枢纽港口。利用与这些港口相连的大江大河，可以将煤炭运往内地。水运的缺点是运输时间长，煤炭运到港口以后，还要用汽车接驳运往最终用户。

北方缺少便利的水运条件，对于主要分布在西部、北部的煤炭，则需通过陆路运输。公路短途运输便利，但长途运输不经济。只有铁路可以快速而经济地长距离运输煤炭。目前西煤、北煤外运的铁路有 7 条，仅晋煤外运的铁路就有大秦线、京原线、石太线、太焦线 5 条，大秦线还是专门的运煤铁路。目前，煤炭运输已经占到铁路运力的 40% 以上。

（2）煤炭运输新方式

近年来，新的运输方式——管道运输开始实行。

第一种管道运输方法是将煤炭破碎成粉末或小颗粒，然后以 1∶1 的比例和水调成稀浆糊状。在管道中，每隔一定距离用泵加压，推动煤粉浆前进。到站后，再把水脱去，还原成干粉和小颗粒，方可使用，这种方法的缺点是：用水量大，使用前脱掉的水中含有大量的煤泥，必须经过沉淀后才能排入废水道，要花费较多的人力和物力。

第二种管道运输方法是将煤磨成细小的颗粒，往里加进少量重油，再注水搅拌，这样煤就变成了一个个小煤粒。由于煤粒的外面黏附着一层油，所以到站后容易与水分离开来。这种方法不仅用水量少，而且分离后的水不需沉淀，可将水直接排掉。有的国家不用水，而直接用油帮助运输，这样到站后不用脱水，可直接送到火电厂使用。

第三种管道运输方法是利用气体运输。将要运送的煤，取其中约 1/10 进行燃烧，产生二氧化碳气体。然后将二氧化碳气体清理干净并压缩成液体，就像水那样帮助输送。到站后，二氧化碳气体容易与煤粒分离，不污染环境，而且二氧化碳气体可循环使用，降低了成本，还节约了用水。

2.5 煤的燃烧和污染

2.5.1 煤的燃烧过程

煤炭作为能源的主要作用是燃烧产生热量。每年有大量的煤被送入各种燃烧炉，用于供热和发电。煤的燃烧看似简单，实际是一项对社会经济发展有重大意义的技术，传统的燃烧方法已不能适应现代化的要求，需要开发和应用新的燃烧技术。

煤的燃烧过程包括干燥脱水、热解脱挥发分、挥发分和焦炭燃烧等步骤。干燥和析出挥发分大约占总燃烧时间的 1/10，焦炭燃烧占 9/10。这里主要简述一下焦炭的燃烧过程。

焦炭燃烧反应是一个复杂的物理、化学过程，是发生在焦炭表面和空气中的氧气之间的气固两相反应。一般分为一次反应和二次反应两种。

一次反应为：

$$C(s) + O_2(g) \longrightarrow CO_2(g) \qquad +409.15kJ/mol \tag{2-1}$$

$$C(s) + \frac{1}{2}O_2(g) \longrightarrow CO(g) \qquad +110.52kJ/mol \tag{2-2}$$

二次反应为：

$$C(s) + CO_2(g) \longrightarrow 2CO(g) \qquad -162.63kJ/mol \tag{2-3}$$

$$2CO(g) + O_2(g) \longrightarrow 2CO_2(g) \qquad +571.68kJ/mol \tag{2-4}$$

总反应为：

$$xC(s) + yO_2(g) \longrightarrow mCO_2(g) + nCO(g) \qquad +热量 \tag{2-5}$$

由反应式可以看出，煤炭中的含碳量越高，煤燃尽的时间越长，焦炭发热量越大。氧含量越高，燃烧越完全，放出的热量越大。

式(2-1)～式(2-3) 都是在焦炭表面发生的气固两相反应，式(2-4) 是在焦炭表面附近进行的气相反应。式(2-1)、式(2-2) 和式(2-4) 是放热的氧化反应，反应产物为 CO 和 CO_2；而式(2-3) 为吸热的还原反应，反应产物为 CO。

煤的燃烧方式主要有固定床、流化床和气流床三种。

① 固定床燃烧 一般直接用块煤作燃料的加热炉和锅炉都是固定床燃烧。家用的煤球（煤饼）炉也可看成固定床式燃烧。固定床燃烧，由于空气补充不及时，燃烧不充分，燃烧效率较低。

② 流化床燃烧 流化（沸腾）燃烧时，细粒煤在床层内处于沸腾状态，所以煤粒与空气得到充分混合。煤粒之间互相碰撞，热量迅速传递，燃烧表面不断更新，新进入床内的煤粒迅速被燃烧着的炽热粒子所包围，故很快受热干燥并着火燃烧。所以燃烧效率较高。

③ 气流床燃烧 气流床燃烧目前广泛用于火力发电站。干燥的细煤粉（40%～90%的煤粉粒径小于 $90\mu m$）随一次空气从喷嘴喷入炉膛燃烧。为保证燃烧完全，炉膛上部还喷入一定量的二次空气，因此气流床的燃烧效率更高。

2.5.2 燃煤污染的产生

在大气污染中，燃煤产生的污染影响很大。空气污染物中包括煤燃烧后进入大气的悬浮粒子，包括灰粒子、微量金属和烟等。煤的直接燃烧已引起严重的生态和环境污染问题，20世纪重大的大气环境污染事件，如酸雨、臭氧减少、全球气候变暖、光化学烟雾污染、城市煤烟雾等，都与燃煤相关。大气中的主要污染物，二氧化硫、氮氧化物、一氧化碳、烟尘、颗粒物、有机污染物、重金属的主要来源都是煤的燃烧，这些污染物对人类健康和生态环境造成了不可逆转的损害。硫和氮是煤转化利用过程中的主要污染源。所以，降低煤燃烧形成的环境污染，是亟待解决的问题。

（1）煤炭燃烧中硫的变迁行为

硫在煤中的含量从 $0.2\%\sim10\%$ 不等，低硫煤中的硫主要来源于成煤植物中的蛋白质、氨基酸等。高硫煤中的硫主要来源于成煤过程中细菌对煤层受海水侵蚀而含有的硫酸盐的还原。在成煤过程中由物理渗入的杂质以无机硫的形式存在，而在煤分子结构组成部分中的为有机硫。

煤中的硫的转化与燃烧过程有关。煤中的硫无论其存在形态如何，在燃烧过程中都转化为 SO_2，少部分 SO_2 与碱性矿物质反应，以硫酸盐的形式留存在灰渣中，还有极少的 SO_2 转化为 SO_3。当煤燃烧不充分时，会发生气化过程。在气化过程中，煤中各种形态的硫被大部分释放出来，主要释放形式是 H_2S，同时还有一些 CS_2、COS 等。而在煤的热解过程中，有机硫根据其热稳定性，一部分硫转移到气相中，生成大量的 H_2S 及少量的 COS、CH_3SH、CS_2 及噻吩等含硫气体。

煤中的硫分燃烧时的主要化学反应如下：

$$3S+4O_2 \longrightarrow SO_2+2SO_3 \tag{2-6}$$

$$4FeS_2+11O_2 \longrightarrow 8SO_2+2Fe_2O_3 \tag{2-7}$$

$$FeS_2+H_2 \longrightarrow FeS+H_2S \tag{2-8}$$

$$FeS_2+CO \longrightarrow FeS+COS \tag{2-9}$$

（2）煤炭燃烧中氮的变迁行为

氮在煤中基本以有机态的形式存在，其来源于成煤植物含有的蛋白质、氨基酸、树脂等，煤的含氮量一般都在 $1\%\sim2\%$。

煤燃烧过程中最受关注的是氮氧化物的生成，氮氧化物 NO_x 主要包括 NO 和 NO_2，其中 NO 约占 $90\%\sim95\%$，NO_2 是 NO 被 O_2 在低温下氧化而生成的。

燃烧过程中煤将首先热解脱挥发分，释放出低分子量的含氮化合物和含氮自由基，生成 NO。在气化过程中，氮的氧化物可以先在燃烧区形成，在随后的还原区再反应生成 NH_3、HCN 等，在还原区的气氛中，残留的氮也可直接与氢气发生反应，生成 NH_3，同时 NH_3 也可能发生与碳的反应生成 HCN。此外，在煤燃烧过程中空气带进来的氮，在燃烧室的高温下被氧化成 NO。

（3）矿物质转化为灰的行为

煤中的无机杂质矿物，在燃烧过程中转变为灰。煤颗粒被加热燃烧后，一部分矿物先挥发，形成气相，进一步进行均相和多相凝聚反应，形成 $0.01\sim0.05\mu m$ 的亚微米烟尘颗粒，这些烟尘仅占飞灰质量的 $1\%\sim2\%$，但其带来的环境危害却是非常严重的，是造成灰霾的主要因素。

在低阶煤的燃烧过程中，当温度低于 1800K 时，难熔氧化物 MgO、CaO 是细灰的主要组成部分。而 SiO_2 则是烟煤细灰产物的主要部分。SiO_2 被半焦还原为挥发性的，随后发生均相气相氧化反应，然后凝聚为飞灰中存在的 SiO_2。

2.6　煤的洁净技术

如何在煤炭的开发、利用过程中减少对环境的危害，同时能从煤炭这一传统的"不清洁"能源获得"清洁"的气体与液体燃料，成为全世界能源科技工作者追求的目标。"洁净煤技术"这一概念也就由此产生了。通过 30 年的努力，已经形成了许多成熟的洁净煤技术。

洁净煤技术是指在煤炭从开发到利用的全过程中，旨在减少污染物的排放与提高利用效率的煤炭加工、燃烧、转化及污染物控制等新技术。主要包括洁净生产技术、洁净加工技术、高效洁净转化技术、高效洁净燃烧与发电技术和燃煤污染排放治理技术等。研究与开发洁净煤技术的主要目的是攻克煤气化、煤炭液化、洁净煤发电技术和综合利用新技术中的关键技术，大幅度提高煤炭转换过程中的效率和控制污染，提供优质替代燃料，优化终端能源结构，保障能源安全。

本节主要介绍煤炭洗选、加工（型煤和水煤浆等）、转化（煤炭气化和煤炭液化等）、先进燃烧技术（常压循环流化床、增压流化床、整体煤气化联合循环和高效低污染燃烧器等）、烟气净化（除尘和脱氮等）等方面的内容。煤的转化技术属于更复杂的化学过程，下一节再作介绍。

2.6.1　煤炭的洗选和加工技术

开发洁净煤技术，人们首先想到的是在煤被开采出来后将其中对环境有害的物质通过某种方法分离出去，如将煤中的灰分分离出去，就可以降低煤在燃烧或转化过程中排出大量的灰分，从而减少颗粒物的排放污染；将煤中的含硫化合物分离出去，就可以降低燃烧过程中硫分的排放，从而减少二氧化硫污染；将煤中的含氮化合物分离出去，就可以降低燃烧过程中氮的排放，从而减少氮氧化物的污染。

（1）煤炭洗选技术

煤炭洗选技术又称选煤，是利用煤和杂质（矸石）的物理、化学性质的差异，通过物理、化学或微生物分选的方法使煤与杂质有效分离，并加工成质量均匀、用途不同的煤炭产品。选煤方法主要有物理选煤技术、化学选煤技术和微生物选煤技术。目前我国原煤洗选超过 50%，而发达国家原煤已全部洗选，洗选效率在 95% 以上。

物理选煤法主要是根据煤炭和杂质的物理性质（如粒度、密度、硬度、磁性及电性等）的差异进行分选。主要的物理分选方法有重力选煤、重介质选煤、斜槽选煤、风力选煤等。浮选法属于物理净化的另一类方法，它是依据矿物表面物理化学性质的差异进行分选，主要包括机械搅拌式浮选和无搅拌浮选。

一般选煤工艺包括三个过程：即煤的预处理、煤炭的分选、产品的脱水。原煤预处理包括接收、储存、破碎和筛分。第二步进行分选。分选后产品要进行脱水，最后还要对煤泥水进行处理。

煤炭洗选后，可脱除煤中 50%～80% 的灰分、30%～40% 的全硫或 60%～80% 的无机硫，燃用洗选煤可有效减少烟尘、SO_2 和 NO_2 的排放。同时由于煤炭的质量提高，可以提高煤炭的利用率。

化学法净化技术是借助化学反应使煤中有用成分富集，除去杂质和有害成分的工艺过程。根据常用的化学药剂种类和反应原理的不同，目前在实验室常用的化学脱硫方法，分为碱处理、氧化法和溶剂萃取法等。化学法可以脱除煤中大部分的黄铁矿硫,其能源热值回收率也很高（大于 95%）。此外,化学法还可以脱除煤中的有机硫,这是物理方法无法做到的。

微生物净化法在国内外引起广泛的关注,是因为它可以同时脱除其中的硫化物和氮化物,与物理法和化学法相比,该法还具有投资少,运转成本低,能耗少,可专一性地除去极细微分布于煤中的硫化物和氮化物,减少环境污染等优点。这一方法是由生物湿法冶金技术发展而来的。它是在常温常压下,利用微生物代谢过程的氧化还原反应达到脱硫的目的。微生物用于煤的脱氮,目前研究得很少。

（2）动力配煤技术

煤炭的消费中,绝大部分用于各种类型的锅炉和窑炉,在现有条件下,提高锅炉热效率,保证锅炉正常高效运行,是节省能源,减少污染的一个重要措施。动力配煤技术就是以煤化学、煤的燃烧动力学和煤质测试等学科和技术为基础,将不同类别、不同质量的单种煤通过筛选、破碎,按不同比例混合和配入添加剂等过程,提供可满足不同燃煤设备要求的煤炭产品的一种成本较低、易工业化实施的技术。通过动力配煤,可充分发挥单种煤的煤质优点,克服单种煤的煤质缺点,生产出与单种动力用煤的化学组成、物理性质和燃烧特性完全不同的"新煤种",达到提高效率、节约煤炭和减少污染物排放的目的。

采用动力配煤技术可以最大限度地利用低值煤或当地现有煤炭资源;使燃煤特性与锅炉的设计参数相匹配,提高设备热效率,节省煤炭;将不同品质的煤相互配合,可以调节煤炭中的硫分、氮及其他矿物质组分的含量,减少有害元素的排放,满足环境保护的要求。

（3）型煤技术

型煤是用一种或数种煤粉与一定比例的黏结剂或固硫剂在一定压力下加工形成的,具有一定形状和一定物理化学性能的煤炭产品。高硫煤成型时可加入适量固硫剂,大大减少二氧化硫的排放。工业层燃锅炉和工业窑炉燃用型煤和燃用原煤相比,能显著提高热效率,减少燃煤污染物排放。我国民用燃煤一般都用型煤。我国民用型煤比烧散煤热效率提高 1 倍,一般可节煤 20%～30%,烟尘和二氧化硫减少 40%～60%,一氧化碳减少 80%。在工业窑炉中使用可节煤 15%,烟尘减少 50%～60%,二氧化硫减少 40%～50%,氮氧化物减少 20%～30%。所以型煤是适合中国国情的,应该鼓励推广使用的洁净煤技术之一。

（4）水煤浆技术

水煤浆技术是一种以煤代油的煤炭利用新方式。国际上称为 CWM（coal water mixture）或 CWF（coal water fuel）。将 65%～70% 的煤粉、30%～35% 的水及 0.5%～1.0% 的分散剂和 0.02%～0.1% 的稳定剂加入磨机中,经磨碎后成为一种类似石油的可以流动的煤基流体燃料。水煤浆具有较好的流动性和稳定性,可以像石油产品一样储存、运输,并且具有不易燃、不污染的优良特性,是目前比较经济和实际的清洁煤代油燃料。

水煤浆一般燃烧率可达 96%～98%,综合燃烧效率相当于或略低于燃煤粉锅炉的效率。但其单位热强度和燃烧负荷范围（50%～120%）都优于燃煤粉锅炉,启动点火温度比燃煤粉锅炉低 100℃。由于水煤浆是采用洗精煤制备的,其灰分、硫分较低,在燃烧过程中,水分的存在可降低燃烧火焰中心温度,抑制氮氧化物的产生量。另外,水煤浆自煤炭进入磨机后即可以采用管道、罐车输送,不会造成煤炭运输和储存污染,具有较好的环保效果。

2.6.2 高效的燃烧技术

(1) 燃煤锅炉的低 NO$_x$ 燃烧技术

煤燃烧产生排放的 NO$_x$ 主要有两个来源：由燃烧空气中游离的氮和氧在高温下反应形成的燃烧型 NO$_x$，煤炭中挥发分带来的有机氮化物在燃烧中形成挥发性 NO$_x$。

低 NO$_x$ 燃烧技术就是根据 NO$_x$ 的生成机理，在煤的燃烧过程中通过改变燃烧条件或合理组织燃烧方式等方法来抑制 NO$_x$ 生成的燃烧技术。

低过量空气燃烧是其中最简单的方法。使燃烧过程尽可能在接近理论空气量的条件下进行，随着烟气中过量氧的减少，可以抑制 NO$_x$ 的生成，一般可以降低 NO$_x$ 排放 15％～20％。还有空气分级燃烧、再燃技术、烟气再循环、低 NO$_x$ 燃烧器等技术都可以抑制 NO$_x$ 的生成。

(2) 循环流化床燃烧技术（CFBC）

循环流化床锅炉燃烧技术系指小颗粒的煤与空气在炉膛内处于沸腾状态下，即高速气流与所携带的稠密悬浮煤颗粒充分接触燃烧的技术。具有氮氧化物排放低、可实现在燃烧过程中直接脱硫、燃料适应性广、燃烧效率高和负荷调节范围大等优势，已成为当前煤炭洁净燃烧的首选炉型。CFBC 锅炉炉膛温度远低于煤粉炉，固体浓度和传热系数在炉膛底部最大，温度随炉膛高度分布均匀。

CFBC 燃烧系统一般由给料系统、燃烧室、分离装置、循环物料回送装置等组成。燃料和脱硫剂一起进入锅炉，固体颗粒在炉膛内，在由底部吹来具有一定风速的气流的鼓动下，以一种特殊的气固流动方式运动，高速气流与所携带的稠密悬浮煤颗粒充分接触，进行流化燃烧。燃煤烟气中的 SO$_2$ 与氧化钙接触发生化学反应被脱除，大部分已燃尽或未燃尽的燃料升至炉膛顶部出口，经过旋风分离器将大颗粒燃料再返回床内燃烧，通过旋风分离器的烟气及微粒则经烟道排至烟囱，如图 2-8 所示。

图 2-8　流化床燃烧锅炉

超临界 CFBC 是下一代 CFBC 技术，超临界锅炉的高压蒸汽压力最低为 23MPa，最高为 35MPa。由于运行时的压力和温度超过了水/汽的临界点，并没有由液态水到饱和蒸汽，然后到过热蒸汽的变化过程，在临界点以上，水以超临界流体形式存在，液态水和饱和蒸汽没有什么区别。当水在 23MPa 的压力下加热时，液态水的焓值从 1977kJ/kg 增加到 2442kJ/kg，它的物理性质从液态连续变化到气态。超临界 CFBC 锅炉一般用于大型火力发电锅炉，其生产规模达 200MW 以上，在锅炉蒸汽温度达到 600℃，压力在 25MPa 以上的超临界操作条件下运行，机组的净效率可以达到 40％～41％，是一种具有明显优势的适于在中国大量推广的高效洁净煤发电技术。

2.6.3 燃煤烟气净化技术

烟气净化是指从燃煤烟气混合物中除去颗粒物、气态污染物、有机污染物、痕量重金属这四类主要污染物，将其转化为无污染或是易回收的产物的过程。属于燃烧后的净化措施，包括烟气脱硫、烟气除尘和烟气脱硝三大类技术。

(1) 烟气脱硫

烟气脱硫一般分为干法和湿法两类。

① 石灰石-石膏湿法　采用廉价的石灰石或石灰浆为脱硫吸收剂，在吸收器内，烟气与石灰浆液接触混合，烟气中的 SO_2 与浆液中的 $CaCO_3$ 反应被脱除，脱硫后的烟气经除雾器除去液滴后排入大气。吸收浆液在多次循环利用后，经脱水后回收或掩埋。这种脱硫方法效率可达到 95% 以上，适用于任何含硫煤质的烟气脱硫。

② 喷雾干燥法　用石灰加水制成消石灰乳作吸收剂，在吸收塔内，吸收剂雾状喷洒，与烟气混合接触，将烟气中 SO_2 转化成 $CaSO_3$。喷雾干燥法脱硫工艺技术成熟，系统的可靠性高，脱硫效率可达 85% 以上。

③ 电子束法　烟气经过除尘器粗滤并冷却到 70℃ 后进入反应器，在反应器入口处喷入氨水、压缩空气混合物，经过电子束照射后，SO_x 和 NO_x 在自由基作用下生成硫酸（H_2SO_4）和硝酸（HNO_3），再与共存的氨发生中和反应，最终生成粉状的硫酸铵 $[(NH_4)_2SO_4]$ 和硝酸铵（NH_4NO_3）的混合粉体，从反应器底部排出。净化后的烟气排向大气。

④ 活性炭吸附法　含 SO_2 的烟气通过内置活性炭吸附剂的吸收塔，SO_2 被活性炭吸附而达到脱除的目的，脱硫效率可达 98% 以上。吸附了硫的活性炭通过水蒸气再生可以反复使用。

(2) 烟气除尘

① 旋风分离　旋风分离器是利用旋转的气流对其中的粉尘产生的离心力，将粉尘从气流中分离出来的除尘装置。一般可用来捕集 $5\sim15\mu m$ 以上的颗粒物，除尘效率可达 80% 以上。其优点是设备结构简单，投资少，操作维修费用低，能应用于高温、高压以及有腐蚀性气体的场合。但对 $5\mu m$ 以下的细小颗粒的捕集效果不高。

② 布袋除尘　利用织物制作的袋状过滤元件来捕集含尘气体中的固体颗粒物，被捕集了颗粒的烟气排入空中。这种方法除尘效率高，可以达到 99%，处理能力大，设备结构简单，造价低，操作维护费用低。缺点是设备体积大，压力损失大，滤袋破损率高，使用寿命短。

③ 电除尘　在电除尘设备中，使浮游在气体中的粉尘颗粒，在电场力的驱动下，作定向运动，从气体中分离出来。其优点是可以捕集一切细微的粉尘颗粒及雾状液滴，适用范围广，压降小，能耗低。但其缺点是设备体积大，对制造、安装和运行的要求高，对粉尘的特性较为敏感。

(3) 烟气脱硝

① 选择性催化还原法（SCR）　烟气在有镍、钒等金属元素的催化剂的作用下，在 $300\sim400℃$ 的条件下，NO_x 与加入的 NH_3 产生还原反应，生成 N_2。当氨/NO_x 控制在 0.9 时，脱除效率可达 85% 以上。

② 选择性氨催化还原法（SNCR）　该方法与上面的 SCR 法类似，但不使用催化剂，在

$850\sim1100℃$ 的温度范围内，将 NO_x 还原，其平均脱除效率为 $30\%\sim65\%$。

③ 活性炭法　活性炭可以同时脱硫脱硝。吸附反应在 $90\sim110℃$ 条件下进行，吸附后的活性炭可以在解析器中解析再生，这种方法脱硝效率可达 85% 左右。

2.7　煤炭液化

煤的液化技术，简单来说是一种将固体煤转化为液体的技术。如果从工艺角度来看，它是指利用不同的工艺路线，将固体原料煤转化为与原油性质类似的有机液体，并利用与原油精炼相近的工艺对煤液化油进行深加工以获得动力燃料、化学原料和化工产品的技术系统。

我国是一个石油储量不足的国家，但又是一个煤炭储量丰富的国家，在当前石油需求量大增的形势下，将煤炭转化为油品，是对我国石油供应的一个极大的补充。煤炭液化不仅可以直接为发动机提供液体燃料，同时还可生产大量化工产品，如乙烯、丙烯、液化天然气等。

煤和石油同是可燃的矿物资源，其主要成分都是碳、氢、氮和硫，但两者在组成和性质上有很大的差别。与石油相比，煤炭具有 H/C 比小、氧含量高、分子大、结构复杂的特点。此外煤中还含有较多的矿物质和氮、硫等杂质。因此煤液化的过程实质上就是提高 H/C 比，破碎大分子和提高纯净度的过程，通过加氢、裂解、提质等工艺方法可以达到以上的目标。目前，煤液化技术主要有间接液化和直接液化两大类。

2.7.1　煤的间接液化

煤气化产生以 CO 和 H_2 为主的合成气，再以合成气为原料，合成液体燃料或化学产品。这样的工艺过程称为煤的间接液化。

煤的间接液化技术的核心是费托合成，如图 2-9 所示。此外，还有一类煤制油工艺是以甲醇生产为中间过程，利用甲醇合成汽油、二甲醚等液体燃料，又称为甲醇转化油工艺 MTG。

间接液化工艺的特点：适用的煤种较广，制取合成气的原料煤与气化工艺有关。合成反应压力为 3MPa，反应温度为 $250\sim350℃$，产品可根据合成条件确定，既有流体燃料油品，又有化工产品。油收率低于直接液化。

间接液化的柴油馏分产物的直链烃多，环烷烃少，十六烷值过剩。同时其不含氮硫杂质，凝点高，所以两者的柴油馏分

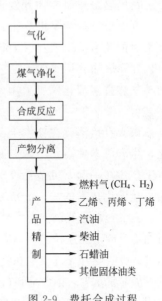

图 2-9　费托合成过程

都需要经过加氢提质工艺才能得到合格的柴油产品。另外，间接液化由于是从小分子 CO 与 H_2 进行合成开始的，因此只要适当地控制反应条件和选择活性催化剂，除获得产品油外，在非燃料利用方面，间接液化还能合成一些重要的化工原料，如乙烯、丙烯和丁烯，或甲醇、乙醇及其他链长的有机氧化物等。这使得间接液化的应用空间更为广阔。

我国从 20 世纪 50 年代就进行了大规模间接液化技术的实验研究。80 年代末，中国科学院进行了铁基催化剂费托合成生产汽油的过程技术开发，并完成了 2000t/a 规模的煤基合成汽油工业实验。20 世纪 90 年代开始钴基费托合成工艺的研究与开发，建成 2000t/a 规模

的工业装置，并进行了合成汽油的初步实验。

2.7.2　煤的直接液化

煤的直接液化又称加氢液化，是将煤粉、催化剂和溶剂混合后，在高温高压条件下，煤与氢反应，直接转化为液体油的过程，又称加氢液化。煤直接液化油可生产洁净优质汽油、柴油航空煤油和 LPG 等。

煤的直接液化工艺流程如图 2-10 所示。

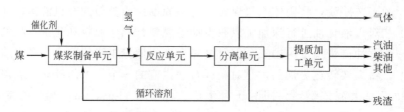

图 2-10　煤的直接液化工艺流程

该工艺是先把煤磨成粉，再和自身产生的部分液化油（循环溶剂）配成煤浆，在高温（450℃）和高压（20～30MPa）下直接加氢，获得液化油，然后再经过提质加工，得到汽油、柴油等产品。1t 无水分无灰分的煤可产出 500～600kg 油，加上制氢用煤，大约 3～4t 原料煤可生产 1t 成品油。

德国是最早研究和开发直接液化工艺的国家，其最初的工艺称为 IG 工艺。其后不断改进，开发出被认为是世界上最先进的 IGOR 工艺。其后美国也在煤液化工艺的开发上做出了大量的工作，开发出供氢溶剂（EDS）、氢煤（H-Coal）、催化两段液化工艺（CTSL-HTI）和煤油共炼等代表工艺。此外，日本的 NEDOL 工艺也有相当出色的液化性能。我国的神华煤直接液化厂所采用的工艺，也是在其他工艺的基础上发展的具有自身特色的液化工艺。

煤炭直接液化在技术上是可行的，目前没有工业生产厂，主要原因是它与廉价石油相比，生产成本偏高，美国能源部通过工业试验的初步经济分析后指出，煤炭直接液化厂与现有工厂建在一起，可节约投资，降低液化油成本。目前，煤炭直接液化一次投资大，随着煤炭直接液化技术的进一步研究和发展，还可以进一步降低生产成本。

石油短缺是我国能源发展面临的重要问题，将发展煤液化技术和建设煤液化产业作为补充石油不足的重要途径之一，应引起充分的重视和科学对待。煤液化是煤化工领域的高新技术，引进或吸收国外先进技术和经验，研究开发具有自主知识产权的工艺、设备对未来产业化的持续发展非常重要，因此应该作为中国能源技术战略发展的主要内容之一，通过国家有关部门的组织和支持，集中国内不同学科、不同领域的科研和工程开发力量，在今后 5～10 年取得理论基础、技术基础和工程化开发的进展和突破，以形成有中国特色的能源转化技术和产业。

2.8　煤的气化

煤炭直接燃烧的热利用效率一般为 15%～18%，而通过煤炭气化这一化工过程将煤变成可燃烧的煤气后，热利用效率可达 55%～60%。气态燃料可以实现管道输送，方便又干净，将固体煤气化不但可以充分利用煤炭资源，而且可以弥补天然气资源的不足。煤气化技术对解决我国煤炭利用过程中存在的资源与环境问题，实现经济、能源、环境的协调发展具有重要的现实意义，受到了全社会的普遍关注和广泛认同。

煤的气化是一个热化学过程，是以煤或煤焦为原料，氧气（空气、富氧或纯氧）、蒸汽或氢气为气化剂，在一定温度及压力下通过部分氧化反应将固体煤转化为 CO、H_2、CH_4 等可燃气体的过程。从工艺上说，煤气化还应包括气化煤气净化过程。气化炉、气化剂、供给热量是煤炭气化时的三个必备条件，缺一不可。

煤炭气化技术主要用于化工合成原料气、工业燃气、民用煤气、冶金还原气、联合循环发电燃气、燃料油合成原料气和煤炭液化气源、煤炭气化制氢以及煤炭气化燃料电池领域。

2.8.1 煤气化的基本原理

煤气化技术是把煤的化学能转换成易于利用的气体的化学能的过程。它包括以煤（半焦炭或焦炭）为原料，以氧（包括空气、富氧、纯氧）、水蒸气、二氧化碳或氢气为气化介质，使煤经过最低限度的氧化过程，将煤中所含的碳、氢等物质转化成一氧化碳、氢、甲烷等有效成分的一个多相反应的化学过程。煤的气化包括煤炭干燥脱水、热解脱挥发分、挥发分和残余碳或半焦炭的气化反应，如图 2-11 所示。

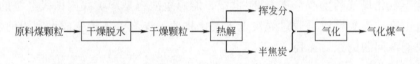

图 2-11　煤的气化过程

在整个过程中，当煤粒的温度升到 350～450℃ 时，煤的热解反应开始发生，析出挥发物（焦油、煤气），气化反应是在缺氧条件下进行的，所以煤气化反应的主要产物是可燃气体 CO、H_2、CH_4，还有部分 CO_2 和 H_2O。煤中的其他元素如硫、氮等，也会与气化剂发生反应，还原后生成 H_2S、COS、N_2、NH_3 以及 HCN 等物质；在较温和的气化温度下（小于 650℃），气化煤气中还会含有一定量未分解的焦油和酚类物质等。这会直接影响到后续的煤气化净化和提质加工。

因为煤气化的主要反应都是放热反应，煤的氧化和挥发分析出过程所放出的热量，足够给其他吸热反应供热，并使反应物和反应产物升温，实现自供热。

煤的气化技术可以说是未来煤的洁净利用技术的基础，是最清洁的煤转化利用方式。煤炭气化技术分为两种，一种是地面煤气化技术，另一种是地下煤气化技术。

2.8.2 地面煤气化技术

地面煤气化是指采出煤之后对其进行热加工将其转化为可燃性气体，是相对于后来发展的地下煤气化技术而进行的分类。煤气化技术早就存在，城市煤气早在 20 世纪初就已在一些都市得到发展。现在地面煤气化技术有固定床、流化床和气流床等。

① 固定床气化　在气化过程中，煤由气化炉顶部加入，空气由气化炉底部加入，煤料与空气逆流接触，反应生成煤气。

② 流化床气化　以粒径为 0.1～10mm 的煤炭颗粒为气化原料，从上部加入。从流化床底部吹入一定速度的气流，该气流速度以维持煤炭颗粒在流化床内呈沸腾状态而悬浮在气流中为准，煤炭颗粒在沸腾状态下进行气化反应。流化床气化过程使得煤料层内温度均匀，气

化效率高。

③ 气流床气化 又称喷流床气化，用气化剂将粒度为 $100\mu m$ 以下的煤粉带入气化炉内，煤料在高温下与气化剂发生燃烧反应和气化反应。

煤炭气化炉开发正向加压、大容量方向发展。气化用煤从最初的只能利用不黏煤，到现在几乎可以利用从褐煤、不黏和黏结的烟煤到无烟煤所有煤种。碳转化效率和气化效率都有很大提高。

2.8.3 地下煤气化技术

地下煤气化技术是将处于地下的煤炭进行有控制地燃烧、通过对煤的热作用及化学作用产生可燃气体、综合开发清洁能源与生产化工原料的新技术。其实质是仅仅提取煤中的含能组分，而将灰渣等污染物留在井下。煤炭地下气化技术集建井、采煤、转化等多种工艺为一体，大大提高了煤炭资源的利用效率和利用水平，深受世界各国的重视，被誉为新一代采煤方法。早在 1979 年联合国“世界煤炭远景会议”就曾明确指出，煤炭地下气化是从根本上解决传统煤炭开采和使用方法存在的一系列技术和环境问题的重要途径。目前煤炭地下气化在国内外工业化试验已取得初步成果，并在俄罗斯、美国等国家及我国山东、河北等地进行了工业化地下气化煤气的生产。进入 21 世纪，能源短缺将是影响我国国民经济的重要因素。我国蕴藏着丰富的煤炭资源，通过煤炭地下气化将地下煤炭资源转变成可利用的煤气及其他产品是解决能源问题的重要途径之一。

煤炭地下气化与地面气化的原理相同，煤气成分也基本相同，但其工艺形态不同，地面气化过程在气化炉内的煤块中进行，而地下气化则在煤层中的气化通道中进行。将气化通道的进气孔一端煤层点燃，从进气孔鼓入气化剂（空气、氧气、水蒸气等）。煤层燃烧后，则按温度和化学反应的不同，在气化通道中形成三个带，即氧化带、还原带、干馏干燥带。经过这三个反应带后，就形成了主要含有可燃组分 CO、H_2、CH_4 的煤气。这三个反应带沿气流方向逐渐向出气口移动，因而保持气化反应的不断进行。地下气化炉的主要建设是进、排气孔的施工和气化通道的贯通。根据气化通道的建设方式，把煤炭地下气化分为有井式和无井式，前者以人工开采的巷道为气化通道，后者以钻孔作为气化通道。

虽然煤炭地下气化具有一定的经济效益，但就目前而言，相同热值条件下煤炭气化生产成本比常规天然气要高。随着气化工艺技术的不断改进而使成本降低，大规模的煤炭气化将显示出更大的经济效益。此外，随着我国煤层气产业的发展，煤层气与煤炭地下气化的综合开发和利用也必将降低成本，提高煤炭地下气化的经济效益。

需要指出的是，煤炭地下气化的意义不仅在于经济效益，同时还改善了能源结构，增强了煤矿生产的安全性。煤炭气化后灰渣留在原地，避免造成废气、废水、废渣等污染，并可减少因煤炭采空造成的地面下沉。此技术可大大提高资源回收率，使传统工艺难以开采的边角煤、深部煤、“三下”压煤和已经或即将报废的矿井遗留的保护性煤柱得到开采，同时深部开采条件极其恶劣的煤炭资源也可得到很好的利用。

2.8.4 煤的气化新技术

煤气化时，60% 以上的热能可转化为煤气的燃烧热值，最高可达 90% 以上。高热值的煤气不仅可以作为气体燃料，也是重要的化工原料。另外，煤气可以通过管道输送，方便且干净。煤气化的优越性是显而易见的。除了对现有的煤气化技术进行改进完善之外，新的、低成本的煤气化技术也正在研究开发之中。

（1）整体煤气化联合循环发电（IGCC，integrated gasification combined cycle）

整体煤气化联合循环发电（IGCC）是把煤气化和燃气-蒸汽联合循环发电系统有机集成的一种洁净煤发电技术。IGCC系统由两大部分组成，即煤的气化与净化部分和燃气与蒸汽联合循环发电部分。第一部分的主要设备有气化炉、空分装置、煤气净化设备（包括硫的回收装置），第二部分的主要设备有燃气轮机发电系统、余热锅炉、蒸汽轮机发电系统。IGCC的工艺过程如下：煤经气化成为中低热值煤气，经过净化，除去煤气中的硫化物、氮化物、粉尘等污染物，变为清洁的气体燃料，然后送入燃气轮机的燃烧室燃烧，加热气体工质以驱动燃气透平做功，燃气轮机排气进入余热锅炉加热给水，产生过热蒸汽驱动蒸汽轮机做功。

IGCC发电技术的特点：①发电热效率高；②环保性能好；③负荷适用性好，调峰能力强；④燃料适用性广；⑤可实现多联产，提高经济效益。

世界上IGCC发电技术正处于第二代技术的成熟阶段，世界各国越来越重视IGCC发电技术。IGCC电站的性能试验规程正在制定，IGCC发电技术已列入我国电力行业"十一五"规划重点跟踪研究的项目。

我国发展IGCC技术的条件正日趋成熟，煤气化技术在我国化工和石化行业已有较长时间的引进和使用业绩，燃机联合循环发电技术国产化率也在不断提高。

尽管以煤为原料的IGCC发电技术，目前还处于成熟和完善期，它的投资还较高，设备利用率还比较低，上网电价还缺乏竞争力，但随着原有技术的不断完善，新技术的不断发展，项目规模的逐步扩大，这些问题都已经或即将得到解决。IGCC发电技术以其高效、清洁、节水、节约空间及综合利用好等优势受到广泛地关注。21世纪大力发展IGCC技术，无论从技术、经济、市场和环境保护等方面都已成熟，并且潜力巨大。

（2）燃煤磁流体（MHD，magnets hydrodynamics）**发电技术**

磁流体（又称磁性液体、铁磁流体或磁液），是由强磁性粒子、基液（又称媒体）以及界面活性剂三者混合而成的一种稳定的胶状溶液。该流体在静态时无磁性吸引力，当外加磁场作用时，才表现出磁性。

磁流体发电是一种新型的高效发电方式，其定义为当带有磁流体的等离子体横切穿过磁场时，按电磁感应定律，由磁力线切割产生电；在磁流体流经的通道上安装电极和外部负荷连接时，则可发电。

为了使磁流体具有足够的电导率，需在高温和高速下，加上钾、铯等碱金属和微量碱金属的惰性气体（如氦、氩等）作为工质，以利用非平衡电离原理来提高电离度。前者直接利用燃烧气体穿过磁场，称为开环磁流体发电，后者通过换热器将工质加热后再穿过磁场，称为闭环磁流体发电。

燃煤磁流体发电技术亦称为等离子体发电，就是磁流体发电的典型应用，燃烧煤而得到的 2.6×10^6℃以上的高温等离子气体以高速流过强磁场时，气体中的电子受磁力作用，沿着与磁力线垂直的方向流向电极，发出直流电，经直流逆变为交流送入交流电网。

磁流体发电本身的效率仅为20%左右，但由于其排烟温度很高，从磁流体排出的气体可送往一般锅炉继续燃烧成蒸汽，驱动汽轮机发电，组成高效的联合循环发电，总的热效率可达50%～60%，是目前正在开发中的高效发电技术中最高的。同样，它可有效地脱硫，有效地控制 NO_x 的产生，也是一种低污染的煤气化联合循环发电技术。

在磁流体发电技术中，高温陶瓷不仅关系到在2000～3000K磁流体温度下能否正常工作，且涉及通道的寿命，亦即燃煤磁流体发电系统能否正常工作的关键，目前高温陶瓷的耐受温度最高可达到3090K。

（3）煤的热核气化技术

目前的煤气化方法，只能使部分煤转化成煤气，有相当一部分的煤要作为热源或动力源。如发生炉所需的热量需要燃烧煤来提供，而煤燃烧时必须有空气，导致大量氮气掺入煤气中，从而降低了煤气的热值。如果用纯氧替代空气，虽然能提高煤气的热值，但成本较高。此外，蒸汽动力厂提供煤气发生过程中所需的蒸汽，这也要消耗煤或其他燃料。而热核煤气化技术是用核反应器放出来的热量替代煤作为热源，使煤完全用于气化生产，并可组成核反应器-气化设备-蒸气动力联合装置，是一种很有希望的煤气化方法。

2.9 煤的综合利用

煤炭除了作为一次能源的直接燃烧供热和发电或转换为洁净的二次能源外，在低温缺氧的条件下，可热解分离出气体产物、液体产物和固体产物，这些产物可以制取各种高附加值的化工产品，表2-2列出了煤炭的各种用途。

表 2-2　煤炭的综合利用

煤炭	用作动力原料（能源）		燃烧——生产热能、电能，副产品煤渣、煤灰可生产煤渣砖、水泥、过滤材料等
	各种转化过程	固体利用	干馏——焦炭、炼铁、铸造、电石、合成氨、有色冶金、发电等 活化——活性炭、活化煤（各种吸附剂） 炭化、石墨化——炭、石墨制品（电极、碳纤维等） 氧化、抽提等——各种再生腐殖类物质（包括腐肥）、芳香羧酸 磺化——磺化煤（离子交换剂） 喷吹——焦粉、无烟煤粉、烟煤粉可作喷吹燃料 酸解、生化处理（泥炭）——饲料
		气体利用	干馏气化——合成气，用于生产合成氨、甲醇、人造液体燃料、城市煤气、一般燃料气；低热值煤气，用于燃气轮机发电供热；还原性气，用于铁矿石等直接还原
		液体利用	干馏——煤焦油、粗苯、粗吡啶，精制后作化工原料，用于生产染料、药物、炸药、合成纤维、黏结剂、木材防腐剂、塑料、涂料、香料和防水材料等 加氢——液体燃料、溶剂精制煤、芳香族化工产品 卤化——润滑油、有机氯化物等 溶剂处理——膨润煤，用作黏结剂、防水涂料
	直接利用		还原剂、过滤材料、吸附剂、塑料组合物等

2.9.1 煤的干馏过程

煤的干馏根据目的产物不同分为两种：低温干馏和高温炼焦。两者的热解温度不同，但过程类似，主要产物的含量不同。高温炼焦主要为获取焦炭，副产煤气和焦油。低温干馏是为获取煤气和焦油，副产焦炭。

低温干馏过程由常温开始受热，温度逐渐上升，煤料中水分首先析出，然后煤开始发生热分解，当煤受热温度在350～480℃左右时，出现胶质体。由于胶质体透气性不好，气体析出不易，产生了对胶质体团块的膨胀压力。当超过胶质体固化温度时，则发生黏结现象，产生半焦。在从半焦形成焦炭的阶段有大量气体生成而逸出，半焦收缩出现裂纹。当温度超过 650℃时，半焦阶段结束，开始形成焦炭，到950～1050℃时，焦炭成熟，结焦过程结束。上述成焦过程如图 2-12 所示。

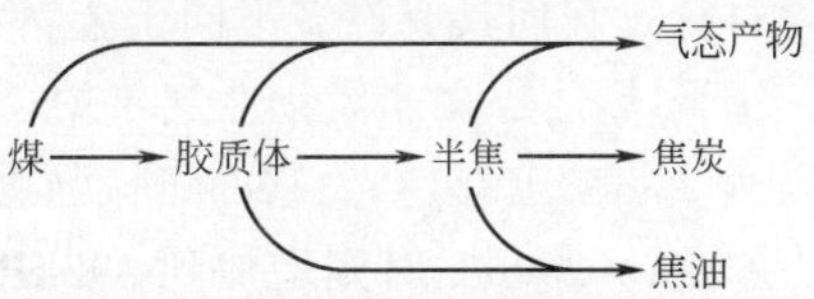

图 2-12　煤的干馏过程

2.9.2　煤的干馏产物

(1) 气体产物

低温干馏时煤气产量约占干煤的 6%～8%，高温炼焦时可获得 13%～15% 的煤气。干馏过程析出的挥发性产物，简称为粗煤气。粗煤气中含有许多化合物，包括常温下的气态物质，如氢气、甲烷、一氧化碳和二氧化碳等；烃类含氧化合物，如酚类；含氮化合物，如氨、氰化氢、吡啶类和喹啉类等；含硫化合物，如硫化氢、二硫化碳和噻吩等。

(2) 焦油产物

低温干馏条件下可以得到 6%～25% 的焦油，而高温炼焦时仅获得 3%～5% 的焦油。

焦油连续蒸馏切取的馏分一般有下述几种。

① 轻油馏分　170℃ 前的馏分，产率为 0.4%～0.8%，密度为 0.88～0.90g/cm³。主要含有苯族烃，酚含量小于 5%。

② 酚油馏分　170～210℃ 的馏分，产率为 2.0%～2.5%，密度为 0.98～1.01g/cm³。含有酚和甲酚 20%～30%，萘 5%～20%，吡啶碱 4%～6%，其余为酚油。

③ 萘油馏分　210～230℃ 的馏分，产率为 10%～13%，密度为 1.01～1.04g/cm³。主要含有萘 70%～80%，酚、甲酚和二甲酚 4%～6%，重吡啶碱 3%～4%，其余为萘油。

④ 汽油馏分　230～300℃ 的馏分，产率为 4.5%～7.0%，密度为 1.04～1.06g/cm³。含有甲酚、二甲酚及高沸点酚类 3%～5%，重吡啶碱类 4%～5%，萘含量低于 15%，还含有甲基萘等，其余为汽油。

上述焦油各馏分进一步加工，可分离制取多种产品，目前提取的主要有下述产品。

a. 萘　无色晶体，易升华，不溶于水，易溶乙醇、醚、三氯甲烷和二硫化碳，是焦油加工的重要产品。国内生产的工业萘多用来制取邻苯二甲酸酐，供生产树脂、工程塑料、涂料及医药等用。萘也可以用于生产农药、炸药、植物生长激素、橡胶及塑料的防老剂等。

b. 酚及其同系物　酚为无色结晶，可溶于水，能溶于乙醇。酚可用于生产合成纤维、工程塑料，以及用于农药、医药、染料中间体及炸药等。甲酚可用于生产合成树脂、增塑剂、防腐剂、炸药、医药及香料等。

c. 蒽　无色片状结晶，有蓝色荧光；不溶于水，能溶于醇、醚、四氧化碳和二硫化碳。目前，蒽主要用于制蒽醌染料，还可以用于制合成鞣剂及涂料。

d. 咔唑　又名 9-氮杂芴，为无色小鳞片状晶体；不溶于水，微溶于乙醇、乙醚、热苯及二硫化碳等。咔唑是生产染料、塑料、农药的重要原料。

以上是焦油中提取的单组分产品，加工焦油时还可得到下述产品。

e. 沥青　是焦油蒸馏残液，为多种多环高分子化合物的混合物。根据生产条件不同，沥青软化点可介于 70～150℃ 之间。目前，我国生产的电极沥青和中温沥青的软化点为 75～90℃。沥青有多种用途，可用于制造屋顶涂料、防潮层及用于筑路、生产沥青焦和电炉电极等。

2.9.3　煤的碳素制品

煤的固体产物除了最大宗的用于冶炼的焦炭外，还有多种碳素产品。碳素制品一般又称碳素材料，它们具有许多不同于金属和其他非金属材料的特性。

① 耐热性 在非氧化性气氛中，碳是耐热性最强的材料。在大气压力下，碳的升华温度高达（3350±25）℃。它的机械强度随温度的增加而不断提高，如室温时平均抗拉强度约为196kPa，2500℃时则增加到392kPa，直到2800℃以上才失去强度。

② 良好的热传导性 石墨在平行于层面方向的热导率可和铝相比，而在垂直方向的热导率可与黄铜相比。

③ 热膨胀率 膨胀系数为$2\times10^{-5}/℃$，有的甚至只有$(1\sim3)\times10^{-6}/℃$，故能耐急热急冷。

④ 电性能 人造石墨的电阻介于金属和半导体之间，电阻的各向异性很明显。

碳素制品的种类很多，应用甚广，其中产量最大的是电极炭。

碳素电极可用于电炉炼钢、熔炼有色金属、生产电石和碳化硅等，氯碱工业中电解食盐所用的电极，电动机和发电机用的电刷，电气机车、无轨电车取用电流的滑板和滑块，电子工业中的碳质电阻，炭棒和电真空器件等。

碳素制品还用于高炉和炼钢炉用作炉衬的炭砖和炭块以及石墨坩埚等；作为耐腐蚀材料，加工制造热交换器、反应器、吸收塔、泵和管道等；高纯石墨材料制成的中子减速和反射的构件用于核反应堆。煤制活性炭、碳分子筛可用于化工和环保事业；生物碳制成的人造心脏瓣膜、人工骨、人工关节、人造鼻梁骨和牙齿已进入临床应用阶段。

由上可见，碳素制品种类繁多，应用广泛，从传统工业到新兴工业，从日常生活到尖端科技都少不了它们。

参 考 文 献

[1] 马健, 丁日佳. 煤炭企业在国民经济和社会发展中的地位. 煤炭技术, 2007, 26 (6): 1-2.
[2] 李忠民. 煤炭在世界能源消费结构中的地位. 中国煤炭, 2006, 32 (8): 31-32.
[3] 吴式瑜, 王美丽. 煤炭在中国能源的地位. 煤炭加工与综合利用, 2006, 5: 2-8.
[4] 孙建华. 试论煤炭工业的基础产业地位与可持续发展. 同煤科技, 2004, (1): 52-54.
[5] 王汝彪. 煤炭深加工工艺的发展. 重技术, 2007, (3): 52-53.
[6] 林长平, 冷柏军. 煤炭液化在中国能源战略中的地位和作用. 中国能源, 2006, 28 (3): 33-37.
[7] 钱伯章. 世界煤炭学会重新肯定煤炭地位. 煤炭加工与综合利用, 2004, (6): 26.
[8] 尚海涛. 煤炭作为我国基础能源的重要地位不可动摇. 中国煤炭, 2001, 27 (4): 5-13.
[9] 董维武. 世界煤炭生产与消费趋势. 中国煤炭, 2006, 32 (12): 76-78..
[10] 周庆凡. 世界一次能源分布现状分析. 当代石油石化, 2006, 14 (11): 18-22.
[11] 张结喜. 煤间接液化技术的现状及工业应用前景. 化学工业与工程技术, 2006, 27 (1): 56-60.
[12] 包福林, 薛峰. 采煤技术及采煤方法的选择. 煤炭技术, 2006, 25 (8): 59-60.
[13] 贺佑国, 王端武, 白占平. 国内外露天煤矿的发展趋势. 中国煤炭, 1998, 24 (8): 13-16.
[14] 岳宗洪, 张明清, 周锡德. 洁净煤开采技术和资源化. 矿业快报, 2007, (7): 1-3.
[15] 宫炫耀. 浅谈采煤技术与采煤方法的选择. 煤矿天地, 2007, (24): 578.
[16] 王建国. 我国煤炭资源合理开发与现代化露天开采技术. 采矿技术, 2006, 6 (3): 59-62.
[17] 张幼蒂. 现代露天开采技术国际发展与我国露天采煤前景. 露天采矿技术, 2005, (3): 1-3.
[18] 武利军, 周静, 刘璐. 煤气化技术进展. 洁净煤技术, 2002, 8 (1): 31-34.
[19] 徐振刚. 煤气化推动中国洁净煤技术发展. 中国煤炭, 2007, 33 (7): 8-9.
[20] 柳少波, 洪峰, 梁杰. 煤炭地下气化技术及其应用前景. 天然气工业, 2005, 25 (8): 119-122.
[21] 矫兴艳, 齐庆杰, 张大明. 浅谈煤炭地下气化技术. 能源技术与管理, 2006, (3): 38-40.
[22] 许春栋, 闫红. 燃煤磁流体发电技术. 河北电力技术, 2006, 25 (1): 38-43.
[23] 李宁, 于大海. 管道输煤技术综述. 山东电力技术, 2003, (1): 79.
[24] 甘正旺, 许振良. 洁净煤技术及其发展前景. 辽宁工程技术大学学报, 2005, 24: 253-255.
[25] 郭俊红. 谈洁净煤技术在煤炭工业发展中的意义和作用. 山西能源与节能, 2003, (1): 29-31.

[26] 李玉林，胡瑞生，白雅琴. 煤化工基础. 北京：化学工业出版社，2006.

[27] 俞珠峰. 洁净煤技术发展及应用. 北京：化学工业出版社，2004.

[28] 姚强. 洁净煤技术. 北京：化学工业出版社，2005.

[29] 李芳芹. 煤的燃烧与气化手册. 北京：化学工业出版社，2002.

[30] 朱之培，高晋生. 煤化学. 上海：上海科学技术出版社，1984.

[31] https://www.bp.com/en/global/corporate/energy-economics/statistical-review-of-world-energy.html. BP Statistical Review of World Energy June 2016.

第3章

石 油

　　石油在国民经济和社会生活中的地位和作用极为重要，构成现代生活方式和社会文明的基础。人们衣食住行的各个方面，现代人们的生活、工作处处都离不开石油。我们日常生活中到处都可以见到石油或其附属品的身影，如汽油、柴油、润滑油、塑料、化学纤维等，这些都是从石油中提炼出来的，目前以石油为原料的石化产品达7万多种。

　　由于石油是一种有限的、不可再生的矿产资源，而且分布极不均衡，石油安全是当今世界各国面临的共同问题。石油已成为当今的战略资源，是世界经济乃至政治、军事竞争的重要焦点。为此，从国际能源机构到各石油消费国都纷纷采取对策，制定和实施石油安全战略。通过增加本国石油生产，提高石油利用效率和燃烧转换能力；积极利用国外资源，建立石油储备，对短期石油供应中断作出快速反应，力争以合理的价格获取长期稳定的石油供应，努力减轻对进口石油的依赖程度，保障本国、本地区的经济安全。

　　经过几代人的努力，我国原油产量由建国初期的12万吨增加到2015年的21474.2万吨，居世界第四位，成为原油生产大国。同时，我国又是石油的消费大国，人均占有油气资源相对贫乏，仅为世界人均的5.6%。1993年，我国的石油进口量首次超过了出口量，成为石油净进口国。2009年，石油对外依存度首次突破50%警戒线，达到51.3%。2016年更升至65.4%。如何保障长期的、稳定的石油供应，是国家安全面临的重大问题。

3.1　石油的形成

　　最早提出"石油"一词的是公元977年中国北宋编著的《太平广记》。正式命名为"石油"是根据中国北宋杰出的科学家沈括（1031～1095）在所著《梦溪笔谈》中根据这种油"生于水际砂石，与泉水相杂，惘惘而出"而命名的。

　　现代石油又称原油，是从地下深处开采的棕黑色可燃黏稠液体，主要是各种烷烃、环烷烃、芳香烃的混合物。它是古代海洋或湖泊中的生物经过漫长的演化形成的混合物，与煤一样属于化石燃料。

　　世界上对石油的成因存在着不同的观点，科学界人士也进行过长期的争论，至今尚未完全平息。当前，石油地质学界普遍认为，石油和天然气的生源物是生物，特别是低等的动物和植物。它们死后聚集于海洋或湖沼的黏土底质之中。如果生源物的来源主要是在海洋中生活的生物，就称之为海相生油。若生源物的来源主要是生活于湖沼的生物，就称之为陆相生油。中国绝大部分石油属于陆相生油的范围，我国最早的玉门油矿就是在陆相沉积盆地中开发的，现在松辽盆地的大庆等油气田也是陆相生油所致。海相和陆相都具有生成大量油气的环境和条件，都能形成良好的生油区。但是，由于地质条件的差异，它们的生油条件也有较大的不同。海相沉积和陆相沉积均可生成石油。特别是陆相沉积生油由我国著名科学家李四光首先提出，这对我国的石油开发具有极为重要的意义。

在远古，在浅海、内海、湖泊等水域，生长着大量的动植物，尤其是大量浮游微生物生长繁殖得极快。这些水生和陆生生物死后的尸骸随同泥沙一起沉向湖海盆底，成为有机淤泥。沉积物一层一层地加厚，使有机淤泥与空气隔绝，所承受的压力和温度不断地增大，同时在细菌、压力、温度和其他因素的作用下，处在还原环境中的有机淤泥经过压实和固结作用变成沉积岩石，形成生油岩层。沉积物中的有机物在成岩阶段中经历了复杂的生物化学变化及化学变化，逐渐失去 CO_2、H_2O、NH_3 等，余下的有机质在缩合作用和聚合作用下通过腐泥化和腐殖化过程形成干酪根，即生成大量石油和天然气的先驱。这就是现今普遍为人们所接受的石油有机成因晚期成油说（或称干酪根说），如图 3-1 所示。

干酪根在成岩阶段中，由于温度的升高，有机质发生热催化作用，大量地转化成石油和天然气，通常情况下，石油和天然气伴生。在后生阶段中，温度进一步升高，于是发生裂解作用，使得干酪根主要转化为天然气，或已生成的石油在裂解作用下逐渐变轻，也大量地转变为天然气。到后生阶段的后期，绝大部分石油都将转化为天然气，而缺失原油。

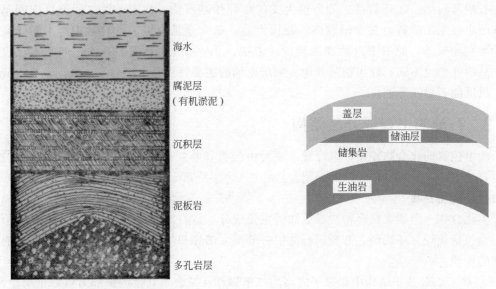

图 3-1　石油生成过程示意图　　　　图 3-2　储油构造示意图

生成了石油还需要漫长的运移和聚集过程才能形成油田。开始生成的石油是微小的油滴，分散在生油层泥质岩的孔隙中。泥质岩在一定压力下比砂质岩易于压缩，孔隙度变小，渗透性也变差，没有储集油气的基本条件。因此，生油岩中的油气在外力作用下运移到砂质岩（储集层）中集中，形成有工业价值的油气藏。人们把这一过程称为"油气运移"。油气从生成到形成矿藏一般要经过两次大的运移才能完成：第一次是从生油层向储集层里的运移，称为"初次运移"；第二次是在储集层内的运移，称为"二次运移"。集中储存油气的地方称为"储油构造"。图 3-2 为储油构造示意图。它由 3 部分组成：一是有油气储藏的空间，称为储油层；二是覆盖在储油层之上的不渗透层，称为盖层；三是由储集岩构成的封堵条件，称为圈闭。储油构造的形成，主要是由于地壳运动的结果。由于地壳变化，具有孔隙或裂缝的储集岩层发生倾斜或产生曲折，石油因为比水轻，在地下水的压力和毛细管的作用下，由低处向高处运动，终于到达最高区域，进入储油层，形成了具有一定压力的油气藏。因此一个油气田的六大要素就是生（油层）、储（油层）、盖（油层）、运（移）、圈（闭）、保（存）。

3.2 石油的性质

3.2.1 石油的组成

石油的性质因产地而异，密度为 $0.8 \sim 1.0 g/cm^3$，黏度范围很宽，凝固点差别很大（$-60 \sim 30℃$），沸点范围为从常温到500℃以上，可溶于多种有机溶剂，不溶于水，但可与水形成乳状液。组成石油的化学元素主要是碳（83%~87%）、氢（11%~14%），其余为硫（0.06%~0.8%）、氮（0.02%~1.7%）、氧（0.08%~1.82%）及微量金属元素（镍、钒、铁等）。由碳和氢化合形成的烃类构成了石油的主要组成部分，约占95%~99%，含硫、氧、氮的化合物对石油产品有害，在石油加工中应尽量除去。不同产地的石油中，各种烃类的结构和所占比例相差很大，但主要属于烷烃、环烷烃、芳香烃三类。通常以烷烃为主的石油称为石蜡基石油；以环烷烃、芳香烃为主的称环烃基石油；介于二者之间的称中间基石油。我国主要原油的特点是含蜡较多，凝固点高，硫含量低，镍、氮含量中等，钒含量极少。除个别油田外，原油中汽油馏分较少，渣油占1/3。组成不同的石油，加工方法有差别，产品的性能也不同，应当物尽其用。大庆原油的主要特点是含蜡量高，凝固点高，硫含量低，属低硫石蜡基原油。

3.2.2 石油的主要成分与结构

石油中包含的化合物种类数以万计。主要由烃类和非烃类组成，另外还有少量无机物。下面对石油中的主要成分作详细的介绍。

(1) 烃类化合物

烃类化合物（即碳氢化合物）是石油的主要成分，是石油加工和利用的主要对象。石油中的烃类包括烷烃、环烷烃、芳烃。石油中一般不含烯烃和炔烃，二次加工产物中常含有一定数量的烯烃。

① 烷烃　烷烃分子结构中碳原子之间均以单键相互结合，其余碳价都为氢原子所饱和。它是一种饱和烃，其分子通式为 C_nH_{2n+2}。烷烃是组成原油的基本组分之一。某些原油中烷烃含量高达50%~70%。原油中的烷烃包括正构烷烃和异构烷烃，烷烃存在于原油整个沸点范围中，但随着馏分沸点的升高，烷烃含量逐渐减少，馏出温度接近500℃时，烷烃含量降到19%~5%或更低。

常温常压下烷烃随着含碳量的增加由气态逐步变为固态。$C_1 \sim C_4$ 的烷烃是气态，$C_5 \sim C_{16}$的烷烃是液态，C_{17}以上的烷烃是固态。

烷烃的化学性质较稳定，但在加热或催化剂以及光的作用下，会发生氧化、卤化、硝化、热分解以及催化脱氢、异构化等反应。

② 环烷烃　环烷烃的碳原子相互连接成环状，故称为环烷烃。由于环烷烃分子中所有碳价都已饱和，因而它也是饱和烃。其分子通式为 C_nH_{2n}。环烷烃在原油中的含量仅次于烷烃。

环烷烃在石油馏分中的含量一般随馏分沸点的升高而增多，但在沸点较高的润滑油馏分中，由于芳烃含量的增加，环烷烃含量逐渐减少。

环烷烃的化学性质与烷烃相似，但活泼些。在一定条件下同样可以发生氧化、卤化、硝化、热分解等反应。环烷烃在一定条件下能脱氢生成芳烃，是生产芳烃的重要原料。

③ 芳香烃　简称芳烃，是一种碳原子为环状联结结构，单双键交替的不饱和烃，其分子通式有 C_nH_{2n-6}、C_nH_{2n-12}、C_nH_{2n-18} 等。芳香烃都具有苯环结构，有单环、双环和多环，也是原油的主要组分之一。含量通常比烷烃和环烷烃少。芳烃在石油馏分中的含量随馏分沸点的升高而增多。

芳烃可与硫酸等强酸发生化学反应，例如苯及其同系物与硫酸作用生成苯磺酸。芳烃与烯烃可进行烷基化反应，生产石油化工原料（如烷基苯）。芳烃被氧化生成醛和酸，进一步氧化可生成胶状物质。芳烃在镍等催化剂的作用下，可进行加氢。

④ 不饱和烃　在原油中含量极少，主要是在二次加工过程中产生的。催化裂化反应中含有较多的不饱和烃，主要是烯烃，也有少量二烯烃。烯烃的分子结构与烷烃相似，即呈直链或直链上带支链。分子通式有 C_nH_{2n}、C_nH_{2n-2} 等。烯烃的化学稳定性差，易氧化生成胶质。

（2）非烃类化合物

原油中还含有相当数量的非烃类有机物——即烃的衍生物。这类化合物的分子中除含有碳氢元素外，还含有氧、硫、氮等，其元素含量虽然很少，但组成化合物的量一般占原油总量的 10％～20％；少数原油中非烃类有机物的含量甚至高达 60％。这些非烃类有机物大都会给原油的加工及产品质量带来不利影响，在原油的炼制过程中应尽可能将它们除去。非烃化合物主要包括含硫、含氮、含氧化合物以及胶状沥青状物质。

① 含硫化合物　原油含硫量一般低于 0.5％，但不同油区所产的原油硫含量相差很大。硫对原油加工、油品应用和环境保护的影响很大，所以硫含量常作为评价石油的一项重要指标。

原油中的硫多以有机硫的形态存在，含硫化合物按性质划分时，可分为酸性含硫化合物、中性含硫化合物和对热稳定含硫化合物。

酸性含硫化合物主要包括元素硫（S）、硫化氢（H_2S）、硫醇（RSH）等，它们的共同特点是对金属设备有较强的腐蚀作用。

中性硫化合物主要包括硫醚（RSR′）和二硫化物（RSSR′）等。

对热稳定性硫化合物也是非活性硫化物，对金属设备无腐蚀作用。

含硫化合物在石油馏分中的分布一般是随着石油馏分沸程的升高而增加的，其种类和复杂性也随着馏分沸程的升高而增加。汽油馏分的硫含量最低，减压渣油中的硫含量最高。原油中的含硫化合物会给石油加工过程和石油产品质量带来腐蚀设备、影响产品质量、污染环境以及使催化剂中毒等许多危害。炼油厂常采用碱精制、催化氧化、加氢精制等方法除去油品中的硫化物。

② 含氮化合物　原油中氮含量一般比硫含量低，通常在 0.05％～0.5％范围内。氮化合物含量随石油馏分沸点的升高而迅速增加，约有 80％的氮集中在 400℃以上的渣油中。我国大多数原油的渣油集中了约 90％的氮。

原油中的氮化合物可分为碱性含氮化合物和非碱性含氮化合物两大类。原油中的非碱性含氮化合物性质不稳定，易被氧化和聚合生成胶质，是导致石油二次加工油品颜色变深和产生沉淀的主要原因。在石油加工过程中碱性氮化物会使催化剂中毒。石油及石油馏分中的氮化物应精制予以脱除。

③ 含氧化合物 原油中的氧含量很少，一般在千分之几范围内。原油中的含氧化合物包括酸性含氧化合物和中性含氧化合物，以酸性含氧化合物为主。酸性含氧化合物包括环烷酸、芳香酸、脂肪酸和酚类等，总称为石油酸。中性含氧化合物包括酮、醛和酯类等。

环烷酸呈弱酸性，容易与碱反应生成各种盐类，也可与很多金属作用而腐蚀设备；酚有强烈的气味，呈弱酸性，能溶于水，炼油厂污水中常含有酚，导致环境污染。石油馏分中的酚可以用碱洗法除去。

石油中的中性含氧化合物可氧化生成胶质，影响油品的使用性能。

④ 胶状沥青状物质 胶状沥青状物质是结构复杂、组成不明的高分子化合物的复杂混合物，胶状沥青状物质大量存在于减压渣油中。原油中的大部分硫、氮、氧以及绝大多数金属均集中在胶状沥青状物质中。

胶质通常为褐色至暗褐色的黏稠且流动性很差的液体或无定形固体，受热时熔融。胶质是原油中分子量及极性仅次于沥青质的大分子非烃化合物。胶质的相对密度在 1.0 左右，平均分子量约为 1000～3000。胶质主要是稠环类结构，芳环、芳环-环烷环及芳环-环烷环-杂环结构。从不同沸点馏分中分离出来的胶质，分子量随着馏分沸点的升高而逐渐增大，颜色也逐渐变深，从浅黄、深黄以至深褐色。

胶质是道路沥青、建筑沥青、防腐沥青等沥青产品的重要组分之一。胶质能提高石油沥青的延展性。但在油品中含有胶质，会使油品在使用时生成积炭，造成机器零件磨损和输油管路系统堵塞。

沥青质是石油中分子量最大，结构最为复杂，含杂原子最多的物质。从石油或渣油中用 C_5～C_7 正构烷烃沉淀分离出的沥青质是暗褐色或黑色的脆性无定形固体。沥青质的相对密度稍高于胶质，略大于 1.0；平均相对分子质量约为 3000～10000，明显高于胶质；H/C 原子比在 1.1～1.3 之间，低于胶质。沥青质加热不熔融，当温度升到 350℃ 以上时，会分解为气态、液态物质以及缩合为焦炭状物质。沥青质没有挥发性。石油中的沥青质全部集中在减压渣油中。

(3) 无机物

除烃类及其衍生物外，原油中还含有少量无机物，主要是水及 Na、Ca、Mg 的氯化物，硫酸盐和碳酸盐以及少量污泥等。它们分别呈溶解、悬浮状态或以油包水型乳化液分散于原油中。其危害主要是增加原油储运的能量消耗，加速设备腐蚀和磨损，促进结垢和生焦，影响深度加工催化剂的活性等。

原油经过加工（炼制）可得到炼厂气及各种燃料油、润滑油、石蜡、石油焦和沥青等产品，这些产品称为石油产品。

3.3 石油的勘探与开采

3.3.1 石油的勘探

人们对如何发现油气藏的问题经历了一个不断探索的过程：早先以寻找油气苗为线索，后来用石油地质理论为指导进行预测，发展到现在将先进的理论与先进的探测技术相结合，采用正确的勘探程序，有效地降低勘探风险，提高了勘探成功率，加速了油气藏的发现。

（1）寻找油气苗

油气苗是地下油气藏在地表的最直接、最明显的标志。早期的找油就是从寻找、观察出露到地表的油气苗入手的。勘探人员在野外特别注意寻找有没有石油及其迹象（如沥青）或冒气泡的水泉，这是最直观的找油气方法。我国的克拉玛依油田附近有"黑油山"，就是通过发现油气苗而引起注意，投入钻探后发现的（见图3-3）。独山子油田则以因有含油气的泥水长期溢流而成的"泥火山"而著称；玉门油田其旁有"石油河"和"石油沟"；延长油矿范围内沿延河沟谷有多处油苗出露；四川最早利用气井的自贡也有不少气苗可以点燃，古籍中就有记载。

图 3-3　克拉玛依的黑油山

凡是有油气苗的地区，就表明有石油或天然气存在，这就意味着可以找到油气田。

但是有油气苗存在的油气藏毕竟很少，一般埋藏浅，容易被破坏。油气苗实际上是油气藏被破坏的结果。绝大多数油气藏深埋地下，地面没有油气苗。这些油气藏是应用科学的理论和先进的探测方法、手段和技术发现的。

（2）运用先进的石油地质理论指导找油

近代石油工业初期，石油地质学家发现油气都聚集在背斜之中。背斜像一口倒扣在地下的锅，向上运移（油气密度小，在浮力作用下向上运动）的油气被倒扣的锅盖住，油气进入"锅"中聚集成藏，于是提出了"背斜理论"。结果根据这种理论，人们发现了大批的油田，促进了石油工业的发展。直至今天，"背斜理论"对油气勘探仍具有重要的指导作用。

随着油气勘探成功的经验和失败的教训的不断积累，人们发现油气不仅可以聚集在背斜之中，也可以聚集在其他形式的地质空间之中。到了20世纪30年代，"圈闭理论"诞生了。"圈闭理论"认为，油气不仅可以聚集在背斜中形成油气藏，也可以在非背斜的其他空间中聚集成藏。凡是能够阻止油气在储层中继续运移并在其中聚集起来的空间场所称为"圈闭"，背斜仅仅是众多圈闭类型中的一种。"圈闭理论"的提出，大大开阔了人们的找油视野和领域，结果在岩性变化、不整合、古地貌、火山岩等多种地质体中发现了大量的油气藏。20世纪80年代以来，石油地质学家又提出了"含油气系统"理论。该理论认为，尽管圈闭是形成油气藏的空间，但不是控制油气藏形成的唯一因素，油气藏的形成是生、储、盖、运、圈、保六大要素在时、空上的有利配合，任何一方面的缺乏和不利对油气藏的形成和保存都有重要的影响。油气从生油气区到圈闭聚集成藏是一个动态平衡的过程，油气的聚集部位是有规律的。"古油气系统"已经成为全世界指导油气勘探，有效降低勘探风险的重要理论。

（3）现代勘探技术简介

科学的理论只能指出寻找油气的大致方向，指导人们从宏观角度来把握油气分布规律，而真正要寻找具体的油气聚集带和油气（田），还必须借助于先进的勘探技术、方法和手段。

① 遥感地质技术　遥感技术是根据电磁波的理论，应用现代高新技术从高空或远距离

通过遥感器对研究对象进行特殊测量的一种方法。遥感地质，就是通过距离地球表面350～1500km高空的地球资源卫星拍摄地球表面的照片，然后进行地质分析，找出油气藏。

不同的地质体，由于其组成不同，原子数量排列组合方式的不同，它们本身所特有的发射和吸收电磁波的性质也不同，反射外来电磁波的性质也就不同。卫星照片能够记录不同地质体的反射电磁波段的特性。利用这个特性，把卫星照片上不同地质体的光谱转换为最后的卫星地质照片。通过地质人员对卫星地质照片的解释，结合地面调查和采集岩样分析研究，可以确定含油气盆地的位置、规模和形态，划分可能的生油区和有利的油气聚集带，指出地下一定深度内的较大的地质圈闭。

遥感技术作为一种快速、经济的勘探油气的手段，在我国西部地区油气勘探中的作用及效果非常显著。但它对小范围的微观地质问题反映精度较低，寻找存在于较深地层的储油圈闭的难度较大。

② 地震勘探技术　地震勘探技术是利用地层和流体（油气）对地震波的不同变化来寻找油气圈闭的方法。

在进行地震勘探时，采用人工放炮的方法产生人为的地震波。地震波在向地下传播过程中，由于不同的岩石的密度不同，在遇到不同岩石之间的界面时，会产生反射、折射和透射。在地面上利用仪器观察分析反射到地表的反射波，依据反射波传播的速度、时间就可以了解地下深处岩石界面的弯曲、断裂情况，加上反射波的振幅、频率、相位等特征参数就可以判断岩石的性质、流体（油、气）的情况等，这就是地震勘探的原理。

根据地震勘探的精度和方式，分为二维地震勘探和三维地震勘探。

早期的地震勘探是在地面的一条直线上（这条直线称为地震测线）放炮和接收地震波，这样就可得到测线下一条剖面的地质图像。这种测量方法称为二维地震。要想得到一个地区的地下情况，就要在地面上按一定间隔纵横交错平行布置许多测线，用二维剖面研究地下构造情况。将这些剖面排列起来，就可以得到一个地区的地下油气藏情况。世界上著名的中东油田、墨西哥湾油田、北海油田、里海油田和中国的大庆油田等都是靠二维地震方法提供圈闭的。

20世纪70年代，随着计算机技术的进步，出现了三维地震勘探技术。三维地震勘探技术是在二维地震勘探的基础上发展起来的，二维勘探得到的图形是个平面，而三维勘探，可以获得 x、y、z 三个方向的立体图像，一些在二维地震中难以发现的小圈闭和一些特殊的地质构造、地质现象，都能从三维地震的资料中较好地反映出来。

（4）地表化学勘探

由于油气是一种复杂的有机化合物，是一种能流动、渗透、扩散的物质，所以油气藏的上方的地表及其周围常常会形成某些异常现象。如由于某些物理化学或生物的作用，使一些稀有金属和生物也会发生异常，因此利用化学、物理化学和生物化学来研究与油气藏有关的气体成分、烃类含量、稀有金属、细菌种属等异常的方法称为地表化学勘探。

地表化学勘探的主要方法有：气体测量法、发光沥青法、水化学法和细菌法等。基于上述油气藏与"异常"的关系，可采用在勘探地区的地面（表土层以下）或剖面（露头或钻井）上，按一定间隔进行取样分析，了解有关成分、含量的变化。例如气体测量法，要系统分析样品中气体含量及成分，绘制等值线圈或地化指标变化剖面图，确定背景值和异常区，结合其他地质资料对勘探地区作出古油气远景评价。

地表化学勘探有时也会出现由于其他原因而引起的假异常。

3.3.2 石油的开采

将石油从地下"取"出来的过程称为油田开发或采油,常见的采油方法有以下几种。

(1) 自喷采油

石油在地下深处承受着巨大的压力,当采油井钻到油层时,则油层与地表连通,在巨大压力作用下石油将从井下向上喷出。这种井的采油方法称为自喷采油。采油井能不能自喷,是由油层压力的大小来决定的。压力大,喷劲就大;压力小,喷劲就小。当压力小到一定程度时,石油就喷不出来了。

自喷井的产量一般来说都是比较高的,例如中东地区最高的自喷油井日产油量可达万吨左右,我国华北油田也有日产千吨的自喷井,大庆油田的高产自喷井日产 200~300t。据统计,目前世界上约有 50%~60% 的石油是由自喷井开采出来的。由于这种方法不需要复杂昂贵的设备,油井管理比较方便,是一种经济效益较高的采油方法。所以,在油田开发过程中,人们都尽可能地设法保持油井能长期自喷。

(2) 机械采油

对于不能自喷的油井需要利用机械装置进行采油。经常采用的机械采油方法有抽油机采油、潜油泵采油、气举采油等,下面分别进行介绍。

① 抽油机采油 抽油机是通过下到井底的深井泵来完成采油的,它有工作筒和活塞。工作筒下部装有固定活门与油管连接,下到井筒液面以下。活塞是空心圆筒,上面有游动活门,用抽油杆下到工作筒里。抽油

图 3-4 抽油机采油

杆可以带动活塞上下运动。当活塞向上时,游动活门在液体压力下关闭,这时活塞上面的石油就从工作筒内提到上面的油管里去。同时,工作筒内的压力降低,油管外的石油就顶开固定活门流入工作筒内。当活塞向下时,工作筒内压力增加,固定活门关闭,石油就顶开游动活门流到活塞上面。这样活塞上下反复运动,井里的石油就被抽到油管里去,并不断地从油管内升举到井口。当前主要采用的是游梁抽油机,人们也习惯称它为"磕头机"。目前国内外油田约有 80% 的非自喷井都用这种抽油机来采油,如图 3-4 所示。

② 潜油电泵采油 潜油电泵主要由井下电动机、离心泵、保护器和地下电缆等组成。电动机装在井下,直接带动潜油泵,如图 3-5 所示。

图 3-5 电动潜油泵采油示意图

潜油离心泵和普通农用抽水机的道理一样是旋转式的。不过抽水机旋转叶轮级数少,而潜油离心泵的叶轮是多级的。电动机下到几百米甚至上千米的油井里,从井口下一根电缆接在潜油电动机上。当电缆通电后,潜油电动机旋转带动潜油离心泵的多级叶轮转动。每一级叶轮都给井底原油增加一定的压力,就如同抽水机给水增加压力一样。当原油经过多级叶轮转动后,压力会升得很高,于是油就被从井底举到井口。

潜油电动机由于直接带动潜油离心泵，省去了不必要的动力消耗。因此，它的功能比抽油机高得多，并能节约用电。它可用于较深的高产井，也便于实现油田生产自动化。

③ 水力活塞泵采油　这种泵是利用注入井内的高压液体驱动井下的液马达，液马达上下往复运动带动抽油泵抽油。水力活塞泵具有下泵深、泵效高、检修泵方便等特点，而且排量范围广，适用于稠油、高含蜡、低液面、方向井等情况的油井。特别对没有电源的外围井，可利用本井的天然气作发动机的燃料，带动地面高压泵来驱动井下泵抽油。我国山东胜利油田目前有几百台在应用。

④ 气举采油　气举采油是把天然气注入到采油井内油管和套管的环形空间，通过油管下部的一个阀门进入油管，使油管内的原油混入气体，使液柱压力降低，生产压差加大，不断将原油举升到地面。气举采油井口和井下工具都比较简单，但地面需要安装天然气压缩机. 一次投资成本较高，气举采油主要用于一些不适宜采用一般机械采油方法的油井，如高油气比例井，或有腐蚀性成分气、水的井或井下情况复杂的井。气举采油要有比较充足的天然气源。当前，我国仅在辽河和中原油田有少量气举油井。

⑤ 注水（气）采油　随着油田的开发，油层压力不断下降，为了向油层内补充能量，往往采取向油层注水或注气的办法。我国大多数油田都采用注水的方式向油层补充能量。注水采油大致分为两类：一类是晚期注水开发，就是油田靠天然能量开采已无法维持生产时，采用注水来进行二次采油；另一类则是早期注水开发的方法，也就是油田一投产，或开发早期阶段即开始注水，始终保持油层有足够的能量，保持稳产。我国注水油田的采油量占全国产油量的 90% 以上。大庆油田自 1960 年投入开发以来，创造了我国一整套早期分层注水开发的系统工程。在同一口注水井中，将注水层按渗透率的差异分为若干段，对各段实行分层定量注水，使各油层都能得到能量补充，保持了油井较长时间的自喷。大庆油田 1976 年年产量增加到 5000 万吨以后，一直稳产，到 1998 年油田年产量仍保持在 5500 万吨以上，2017 年完成原油产量 3952 万吨，天然气产量首次突破 40 亿立方米。

3.4　石油的炼制

从地下开采出来的石油是黄色乃至黑色的黏稠液体，是由烃类和非烃类组成的复杂混合物，各组分的沸点都不相同。利用石油中各成分沸点不同的特性，就可以用加热蒸馏的物理方法辅之以各种化学手段把它们分开，以生产出人们所需要的各种产品。这一过程称为石油的炼制。在石油炼制过程中，采用一系列化工加工方法，主要包含催化裂化、热加工、催化重整和加氢等来改变原有的产品结构，提高石油产品中汽油、柴油等常用油品的产量。

3.4.1　石油蒸馏

石油炼制的第一阶段为蒸馏。通过蒸馏的方法，把原油中沸点不同的物质分开为气体（炼厂气）、汽油、煤油、柴油、重油和沥青等不同的产品。

（1）石油的馏分

蒸馏是利用物理方法将原油中的各种碳氢化合物按一定温度范围在蒸馏塔设备中分开。将原油加热到一定温度，油中的碳氢化合物变成气体，不同的化合物气体有不同的凝结点，在不同温度下凝结成为液体，利用这种特性可将石油分成各种组成部分。在蒸馏过程中，热原油流入蒸馏塔靠近塔底部位，最重的碳氢化合物由于沸点高而凝结沉到下层，其他碳氢化合物以气体形式上升通过塔板，直至冷却凝结形成液体，然后通过管道送去进一步深加工。

原油的沸点范围很宽，将原油按沸点的高低切割为若干个部分，称为馏分。每个馏分的范围简称为馏程或沸程。原油通过蒸馏的方法，一般可分离成7~8个馏分（见表3-1）。

表 3-1　石油馏分的分布及用途

馏　　分	沸程/℃	组成和用途
气体	<25	C_1~C_4烷烃
轻石脑油	20~150	主要是C_5~C_{10}的烷烃和环烷烃,用作燃料
重石脑油	150~200	汽油和化学制品原料
煤油	130~250	C_{11}~C_{16},用作喷气式飞机、拖拉机和取暖燃料
粗柴油	200~400	C_{15}~C_{25},用作柴油机和取暖燃料
润滑油/重质燃料油	350	C_{20}~C_{70},用作润滑油和锅炉燃料
沥青	残渣	用于建筑方面

在常压蒸馏中，石油馏分中的气体一般为气态烷烃，包括从甲烷到丁烷，在常温下，它们都是气态，是天然气和炼厂气的主要成分。轻油主要是指20~200℃的汽油或石脑油馏分，有时候又将轻油划分为轻石脑油和重石脑油。轻石脑油主要是C_5~C_{10}的烷烃和环烷烃，用作燃料，有时又将其归入汽油馏分。而沸程在150~180℃的馏分为汽油。沸程在175~350℃的称为柴油馏分，有时再细分为175~275℃为煤油馏分，200~400℃的为柴油馏分。≥350℃的馏分，主要为润滑油和重质燃料油，残渣为沥青。

（2）原油的预处理

从油井采出的原油中除了含有碳氢化合物外，还携带有少量水、盐和泥沙。这些杂质给后续加工过程带来危害，必须先行除去。

原油自油罐抽出后，先与淡水、破乳剂按比例混合，经加热到规定温度，进入一级脱盐罐，经脱盐后，脱盐率在90%~95%。在进入二级脱盐前，还需注入淡水。经二级脱盐后，基本可以将原油中的盐脱去。

（3）原油的蒸馏

原油的蒸馏在分馏塔中进行，如图3-6所示。分馏塔为一柱状设备，中间安放了多层的塔板，在塔板上开有让气体上升以及液体流下的通道。在塔顶设有冷凝器，塔底设有加热元件，称为再沸器。

原油中的各组分由于分子结构不同，因此沸点也不同。轻组分沸点低，比较容易挥发，在加热时，容易气化。重组分沸点高，相对难挥发。在蒸馏过程中，每一层塔板上的液体，由于受热，那些轻组分气化成气体，穿过塔板上的通道，来到上一层塔板，与上一层塔板上的液体进行物

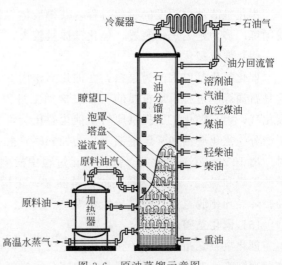

图 3-6　原油蒸馏示意图

质交换，沸点高的组分留下来，沸点低的组分继续向更上一层塔板流动。沸点高的组分由于难挥发，以液体形态留在塔板上，通过塔板上的通道流向下一层塔板，同时与上升的轻组分进行物质交换，经过这样多层的物质交换，在蒸馏塔里沿着塔的轴线形成了石油各组分的分布。轻组分逐渐聚集到塔的上部，重组分则聚集到塔的下部。按照需要在塔中某一馏分最多的位置开口引出该馏分，由此可以将原油进行分离。

从蒸馏的理论来说，要把 N 个馏分分离开，需要 N＋1 个塔，而在原油分离中，并不需要分离出纯的组分，因此都是采用馏程来表示某一温度范围的混合物，如煤油馏程在 130～250℃，柴油馏程在 250～300℃。

3.4.2　石油深度加工过程

常压直接蒸馏所得直馏汽油，其产率一般只有 10％左右。为了提高汽油和柴油的产量和质量，往往把蒸馏后所得各级产品再作进一步加工处理。重组分一般都是大分子烃，采用加工工艺将其分裂成为氢和分子较小的低碳烷烃与烯烃（四个碳以下的烃）的气体混合物，这称为裂化反应。另一种方法是根据产品需要，在有催化剂作用的条件下，对汽油馏分中的烃类分子结构进行重新排列成为新的分子结构的过程称为催化重整。

(1) 热裂化

热裂化是在高温（470～520℃）、高压下分解高沸点石油馏分（如常压重油、减压馏分），制取低沸点烃类——汽油、柴油以及副产气体和渣油的过程，汽油、柴油总产率在60％左右。副产气体称为热裂化气，主要是甲烷和氢气。热裂化过程中，烷烃、烯烃分解为较小分子的烷烃和烯烃；环烷烃发生断侧链、断环和脱氢反应，带侧链的芳烃断掉侧链或侧链脱氢。

(2) 减黏裂化

减黏裂化是浅度热裂化过程，目的是为了使重质高黏度油料（如常压渣油、减压渣油、全馏分重质原油、拔头重质原油等）转化为低黏度、低凝固点的燃料油。减黏裂化过程中也产生很少量的裂化气，仅为原料质量的 1％左右，而且主要是干气，故单独进行化工利用的意义不大。

(3) 焦化

焦化是渣油更深度的裂化过程，获得液体轻油、气体和石油焦。焦化装置有许多类型，我国炼厂多为延迟焦化装置。焦化气体量较大，主要是干气，可供合成氨和甲醇作原料气。

(4) 催化裂化

催化裂化是以重油为原料，在催化剂作用下，生产高辛烷值汽油的二次加工方法。当前它是石油炼制过程中最重要的一种二次加工过程。这个过程还副产含有 50％丙烯和丁烯的裂化气，为石油化工厂提供原料。催化裂化装置是炼厂气的主要来源，常以重质馏分油（减压馏分、焦化柴油和常压重油等）为原料。产物主要是收率为 40％～60％的车用汽油，同时产出 10％～20％裂化气。催化裂化过程中发生以下几种反应：烷烃和烯烃分解为更小分子的烷烃和烯烃；环烷烃开环或侧链断裂；正构烯烃变为异构烯烃；六碳环烷烃脱氢成芳烃；烯烃环化脱氢成芳烃；烯烃变为烷烃。

(5) 催化重整

催化重整是指烃类分子在催化剂作用下重新排列成新分子结构的工艺过程。一般是对轻油（直馏汽油或经过加氢的裂化汽油馏分）进行重整，以铂金属作催化剂，故又称铂重整。

催化重整于 20 世纪的 40 年代即已工业化，既能为石油化工的纤维、橡胶、塑料三大合成材料提供苯、甲苯、二甲苯，又能为交通运输提供高辛烷值的车用汽油和航空汽油组分，还副产大量廉价氢。

重整产物中液体占 80%～90%，其中含芳香烃 25%～60%，因原料的化学组成而异。芳烃包括苯、甲苯、三种异构体的混合二甲苯和乙苯。反应中生产 1%～3% 的含氢气体，其氢气浓度为 75%～90%。重整过程产生的气体称为"重整气体"；从产品分离器分出的"高压气"和从产品分离器出来的液体经稳定塔后得到"低压气"。

(6) 加氢精制

这是各种油品在氢压下进行改质的一种统称。加氢精制用的催化剂有钼酸钴、钼酸镍和钼-钴-镍-氧化铝。加氢精制可用来处理各种轻质油品，如粗汽油、粗柴油、直馏汽油、灯油、柴油等。能使油品中的烯烃饱和，脱除其中的硫、氧、氟及金属杂质等有害组分。

(7) 延迟焦化

组成石油及各馏分的碳氢化合物，在隔绝空气加热时，要发生不同程度的裂解。即大分子转化成小分子，产品的沸点下降，液体的黏度下降，一般是分子量大的分子容易裂解，所需要的反应温度低。裂化反应的最终产物是焦炭。当原料在高温下裂化时，还伴有脱氢、缩合等反应，原料、中间产物、产物彼此之间会发生多种化学反应生成分子量较高、含氢量较少的物质，最终可形成焦炭。前述的催化裂化、催化重整、加氢裂化是以液态产物为主，尽量避免生成焦炭造成物料损失，特别是要防止催化剂性能下降。

而延迟焦化和以上工艺不同，焦化是加热重质油品使其裂解、聚合变成轻质油、中间馏分油和焦炭的加工过程。而延迟焦化则是使重质油在管式加热炉中用高强度加热办法，使其在短时间内达到焦化反应所需的温度，之后迅速离开加热炉而进入焦炭塔，这样一来，焦化反应不在加热炉中进行而延迟到焦炭塔中，故称延迟焦化。

油焦炭为目的，同时获得气体和液体产物。由于分子量较大的物质易生成焦炭，故延迟焦化用的原料是高沸点的渣油。渣油含硫量大，导致焦化生产的汽油、柴油质量不高，杂质多，需精制后使用。

石油深加工的路线简单表示在图 3-7 中。

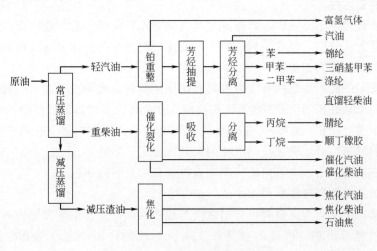

图 3-7 石油深度加工路线

原料油在加热炉快速加热后进入焦炭塔进行裂化和缩合生焦反应。当塔内焦炭积累到一定高度后，原料再进入另一焦炭塔。充满焦的焦炭塔用水蒸气吹扫降温后，用水力除焦设备除去焦炭。焦炭塔排出物经分馏后可得各种汽油、柴油。

3.5　石油产品

石油经炼制和加工后可得到数以千计的石油化工产品，最常见的包括汽油、煤油、柴油、液化石油气等油品，其他为石油化工产品。

3.5.1　汽油

汽油是汽车和螺旋桨式飞机的燃料。汽油质量的好坏，不仅对行驶（飞行）的里程有很大影响，而且也直接关系到汽油发动机的使用寿命。汽油的质量标准涉及许多方面，其中最重要的是蒸发性、抗爆性和安定性。

（1）汽油机对燃料的使用要求

汽油机主要用于轻型汽车、摩托车、螺旋桨式飞机及快艇等运输工具，为这些运输工具提供驱动力。对汽油的使用要求主要有：①良好的蒸发性能；②良好的燃烧性能，不产生爆震现象；③储存安定性好，生成胶质的倾向小；④对发动机没有腐蚀作用；⑤排出的污染物少。

（2）汽油的蒸发性

蒸发性是汽油最重要的特性之一。汽油进入发动机汽缸之前，先在汽化器中汽化并同空气形成混合物。汽油在汽化器中蒸发得是否完全与它的蒸发性有关。汽油的轻质馏分越多，它的挥发性越好，同空气混合得越均匀，在汽缸内的燃烧越完全。若汽油的蒸发性不好，混合气中含有油滴，会使燃烧过程变坏。由于燃料的不完全燃烧，一部分燃料与废气一道排出，另一部分将沉积在汽缸壁上，稀释润滑油，造成烧蚀和汽缸磨损。

但是汽油的蒸发性也并不是越高越好，蒸气压过大，说明其中的轻组分太多，油料在输油管中挥发产生气泡，使管路发生气阻，中断供油，并迫使发动机停止运转。

评定汽油蒸发性能的指标是馏程和饱和蒸气压。

（3）汽油的安定性

当汽油中含有烯烃、芳香烃、硫以及氮化合物等不安定组分时，在储存过程中容易发生氧化、缩合反应生成胶质，储存后的汽油颜色变深。使用时在机件表面生成黏稠的胶状沉淀物，高温下可进而转化为积炭。

表示汽油安定性的质量指标有实际胶质和诱导期两项，实际胶质表示汽油中可溶性胶质的含量，此值越低越好，用150℃热氮气吹扫使汽油全部蒸发之后的残留物。

诱导期表示当汽油在100℃、0.7MPa的氧气分压下，发生明显氧化反应而导致氧气分压下降所经历的时间。诱导期越长，汽油的抗氧化安定性越好。

为了改善汽油的安定性，可向汽油中加入抗氧剂和金属钝化剂。

（4）汽油的抗爆性和汽油标号

汽油在发动机中燃烧不正常时，会出现机身强烈震动，并发出金属撞击声。致使发动机功率下降，排气管冒黑烟。严重时可导致发动机机件的损坏，这种现象称为爆震，也称爆燃。

衡量燃料是否易于发生爆震的性质称为抗爆性。汽油抗爆性用辛烷值（octane number，简称 ON）来表示。规定具有抗爆性很好的异辛烷的辛烷值为 100，抗爆性最差的正庚烷的辛烷值为 0。汽油的辛烷值等于两者混合物中所含异辛烷的体积分数，例如 90% 的异辛烷和 10% 的正庚烷混合的汽油，其辛烷值就是 90。

车用汽油的标号以汽油混合物的辛烷值表示。目前我国车用汽油国家标准有 90#、92#、95# 和 98# 四个标号，分别对应于汽油相应的辛烷值。汽油标号越大，表示其抗爆性越好。90# 和 92# 汽油分别对应于压缩比不高于 8.2 和压缩比不高于 8.5 的发动机，适用于一般轿车。95# 和 98# 汽油对应于压缩比高于 9.0 的发动机，适用于高级轿车。

提高辛烷值制取高质量的汽油是汽油改性的主要目标，为此有两种基本的方法：一种是通过石油馏分的化学转化来改变汽油的烃类组成，以获得高辛烷值的汽油；第二种是在汽油中加入添加剂。

几十年来，在汽油中添加抗爆剂四乙基铅一直是提高汽油辛烷值的主要方法。如在直馏汽油中加入 0.13% 的四乙基铅，辛烷值可提高 20～30 个单位。四乙基铅是一种带水果味、有剧毒的油状液体，排入大气中的铅可通过呼吸道、食道或有伤口的皮肤进入人体，而且很难排泄出来。当人体内的含铅量积累到一定量时，就会发生铅中毒，危及肾脏和神经。所以国内外已限制汽油中铅的加入量，逐步实行低铅化和无铅化，提高车辆尾气污染物排放标准，实现汽车质量升级。许多发达国家无铅化进程时间较长。美国从 1975 年提出汽油无铅化，到 1996 年全面禁止销售含铅汽油，用了 21 年时间；日本从 1975 年普通汽油无铅化，到 1987 年普通优级汽油全部不加铅，用了 12 年时间；欧盟国家 1996 年无铅汽油市场占有率也只有 60%。而我国从 1993 年提出无铅汽油行业标准，到 2000 年实现无铅化，只用了 7 年时间。同时在 2000 年我国汽油质量还实现了标号升级、无铅化和组分优化三步并为一步走，虽然起步较晚，但发展速度很快。

随着石油炼制技术的发展和环境保护的要求，通过提高汽油中的异辛烷的体积分数正逐渐成为提供优质汽油的根本方法。通过改进炼油技术，发展能生产高辛烷值汽油组分的炼油新工艺，如采用催化裂化、催化重整、烷基化、异构化、加氢裂化等方法提高汽油辛烷值。

(5) 污染物排放

研究表明，汽、柴油中最重要的污染物是硫。由于原油中天然含硫，经过炼制过程也还有硫残存在产品中，经过汽车发动机的工作过程产生变化并最终影响大气环境。硫影响大气环境主要体现在两个方面：①油品中含硫量大，汽车尾气中 SO_2 的排放量就增加；②高含硫汽车尾气会导致尾气催化剂中毒失效，从而引起尾气中 CO、NO_x 和 VOCs 排放量增加。

烯烃中的 1,3-丁二烯是致癌物质，减少汽油中的烯烃含量就可以减少 1,3-丁二烯的排放量。另外汽油中的烯烃易形成胶质和积炭，造成输油管路堵塞，影响发动机的效率，增加 NO_x 等污染物的排放。

芳香烃类物质对人体的毒性较大，尤其是以双环和三环为代表的多环芳烃毒性更大。汽、柴油中芳烃含量高，会使汽车尾气排放物中的芳烃含量增加，环境危害相应提高。基于以上原因，发达国家纷纷对成品油中的芳烃含量执行越来越严格的限制。

当今清洁燃料成为各国炼油行业的主要发展方向。20 世纪 80 年代以后，世界各国相继提出了降低汽油含铅量直至完全禁止加铅的要求，并从保护环境的角度对汽车排放的 SO_x、NO_x、CO、挥发性有机化合物（VOCs）及微粒等污染物提出了更为严格的限制。

为使汽油既能达到环境保护的要求，又具有较好的抗爆性，目前所采取的措施主要是掺入一定量的醚类化合物。常用的主要有甲基叔丁基醚（MTBE）、乙基叔丁基醚（ETBE）和甲基叔戊基醚（TAME）三种醚类，它们的辛烷值分别为118、118和115。其中最常用的是MTBE。这些醚类化合物都能与烃类完全互溶，具有良好的化学稳定性，蒸气压也不高，加入汽油中还有助于降低汽油机尾气中污染物的排放量。

3.5.2　航空煤油

航空煤油专用于航空飞行器的发动机上，尤其是喷气式飞机使用日益广泛，喷气燃料的消耗量迅速增加。喷气发动机是一种将燃料的热能转换为气体的动能，使气体高速喷出而产生推力的热力机。喷气式飞机具有飞行高度高、飞行航程远和飞行速度快等特性，因此对燃料有着特殊的要求。

（1）喷气发动机对燃料的要求

对喷气发动机燃料质量的主要要求有：①良好的燃烧性能；②适当的蒸发性；③较高的热值；④良好的安定性；⑤良好的低温性；⑥无腐蚀性；⑦良好的洁净性；⑧较小的起电性；⑨适当的润滑性。

（2）喷气燃料的燃烧性能

喷气燃料燃烧时，首先是要求易于启动和燃烧稳定，其次是要求燃烧完全。燃料的启动性取决于燃料的自燃点、可燃混合气发火所需的最小点火能量、燃料的蒸发性大小和黏度等性质。喷气燃料的雾化性和蒸发性取决于燃料的馏程、蒸气压和黏度。燃料馏分越轻，燃烧性能越好，启动也越方便，但馏分轻，则热值偏低。

燃料燃烧的稳定性与燃料的烃类组成及馏分轻重有密切关系。正构烷烃和环烷烃的爆炸极限范围较芳香烃为宽，所以从燃烧的稳定性角度看，烷烃和环烷烃为较理想的组分。燃烧完全度指单位燃料燃烧时实际放出的热量占燃料净热值的百分率，它直接影响飞机的动力性能、航程远近和经济性能。燃料燃烧的完全度一方面受进气压力、进气温度和飞行高度等工作条件的影响，另一方面也受燃料黏度、蒸发性和化学组成的影响。

因此，喷气燃料的馏分必须根据各有关因素选定，目前一般用150～250℃的馏分。

（3）喷气燃料的热值和密度

喷气发动机的推力取决于所用燃料的热值。对于喷气燃料，不仅要求有较高的质量热值（kJ/kg），而且也要求有较高的体积热值（kJ/dm³）。质量热值越大，发动机推力越大，耗油率越低。由于飞机的油箱体积有限，这就要求燃料有尽可能高的体积热值。这也意味着喷气燃料要有较大的密度。这样，在一定容量的油箱中燃料可以有更多的能量。

喷气燃料的热值和密度与其化学组成和馏分组成有关。喷气燃料中烷烃的质量热值最大，环烷烃次之，芳香烃最低。而密度正好相反，芳香烃最大，环烷烃次之，烷烃最低。所以为达到良好的燃烧性能和不致生成游离碳，必须限制芳烃含量不大于20%。

（4）喷气燃料的安定性

喷气燃料的安定性包括储存安定性和热安定性。

① 储存安定性　喷气燃料在储存过程中由于其中含有少量不安定的成分，如烯烃、带不饱和侧链的芳烃以及非烃化合物等，容易使胶质、酸度等增加。

② 热安定性　当飞机在大气层中飞行时，与空气摩擦产生热量，使飞机表面温度上升，将导致油箱内燃料温度上升，最高可达100℃以上。在这样高的温度下，燃料中的不安定组分便容易氧化生成胶质和沉淀物。这些胶质沉积在热交换器表面上，导致冷却效率降低；沉

积在过滤器和喷嘴上会使过滤器和喷嘴堵塞，并使喷射的燃料分配不均，引起燃烧不完全等。因此一般民用航空喷气燃料要求燃料温度到150℃时动态热安定性良好。

（5）喷气燃料的低温性能

喷气燃料的低温性能是指在低温下燃料在飞机燃料系统中能否顺利地泵送和过滤的性能。喷气式飞机在冬季低温启动或急速拔高到高空同温层（温度−54℃左右）时要求油路系统能正常供油。喷气燃料在低温情况下不能析出冰块或石蜡结晶，否则会堵塞燃料滤清器及输油系统而造成危害。由于煤油馏分在大气中可能吸收或溶解水分，为防止水分结冰，喷气燃料的质量标准规定燃料中水分最多不超过0.005％。为防止煤油结冰，一些喷气燃料都要加入体积分数为0.10％～0.15％的乙二醇、单甲醚等防冰剂。

喷气燃料的低温性能是用结晶点或冰点来表示的。

不同牌号航空油料的结晶点不同，用于军事或寒冷区域的不能高于−60℃，用于一般民航时不得高于−47℃。不同烃类的结晶点相差很大，分子量较大的正构烷烃和某些芳烃的结晶点较高，而环烷烃和烯烃的结晶点较低。在同族烃中，结晶点大多随其分子量的增大而升高。

（6）喷气燃料的其他特性

喷气燃料除了以上的要求外，还要考虑燃料的腐蚀性、洁净度和润滑性等。

航空煤油主要有三个来源：①原油的馏出产物，包括149～280℃的窄馏分和60～280℃的宽馏分；②掺和催化裂化的产物；③利用加氢裂化装置生产的产物。在生产过程中对主要成分加以必要的精制工序，再根据油料的不同要求加入各种改性的添加剂，如抗氧化剂、金属钝化剂、抗静电剂、润滑性改进剂、腐蚀抑制剂、防冰剂和消烟剂等。

3.5.3　柴油

柴油在工业、农业、交通和国防等各个领域的用量都十分可观。各种内燃机、拖拉机、柴油发电机、载重汽车、坦克、船舶、舰艇等，大多采用柴油发动机。

（1）柴油机的做功原理

柴油机为压燃式发动机，在柴油机进气行程中，吸入的是纯净的空气，在压缩行程将要终了时（一般在上止点前100°）才将燃料喷入汽缸内，燃料喷射延续的时间约相当于曲轴转角100°～350°。压缩终了时汽缸内空气压力一般不低于3.0MPa，温度不低于500～700℃，由于这个温度超过了柴油的自燃点，最初喷入汽缸内的部分雾化柴油很快受热蒸发，与空气混合气化后燃烧，燃烧温度高达1500～2000℃。继续喷入的柴油在高温下也随即蒸发燃烧，放出热量、膨胀、做功。当膨胀终了时缸内气体温度下降到700～1000℃，随即开始排气行程，排气终了时温度降到300～500℃。要使柴油完全燃烧，必须使油雾在短时间内完全蒸发，并与压缩空气混合良好，所以要用较大的压力喷油，并使高流速的油雾和高压的压缩空气气流相混合。柴油发动机的燃烧室一般做成涡流型或球型，以便获得具有涡流作用的混合气流，促使油雾更为细碎而加速蒸发，形成均匀的混合气。

（2）柴油机对燃料的使用要求

柴油机燃料的使用要求有：①良好的自燃性能；②良好的蒸发性能；③适当的黏度和良好的低温流动性；④良好的安定性；⑤对机件无腐蚀性；⑥良好的清洁性能。

（3）柴油的自燃性

柴油的自燃性是指喷入燃烧室内与高温高压空气形成均匀的混合气之后，能在规定的时间内发火自燃并正常地完全燃烧。

根据柴油机的做功过程，空气进入汽缸内被压缩到 3.5MPa 以上，温度将达到 500～600℃。压缩将结束时，用高压油泵将柴油喷射入压缩空气中，柴油立即受热蒸发，与空气形成混合物。因柴油自燃点低，可迅速被氧化而自燃。如果柴油的自燃点过高，柴油从喷入汽缸开始到发生自燃的一段时间（称为滞燃期）就会被拖长，会使汽缸内积聚过多的燃料，一旦同时发生燃烧就会造成汽缸内压力剧增，引起爆震现象，使发动机功率下降，机件受损。因此柴油的自燃点要低，喷油后要能迅速自燃。

柴油的十六烷值与汽油的辛烷值相似，是衡量燃料在柴油发动机中发火性能的指标。自燃点为 205℃ 的正十六烷是抗爆性最好的柴油机燃料，规定它的十六烷值为 100。规定自燃点为 427℃ 的 2,2,4,4,6,8,8-七甲基壬烷的十六烷值为 15。十六烷值高，表明该燃料在柴油机中发火性能好，滞燃期短，燃烧均匀且完全，发动机工作平稳；但十六烷值过高，也将会由于局部不完全燃烧，而产生少量黑色排烟，造成油耗增大，功率下降。各种不同压缩比、不同结构和运行条件的柴油机使用的燃料，各有其适宜的十六烷值范围。一般来说，转速大于 1000r/min 的高速柴油机以使用十六烷值为 45～50 的轻柴油为宜；低于 1000r/min 的中、低速柴油机可使用十六烷值为 35～49 的重柴油。

柴油的十六烷值取决于其化学组成，各族烃类十六烷值的变化规律大致是：各族烃类的十六烷值随分子中碳原子数的增加而增高；相同碳数的不同烃类．以烷烃的十六烷值为最高，烯烃、异构烷烃和环烷烃居中，芳香烃特别是稠环芳香烃的十六烷值最小；烃类的异构程度越高，环数越多，其十六烷值越低；环烷和芳烃随所带侧链长度的增加，其十六烷值增高，而随侧链分支的增多，十六烷值减小。

（4）柴油的蒸发性

柴油要求有适宜的蒸发性。柴油机内可燃混合气形成的速度主要由柴油的蒸发速度决定，而柴油蒸发速度的快慢，又由柴油馏分的轻重决定。轻馏分越多，则蒸发速度越快。柴油机转速越快，则要求柴油的蒸发速度越快。柴油馏分过重，则蒸发速度太慢，从而使燃烧不完全，导致功率下降，油耗增大，以及由于润滑油被稀释而磨损加重等。我国柴油标准的馏程一般控制在 200～380℃ 范围内。高速柴油机要求低于 300℃ 馏程的轻柴油馏分不小于 50%。重柴油没有严格规定馏分组成，只限制残留量。

（5）柴油的流动性

黏度是柴油的一项重要指标，对发动机的供油量大小及雾化的好坏有密切关系。燃料黏度过大，使泵的抽吸效率降低，因而减少对发动机的供油量，同时喷出的油流不均匀，雾化不良，燃烧不完全，终将增加燃料单耗和在机件上的积炭。我国对轻柴油要求 20℃ 时运动黏度为 $2.5 \times 10^{-6} \sim 8.0 \times 10^{-6} \, \text{mm}^2/\text{s}$。

柴油尤其强调在低温下的流动性能，不仅关系到柴油机燃料供给系统在低温下能否正常供油，而且与柴油在低温下的储存、运输等作业能否进行有密切关系。柴油的低温流动性与其化学组成有关。其中正构烷烃的含量越高，则低温流动性越差。我国评定柴油低温流动性能的指标为凝固点。

柴油的牌号标志着凝固点的高低。例如 0 号表示该号柴油的凝固点是 0℃，只适用于最低气温在 4℃ 以上的地区使用；-35 号表示柴油凝固点是 -35℃，适用于我国北方和高寒地区。我国地域辽阔，四季温差很大，只有根据气温选用不同凝固点的柴油才能既保证供应又合理使用资源。

直馏柴油可以加入高分子聚合物作降凝剂来降低其凝固点，例如乙烯、醋酸乙烯酯共聚物等，其作用是使油中的蜡析出时只形成微小的结晶，而不会堵塞燃油过滤器，更不会凝固。一般加入质量分数为 0.05% 的降凝剂就可使柴油的凝固点降低 10~20℃。

（6）柴油的其他特性

柴油油品除了以上的特性外，还要考虑安定性、腐蚀性与磨损、洁净度以及安全性等。

3.5.4 润滑剂

机器在运行中，不可避免地会产生摩擦。据估算世界能源的 1/3~1/2 是以不同形式消耗在克服机件的摩擦上。节约机器设备所消耗的动力、延长机器和机件的寿命、提高它们工作的可靠性，一个重要的方面就是设法降低摩擦和磨损。在机械工业中，广泛使用以石油为原料制得的润滑油和润滑脂作为润滑材料。

润滑油一般是指在各种发动机和机器设备上使用的石油液体润滑剂。润滑油的主要作用是减少机械设备运转时的摩擦，同时还可以带走摩擦产生的热量，冲洗掉磨损的金属碎屑，并有隔绝腐蚀性流体、保护金属面的密封作用。

（1）润滑油的使用要求

润滑油的品种数以百计，但总体来说必须要有合适的黏度并且黏温性能良好。润滑油要在机件的摩擦表面形成一薄层，从而减少机件的摩擦，所以必须有合适的黏度。而黏温性质则表示润滑油在一个比较宽的温度范围内都能保持适当的黏度。

（2）润滑油的分类

由于各种机械的使用条件相差很大，它们对所需润滑油的要求也不一样，因此润滑油按其使用的场合和条件的不同，分为很多种类。

我国参照国际标准制定的润滑油分类标准，将润滑油按应用场合不同分成十九类（见表 3-2）。在每一类中又分为若干个品种，如内燃机油类中就包括了汽油机油、柴油机油、铁路内燃机车用油、船用汽缸油、航空发动机油和二冲程汽油机油等，在每个品种中再细分成许多牌号。

表 3-2　润滑油的分类

类别	名　　称	类别	名　　称	类别	名　　称
A	全损耗系统油	H	液压系统用油	T	汽轮机油
B	脱模油	M	金属加工用油	U	热处理用油
C	齿轮油	N	电气绝缘用油	X	润滑脂
D	压缩机油	P	风动工具用油	Y	其他应用场合用油
E	内燃机油	Q	热传导油	Z	蒸汽汽缸油
F	主轴承、轴承、离合器用油	R	暂时保护防腐蚀用油	S	特殊润滑剂应用场合
G	导轨油				

润滑油按其使用场合不同分为下列几类。

① 内燃机润滑油　包括汽油机油、柴油机油等。这是用量最多的一类润滑油，约占润滑油总量的一半，对油品质量要求较高。

② 齿轮油　齿轮传动装置上使用的润滑油，主要特点是在机件之间耐受的压力可高达 600~4000MPa。

③ 电气用油　这类油在使用中并不起润滑作用，而是起绝缘作用，习惯上也归入润滑油范畴。

④ 液压油　在传动、制动装置及减震器中用来传递能量的液体介质，它同时也起润滑

及冷却作用。

⑤ 机械油　在条件不太苛刻的一般机械上使用的润滑油，其数量仅次于发动机润滑油。

⑥ 工艺用油　包括各种金属切削液、热处理液及成型液等。

除此之外，还有汽轮机油、冷冻机油、汽缸油、压缩机油、仪表油和真空泵油等具有特定用途的润滑油。

润滑油视使用条件苛刻的程度分为轻级、中级和重级，高速和低速，高温和低温等级别。

（3）润滑油的生产

润滑油通常是由从常压塔底流出的重油经过减压蒸馏制取的。由减压塔获得的润滑油馏分，经过精制加工，可以生产出能够满足不同要求的各种成品。精制的方法主要有溶剂精制、酮苯脱蜡、尿素脱蜡、丙烷脱沥青和加氢精制。加氢精制近年来发展较快，多用于生产高级润滑油。

3.5.5　其他石油产品

在炼油厂以原油为原料生产燃料、化工原料和润滑油等液体油品的同时，还能得到一些固体石油产品——石油蜡、石油沥青、石油焦、液化石油气。它们的产量虽然不多，但由于特殊的性质和用途，产品附加值较高，在国民经济的各个领域都有应用。

（1）石蜡和微晶蜡

从原油 350～500℃ 馏分油中制取的蜡称为石蜡，以正构烷烃为主，呈大的片状结晶；从 >500℃ 减压渣油中制取的蜡称为微晶蜡，除正构烷烃之外，还含有大量异构烷烃和带长侧链的环烷烃，呈细微的针状结晶。

石蜡的应用非常广泛，在蜡烛、包装、绝缘材料、造纸、文教用品、火柴、轮胎橡胶、制皂、食品、医药、化妆品等行业中都有应用。石蜡按精制深度（含油量）分为全精炼蜡、半精炼蜡、食品用蜡和粗石蜡四种，每种又按蜡熔点的不同构成系列牌号。

微晶蜡曾称为地蜡，它的分子量大、熔点高、硬度小、延伸度大，受力后可发生塑性变形，具有良好的密封性、防潮性、柔韧性和绝缘性。

微晶蜡常用于电气绝缘材料、密封材料、铸模造型材料，是制造许多日用品，如软膏、香脂、发蜡、鞋油、地板蜡、食品包装纸、蜡纸等的原料，它也是制造润滑脂和特种蜡的原料。随着应用范围的不断扩大，需求量增加较快。微晶蜡用量约为石蜡类产品总量的 1/10。

（2）石油沥青

常温下石油沥青为黑色固体或半固态黏稠物，它是从残渣油中得到的，产量约占石油产品总量的 3%。石油沥青分为道路沥青、建筑沥青、乳化沥青和专用沥青四种。乳化沥青是用加水、加乳化剂的方法将沥青稀释，便于施工时喷撒。专用沥青包括绝缘沥青、油漆沥青、橡胶沥青和电缆沥青等。

道路沥青用于铺筑路面，其性能的优劣对沥青路面质量的影响很大。使用性能要求具有一定的硬稠度、延度、耐热性、感温性、低温抗裂性、耐老化性。特别是重交通沥青用于交通流量大、承受重负荷的高速公路路面，比普通道路沥青要有更大的延度、更好的高温稳定性、低温抗裂性、抗磨损性和耐老化性。随着我国高速公路的迅速发展，对高等级道路沥青的需求日益增大，但受我国原油中高含硫、重质环烷基原油品种缺乏的限制，高质量沥青总是供不应求。近年来发展了改性沥青，如用丁苯胶乳改性的沥青，对其使用性能有较多的改善。

建筑沥青主要用于屋面、地面的防水防潮层，以及其他建筑方面的铺盖材料，也用于防腐和防锈涂料等。它是用残渣油经过氧化后制得的。对建筑沥青主要的质量要求是黏结性好和抗水防潮性好，软化点高，温度敏感性要小，低温下不脆裂，高温下不流淌。

（3）石油焦

石油焦来自石油炼制过程中渣油的焦炭化。石油焦是一种无定形碳，灰分很低，可以作为制造碳化硅和碳化钙的原料，用于金属铸造以及高炉冶炼等。如经进一步高温煅烧，降低其挥发分和增加强度，则成为制作冶金电极的良好原料。

延迟焦化生产的普通石油焦，可以用于冶炼工业的石墨电极、绝缘材料、碳化硅或作为冶金工业燃料。

（4）液化石油气

液化石油气是指石油当中的轻烃，以 C_3、C_4（丙烷、丁烷和烯烃）为主及少量 C_2、C_5 等组分的混合物，常温常压下为气态，稍加压缩后成为液化气，装入钢瓶送往用户。

为改善汽车尾气对大气的污染，公共汽车及出租汽车等大量改装使用液化石油气替代汽油。

（5）炼厂气

原油一次加工和二次加工的各生产装置都有气体产出，总称为炼厂气。它包括催化裂化气、热裂化气、焦化气、减黏裂化气和重整气。各装置的产气量和组成并不相同。就组成而言，主要有氢、甲烷、乙烷、乙烯、丙烷、丙烯、丁烷和丁烯等。它们的主要用途是作为生产汽油的原料和石油化工原料以及用于生产氢气和氨。

供城市居民生活及服务行业替代煤炭作燃料用的液化石油气，主要是炼厂气以及油田的轻烃。

使用炼厂气作为燃料有利于改善环境。不过，从石油炼制技术经济角度来看，炼厂气中所含轻烃（特别是丙烯和丁烯）是宝贵的化工原料，经过气体分馏和进一步加工可以生产出高附加值的石油化工产品。因此，炼厂气用作城市燃气应该是一个过渡性的行为，今后将逐步用天然气取代液化石油气。

3.6　石油化工产业在国民经济中的作用

石油化学工业简称石油化工，是指以石油和天然气为原料生产石油产品和石油化工产品的加工工业。石油经过炼制，制造各种油品，包括各种燃料油（汽油、煤油、柴油等）和润滑油以及液化石油气、石油焦炭、石蜡、沥青等。石油化学工业则是利用石油和天然气原料，应用先进的催化、裂化、重整加氢等技术，制造出成千上万种产品，广泛地应用于国民经济的各个领域，为人们的现代化生活提供了极大的便利。利用石油可以制造出很多有机化合物，如药品、染料、炸药、杀虫剂及人造纤维。裂化过程中所产生的乙烯、丙烯、丁烯、石蜡和芳香剂等产品，容易与其他化学物品化合，可用来制造出大量石油化工产品。例如把90L轻馏分石油炼成汽油，可供汽车行驶800km左右。但如果用这些石油原料也可制成20件聚酯（涤纶）衬衫。167m聚氯乙烯管、20件丙烯酸（腈纶）毛衣或500套尼龙紧身运动衣。所以石油化学工业的发展带动了汽车制造业、机械电子业、建筑业等各行各业的发展和进步，为国民经济的发展提供了巨大的支持。

3.6.1 石油化工技术的革新

在 20 世纪 60 年代，石油化工经历了全球的大发展，带来了技术上的突破。其中最主要的有催化技术、催化裂化技术、催化重整技术与加氢精制和裂化技术。

(1) 催化技术

在化学反应中，反应分子原有的某些化学键，必须解离并形成新的化学键，这需要一定的活化能。在某些难以发生化学反应的体系中，加入有助于反应分子化学键重排的第三种物质可以降低反应的活化能，因而能加速化学反应和控制产物的选择性及立体规整性，这第三种物质就称为催化剂。加入了借助于催化剂的反应称为催化反应。催化反应使许多原来缓慢的化学反应提高了反应速率。

20 世纪 50 年代，发明了 Ziegler-Natta 催化剂，高密度聚乙烯、聚丙烯、聚异丁烯、顺丁橡胶和乙丙橡胶等一批重要的合成材料实现了工业化。到了 20 世纪 60 年代，多相和均相催化技术相继出现，络合催化剂、沸石分子筛催化剂、多组分负载催化剂和各种新型催化剂纷纷出现，使石油化工涌现了一系列新工艺、新产品，奠定了石油化工在国民经济中的地位。

现代化工和石油加工过程约有 90% 是催化过程。

(2) 催化裂化技术

热裂化是依靠温度和压力的作用，在无催化剂的条件下，将重质石油馏分裂化成轻质石油馏分的操作过程。目的是将重烃裂解以改变其化学结构，提高轻质油品的收率。但热裂化操作温度高，选择性差，副产物多，加重了后序分离的负担，致使能耗大，效益差。催化裂化的主要作用是在催化剂的作用下，将重质油品裂化成高品质的轻质油品，是原油二次加工中最重要的一个加工过程，不仅可以克服能耗高的缺点，还可以通过催化剂的高选择性，减少副产物的产生，提高目标产物的产量。催化裂化技术已成为石油炼制的核心工艺之一。

(3) 催化重整技术

在催化剂作用下将汽油馏分的分子重新排列成新的分子结构的化学方法称为催化重整。采用铂催化剂的通常称铂重整；采用铂铼催化剂或多金属催化剂的通常称铂铼重整或多金属重整。

如果为了生产高辛烷值汽油，催化重整以馏程范围 80～180℃ 的直馏汽油馏分为原料，经过重整反应，生产出高辛烷值汽油，同时副产氢气。若为了生产芳烃，应选择馏程范围 60～145℃ 的烷烃和环烷烃。经重整反应，生产出芳烃。

(4) 加氢精制和加氢裂化

为了清除油品中的硫、氮、氧等杂原子以及金属杂质，改善油品的使用性能，在催化剂及一定的温度和压力的操作条件下，原料油与氢发生氢化反应，使油中的烯烃双键饱和，使烃类的硫、氮、氧化合物分别生成硫化氢、氨、水而被脱除，同时催化剂还能吸附原料油中的金属杂质，这一技术称为加氢精制。

在一定的温度下，以无定形硅酸铝（或硅酸镁）和非贵金属（Ni、W、Co、Mo）组成的催化剂的作用下，使重质原料油发生裂化、加氢、异构化等反应，生产各种轻质油品，这一过程称为加氢裂化。通过加氢精制和加氢裂化可以提高油品的质量，并增加轻质油的产量，同时大量生产有机化工产品所需要的原料。

3.6.2 石化产品的应用

除了人们所熟知的各种油品之外，还生产大量的石油化工产品。

(1) 石油化工基础原料

石油化工基础原料包括乙烯、丙烯、丁二烯、苯、甲苯及二甲苯，这三烯三苯是生产有机化工原料和合成树脂、合成纤维、合成橡胶三大合成材料的基础原料。

① 乙烯 乙烯在常温常压下为无色可燃性气体，具有烃类特有的臭味。炼厂催化裂化或热裂化气中含有大量乙烯，是乙烯的一个主要来源。其他来源于含 C_2 馏分的干气和焦炉气，干气中含有 8%～12% 的乙烯，焦炉气中也可以分离出约 3% 的乙烯。

乙烯最主要的用途是生产聚乙烯原料。乙烯聚合成为低密度聚乙烯、高密度聚乙烯、乙丙橡胶等。高、低密度聚乙烯可以制造薄膜、电缆衬套、管材等。乙丙橡胶用来制造轮胎、电线外皮、防水材料等。

乙烯经氧化后生成环氧乙烷和乙醛两类化合物。环氧乙烷反应生成乙二醇，用来制造聚酯纤维；反应生成聚醚，用来制造泡沫材料、弹性材料、黏合剂、表面活性剂等。

乙醛氧化反应生成乙酸，进一步深加工后可以制造染料、药物、维尼纶、塑料等。

将乙烯烷基化后，可以制造塑料、绝缘材料、工程材料和涂料等。乙烯卤化后，可以制成溶剂、冷冻剂、阻燃剂等。

② 丙烯 丙烯在常温常压下为无色、可燃性气体，在高浓度下对人体有麻醉性，严重时可导致窒息。丙烯同样来源于炼厂催化裂化或热裂化气，与乙烯联产。

丙烯最大的用途是制造聚丙烯。聚丙烯是制造塑料和合成纤维的原料。丙烯通过氨氧化，生成丙烯腈，可以用来制造丁腈橡胶、ABS 树脂、尼龙等。

丙烯通过烷基化，生成异丙苯，可以用来制造苯酚、丙酮、环氧树脂、酚醛树脂等。

③ C_4 烯烃 C_4 烯烃包括丁二烯、丁烯、丁烷等七种产品，经化学加工可制成高辛烷值汽油和化工产品。其中丁二烯是最重要的产品。

C_4 烯烃主要来源于炼厂催化裂化或热裂化装置所产的 C_4 馏分，裂解制乙烯时也联产 C_4。

丁二烯聚合，可以制造顺丁橡胶，与苯乙烯共聚生成丁苯橡胶；与丙烯腈共聚生成丁腈橡胶；与苯乙烯、丙烯腈共聚用来制造 ABS 塑料。丁二烯二聚，可以生成环辛二烯，用来制造尼龙 8，三聚可以生成环十二烯，用来制造尼龙 12。

正丁烯氧化生成顺丁烯二酸酐，可以制造增强塑料和农药。正丁烯聚合生成聚 1-丁烯，可以制造薄膜和管材，聚合生成聚异丁烯，可以制造黏合剂和密封胶。

异丁烯与甲醛反应，生成异戊二烯，用来制造合成橡胶。与甲醇醚化，生成汽油添加剂——甲基叔丁基醚（MTBE）。

正丁烷氧化生成乙酸，裂解生成乙烯和丙烯。

④ 芳烃 芳烃是一类很重要的石油化工产品，特别是苯、甲苯、二甲苯尤为重要。这三种产品简称 BTX 芳烃（B—苯、T—甲苯、X—二甲苯）。在总数约八百万种的已知有机化合物中，芳烃化合物约占 30%。芳烃是制造合成树脂、合成纤维、合成橡胶的基本原料。

芳烃主要来源于石油馏分催化重整生成油和裂解汽油，将催化重整生成油或裂解汽油在高温下裂解制得乙烯，并副产 BTX 芳烃，用低碳烃类或液化石油气也可选择性地转化成 BTX 芳烃。

苯氧化生成氯苯，用来制造医药和染料中间体。苯加氢生成环己烷，可以用来制造聚酰胺纤维。苯还可以氧化生成顺丁烯二酸酐。

甲苯氧化生成苯甲酸，用来制造染料中间体和医药。甲苯与乙烯烷基化，生成甲乙苯，是制造塑料的原料。

二甲苯异构化成对二甲苯，用来制造聚酯树脂和涤纶。二甲苯氧化成邻苯二甲酸酐，用来制造增塑剂、医药和染料中间体。

(2) 精细石油化工产品

精细石油化工产品是从石油产品中衍生出来的，通常它的产量不大，但品种多，产品附加值高。一般精细石油化工产品的投资为传统的石油化学品投资的 1/3～1/2，能耗是传统石化产品的 1/2，但附加值却比传统产品高 2 倍以上。而且这些产品大大丰富了人们的现代化生活。

精细石油化工产品有各种分类方法，大致包含以下几类：塑料、橡胶助剂；食品和饲料添加剂；颜料、染料和涂料；溶剂和黏合剂；农药；表面活性剂；信息化学品；功能高分子材料；催化剂、助剂和化工系统自用的化学品。

① 塑料 塑料的主要成分为高分子树脂，由于树脂本身存在着各种缺陷，如耐热性差，受热易降解，加工性能差等。通过向其中添加助剂可以改善其性能，达到增强、耐久的目的，所以塑料助剂是塑料不可缺少的成分。塑料助剂中最主要的有增塑剂和稳定剂两类。

增塑剂的主要作用是削弱聚合物分子间作用力，从而增加聚合物分子链的移动性，降低聚合物分子链的结晶性，也就是增加了聚合物的塑性。表现为聚合物的硬度、模量、软化温度和脆化温度下降，而伸长率、曲挠性和柔韧性提高。绝大多数增塑剂是通过醇和酸的反应生成酯类物质，如苯二甲酸酯、磷酸三甲苯酯、磷酸三丁酯等。

塑料在加工、储存和使用过程中，因受到光、氧、热、辐射和应力等方面的影响而导致其结构变化、性能变坏逐渐失去使用价值。在塑料加工中添加稳定剂可以改善上述因素的影响。稳定剂主要有抗氧剂，如对苯二胺、2,6-二叔丁基对甲酚、十四烷基酯等。热稳定剂有硬脂酸、环氧大豆油、芳基亚磷酸盐等。光稳定剂有水杨酸酯、二苯甲酮、苯并三唑等。

② 黏合剂 石油化工生产的黏合剂是黏合剂中数量最大的，主要有环氧树脂类、丙烯酸酯类、聚氨酯类和橡胶类。

环氧树脂类黏合剂有双酚 A 二甘油醚、丙三醇二甘油醚以及环氧基酚醛树脂等。

丙烯酸酯类黏合剂有以丙烯酸高级酯为主要成分的丙烯酸乳液，广泛应用于纺织工业、造纸工业和家具制造业。在丙烯酸乳液中加入光敏剂，可以用于黏结玻璃和有机玻璃等。

聚氨酯黏合剂的耐水性、耐热性、耐油性及耐低温性都十分优越，广泛应用于金属、皮革、橡胶、塑料和陶瓷等工业。聚氨酯黏合剂由异氰氨酯的自聚体，或由异氰氨酯与含多个烃基的化合物部分反应制得。

③ 表面活性剂 表面活性剂具有界面吸附、定向排列和生成胶束等性质，添加了表面活性剂，能显著降低乳液表面张力并改变体系界面状态。

表面活性剂主要有阴离子表面活性剂、阳离子表面活性剂和两性表面活性剂。

阴离子表面活性剂有十二烷基苯磺酸钠、脂肪醇硫酸钠、脂肪醇磷酸酯等。

阳离子表面活性剂有烷基胺盐类和季铵盐类。

参 考 文 献

[1] 杜祖四. 石油地质知识. 北京：科学普及出版社，1988.

[2] 王基铭，袁晴棠. 石油化工技术进展. 北京：中国石化出版社，2002.

[3] 段霞. 展望基础石化原料乙烯的工业发展. 当代化工，2002，31（4）：212-215.

[4] 潘景为. 石油开采. 北京：石油工业出版社，1992.

[5] 袁晴棠. 石油化工技术发展趋势初探. 当代石油石化，2002，10（9）：1-7.

[6] 曹鸿林等. 石油化学工业知识. 北京：中国石化出版社，1997.

[7] 钱伯章. 世界乙烯工业及其进展. 石化技术与应用，2003，21（1）：37-45.

[8] 乔映宾，段启伟. 石油化工技术的新进展. 化工进展，2003，22（2）：109-110.

[9] 申力生. 中国石油工业发展史. 北京：石油工业出版社，1984.

[10] 张厚福，张万选. 石油地质学. 北京：石油工业出版社，1994.

[11] 胡征钦. 21世纪的世界石油工业. 世界石油工业，1999，6（1）.

[12] 乌力吉. 中国石油化学工业发展历程及其思考. 北京化工大学学报，2003，（1）.

[13] 刘亚章. 谈谈石油天然气的可持续发展. 石油知识，1997，（6）.

[14] 姚国欣. 21世纪中国石化展望. 石化技术与应用，2001，19（1）：2-6.

[15] 朱小娟. 在贸易摩擦中成长的中国石油和化学工业. 现代化工，2004，24（5）：51-54.

[16] 韩福民等. 21世纪世界石油供给与需求预测. 世界石油工业，1999，6（3）.

[17] 爱德华 JD. 二十世纪世界能源. *Episodes*，1998，21（4）：279.

[18] 陈绍洲等. 石油加工工艺学. 上海：华东理工大学出版社，1998.

[19] 李维英. 石油炼制-燃料油品. 北京：中国石化出版社，2000.

[20] 胡德铭. 延迟焦化工艺进展. 当代石油石化，2003，11（5）：21-24.

[21] 黄正武. 液体燃料的性质和应用. 北京：烃加工出版社，1985.

[22] 张建芳，山江红. 炼油工艺基础知识. 北京：中国石化出版社，1994.

[23] 张景河. 现代润滑油与燃料添加剂. 北京：中国石化出版社，1991.

[24] 黄文轩. 润滑油与燃料添加剂手册. 北京：中国石化出版社，1994.

[25] 王基铭，袁晴棠. 石油化工技术进展. 北京：中国石化出版社，2002.

[26] 黄仲涛，曾昭槐等. 石油化工过程催化作用. 北京：中国石化出版社，1995.

第4章

天然气

天然气是世界上继煤和石油之后的第三大能源。它是一种优质、洁净的燃料，分布广泛、成本低廉、污染极小。天然气是目前世界上产量增长最快的化石能源，已成为全球最主要的能源之一。

4.1 天然气在未来能源格局中的重要地位

4.1.1 天然气是 21 世纪的重要能源

在常规能源中，天然气是一种优质清洁而且开采比较方便的能源，天然气已成为当今世界发展最快的一种能源。1980 年，世界天然气消费量为 $1.48 \times 10^{12} \, m^3$，2005 年增长到 $2.90 \times 10^{12} \, m^3$，2015 年增长到 $3.4686 \times 10^{12} \, m^3$。天然气在一次能源中的比例从 1980 年的 19％增加到 2015 年的 24％。

天然气与其他燃料相比，具有使用方便、热值高、污染少的显著特点，因为天然气不需要繁复加工直接可作为燃料。由于其氢碳比高，天然气的热值、热效率均高于煤炭和石油，而且加热的速度快，容易控制，质量稳定，燃烧均匀，燃烧时比煤炭和石油清洁，基本上不污染环境。天然气燃烧后生成二氧化碳和水，以天然气代替燃煤，可减少 NO_x 排放量 80％～90％，CO 排放量可减少 52％，并基本杜绝二氧化硫的排放，避免了城市酸雨的产生。天然气用作车用燃料时，二氧化碳排放量可减少近 1/3，尾气中一氧化碳含量可降低 99％。因此天然气是目前世界上公认的优质高效能源。

天然气的开采和运输成本都比较低，开采天然气的成本比开采煤炭要低 97％，而开采天然气的生产率则比开采煤炭要高 54 倍，也比开采原油高 5 倍。从开采和运输两项总投资来比较，天然气比原油低 4％，比煤炭低 70％左右。

在 21 世纪，随着人们的环保意识不断加强，利用清洁能源的呼声也越来越高。天然气因其燃烧后主要产物为二氧化碳和水，对环境污染小，因而得到了世界各国的普遍推广利用。它在世界一次性能源消耗中所占的比重与日俱增，以气代油、以气代煤，在改变能源消费结构、减轻环境污染、减轻对石油的依赖程度、缓解石油危机等方面，正发挥着越来越重要的作用。

4.1.2 世界天然气的储量和生产

(1) 天然气储量及气田地理分布

由于各种估算方法的不同，世界天然气的储量也不同，天然气资源储量估计值似乎随着估计时间的增加而增长，这反映了在科学技术发展的情况下会有新的预测技术，勘探出新的气田。截至 2015 年底，世界天然气探明储量为 $186.9 \times 10^{12}\,\mathrm{m}^3$。中东是世界上天然气储量最丰富的地区，占世界剩余可采储量的 42.8％。其次是欧洲及欧亚地区，占世界剩余可采储量的 30.4％。从国家的角度，伊朗拥有世界剩余可采储量的 18.2％，居第一位；俄罗斯居第二位，占世界的 17.3％；卡塔尔居第三位，占世界的 13.1％。

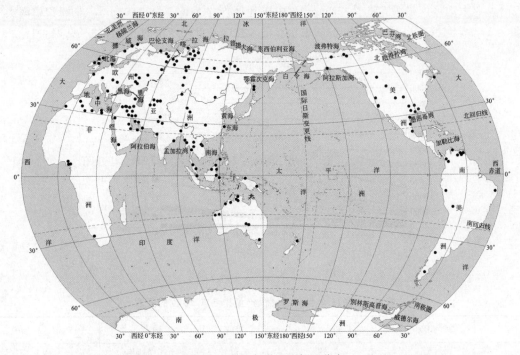

图 4-1　世界主要天然气田分布

由图 4-1 可知，世界大气田分布广泛，但主要集中于欧亚地区。截至 2002 年底，全球共发现大的油气田 877 个，这些大油气田集中分布于 27 个地区。在中东地区的波斯湾盆地和扎格罗斯盆地发现的大油气田就达 202 个，其次是俄罗斯的西西伯利亚盆地，共发现大油气田 93 个。在这些大气田中，有 3 个巨型气田和 27 个特大型气田。其中位于卡塔尔的北方油气田（North Field）的天然气储量达 $25.48 \times 10^{12}\,\mathrm{m}^3$，位于伊朗的南帕斯油气田（Pars South）的天然气储量为 $9.9 \times 10^{12}\,\mathrm{m}^3$。随着勘探技术的发展，新油气田仍会不断发现。2016 年在美国二叠纪盆地的 Wolfcamp 页岩层发现超级大油气田，蕴藏了 200 亿桶原油、16 万亿立方英尺天然气和 16 亿桶天然气凝析油。

世界大气田主要分布在沉积盆地，如俄罗斯的西西伯利亚盆地有 56 个大气田，中东的扎格罗斯盆地有 26 个，波斯湾盆地有 24 个，中亚的卡拉库姆盆地有 16 个，美国墨西哥湾盆地有 14 个，北海盆地有 13 个以及澳大利亚的卡那封盆地有 12 个。分布于这 7 个盆地的大气田的个数占大气田总数的 45.35％，并且它们的油气可采储量占到大气田总可采储量的 67.34％，这一特征为天然气的勘探提供了有益的实证数据。

（2）世界天然气产量和消费量

世界天然气需求量基本上保持逐年增长的态势，近十年的平均增幅稳定在年均 2.4％左右。欧洲及欧亚大陆消费量 $11219 \times 10^8\,\mathrm{m}^3$，占世界消费总量的 40.8％；北美地区消费量达到 $7745 \times 10^8\,\mathrm{m}^3$，占世界总量的 28.2％。亚太地区消费量 $4069 \times 10^8\,\mathrm{m}^3$，增幅最大，同比增长 7.8%，占世界消费总量的 14.8%。中东地区消费量 $2510 \times 10^8 m^3$，占世界总量的 9.1%。中南美洲消费量 $1241 \times 10^8 m^3$，占世界总量的 4.5%。非洲消费量 $712 \times 10^8 m^3$。图 4-2 给出了 1990～2020 年间世界天然气需求量的趋势图。

21 世纪以来，天然气的产量和消费量基本上保持逐年增长。2015 年全世界天然气的产量达到 $3538.6 \times 10^9 m^3$，其中欧洲和欧亚大陆产量为 $989.8 \times 10^9 m^3$，北美地区产量为 $984 \times 10^9 m^3$，亚太地区产量为 $556.7 \times 10^9 m^3$，中东地区产量为 $617.9 \times 10^9 m^3$，非洲和中南美洲产量为 $178.5 \times 10^9 m^3$。排名前 20 位国家生产的天然气占世界产量的 83.44%（见表 4-1）。

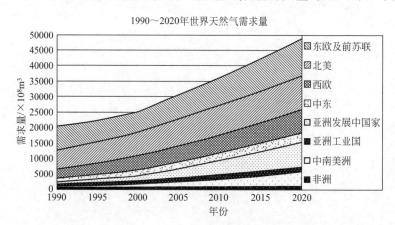

图 4-2　世界天然气需求量趋势

表 4-1　2015 年世界天然气产量排名前 20 位的国家

排位	国家	产量/$\times 10^9 m^3$	排位	国家	产量/$\times 10^9 m^3$
1	美国	767.3	11	土库曼斯坦	72.4
2	俄罗斯	573.3	12	马来西亚	68.2
3	伊朗	192.5	13	澳大利亚	67.1
4	卡塔尔	181.4	14	乌兹别克斯坦	57.7
5	加拿大	163.5	15	阿拉伯联合酋长国	55.8
6	中国	138.0	16	墨西哥	53.2
7	挪威	117.2	17	尼日利亚	50.1
8	沙特阿拉伯	106.4	18	埃及	45.6
9	阿尔及利亚	83.0	19	荷兰	43
10	印度尼西亚	75.0	20	巴基斯坦	41.9

2015 年全世界天然气消费量达 $3468.6 \times 10^9 m^3$，欧洲及欧亚大陆消费量 $1103.5 \times 10^9 m^3$，占世界消费总量的 28.8%；北美地区消费量达到 $963.6 \times 10^9 m^3$，占世界总量的 28.1%；亚太地区消费量 $701.1 \times 10^9 m^3$，占世界消费总量的 20.1%；中东地区消费 $490.2 \times 10^9 m^3$，占世界总量的 14.4%；中南美洲消费量 $174.8 \times 10^9 m^3$，占世界总量的 5%；非洲消费量 $135.5 \times 10^9 m^3$，占世界总量的 3.9%。

4.1.3　我国天然气的生产建设

我国是世界上最早开采和利用天然气的国家。早在 3000 多年以前，在我国古书《易经》中就有关于油气的记载。古代把天然气称做"火井"，据晋朝《华阳国志》记载，早在秦汉时代，我国不仅已发现了天然气，而且开始发掘和利用天然气。书中记载了在四川以天然气煮盐的情景，这比英国（1668 年）要早 1800 年。用天然气煮盐，在四川一直延续到现在。

虽然我国的天然气资源比较丰富，而且开发利用得也很早，但在天然气成规模的生产建设和消费上都处于比较落后的状况，2005 年天然气在一次能源中的比例仅为 2.6%，比印度还低 6.2%。近年来，随着国家能源消费结构的优化调整和环保标准的不断提高，各地区普遍要求加快天然气发展步伐，走城市气化道路和改变工业燃料、原料，天然气消费领域正在逐步扩大。据统计，2010~2015 年我国燃气生产与供应行业销售收入增幅为 618.7%。

（1）我国的天然气资源

我国的天然气资源储量数据不一，根据美国能源情报所作的预测，我国的天然气资源储量为 $9.6 \times 10^{12} \, m^3$；根据 Oil & Gas Journal 资料所提供的数据，截止到 2008 年 1 月 1 日我国已探明的天然气储量为 $2.26 \times 10^{12} \, m^3$；而根据白国平等人的研究，到 2004 年底，我国的累计天然气探明储量达到了 $4.38 \times 10^{12} \, m^3$。相差悬殊的数据主要来自于不同的资料，采用不同的估算模型，这也是可以理解的。而且天然气的勘探技术远不如原油那么成熟，对天然气的成因、天然气的构成和天然气的估算模型等都还在不断形成之中，因而得到的数据也就比较悬殊。但无论如何，我国天然气的储量占世界总储量的份额不多。据《BP 世界能源统计 2016》的数据，2015 年底我国天然气总探明储量为 $3.8 \times 10^{12} \, m^3$，仅占世界总储量的 2.1%。

根据我国大地构造特征和油气分布规律，可以划分为四大含油气区，即东部区、川渝区、西部区和海域。

东部区以松辽和渤海湾两个盆地为主，生产的天然气占全国的 1/3。天然气品种以溶解气为主。

川渝区是目前全国最重要的天然气生产基地，主要分布在四川盆地，天然气产量达 $150 \times 10^8 \, m^3$，占全国的 35%。本区天然气产品几乎全部是气层气。

西部区的气田主要包括塔里木、准噶尔、吐哈和柴达木四大盆地，以及陕甘宁、青海等地的气田，这些气田地处西部，开发利用程度很低，天然气生产以溶解气为主，占全国天然气产量的 16%。

我国海域广阔，自 1982 年以来，我国海上天然气通过对外合作勘探、开发，取得了长足的进展，跨越了从无到有、从小到大的历程，天然气产量大幅度上升，成为我国天然气生产的重要基地。主要有渤海、莺-琼气田（莺歌海-琼州海峡），天然气产量已占全国的 16%。

（2）我国天然气的生产

1949 年以前，我国只有 3 个小气田，年产量仅为 $1000 \times 10^4 \, m^3$。开采方法落后简陋，在能源生产和消费中所占比重微乎其微，不具备工业规模。

随着我国石油工业的发展，天然气也有了长足的进步。1961 年建成我国第一条长距离天然气管道，连接巴县石油沟至重庆化工厂的供气管道。

到了 20 世纪 90 年代，天然气需求量迅速增长，天然气的建设加快，国家建立以西气东输工程为特点的全国性输气管网。从新疆到上海的天然气输送管为其中的标志，它以新疆塔里木为主气源地，以长江三角洲为目标市场。管道西起新疆塔里木轮南，东至上海市西郊白鹤镇，途经新疆、甘肃、宁夏、陕西、山西、河南、安徽、江苏和上海市 9 个省（区）市，全长 4000km，最大供气量 $200 \times 10^8 \, m^3/a$。2004 年 12 月 1 日，我国最大的整装气田克拉 2 号气田向西气东输管道供气，12 月 30 日，西气东输全线实现商业运营。2005 年 8 月 3 日，塔里木油田的天然气在供应东部沿海地区的同时，通过陕京二线向首都北京供气。

截至 2015 年底，我国天然气管道总里程超过 $7 \times 10^4 km$，形成了由西气东输系统、陕京系统、川气东送、西南管道系统为骨架的横跨东西、纵贯南北、连通海外的全国性供气网络，"西气东输、海气登陆、就近外供"的供气格局已经形成，干线管网总输气能力约 $2800 \times 10^8 m^3/a$，并在西南、环渤海、长三角、中南及西北地区已经形成了比较完善的区域性天然气管网。

我国天然气长输管网建设虽然取得了较快的增长，但与发达国家相比，还任重道远。早在 1999 年底，美国就已有 $200 \times 10^4 km$ 输气管道，俄罗斯有 $52 \times 10^4 km$，即使日本也有 $20.7 \times 10^4 km$。

2004 年我国的天然气产量为 $408 \times 10^8 m^3$，2006 年我国共生产天然气 $595 \times 10^8 m^3$，2015 年我国天然气产量达到 $138 \times 10^9 m^3$，位居世界第 6 位，已成为世界天然气生产大国。

(3) 我国天然气的消费

随着国内天然气工业基础设施的逐渐完善和发展，近年来我国天然气需求增长强劲，天然气市场消费量呈现爆炸式增长。2000 年，我国天然气消费量为 $235.31 \times 10^8 m^3$，2014 年增加到 $1825.32 \times 10^8 m^3$，年均增长率为 15.7%；天然气在一次能源中的比重也由 2000 年的 2.2% 增加到 2014 年的 5.7%。国务院《能源发展战略行动计划（2014—2020 年）》指出，到 2020 年天然气在一次能源消费中的比重将提高到 10% 以上。

在我国天然气消费量增长的同时，我国居民天然气消费量也迅速增加。2014 年，居民生活用气量达 $260.08 \times 10^8 m^3$，占天然气消费总量的 14.2%，占居民生活能源消费总量的 13.9%。但是由于我国天然气产地过于集中，且主要集中在新疆、陕西、四川等西北和西南地区；而消费地比较分散，且距离远；因此，我国各省市以及区域间居民天然气消费不均衡。

2000～2014 年，中国居民天然气消费重心逐渐由偏西北转为偏东南，以 2003 和 2008 年为界，先后经历了向西北、东南和东北方向移动的 3 个阶段。2000～2014 年，基础设施效应一直是促进中国及各区域居民天然气增长的主要动因。到 2023 年，中国将占全球天然气消费量增量的 37%，比任何其他国家都多。

目前，世界上有三种典型的天然气消费结构模式。分别是以美国为代表的结构均衡模式，以英国、荷兰为代表的城市燃气为主的模式，以日本、韩国为代表的发电为主的模式。这些典型的消费模式都是由于各国的情况不同而形成的。天然气利用领域十分广泛，按照我国 2012 年新颁布的《天然气利用政策》，天然气利用领域分为城市燃气、工业燃气、天然气发电、天然气化工和其他用户 5 类。建国早期，由于长输管道的缺乏，我国天然气的利用主要是就近消费，用户以天然气化工为主；随着长输管网和城市燃气管网的逐步完善，国内城市燃气、工业燃气和天然气发电等方面需求大幅增加，用户开始向多元化方向发展，即由天然气化工为主的单一结构向城市燃气、工业燃气和天然气发电并存的利用结构转变。

源于"十三五"规划强有力的政策支持，在中国经济的每一个领域，天然气（定义为清洁能源）的"存在感"日益增强。在整个预测期内，中国的天然气需求年均增长 8%，占全球需求增量的 $1/3$。在预测期内，中国的天然气进口量占比将从 39% 上升到 45%。《中国能源展望 2030》中也认为，从发达国家经验规律看，中国的天然气市场尚处在早期阶段，未来仍有较大的发展潜力。2015 年我国天然气消费量为 $200.5 \times 10^9 m^3$，经过多年的快速增长，我国已经成为仅次于美国和俄罗斯的世界第三大天然气消费国。据 2016 年 3 月 2 日中国能源研究会发布的《中国能源展望 2030》预计，到 2020 年中国的天然气需求量将增至 $2900 \times 10^8 \, m^3$，到 2030 年将达到 $4800 \times 10^8 \, m^3$（见表 4-2）。我国沿海地区对天然气需求较大，表 4-3 和表 4-4 列出了我国沿海地区天然气供需预测值和天然气消费结构。

表 4-2　我国天然气需求预测

项目	2005 年	2010 年	2015 年	2020 年	2030 年
需求量/$\times 10^8 \, m^3$	504	1121	200.5	2900	4800

表 4-3　我国沿海地区天然气需求预测　　单位：$\times 10^8 \, m^3$

项　目	2005 年	2010 年	2015 年	2020 年
国内供应量	184	351	428	578
进口 LNG	—	—	75	140
进口管道气	—	207	522	827
短缺量	145	275	147	28

表 4-4　我国天然气消费结构预测　　单位：$\times 10^8 \, m^3$

行　业	2005 年	2010 年	2015 年	2020 年
发电	146	338	628	923
化工	147	201	223	259
工业燃料	184	262	382	487
城市燃气	169	320	617	848
合计	646	1121	1850	2517

我国海上天然气资源开发进展较快，南海已发现崖城 13-1、乐东 1-1 等大型气田，正在陆续投入开发崖城 13-1 气田及至香港管线。东海的天然气田正在开发建设，渤海的锦 20-2 气田也已经全面开发。

另外，我国还有 $30 \times 10^{12} \, m^3$ 以上的煤层气资源，虽然这类资源的勘探开发工作还处在起步阶段，但开发利用煤层气有着很好的开发前景，已引起国家有关决策部门的重视。目前工业性开发试验和科学研究工作都在加紧进行，争取突破煤层气的开发技术，为增加我国优质能源开辟一个新领域。

4.2　天然气的性质

4.2.1　天然气的基本性质

天然气无色、无味、无毒且无腐蚀性，主要成分为甲烷，也包括一定量的乙烷、丙烷和重质碳氢化合物，还有少量的氮气、氧气、二氧化碳和硫化物。

甲烷是最简单的有机化合物，也是最简单的脂肪族烷烃。甲烷的分子结构是由一个碳原子和四个氢原子组成的，图 4-3 为甲烷的分子结构示意图。

甲烷燃烧的产物是二氧化碳和水，反应式如下：

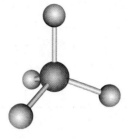

$$CH_4 + 2O_2 \longrightarrow CO_2 + 2H_2O \qquad +0.803MJ$$

甲烷的相对密度为0.5547（空气＝1），沸点−161.5℃，自燃点537.78℃，能与空气混合形成爆炸性气体，爆炸极限为5.0％～15.0％（体积分数）。

一般介绍天然气的主要成分为甲烷，但事实上天然气还含有硫化氢（H_2S）、氰化氢（HCN）等有毒气体以及少量氮气和微量的氦、氩等惰性气体，甚至某些地区的天然气以二氧化碳为主要成分（甚至高达99％以上）。2003年底重庆的井喷毒气伤人事件，就是混杂在天然气中的H_2S、HCN等使人中毒。

图4-3 甲烷分子结构示意图

4.2.2 天然气的分类和组成

（1）天然气的分类

目前发现和利用的天然气有六大类：油型气、煤成气、生物成因气、无机成因气、水合物气和深海水合物圈闭气。人们日常所说的天然气通常指天然气田、油田伴生气和煤田伴生气。

天然气田气也称气藏气、气层气，它在地下储集层中呈现单一的气相，采出地面就是气相的天然气。这类气的主要成分是甲烷，其次有少量的乙烷、丙烷、丁烷和非烃类气体。

伴生气又可细分为油田伴生气和煤田伴生气。

油田伴生气在地下储集层中伴随原油共生，伴生气以溶解的方式溶解在原油中或以自由气的形式在含油储集层的上部游离存在（这种气也称气顶气）。当伴生气随原油采出地面后，要与原油进行初步分离再进一步加工。

煤田伴生气也称煤层气，俗称瓦斯。其主要成分为高纯度甲烷，是成煤过程中生成的并以吸附和游离状态赋存于煤层及周岩的自储式天然气体，属于非常规的天然气。我国煤矿高瓦斯煤层气是我国常规天然气最现实、最可靠的替代能源。

在采煤工业中，煤层气是矿井致爆的主要因素，被称为煤矿"第一杀手"。因此研究煤层气的开发利用，既可以有效解决煤矿瓦斯治理问题，保障采煤安全，又可提供新的洁净能源资源。对加强环境保护，并为下游产品提供丰富的基础原料具有十分重要的意义。

伴生气一般都是富气，甲烷成分高，也含有一定的乙烷、丙烷、丁烷和戊烷以上的烃类，有时还有少量的非烃类气体。

凝析气是指在地下储集层中呈现均一气相，在开采过程中由于气体温度、压力降至露点状态以下发生反凝析现象而析出油的天然气。凝析气除了含有甲烷、乙烷外，还含有丙烷、丁烷及以上的烃类，直至天然的汽油和柴油组分等。

（2）天然气的组成

科学家们认为，天然气的形成多数与古生物有关。在地质历史中，海洋里生存着大量的生物，它们在生长过程中具有分泌钙质骨骼的能力。在水深、温度、光照和海水含盐度适宜的条件下，这些生物一代又一代地繁殖，便形成了坚固的生物礁。在漫长的地质史中形成的礁体厚度巨大，它们死亡后，被沉积物覆盖并埋藏在地层深部，在长期的地质作用下逐渐成为石油和天然气形成的物质基础。在低温条件下，有机质可由细菌作用形成生物生成气；在超成熟阶段的高温变质作用下，可生成大量的甲烷气；在煤系地层中，可产生大量煤层气。天然气中甲烷以外的组分在低温高压下液化得到的液态产物称为天然气液体。而包括甲烷在

内的各种天然气在 $-160℃$ 和相应的压力下液化处理后得到的产物称为液化天然气。

从组成上讲，天然气可分为干气和湿气。一般将甲烷含量大于90%的天然气称为干气，而低于90%的称为湿气。湿气中乙烷、丙烷、丁烷及 C_4 以上烃类占有一定含量。

按来源分，天然气可分为三类，即纯气井生产的气井气（干气）、凝析气井气（湿气）和油田伴生气。随油田不同，油田伴生气的气量相差较大。

表4-5列出了四川天然气组分及参数，以此可作其他地区天然气产品的参考。

表 4-5　四川天然气组成

主要成分	天然气组分	含量/%（体积分数）	其他参数	相对密度	0.58
	CH_4	97.037		低位热值	$35.58MJ/m^3$
	$C_2 \sim C_4$	0.713		密度	$0.75kg/m^3$
	CO	1.277		华白指数	$10856MJ/m^3$
	H_2O	0.004		水露点	$-10℃$
	N_2	0.967		烃露点	$-40.2℃$
	H_2S	$\leqslant 20mg/m^3$			

4.2.3　天然气的商业标准

天然气商品的质量要求不是按其组成，而是按照经济效益、安全卫生和环境要求等几方面的因素进行综合考虑确定的。因此不同的国家或地区都有不同的商品天然气的质量标准。我国在1989年由原中国石油天然气总公司发布了第一个行业标准《天然气》，标准代号SY 7514—88（见表4-6）。

表 4-6　我国天然气质量标准

项　目		质 量 标 准			
		I	II	III	IV
高位发热量/(MJ/m³)	A组	>31.4(>7500kcal/m³)			
	B组	14.65～31.4(3500～7500kcal/m³)			
总硫(以硫计)含量/(mg/m³)		≤150	≤270	≤480	>480
硫化氢含量/(mg/m³)		≤6	≤20	实测	实测
二氧化碳含量/%（体积分数）		≤3			—
水分		无游离水			

通常商品天然气的质量标准包含有以下几项指标。

(1) 热值

热值是表示天然气质量的最主要的指标之一。热值是指燃烧一定体积或质量的燃气所能放出的热量，也称燃气的发热量，可分为高位热值和低位热值。高位热值是指规定量的气体完全燃烧，所生成的水蒸气完全冷凝成水而释放出的热量。低位热值是指规定量的气体完全燃烧，燃烧产物的温度与天然气初始温度相同，所生成的水蒸气保持气相而释放出的热量，燃气的高、低位热值通常相差为10%左右。日本和大多数北美国家习惯于使用燃气的高位热值，我国和大多数欧洲国家习惯于用低位热值。

天然气的低位热值在 $31 \sim 44MJ/m^3$ 的范围，而人工燃气，如焦炉煤气、压力气化煤气的低位热值在 $15 \sim 18MJ/m^3$ 之间，这说明天然气的热值大约为人工燃气的2倍左右。

（2）华白（Wobb）指数

华白指数是代表燃气特性的一个参数。在燃气工程中，对不同类型燃气间进行互换时，要考虑衡量热流量大小的特性指数。当燃烧器喷嘴前压力不变时，华白指数 W 与燃气热值 H 成正比，与燃气相对密度的平方根成反比，华白指数定义为：

$$W = \frac{H}{\sqrt{d}} \tag{4-1}$$

式中 W ——华白指数，也称热负荷指数；

　　　　H ——燃气热值，kJ/m^3；

　　　　d ——燃气相对密度（设空气的 $d=1$）。

设两种燃气的热值和密度均不相同，但只要它们的华白指数相等，就能在同一燃气压力下在同一燃具上获得同一热负荷。如果其中一种燃气的华白指数较另一种大，则热负荷也较另一种大，因此华白指数又称热负荷指数。如果两种燃具有相同的华白指数，则在互换时能使燃具保持相同的热负荷和一次空气系数。如果置换气的华白指数比基准气大，则在置换时燃具热负荷将增大，而一次空气系数将减小，因此华白指数是一个互换性指数。各国规定在两种燃气互换时华白指数的变化不大于 $\pm(5\% \sim 10\%)$。

（3）烃露点

天然气中除了主要成分甲烷之外，还含有其他烃类，这些烃类组分含碳量增加，其露点随之降低。在此规定了在某一压力下，天然气最高的烃露点数值。此项要求主要用来防止在输气或配气管道中有液态烃析出。

（4）水露点

是指在输气管道压力状态下天然气中水的露点，此项要求用来防止输气或配气管道中有液态水析出。

（5）硫含量

天然气中的硫含量通常用 H_2S 含量和总硫含量表示。一般要求天然气中的硫化氢含量不高于 $6 \sim 20mg/m^3$。对天然气中总硫含量一般要求小于 $480mg/m^3$。

（6）二氧化碳含量

二氧化碳也是天然气中的酸性组分，而且二氧化碳还是不可燃组分。因此，一般都规定天然气中二氧化碳含量不高于 $2\% \sim 3\%$。

4.3　天然气的开采和运输

4.3.1　天然气的开采

除了气田气之外，天然气勘探方式与石油勘探相似，寻找油藏与油层试钻的技术基本上可用于勘探天然气，对天然气勘探评价的内容与方法也基本与石油相同。

把天然气从地层采出的全部工艺过程简称采气工艺。它与自喷采油法基本相似，都是在探明的油气田上钻井，并诱导气流，使气体靠自身能量（源于地层压力）由井内自喷至井口。天然气密度极小，在沿着井筒上升的过程中能量主要消耗在摩擦上，摩擦力与气体流速的平方成比例，因此管径越大，摩擦力越小。在开采不含水、不出砂。没有腐蚀性流体的天然气时，气井上有时甚至可以用套管生产，但在一般情况下仍需下入油管。

天然气被发现后，由于生产井场都处于偏远地区，又缺乏长距离输送管道，天然气很难进入城市。直到 1925 年以后，有了大直径钢管，创建了长距离输气管线和大型的地上、地下储存设施，天然气工业才得到充分发展。随着现代科学和工程技术的发展以及世界各国对天然气需求量的增加，天然气管道开始向大口径、高压力、长距离和向海洋延伸的跨国管网系统发展。

天然气密度小，具有较大的压缩性和扩散性，采出后只需简单处理就可经管道输出作为燃料，也可经压缩后灌入容器或制成液化天然气使用。有时只进行化学处理，清除硫化氢和二氧化碳后，就可送入输气管道，作为燃料或石油化工及化肥原料。开采天然气的气井存在压力差，利用这种压力差可以在不影响天然气开采和使用的情况下发电。

4.3.2 天然气的加工

天然气的加工是将开采出来的天然气经过脱水、脱硫、脱酸和凝液回收等工序，将天然气中所含的有害组分除去。

(1) 天然气的脱水

所有的天然气都在某种程度上含有水蒸气，如果不将这些水分除去，将会造成：①天然气中的水蒸气在管线中凝析，造成冻堵，影响平稳供气；②当天然气中含有 CO_2 和 H_2S 时，这些物质溶解在液态水中，使之具有腐蚀性，侵蚀管路和设备；③水和天然气在低温下能形成天然气水合物，会造成管道堵塞。

天然气脱水在工艺上主要有：冷却法、液体脱水剂法、固体脱水剂法及氯化钙法。

(2) 天然气的脱硫和脱酸

采出的天然气中一般含有 H_2S、CO_2、COS 等酸性气体，还含有其他有机硫化物。所以天然气加工除了脱除硫化氢和二氧化碳外，还需同时脱除有机硫化物。

H_2S 是毒性最大的一种酸性气体，有一种类似臭鸡蛋的气味，具有致命的毒性。很低的含量都会对人体的眼、鼻和喉部有刺激性。另外，H_2S 对金属具有一定的腐蚀性。

CO_2 也是酸性气体，在天然气液化装置中，CO_2 易成为固相析出，堵塞管道。

脱硫方法目前一般分为湿法和干法两种。湿法包括采用溶液或溶剂作脱硫剂的化学吸收法、物理吸收法、联合吸收法及直接转化法。干法是指采用固体床脱硫的海绵铁法、分子筛法等。

(3) 天然气凝液回收

天然气中除了甲烷外，还含有乙烷、丙烷、丁烷、戊烷及更重的烃类，有时还可能含有少量非烃类，需要将这些宝贵原料予以分离与回收。从天然气中回收凝液的过程称为天然气凝液回收，回收方法基本上可分为吸附法、油吸收法和冷凝分离法三种。

4.3.3 天然气的运输

目前天然气实际应用或具有应用前景的储运方式有：通过管道高压输送天然气；利用低温技术将天然气液化（LNG），以液体的形式进行储存、运输；利用多孔介质的吸附作用储存天然气；利用气体水合物高储量的特点储存天然气等。

(1) 管道储运方式

用管道将气田天然气输送到城市用户，是人们大规模使用天然气的最初选择。1952 年美国铺设第一条天然气长输管道，管道全长达到 347km。它的建成使天然气第一次作为大宗商品推向市场，开创了人类利用天然气的新时代。之后随着天然气管道的不断建设，天然气的利用规模和应用领域不断扩大，人们对天然气的认识也逐步提高。

据最新统计，世界在建和计划建造的油气管道有 96×10^4 km 以上，其中绝大多数管道工程都用来输送天然气。随着天然气消费的增长，未来 10 年内，天然气管道总长还将快速增加。从南美洲的玻利维亚到巴西的输气管道的第一期工程已经开工，这是目前世界上在建的和设计中的输气管道中长度最长的一条管道，总长 3165km，工程费用预计 20 亿美元。目前约有占世界总量 75% 的天然气采用管道方式输送。

我国在 1961 年建设了巴县石油沟至重庆化工厂的第一条长距离天然气管道。截至 2004 年底我国输气管道总长达到 21861km，主要分布在四川盆地、东北地区和华北地区。未来几年内，西起新疆、东到上海，连接准噶尔、塔里木、吐哈、青海、鄂尔多斯和四川的几大天然气产地，以及连接兰州、西安、郑州、武汉、南京、上海等中心城市，与陕京管道联网，连通京、津等城市的基干管网即将形成，以这一基干管网为骨架，逐步拓展延伸，从而形成全国天然气集输网络。

（2）LNG 储运方式

管道输送方式应用虽然广泛，但在某些情况下，如由于海洋、高山等阻隔，导致无论从技术还是从经济方面考虑都不适合铺设输气管道，液化天然气输送技术解决了这个问题。液化天然气（liquefied natural gas），简称 LNG，是将天然气低温冷却液化后得到的产品。LNG 液化后的体积远比气体小，在运输方面具有极大的优势。

（3）NGH 储存方式

天然气水合物（NGH）储存技术是近几年国外研究发展的一项新技术，由于 NGH 蕴藏量丰富，应用前景广阔，近十多年来，世界上许多国家都加强了对天然气水合物的研究。

NGH 的储存较压缩天然气、液化天然气压力低，增加了系统的安全性和可靠性。但目前对 NGH 的勘探开发和储运技术的研究都处于实验阶段。

（4）几种储运方式的对比

管道输送技术成熟，但受气源、距离及投资等条件的限制，且越洋运输不易实现，输送压力高，运行、维护费较大。

LNG 输送方式在大规模、长距离、跨海船运方面应用广泛，其储存密度高、压力低，系统的安全性和可靠性比较高，但建设初期成本巨大，而且由于要采用低温液化，因而运营费用较高。

天然气水合物储存密度高，费用低，具有巨大的应用市场和发展潜力，但储运技术目前还不成熟，处于研究发展阶段。

4.3.4　天然气液化和储运

天然气被冷却至约 −162℃变成液态，将使其体积减少约至原来的 1/600，这样便于储存和运输。LNG 技术主要分两部分：液化与储运。

天然气的液化一般包括天然气净化和天然气液化两步。

（1）天然气净化

天然气的净化是经过预处理，将天然气中不利于液化的组分除去，这些组分包括水、酸性物质、较重的烃类和汞等。这些处理过程与天然气加工的过程是类似的，但必须深度脱除

H_2O、CO_2、H_2S 等杂质，并逐级冷凝分离出丙烷以上的烃类，以防止低温下形成固体堵塞管线和设备。同时微量汞对后续设备有腐蚀作用，也应加以脱除。

（2）天然气液化

天然气的液化过程实质就是通过换热不断从天然气中取走热量最后达到液化的过程。

天然气液化工艺主要采用复迭式循环（串联式液化循环）、混合制冷剂循环（MRC）、膨胀机循环三种液化流程。

① 复迭式循环　复迭式循环始于 20 世纪 60 年代。天然气经过丙烷、乙烯或乙烷和甲烷制冷循环逐级冷却、液化、过冷。经典的复迭式循环一般由丙烷、乙烯和甲烷三个梯级制冷阶（蒸发温度分别为 $-38℃$、$-85℃$、$-160℃$）的制冷循环串接而成。第一级丙烷制冷循环为天然气、乙烯和甲烷提供冷量；第二级乙烯制冷为天然气和甲烷提供冷量；第三级甲烷制冷循环为天然气提供冷量。通过九个换热器的冷却，天然气的温度逐步降低直到液化。图 4-4 给出了复迭式循环液化过程。

丙烷经压缩后为 1.3MPa，经节流后压力降到 0.14MPa，然后丙烷流过三个换热器，依次冷却乙烯、甲烷和天然气。乙烯经压缩后为 2.1MPa，经丙烷预冷和节流后压力降到 0.14MPa，然后流过两个换热器，依次冷却甲烷和天然气。甲烷经压缩后为 3.3MPa，经丙烷、乙烯预冷和节流后压力降到 0.14MPa，然后流进换热器冷却天然气。经过这四个步骤后，最后将 LNG 增压至 3.8MPa，温度最终降至 $-161℃$。

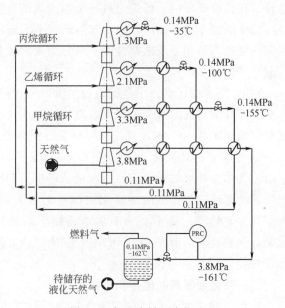

图 4-4　复迭式循环液化过程

复迭式循环各级制冷剂回路分开控制，各级制冷回路均有自己的压缩机和制冷剂储罐。复迭式循环的优点为：能耗低，技术成熟，操作稳定；制冷剂为纯物质，无配比问题。

但复迭式循环液化工艺的缺点也很明显：机组多，附属设备多；流程比较复杂，管道和控制系统比较复杂，维护不便。

② 混合制冷剂循环　混合制冷剂循环（MRC）始于 20 世纪 70 年代，采用氮气和烃（通常为 $C_1 \sim C_5$）的混合物制冷剂。一般混合制冷剂中各组分的摩尔比是：CH_4 0.2～0.32，C_2H_6 0.34～0.44，C_3H_8 0.12～0.20，C_4H_{10} 0.08～0.15，C_5H_{12} 0.03～0.08 及 N_2 0～0.03。混合制冷剂的平均分子量随着天然气的平均分子量的增加而变化，一般在 24～28 之间。冷剂中氮的含量则由天然气液化所需的过冷度决定，并随天然气中氮含量的增大而变化。图 4-5 描述了混合制冷剂循环的工艺过程。

在 MRC 循环中，天然气首先经过丙烷预冷器，然后流经各换热器逐步被冷却，最后经节流阀 4 降压，从而使液化天然气在常压下储存。混合制冷剂经两级压缩机压缩至高压，先用水冷却，带走一部分热量，然后通过丙烷预冷器预冷，再经各多股流换热器为天然气提供

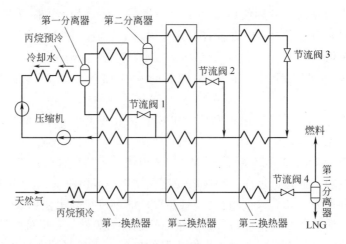

图 4-5　混合制冷剂循环工艺过程

冷量。在预冷循环中，丙烷通过三个温度级的换热器为天然气和混合制冷剂提供冷量。丙烷经压缩机压缩至高温高压，经冷却后流经节流阀降温降压，再经分离器产生气液两相，气相返回压缩机，液相分成两部分，一部分为天然气和制冷剂提供冷量，另一部分为后续流程提供制冷剂。

　　MRC 循环的优点一个是机组设备少，流程简单，这样管理方便，同时投资比较省；另一个是混合制冷剂的组分大都可以直接从天然气中提取和补充。但该工艺能耗较高，相对于复迭式循环要高 10%～20%，同时对混合制冷剂的合理配比存在一定的困难。

　　③ 膨胀机循环液化　膨胀机循环液化是将高压天然气通过膨胀机膨胀，对外输出做功，同时使气体自身冷却和液化。膨胀机循环根据制冷剂的不同，可分为氮气膨胀机循环和天然气膨胀机循环。膨胀机循环液化在流程上最为简单，与复迭式循环和 MRC 循环相比较，膨胀机循环启动、停车更为简单，适用于频繁开关的调峰型液化站。膨胀机循环制冷剂总是以气态存在，换热器操作温度范围大，工艺稳定，对进气组成与温度条件有较好的操作弹性。

（3）液化天然气的储存和运输

　　液化后的天然气要储存在液化站内的储罐或储槽内。由于天然气是易燃易爆的物质，LNG 的储存温度很低，对其储存设备和运输工具提出了很高的安全要求。目前一般用来储存和运输的有三种方法：液化天然气储罐（槽）、液化天然气运输船、液化天然气槽车。

　　① 液化天然气储罐（槽）　液化天然气储罐内罐和外壳均用金属材料。一般是采用耐低温的不锈钢或铝合金。对于大型的储罐外壳则采用预应力混凝土。

　　液化天然气储罐的结构一般有立式液化天然气储罐、球形液化天然气储罐、典型的全封闭围护系统液化天然气储罐。

　　为了更好地观察了解液化天然气储罐内的情况，利用探测器浸入到低温的液化天然气储罐内，将储罐内及周围的图像清晰地摄录并显示在屏幕上。这样就能很方便地监控储罐的运行了。

　　② 液化天然气运输船　随着天然气贸易的快速增长，液化天然气船运业务开始蓬勃发展。现在国际贸易中 LNG 大多采用运输船来完成。

液化天然气船体一般为双层结构，船外壳与液化天然气罐之间具有储水空间，在发生搁浅或相撞事故时可减轻储罐破裂的危险，液化天然气运输船的储存系统要求在常压下温度保持在－163℃。这样靠储罐自身的隔热性能及甲烷气化使液化天然气保持在低温液态。

根据储存天然气的内壳结构不同分为隔膜式和自立式两种：隔膜式的船内壳结构为整体储存容器，罐壁的第一层为不锈钢板，第二层为可承载隔热层的特殊钢材。储罐载荷直接作用在船壳体上，各个储罐都是在船上现场制作的；自立式储存容器自成一体，储罐外表面是非承载隔热层。自立式储罐一般在专业厂整体式分体预制，然后在船上安装或组装，如图4-6和图4-7所示。

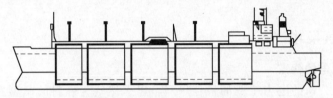

图 4-6　隔膜式 LNG 运输船

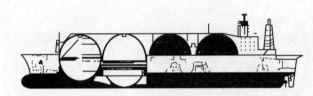

图 4-7　自立式 LNG 运输船

③ 液化天然气槽车　由 LNG 接收站或液化装置储存的 LNG，一般由 LNG 槽车载运到各地，供用户使用。

液化天然气槽车为了确保能安全地运输，必须采用合适的隔热方式。用于液化天然气槽车隔热的主要有三种方式：真空粉末隔热、真空纤维隔热、高真空的多层隔热。

选择哪一种隔热方式的原则是经济高效、隔热可靠、施工方便。真空粉末隔热具有真空度要求不高、工艺简单、隔热效果好的特点，其制造工艺也日趋成熟。高真空多层隔热近年来因其独特的优点，加上工艺逐渐成熟，为一些制造商所看好。

④ 液化天然气的运输　液化天然气运输船的管理和操作对其工作人员都有严格的要求，因为稍有不慎就会造成不可估量的损失。从事液化天然气的工作人员必须充分了解安全措施及事故处理步骤，认识到所运货物危险性和装卸程序。液化天然气的装卸港口和转运终端要有专门的安全保障措施。在许多液化天然气港口，只有白天才允许通航，而且配备较多的护航拖轮和引水船。在液化天然气运输船通过时要禁止其他船只进港。各港都制定并实施船只泊靠和起锚的规定，这些规定对风浪、海潮条件下船只的停泊作出了限制。

装运液化天然气的车辆技术状况应符合下列要求。

a. 装运 LNG 的罐（槽）应适合所装货物的性能，具有足够的强度，并应根据需要配备泄压阀、防波板等设施，必须保证所装天然气不发生"跑、冒、滴、漏"；配备遮阳物、压力表、液位计、导除静电等相应的安全装置；罐（槽）外部的附件应有可靠的防护。

b. 机动车辆排气管必须装有有效的隔热和熄灭火星的装置，电路系统应有切断总电源和隔离电火花的装置。

c. 车辆左前方必须悬挂黄底黑字"危险品"字样的信号旗。

液化气体罐车运输时，托运人应派人押运。押运人应熟悉天然气的物理性质、化学性质，了解罐车的构造及附件性能以及发生故障的处理方法，经主管部门考试合格并取得铁路认可的押运证后方可担任押运工作。押运人应坚守岗位，全程押运，并就沿途温度（外温）、压力变化等作好记录。

充装液化气体时，还必须用轨道衡对空、重罐车分别检衡，确定罐内余液及实际充装量。严禁超装超载。

4.4 天然气的应用

4.4.1 天然气发电

（1）天然气发电的优点

天然气是世界公认的电力工业的最佳燃料，以天然气为燃料的微型发电机可与电网相连，也可在几乎任何地方实现独立供电，它体积小、可靠性高、排放低，是一项很有发展前途的新技术。如图 4-8 所示为天然气发电厂外观。

图 4-8　天然气发电厂外观

在煤、燃料油和天然气三大化石能源之中，天然气具有明显的环保优势，尤其是 CO_2、SO_2 这两项大气污染物的排放量，天然气发电厂将比燃煤电厂有大幅度的下降，这对解决目前的世界环境污染问题具有极其重要的现实意义。表 4-7 给出了天然气发电与煤、油发电污染物排放的对比数据。

天然气发电的突出特点和应用范围为如下。

① 热效率高、排放污染少。天然气发电的热效率比煤、油发电的热效率高 40%，而且排放的污染物也少得多（见表 4-7）。

表 4-7　发电厂大气污染物排放量对比

发电方式	效率/%	CO_2 /[g/(kW·h)]	CO /[g/(kW·h)]	CH_4 /[g/(kW·h)]	NO_x /[g/(kW·h)]	SO_2 /[g/(kW·h)]
天然气	58	313	0.18	0.03	1.04	0.00
煤	40	813	0.15~1.33	0.01	2.7~9.4	2.3~7.2
油	40	673	0.13	0.01	1.73	1.7~5.0

② 燃气机组启动迅速、运行灵活，是电网调峰的较好选择。

③ 建设周期短，占地面积少。

天然气发电主要用于人口密集地区、经济发达地区、负荷中心或电网末梢以及用电极度紧张的地区。

全世界用于发电的天然气消耗量呈逐年上升趋势，年增长率达到 5%。发电用天然气消耗量占发电总能耗的比例由 1980 年的 12% 增长到 1999 年的 18.1%。电力部门用气量占世界天然气消耗总量的比例已从 1980 年的 20% 上升至 1999 年的 33.8%。1999 年天然气发电比例在工业化国家平均达到 13.8%，在发展中国家平均达到 13.4%，在东欧及俄罗斯达到 43.3%。天然气是美国发电的第三大能源，其发电量约占 2000 年总发电量的 16%。1999～2020 年期间，美国计划新增的发电总量中，约有 90% 是天然气发电。到 2020 年美国天然气发电量的比例将达到 33%。英国发电用天然气比例从 1990 年的 1.2% 猛增至 1995 年的 19.3%，预计在 21 世纪会达到 70%。

（2）天然气发电方式

燃气轮机是以气体或燃油作为工质，把燃料燃烧时释放出来的热量转变为有用功的动力机械。它由压气机、燃烧室、燃气透平等部件组成。空气被压气机连续地吸入和压缩，压力升高，接着流入燃烧室，在其中与燃料混合燃烧成为高温燃气，再流入透平机膨胀做功，压力降低，最后排入大气。由于燃料燃烧，化学能转化为热能，加热后的高温燃气做功能力显著提高，燃料在透平机中的膨胀功大于压气机压缩空气所消耗的功，因而使透平在带动压气机后有多余的功率带动负荷，按照这种原理工作的燃气轮机称为等压燃烧加热的开式循环燃气轮机，是目前应用最广泛的燃气轮机。

天然气用于燃气轮机热电联产一般有三种方式。

① 燃气轮机-蒸汽轮机联合循环热电联产　这是目前使用最广泛的方式。燃气轮机对燃料进行首次能源利用，燃料燃烧产生热膨胀功推动透平叶片来驱动发电机发电。其高温乏汽通过余热锅炉产生中温中压以上参数蒸汽，再驱动蒸汽轮机做功发电，并将做功后的乏汽用于供热。后置蒸汽轮机可以是抽汽凝汽式也可以是背压式，燃气轮机-蒸汽轮机联合循环热电厂往往采用两套以上的燃气轮机和余热锅炉拖带 1～2 台抽汽凝汽式汽轮机，或使用余热锅炉补燃，以及双燃料系统提高对电网、热网和天然气管网的调节能力及供能稳定性。根据燃气与蒸汽两部分组合方式的不同，联合循环有余热锅炉型、排气补燃型、增压燃烧锅炉型和加热锅炉给水型四种基本方案。

② 燃气轮机-余热锅炉直接热电联产　只有燃气轮机和余热锅炉，省略了蒸汽轮机，因此也将其称为"前置循环"。这种方式的热效率要高于①的联合循环方式，但发出的电量则小于①的联合循环方式。

③ 燃气轮机辅助循环热电联产　燃气轮机将较小的燃气轮加入到传统的燃煤或燃油后置循环热电联产系统中，将燃气轮机的动力用于驱动给水泵或发电，将高温烟气注入余热锅炉用于改善燃烧，提高锅炉效率。

（3）燃气-蒸汽联合循环结构及运行

燃气-蒸汽联合循环系统的结构主要包括供气系统、燃烧系统、余热锅炉系统、蒸汽轮机及其辅机系统等。

① 供气系统　图 4-9 所示为典型的燃气轮机天然气供气系统。

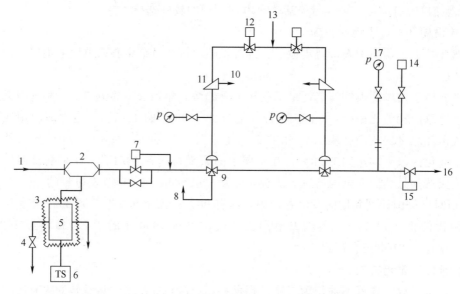

图 4-9　典型的燃气轮机天然气供气系统

1—天然气来源；2—液体分离器与自动泄放阀；3—电加热器；4—手动泄放阀；

5—自动泄放阀；6—温度开关；7—调压器；8—排向大气；9—燃料停止阀；

10—排至放气管；11—快速放气阀；12—电磁阀；13—压缩空气输入；

14—压力开关；15—天然气调节阀和执行器组件；16—天然气喷嘴；17—压力表

在天然气供入液体分离器前，需要预先对天然气过滤，把大于 $10\mu m$ 以上的杂质除去。然后流经液体分离器前的静止叶片，使天然气发生旋转，利用产生的离心力，把残存在天然气中的微粒和水分进一步清除。这些清除出的杂质和水分，通过自动泄放阀，从分离器底部的泄放管排走。在自动泄放阀上安装有电热水器，当大气温度低于 $(12+2)$℃时，可以使电热器自动投入使用，以防液体冻结。

为了停机时能可靠地切断天然气的来源，系统中安装了两个结构完全相同的燃料停止阀。前面的阀门还兼有放气作用，停机时，它能把残存在两个停止阀之间的天然气排向大气。通过电磁阀的控制，压缩空气被用来操纵燃料停止阀的开关动作。

调节执行器组件是用来调节喷到燃烧室去的天然气流量的，根据机组控制系统中的电调盘输入的燃料控制信号，进行电液转换、液压放大，并通过机械连杆去操纵天然气调节阀的阀杆位置，即改变阀门的开度来达到调节流量的目的。在燃料停止阀前面专门安装一个调压器，以保证调节阀前的天然气压力恒定地保持为 1.18MPa。

② 燃烧系统　一般来说，天然气燃料比较容易燃烧，但是如果天然气与空气混合比例不当，就可能出现熄火或火焰脉动等燃烧不稳定现象，导致燃烧效率不高。所以天然气的燃烧系统包括天然气与空气的配比、混合等功能。

目前一般采用以下两种基本方案。

第一种是预先混合式。天然气与一次空气预先均匀混合后，再送到燃烧室中去燃烧。在这种配合机构中，旋流叶片的内弧侧有许多小孔，可以使天然气由空心叶片的中间，经这些小孔喷射到空气旋流通道中与一次风相互混合，随后进到火焰管中去进行燃烧。

这种燃烧方案的缺点是燃烧火焰比较短，燃烧稳定性比较差，在低负荷工况下，燃烧效率降低幅度较大。

第二种是扩散燃烧式。把天然气和空气分别送入燃烧区，边混合边燃烧。这种供气机构中，主天然气是模拟液体燃料喷油嘴的喷射方式来设计的，它能使燃烧室中的天然气浓度分布规律大体上与液体的浓度分布规律相似，从而可以保证同一燃烧室在燃烧液体燃料或天然气时都能获得良好的燃烧性能。

这种燃烧方式在燃料着火燃烧前需要依靠紊流扰动与氧化剂进行混合，而混合过程较燃烧过程缓慢得多，因此燃烧火焰比预混式长。燃烧稳定范围宽，燃烧效率随负荷降低得不那么严重。

③ 余热锅炉系统　余热锅炉系统由省煤器、蒸发器、过热器以及联箱和汽包等组成。在省煤器中锅炉的给水完成预热的任务，给水温度升高到接近于饱和温度的水平，在蒸发器中给水变成饱和蒸汽；在过热器中饱和蒸汽被加热成过热蒸汽；经再热器，蒸汽被加热到所设定的温度。这个设定温度与燃气侧温度之间具有一定的温差 ΔT_x，否则，余热锅炉的受热面积将增至无穷大。

余热锅炉既可以设计成为强制循环方式的，也可以设计成为自然循环方式的。强制循环锅炉的优点是锅炉所需的空间小，启动快，并适宜采用较小的"节点温差"，有利于热能的利用。

④ 蒸汽轮机系统　从本质上来说，燃气-蒸汽联合循环中使用的蒸汽轮机与一般常规电厂中使用的蒸汽轮机类似，但也有以下一些特点。

一般不从这种蒸汽轮机中抽取蒸汽去加热给水，因而在联合循环中由蒸汽轮机的低压缸排向凝汽器的蒸汽流率要比常规的蒸汽轮机多。在联合循环双压或三压式的蒸汽循环中，排向凝汽器的蒸汽流率可能比主蒸汽流率大30%左右。

蒸汽轮机必须适应快速启动的要求，特别是当采用燃气轮机、蒸汽轮机串联在一根轴上，并共有一台发电机的单轴布局时更是如此。因此在蒸汽轮机的运行方式上，不采用常规电厂蒸汽轮机采用的蒸汽压力恒定的调节方式，而改用滑压运行的方式。这种蒸汽轮机的功率由100%降至45%时，在这个范围内蒸汽压力是线性下降的，此后，蒸汽压力将维持恒定不变。

(4) 我国天然气发电的概况

我国的天然气发电起步较晚，目前还只是在沿海一些省份发展建设，在建及近期规划建设的天然气发电项目装机总规模近1800万千瓦，其中华东的西气东输及近海天然气发电项目规模约1050万千瓦，福建LNG发电项目规模360万千瓦，广东LNG发电3个项目规模385万千瓦。到2020年全国天然气发电装机规模约6000万千瓦。如广东惠州液化天然气发电厂一期3×390MW工程建设，于2006年6月点火，7月并网发电。

虽然我国天然气发展很快，但天然气发电也存在自身所独有的缺点。

① 天然气发电缺乏竞争力。

发展天然气发电面临的主要问题之一就是其经济性，特别是相对燃煤发电的竞争力。燃气电站的燃料成本占发电成本的60%以上，大于燃煤电站40%的燃料成本，不考虑环境代价时，天然气联合循环的能源成本比煤高0.16元/(kW·h)；考虑环境代价时，天然气联合循环的能源成本比煤高0.149元/(kW·h)。不论考虑环境代价与否，天然气发电的使用成本都比煤电的价格要高。

② 天然气发电站投资大。

燃气电厂投资规模很大，根据联合循环燃气机组的相关技术经济参数，燃气电站的单位静态投资为 3300 元/kW，一个惠州天然气发电厂的一期工程发电能力为 390MW，投资达到 100 亿元人民币。

③ 产品不能大规模廉价地储存。

天然气发电的原料无论采用管道输送还是采用 LNG，这些原料都不像石油和煤炭那样容易储存，LNG 的储存费用很高，而且储存量也不大。所以及时的原料供应是天然气发电的一个重要条件。

在前面已经讨论过，发出的电力也是不能大规模储存的。因此天然气发电就形成了一个必须以长期商务协议来连接和作为基本保障的一环紧扣一环的产业链。在整个生产和销售过程中，必须保证及时的稳定的原料天然气的供应，发电厂发出电后又必须能及时地送入电网售卖出去，这样才能保持天然气发电的正常进行。

4.4.2 城市燃气

使用天然气作为城市燃气的替代能源是今后发展的趋势。2004 年世界民用及商业使用天然气平均占总用量的 25%，其中美国民用及商业用量占 35.9%，英国为 47%，法国为 55.5%，亚洲的日本和韩国则分别为 20% 和 50%。相对于这些国家，我国目前的民用及商业用量约占 6.9%，差距很大。我国除了一些特大型城市如北京、上海、广州等以外，绝大部分城市居民仍然使用煤炭作为能源，而在广大农村则还有相当一部分家庭仍然使用薪材作为能源，这些落后的能源使用方式不仅让能源的使用效率低下，而且给环境污染带来很大的压力。加快发展城市天然气是我国今后一段时期在能源结构多元化发展道路中的重要一步。

城市燃气的使用有两种方式。

（1）城市燃气管网

使用天然气作为城市燃气，对于已经建设了城市燃气管网的城市来说，比较容易，当天然气到达天然气门站后替换原来的人工煤气或工业制气。但由于人工煤气或工业制气的热值比天然气要低，因此替换了天然气的城市用户需要使用与之相适应的炉头。

对于还未建设燃气管网的城镇来说，建设基础燃气管网的任务是十分繁重的。正是由于不具备较为完善的天然气管网，所以城市燃气网的拓展和置换非常缓慢，许多城市目前还无法消化吸纳大型天然气项目（尤其是 LNG 项目）的规模气量。

（2）液化天然气

对于小城镇及广大农村地区来说，建设燃气管网的代价太大，而采用撬装液化天然气或 LNG 瓶组气化站等小型化供气方式是市场开发和解决临时供气问题的有效手段之一，同时它还能降低燃气企业的置换成本和前期投资。

① LNG 撬装站　LNG 撬装站是针对城镇独立居民小区、中小型工业用户和大中型公共建筑用户用气需求而开发的一种供气形式。它的突出特点是将小型 LNG 气化站的工艺设备、阀门、仪表、附件等集中在一个撬装的底座上，形成一个可闭环控制的整体设备系统。LNG 撬装站的储存设备与卫星站相同，只是储量较小；由于受到公路运输能力等的限制，它目前尚不能做到较大规模，如其储罐只能达到 $50m^3$。

撬装站的发展体现了 LNG 气化站模块化、标准化、系统化的发展趋势，使得气化站工艺设计简化，施工周期缩短，安装维护便捷；同时还具有占地面积小、工程投资少、外形美观大方等优点。另外，由于采用了撬装式设计理念，一旦管网输气到达或由于其他原因导致用户中断供气需求，LNG 撬装站能够很方便地拆迁异地，另作他用。

② LNG 瓶组供气　LNG 瓶组供气工艺是用 LNG 钢瓶在卫星站等气源站内实现罐装，然后运输到瓶组气化站内，以瓶组的方式储存，经气化、调压、计量和加臭后直接供给小区居民或工业用户的一种供气方式。站内主要设备包括：LNG 瓶组、空浴式气化器、加热器、加臭装置、调压器和流量计等；其中储存设备采用的是高真空多层缠绕绝热气瓶，双层结构，用不锈钢制作，边缘采用防震橡胶来抗冲击，一般有 175L、210L 和 410L 三种规格。

LNG 瓶组站同样具有灵活机动、占地面积小、建设周期短和运行安全可靠等优点，特别适合于小型供气的需求，可迅速实现供气。这种供气形式因投资省，以供气 1000 户居民为例，其投资仅有 50 万元左右，将是 LNG 卫星站的有力补充或者作为其建设前的过渡供气方案。

4.4.3　城市燃气管网的运行

城市燃气管网按下列流程运行：天然气门站→调压站→储配站→用户。

(1) 天然气门站

在城镇燃气系统中，接受长输管道来气并进行计量、控制供气压力、气量分配、净化、气质检测和加臭的场所称为门站。天然气门站是天然气输配系统的重要组成部分，是输配系统的气源点。

门站的操作流程如下。

来自高压输气总管，压力≥1.6MPa 的天然气通过电动球阀进入门站。通过清管球接收装置，经过滤计量后分为两部分，一部分经稳压到 1.6MPa 后进入储气站的 10000m³ 高压球罐作为日调峰用；另一部分则经减压到 0.4MPa（表压），加臭（臭味浓度 2 级）后进入城区中压输气管网。为方便检修，门站设旁通管，天然气在节流阀调节下进入中压输气管网。

门站装备设计压力为 2.5MPa，购气压力≥1.6MPa，出站压力为 0.4MPa（表压）。

当来气压力大于 2.5MPa 时，门站前的高压输气管上安全阀自动开启，进站阀自动关闭，待工况正常后各设备再行恢复工作。

门站内还将对整个输配系统设置监（调）控以及数据采集系统，维修、检修等设施和装备也设置其内。

(2) 调控站

调控站也称调压站。燃气调压站是一种气体降压稳压设施，是用于稳定燃气管网压力工况的专用燃气设施。当进入调压站的压力发生变化，或其出口侧用气量发生变化时，它能自动地控制出口压力，使其符合给定的压力值，并在规定的允许稳定精度范围内变化。也就是说，当用户用气量增大时，它可以自动开大，使燃气流量增加，出口压力保持不变；当用户用气量减小时，它可以自动关小，使燃气流量减少，稳定压力；当用户完全不用气时，它可以完全关闭，保证安全；若重新用气时，它又会自动开启，保证供给。总之，任何情况下，调压站总能保持供气压力稳定。

(3) 储配站

城市天然气系统中，接受气源来气并进行储存、控制供气压力、气量分配、计量和气质检测的场所称为储配站。城镇燃气输配系统中，随燃气性质（如天然气、矿井气、人工煤气等）、供气压力不同，需建成具有不同功能的站、场，如靠近气源的首站及分布于城区的罐站。可以划分为接受气源来气、储存燃气、调节控制供气压力三种基本功能，凡具备储存燃气功能的站场，皆可称为储配站。

城市天然气是逐月、逐日、逐时都在变化的，但天然气供应量不可能按用户的用气量而随时改变，因此为了保证用户需求，不间断供气，必须解决气源和用气的平衡问题。建造储气设施是解决城市用气波动的基本措施。

储配站宜设置测定天然气组成、密度、热值、湿度和各项有害杂质的仪器仪表，周围宜设置围棚和罐区排水设施。

天然气储存的储罐应根据输配系统所需储气总容量和气体混配要求确定。储配站的储气方式及储罐的形式应根据天然气进站压力、供气规模、输配管网压力和各种储罐及其相关设备等因素，经技术经济比较后确定。一般储配站都设有高压储气罐和低压储气罐。

4.4.4 天然气汽车

天然气汽车作为一种理想的替代汽油能源的环保型汽车，能耗低、排污少、安全性能高。与燃油相比，天然气汽车排放的一氧化碳减少 90%，碳氢化合物减少 50%，氮氧化合物减少 30%，二氧化碳减少 10%；可节约燃料成本 30% 以上；自燃点（650℃）高于汽油（510～530℃），安全性能提高。

国外从 20 世纪 30～40 年代开始研究和开发应用天然气汽车。我国从 20 世纪 50 年代开始进行天然气汽车的研究和加气站的建设。目前北京、上海、重庆等大城市都在积极推广应用。

天然气汽车动力应用方式有五种：低压天然气（NG）、压缩天然气（CNG）、液化天然气（LNG）、吸附天然气（ANG）和水合物天然气（NGH）。

低压天然气汽车（NG），我国在 20 世纪 50～60 年代使用过，即把天然气储存在车顶上的大气包中，充气压力受气包材料的强度限制，充气压力很低，一次充气可跑将近 20km。气包易破损漏气，缺乏安全性，现已不再使用。

压缩天然气汽车（CNG），先将天然气压入高压气瓶中，经减压的安全阀进入管道，与汽油混合，供给汽缸燃烧，产生动力。

液化天然气汽车（LNG），液态储存的天然气，工作时，液化天然气经升温、气化、计量后和混合气进入汽缸。鉴于 LNG 气瓶质量大，容量大（比油箱大 4 倍），故改为应用液化天然气的潜力较大。

吸附天然气汽车（ANG），这是近年开发出来，把天然气储入带有吸附剂的罐里，吸附剂要求应有较好的面积和适宜的微孔结构，这样天然气储存罐的压力比较低。但吸附和脱附速度慢的问题需要克服，国内也在试验中。

水合物天然气汽车（NGH），这是近年国际上发展的新技术，可在常温压力下安全存储 160 体积分数的天然气，正在日益受到重视。

目前，天然气汽车还存在一些问题，诸如各种燃料储藏容积还不理想；燃料各种零部件技术有待改进；以及由于吸入气体燃料，与汽油机比，发动机相对输出功率要略为低些等。

燃料电池是通过电化学反应将燃料自有的化学潜能转化成直接的电能的发电装置，在能量转化过程中损失较少，不管其容量多大，都能得到高达 40% 或更高的发电效率。这种转换过程不伴随燃烧，无机械运动，因此排出的气体清洁，噪声和震动也很少。

4.4.5　天然气在其他方面的应用

天然气空调的工作原理是以水为制冷剂，利用水在高真空状态下低沸点的特性，在蒸发器内沸腾而吸收大量的热量，从而制取所需空调用冷冻水。用溴化锂作为吸收剂，把蒸发室内沸腾后的水蒸气带走，经燃气加热解吸，再反复利用，如此不断循环，完全不用氯氟烃及其替代品，而溴化锂对人体无毒、无害，不会危害大气臭氧层，且可减少温室气体二氧化碳排放量 3%～50%，这对于保护臭氧层，减少由于制冷剂而带来的温室效应具有极大的环保意义。

化学电源是在内部储存化学能，消耗时转化为电能的装置，在电放尽以后它的寿命便结束（一次电池）或需要再充电（二次电池）。而燃料电池与此不同，燃料电池内部不具有化学能，而是通过外部供给燃料（如氢、甲醇、天然气等）和化学氧化剂而使它放出电能的。

4.4.6　煤层气的开发利用

煤层气是热值高、无污染的新能源。它可以用来发电，用作工业燃料、化工原料和居民生活燃料。煤层气随着煤炭的开采泄漏到大气中，会加剧全球的温室效应。而如果对煤层气进行回收利用，在采煤之前先采出煤层气，煤矿生产中的瓦斯将降低 70%～85%。

我国煤层气资源丰富，居世界第三。每年在采煤的同时排放的煤层气在 $130 \times 10^8 m^3$ 以上，除去现已利用部分，每年仍有 $30 \times 10^8 m^3$ 左右的剩余量，加上地面钻井开采的煤层气 $50 \times 10^8 m^3$，可利用的总量达 $80 \times 10^8 m^3$，约折合标煤 1000 万吨。如用于发电，每年可发电近 300 亿千瓦时。我国到 1993 年底已建成投产煤层气利用工程 50 余处，年利用量约 $4 \times 10^8 m^3$。已建设储气罐总容量达 $650 km^3$，输配主干线约 620km，供气 22 余万户。同时开发的瓦斯发电、生产化工原料、烧炉燃料电池是通过电化学反应将燃料自有的化学潜能转化成直接的电能的发电装置，在能量转化过程中损失较少，不管其容量多大，都能得到高达 40% 或更高的发电效率。这种转换过程不伴随燃烧，无机械运动，因此排出的气体清洁，噪声和震动也很少。用于窑、锅炉等一系列工业生产项目。目前我国的煤层气利用主要是在矿区，通过短距离管道供应附近用户。作为民用主要是供居民炊事、采暖及公用事业用气；工业应用主要是矿区矿井通风流预热、热水锅炉、煤的干燥及通风空气预热，并有少量煤层气用于生产炭黑、甲醛等化工产品。

4.5　天然气化工

4.5.1　天然气制合成氨

天然气制合成氨由天然气转化、合成气变换、脱碳甲烷化除杂以及压缩合成等几个过程组成。

(1) 天然气蒸气转化过程

将天然气转化为合成气（氢气和一氧化碳的混合物）是在金属催化剂的作用下，经过两段转化，生产合成气。化学反应式如下：

$$CH_4 + H_2O \rightleftharpoons CO + 3H_2 \qquad \Delta H_{298}^{\ominus} = 206.29 kJ/mol \qquad (4-2)$$

$$CO+H_2O \Longrightarrow CO_2+H_2 \qquad \Delta H_{298}^{\ominus} = -41.19kJ/mol \qquad (4\text{-}3)$$

上述两个反应均为可逆反应，前者吸热，后者放热。

现代大型氨厂蒸气转化均在加压下进行，一般在 $3.5\sim4.5MPa$ 之间，我国中型氨厂广泛采用 $1.5\sim3MPa$ 的转化压力。

配入约 5% 氢气的天然气预热到 $380\sim400℃$，经钴钼催化剂和氧化锌脱硫后，在压力为 $3.53MPa$、温度为 $380℃$ 左右的条件下与约 $3.73MPa$ 压力的蒸汽按水碳比 $3.0\sim3.5$ 的比例混合，加热至 $500\sim520℃$ 并送到各转化管，自上而下通过催化剂层进行甲烷蒸气转化反应。从转化管底部流出的气体温度为 $800\sim820℃$，压力为 $3.04MPa$。一段转化气经炉内上升管被加热至 $856℃$ 入输气总管后送二段炉。工艺空气压力为 $3.24\sim3.43MPa$，在配入少量保护用蒸汽后在对流段预热至 $480℃$ 送入二段炉顶部与一段转化气汇合，经顶部扩散环进入燃烧区燃烧，空气量按所需配入的氮气量控制。燃烧后气体温度上升到 $1200\sim1250℃$，进入催化层反应，近于完全转化的气体在温度约 $1000℃$、压力 $2.94MPa$ 条件下离开二段转化炉。高温的二段转化气经过两次热量回收产生高压蒸汽，本身被冷却至 $340\sim370℃$ 送至高温变换炉。

（2）变换工序

从二段转化炉出来的气体中含有的 CO 大约为 13%。为了获得更多的氢气，需要将转化气体中的 CO 变换为 H_2 和易于除去的 CO_2，所以变换工序既是原料气的净化过程，又是原料气继续制造的过程。根据操作温度分为高温变换和低温变换。低温变换使残存于气体中的 CO 大幅度降低。高温变换使用铁铬系催化剂，温度范围多数在 $370\sim485℃$，压力约为 $3MPa$。低温变换催化剂有铜锌铬系和钢锌铝系两种，温度范围在 $230\sim250℃$，压力为 $3MPa$。

工业上的通用流程是：含 CO（$13\%\sim15\%$）的二段转化气经废热锅炉降温，在压力 $3MPa$、温度 $370℃$ 下进入高变炉，一般不添加蒸汽；经反应后气体中的 CO 降至 3% 左右，温度为 $425\sim440℃$。气体通过高变废热锅炉，冷却到 $330℃$；锅炉产生 $10MPa$ 的饱和蒸汽，气体再加热其他工艺气体，如甲烷化炉进气，使高变气被冷至 $220℃$ 后进入低变炉，低变绝热温升仅为 $15\sim20℃$，残余的 CO 降至 $0.3\%\sim0.5\%$，气体出变换工序后送入 CO_2 吸收塔。

（3）脱碳工序

为了将从变换工序过来的粗原料气加工成纯净的氮氢气，必须将二氧化碳从气体中除去，同时回收的二氧化碳也是制造尿素、纯碱、碳酸氢铵、干冰等产品的原料。脱碳的方法有很多，根据所用吸收剂性质的不同，可分为物理吸收法、化学吸收法和物理化学吸收法。由于以天然气制合成氨的蒸汽转化法制气在中压下操作，故通常采用催化热钾碱法，其工艺流程如下。

从变换工序送过来的气体由 CO_2 吸收塔底部进入，吸收溶液则自塔顶进入，二者逆流接触，吸收变换气中的 CO_2，使出塔气体中 CO_2 含量小于等于 0.1%，出吸收塔的气体经过分离罐分离除去夹带的液滴后，进入甲烷化工序。

从吸收塔底部出来的溶解了 CO_2 的吸收液（称为富液）经水力透平回收能量后，进入再生塔的顶部，经解吸 CO_2 后的溶液（称为贫液）从再生塔底部排出。从再生塔中解析出来的，经过冷凝器和回流罐冷凝分离，从回流罐的顶部出来，送至所需的装置作为原料。

（4）甲烷化工序

由于氨合成催化剂对 CO 和 CO_2 的敏感性，要求进入合成系统的 CO 和 CO_2 总量要小于 0.01%。在前面脱碳的基础上还必须进一步除净原料气中的 CO 和 CO_2。

甲烷化的基本原理是在 $280\sim420℃$ 的温度范围内，在甲烷化催化剂的作用下，使原料中的 O_2、CO 和 CO_2 与氢气反应生成甲烷和水。其流程为：由脱碳工序送来的原料气经换热和加热后，升至所需温度。在催化剂作用下，CO 和 CO_2 在甲烷化炉内几乎全部生成甲烷和水，由于该反应是放热反应，所以出甲烷转化炉的气体必须经换热回收能量后再送至合成工序。

（5）合成工序

合成工序是合成氨装置中的最后一道工序，由于氢氮气合成是一个可逆反应，其转化率受化学平衡控制。为了不浪费原料气，需要将未反应的氢氮气循环使用。

新鲜的氢氮气在离心压缩机的第一级中压缩，经换热器、水冷却器及氨冷却器逐步冷却到 $8℃$，除去水分后新鲜的氢氮气进入压缩机第二级继续压缩并与循环气在缸内混合，压力升到 15.3MPa，经过水冷却器，气体温度降至 $38℃$。而后，气体分两路，一路约 50% 的气体经过两级串联的氨冷却器将气体冷却到 $1℃$，另一路气体与高压氨分离器来的 $-23℃$ 的气体在换热器内换热，降温至 $-9℃$，而来自氨分离器的冷气体则升温到 $24℃$。两路气体汇合后再经过第三级氨冷却器将气体进一步冷却到 $-23℃$，然后送往高压氨分离器，分离液氨后的循环气经换热器预热到 $41℃$ 进入氨合成塔进行合成反应。从合成塔出来的合成气体进入氨分离器，重复上述步骤。

合成气除了可以制合成氨外，还可以进一步合成甲醇、乙醇、乙二醇、二甲醚、乙酸、草酸、草酸酯、甲酸甲酯、乙酸酐、乙烯、汽油、煤油、柴油等多种化工产品。

将甲烷先转化为合成气，再合成多种化工产品，是一种间接利用甲烷的方式。随着技术的不断进步，甲烷在化工领域中的直接转化利用也取得了重大进展。

4.5.2　天然气制甲醇

甲醇是重要的化工原料，可以合成汽油添加剂甲基叔丁基醚、燃料二甲醚、化工中间体碳酸二甲酯，以及甲醛、低碳烯烃（乙烯、汽油）等。同时甲醇可直接作为燃料，甲醇燃料汽车、甲醇燃料电池等日趋引人注目。

天然气为原料制甲醇的工艺主要有合成气制备、甲醇合成和甲醇精馏三个部分，如图 4-10 所示。

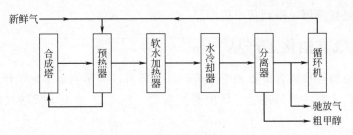

图 4-10　甲醇合成流程示意图

各部分的主要工艺如下。

（1）合成气制备

以天然气为原料制合成气的过程与天然气生产合成氨过程中的合成气制备过程大同小异，在此不再赘述。

（2）甲醇合成过程

甲醇合成反应是将 CO 和 CO_2 加氢转化为 CH_3OH，这一过程是在加压、高温和催化剂的作用下完成的。合成系统的反应可以由如下两个反应式表达：

$$CO+2H_2 \rightleftharpoons CH_3OH \qquad (4-4)$$
$$CO_2+3H_2 \rightleftharpoons CH_3OH+H_2O \qquad (4-5)$$

甲醇合成是一个可逆的强放热反应,目前工业上使用的甲醇催化剂是铜基催化剂,其适宜的操作温区为220~270℃。因此及时移走反应热,使反应过程适应温度曲线的要求,对提高单程转化率、减少合成系统的能耗和合成系统设备投资是重要的。国内联醇工业常用冷管型甲醇合成塔,而多数单醇工业常采用不同结构的副产蒸汽型等温甲醇合成塔,它们是连续换热式甲醇合成工艺。

气相法甲醇合成CO和CO_2的单程转化率远小于平衡转化率,等温低压工艺采用国产催化剂,CO和CO_2的单程转化率一般不高于45%和25%。为了提高CO和CO_2的利用率和合成过程的推动力,以甲醇为唯一产品的甲醇合成过程,都是由甲醇合成及合成余热移出系统、甲醇分离及气体循环系统组成的,是一个带循环回路的反应分离系统。

经过净化的新鲜合成气与循环机出来的循环气混合进入入塔气预热器,与甲醇合成塔出来的高温气体进行换热,被加热的混合气从合成塔底部进入合成塔进行反应。反应后的气体连续经过预热器、软水加热器和水冷却器,最后进入甲醇分离器。在4.85MPa和40℃的条件下,从分离器中分离出甲醇,粗甲醇进入产品罐储存并准备进一步提纯。气体进入循环机压缩,重新返回合成系统。

(3) 精馏过程

甲醇反应生成的粗甲醇中除含有甲醇和水外,还含有几十种微量有机杂质,包括醇、醛、醚、酮、酸、酯、烷烃、胺及羰基铁等。这些杂质需要在精制过程中脱除。甲醇精制通常采用精馏工艺,利用甲醇、水、有机杂质的挥发度差异,通过精馏的方法将杂质、水与甲醇分离。精馏流程一般可分为单塔、双塔及三塔流程。精馏流程的选择,主要取决于精甲醇产品的质量要求。

双塔流程包括预精馏塔和主精馏塔,它是目前工业上普遍采用的粗甲醇精馏流程。预精馏塔用以分离轻组分和溶解的气体,如氢、一氧化碳、二氧化碳及其他惰性组分。二甲醚、轻组分、甲醇和水由塔顶馏出,经冷凝后大部分甲醇和水及少量杂质回流入塔。为了提高预精馏后甲醇的稳定性及精制二甲醚,塔顶可采用两级或多级冷凝。主精馏塔将甲醇与水、乙醇以及高级醇等进行分离,得到精甲醇产品。

4.5.3 天然气其他化工产品

天然气除了可以直接制合成氨和甲醇等以外,还可以间接制很多化工产品,有些产品已经实现工业化生产,有些产品还处于研究开发阶段。图4-11给出了天然气的部分产品,给读者作以参考。

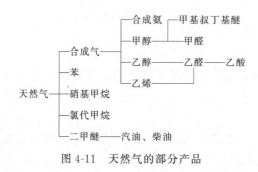

图4-11 天然气的部分产品

天然气可以不通过合成气而直接转化为甲醇等含氧化合物。例如通过硫酸酯途径，甲醇收率可以高达 43%，反应式如下：

$$CH_4 + 2H_2SO_4 \Longrightarrow CH_3OSO_3H + 2H_2O + SO_2$$

$$CH_3OSO_3H + H_2O \Longrightarrow CH_3OH + H_2SO_4$$

通过六氯乙烷、四氯乙烯中间体途径，可以使甲烷直接合成甲醇，反应式如下：

$$CH_4 + CCl_3CCl_3 \Longrightarrow CH_3Cl + HCl + CCl_2CCl_2$$

$$CCl_2CCl_2 + Cl_2 \Longrightarrow CCl_3CCl_3 \text{（循环利用）}$$

$$CH_3Cl + H_2O \Longrightarrow CH_3OH + HCl$$

甲醇可以合成汽油添加剂甲基叔丁基醚、燃料二甲醚、化工中间体碳酸二甲酯，以及甲醛、低碳烯烃（乙烯、汽油）等。

甲烷也可以直接催化氧化，通过偶联反应，合成多碳链烃或苯：

$$6CH_4 \Longrightarrow C_6H_6 + 9H_2$$

利用甲烷热解制乙炔，也是一个工业化的乙炔来源：

$$2CH_4 \Longrightarrow C_2H_2 + 3H_2$$

利用甲烷热解制炭黑，是重要的炭黑制备工艺，该炭黑产品不含硫和灰分。同时甲烷的催化裂解也是氢能源的来源之一。在一定条件下可以同时生成纳米碳管材料，反应式为：

$$CH_4 \Longrightarrow C + 2H_2$$

4.6 天然气水合物

4.6.1 天然气水合物的性质

天然气水合物是一种由水分子和碳氢气体分子组成的结晶状固态简单化合物。其外形如冰雪状，通常呈白色，也可以有多种其他的色彩。一些从墨西哥湾海底获取的天然气水合物就具有黄色、橙色，甚至于红色等多种很鲜艳的颜色，而从大西洋海底布莱克-巴哈马高原取得的天然气水合物则呈现为灰色或蓝色。结晶体以紧凑的格子构架排列，与冰的结构非常相似。在这种冰状的结晶体中，作为"客"气体分子的碳氢气体充填在水分子结晶格架的空穴中，两者在低温和一定压力下通过范德华作用力稳定地相互结合在一起。在自然界中，甲烷是最常见的"客"气体分子。由于天然气水合物中通常含有大量的甲烷或其他碳氢气体分子，因此极易燃烧，也有人称之为"可燃烧的冰"，而且在燃烧以后几乎不产生任何残渣或废弃物。天然气水合物具有多孔性，硬度和剪切模量小于冰，密度与冰的密度大致相等，热导率和电阻率远小于冰的热导率和电阻率。甲烷天然气水合物是一种类似冰的甲烷与水的结晶物，它的晶体结构能在所有甲烷格子点还没有被占据时就被确定。甲烷天然气水合物的能源密度大，其能源密度是煤和黑色页岩的 10 倍，是天然气的 2～5 倍。甲烷分子仅仅包含了一个碳原子和四个氢原子。这是一种微小分子，它自生形成一种简单类型的天然气水合物。在一些地区，自由的甲烷出现在天然气水合物下面，被没有渗透性的天然气水合物层覆盖。

天然气水合物属于沉积矿产。根据一些国家对埋藏天然气水合物的沉积层的研究，这些地层主要属于新生代，而且以上新世的沉积层居多。除此之外，始新世、中新世、渐新世以及第四纪沉积层中也发现有天然气水合物的分布。例如，大西洋滨外的天然气水合物主要赋存于上新世地层中，西太平洋滨外和东太平洋滨外的天然气水合物赋存的地层也以上新世为主，而在东太平洋滨外的部分天然气水合物矿体则蕴藏于第四纪沉积层中。含天然气水合物的沉积层具有独特的构造特征。根据现有资料，含天然气水合物的沉积层构造可分为块状构造、脉状构造、透镜状-层状构造、斑状构造和角砾状构造。块状构造和脉状构造是天然气水合物形成时其液流分别渗透到沉积物颗粒间隙和裂隙中形成的。前者表现为沉积物被天然气水合物均匀胶结，后者则是天然气水合物呈网状、细脉状充填于沉积物或沉积岩的裂隙中。透镜状-层状构造是从围岩分离出来的含有气体的水溶液沿沉积层层面发生迁移并在其迁移前锋产生挥发作用形成的。这种构造类型的天然气水合物在形态上表现为天然气水合物呈薄层或透镜体出现于沉积物或沉积岩基质中，相互之间成大致平行排列并交替出现；如果沉积物基质中大致均匀分布有近圆形或等轴型的天然气水合物浸染体，则将之称为斑状构造。具斑状构造的天然气水合物常与透镜状-层状构造的含天然气水合物的沉积物相伴出现；而具角砾状构造的天然气水合物则与构造破碎带有密切联系，显示这类天然气水合物曾遭到过构造破坏。

天然气水合物可以有两种分类方法。一种是按产出环境或温度压力机制分类，另一种是按其结构类型进行分类。按产出环境，天然气水合物可以分为海底天然气水合物和极地天然气水合物两种类型。这两种产出环境也代表着两种截然不同的温度压力机制。通常把在海洋过渡带、边缘海和内陆海等世界洋底蕴藏的天然气水合物都称为海底天然气水合物。尽管与极地天然气水合物相比，海底天然气水合物的环境温度比较高，但由于深海较高的压力，海底天然气水合物仍可保持稳定。压力是海底深度的函数，它是控制天然气水合物形成的主要变量。达到天然气水合物热动力学平衡的海底或海底以下的区域可称为天然气水合物稳定区域。海底天然气水合物的稳定范围可从水深大于300m的海底开始，垂直向下延伸直到因地热梯度影响环境温度不断升高，促使天然气水合物发生分解的深度为止。海底的温度和地壳（洋壳）的地热梯度控制了天然气水合物稳定区域的厚度。在海洋中，甲烷天然气水合物是储量最丰富的一种类型，常出现在深海中或极地大陆上。极地天然气水合物是在较低的压力和温度下形成的，蕴藏的深度相对比较浅。极地天然气水合物可作为水-冰混合物出现在陆地的永久冻土带或大陆架上的永久冻土带，在永久冻土带之下的油气田中也可出现。在大陆架上，这种含有天然气水合物的混合永久冻土带是在末次冰期海平面较低时在露天环境下形成的，在随后的海进时得以下沉并蕴藏。极地大陆架上的其他天然气水合物是在古永久冻土带上独立形成的。由于极地天然气水合物的分布在很大程度上受地域的限制，因而其总量少于海底天然气水合物。

按结构类型，天然气水合物通常可分为Ⅰ型和Ⅱ型两种结构，如图4-12所示。在自然界中，Ⅰ型结构和Ⅱ型结构天然气水合物是两种互相联系的结构类型。它们是五角十二面体、十四面体和十六面体三种晶格（空穴）类型的不同组合。Ⅰ型结构天然气水合物由五角十二面体和十四面体组成，而Ⅱ型结构天然气水合物则由五角十二

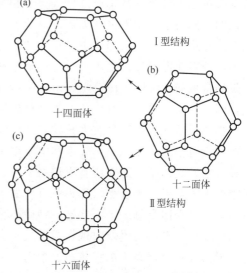

图4-12　天然气水合物结构单元图
(a) 有14个晶面的多面体；(b) 五角十二面体；
(c) 有16个晶面的多面体

面体和十六面体组成。

Ⅰ型和Ⅱ型天然气水合物的结构均为立方体结构。每个Ⅰ型结构天然气水合物的晶胞均由46个水分子组成，形成2个小的空腔（十二面体）和6个大的空腔（十四面体）。在小空腔中，可以充填尺寸不大于 $0.52\mu m$ 的气体分子，大空腔中可以填充尺寸不大于 $0.59\mu m$ 的气体分子。当天然气水合物晶格所有空腔均被气体分子填充时，水分子和天然气水合物层次剂分子的极限比值Ⅰ型为5.75，Ⅱ型为17。

天然气水合物不同于一般的晶体化合物，不具有严格的理论化学式，其化学通式可表示为 $M \cdot n H_2O$，其中 M 表示水分子中的气体分子，例如甲烷等。用水分子的平均空穴半径减去水分子范德华半径，可以计算出"客"气体分子在每个空穴中可以利用的最大空间半径。如果"客"气体分子的半径与水分子空穴半径的比率大于1，那么"客"气体分子在没有变形的情况下是不可能充填到空穴中去的。如果该比率小于0.77，那么分子间的吸引力就不足以支撑空穴结构。压力在维持天然气水合物的稳定性方面被认为比在保持冰的稳定性时所起的作用要大得多。图 4-13 为纯甲烷天然气水合物在深海沉积环境和极地永久冻土带环境下稳定时的相图。

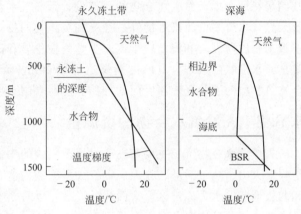

图 4-13　天然气水合物平衡相图

天然气水合物的组成与原始气体的成分、形成过程的压力和温度有关。在给定的压力和温度下，是根据计算气相中形成天然气水合物各个组成成分的饱和压力以及Ⅰ型和Ⅱ型结构中形成天然气水合物组合成分充填小空腔和打孔器的程度来确定气相中的含量进而确定固态气体的成分。

天然气水合物形成是一种放热反应，可用以下化学方程式表示：

$$天然气 + n H_2O \longrightarrow 天然气水合物 + \Delta h^f$$

其中，水可以呈液相或固相，n 是参与水合反应的水分子数量，Δh^f 是摩尔焓变。现已有大量有关天然气水合物相平衡数据和方法来预测天然气水合物的形成。只要具备了天然气水合物稳定的物理化学条件，就可以形成天然水合物。一般可以把天然气水合物形成的地质模式归纳为以下几种：低温冷冻模式、海侵模式、断层模式、自生-成岩模式、沉积模式以及各种渗滤模式，其中以渗滤模式最为普遍也最为重要，它是海底天然气水合物形成的主要地质模式。渗滤模式是指含碳氢的其他流体通过渗滤作用不断聚集于天然气水合物形成带而形成天然气水合物的模式，主要是以碳氢气体与天然气水合物平衡时的溶解度以及溶解度和温度的关系为理论基础。渗滤模式常出现在以下三种地质构造环境。一种是在俯冲带内有沉积增生楔发育时，由于补充应力作用而使得沉积层受到挤压，一种是大陆边缘在逆掩断层和俯冲作用下，沉积地层受到重力的挤压，再有就是沉积层堆积过快，以致沉积物的平衡固结速度比堆积速度慢，为达到平衡，沉积层必定压缩并排出流体。

天然气水合物受其特殊的性质和形成时所需条件的限制，它分布于特定的地理位置和地质构造单元内。一般来说，除在高纬度地区出现的与永久冻土带相联系的天然气水合物之外，在海底发现的天然气水合物通常存在于水深300～500m以下（由温度决定），主要赋存于陆坡、岛坡和盆地的上表层沉积物或沉积岩中，也可以呈散布于洋底的颗粒状出现。这些地点的压力和温度条件使天然气水合物的结构保持稳定。从大地构造角度来讲，天然气水合物主要分布在聚合大陆边缘大陆坡、被动大陆边缘大陆坡、海山、内陆海及边缘海深水盆地和海底扩张盆地等构造单元中，其中以大陆边缘大陆坡和内陆海及边缘海深水盆地为目前研究最为深入的区域。这些地区的构造环境由于具有形成天然气水合物所需的充足的物质来源（如沉积物中的有机质、地壳深处和油气田渗出的碳氢气体），具备流体运移的条件（如增生楔和逆掩断层的存在及其所引起的构造挤压，快速沉积所引起的超常压实，油气田的破坏所引起的气体逸散等），以及具备天然气水合物形成的低温、高压环境（温度 $0\sim10℃$ 以下，压力 10MPa 以上），而成为天然气水合物分布和富集的主要场所。天然气水合物形成之后，其储集特征（如天然气水合物的总储量、天然气水合物的特性、天然气水合物的提取性能以及天然气水合物的聚集程度等）还受到沉积物的物理性质控制。天然气水合物赋存的岩石大多数为粉砂质泥岩和泥质粉砂岩，少数为坡积岩和砂岩。天然气水合物所在的海底沉积层常常具有水平状的层理，其厚度能够达到 1000m。天然气水合物一般有几米厚。含天然气水合物沉积层的下界受随深度而增加的温度所限制。

4.6.2　天然气水合物的资源量

天然气水合物资源主要存在于世界范围内的沟盆体系、陆坡体系、边缘海盆陆缘，尤其是与泥火山、热水活动、盐泥底辟及大型断裂构造有关的深海盆地中，另外还包括扩张盆地和北极地区的永久冻土区。大西洋的 85%、太平洋的 95%、印度洋的 96% 地区中含有天然气水合物，并且主要分布于海平面下 $200\sim600m$ 的深度内。

海洋中天然气水合物主要分布在西太平洋海域的白令海、鄂霍茨克海、千岛海沟、冲绳海槽、日本海、四国海槽、南海海槽、苏拉威西海、新西兰北岛；东太平洋海域的中美海槽、北加利福尼亚-俄勒冈滨外、秘鲁海槽；大西洋海域的美国东海岸外布莱克海台、墨西哥湾、加勒比海、南美东海岸外陆缘、非洲西西海岸海域；印度洋的阿曼海湾；北极的巴伦支海和波弗特海；南极的罗斯海和威德尔海；其他，如黑海与里海等。中国在西沙海槽、东沙陆坡、台湾西南陆坡、冲绳海槽、南海北部等区域发现了天然气水合物的大量地球物理与地球化学证据。目前大多数样品采自活动大陆边缘：①大陆和大陆架的永久冻土带地区；②分隔的大洋外部包括主动（汇聚）大陆边缘或被动（离散）大陆边缘地区；③深水湖泊之中；④大洋板块的内部地区。

天然气水合物在大陆主要分布于阿拉斯加北坡、加拿大马更些三角洲等地（见表 4-8）。中国青藏高原永久冻土带区域也有大量天然气水合物资源。

表 4-8　全球天然气水合物在大陆的主要分布地点

天然气水合物分布地点	勘探证据
阿拉斯加北坡	测井、取样
加拿大马更些三角洲	测井、取样
加拿大西北部北极诸岛	测井
俄罗斯季曼-伯朝拉地区	气体分析
西西伯利亚麦索雅哈	取样
东西伯利亚贝略依气田	气体分析、测井
勘察加地区	气体分析

世界上绝大多数天然气水合物分布在海洋里，储存在深水的海底沉积物中，只有极少数的是分布在常年冰冻的陆地上。由于采用的标准不同，不同机构对天然气水合物储量的估算差别很大。世界天然气水合物资源潜力评估分为 1980 年前、1980～1995 年和 1995 年以来的 3 个相互区别的阶段，分别表现为 1980 年以前的"推测性"阶段，1980～1995 年的"底限值"阶段，和 1995 年以来的"确定性"阶段。1980 年前，针对天然气水合物含甲烷资源量的估算具有很大"推测性"特点，其中估算永久冻土带中天然气水合物含甲烷资源量为 $1.4 \times 10^{13} \sim 3.4 \times 10^{16} \, m^3$，估算海洋沉积物中天然气水合物含甲烷资源量为 $3.1 \times 10^{15} \sim 7.6 \times 10^{18} \, m^3$。迄今文献大量报道的全球天然气水合物含甲烷资源量为 $1.0 \times 10^{16} \, m^3$ 和 $1.1 \times 10^{16} \, m^3$，该资源量由"容积法"算得，相应的计算参数是：取全球海域含天然气水合物矿层面积 $5 \times 10^{18} \sim 6 \times 10^{18} \, km^2$，矿层沉积天然气水合物厚度为 500m，沉积物孔隙度 50%，充填率 10%。这即是所谓该天然气水合物中含甲烷资源量为已知煤、石油和常规天然气甲烷当量两倍结论之由来，目前已被国际科学界和新闻界广泛引用与报道。1995 年以来，进入国际天然气水合物中含甲烷资源量资源评估的"确定性"阶段。表现为与世界各国的重视和大量投入的匹配，更多科学家对全球海域和各自海域天然气水合物中含甲烷资源量估算的现存结果和方法理论体系的质疑，并在小区块和各自海域开展了参数实测，进一步完成了精细评估与"确定性"取值。应当说，期待该项工作的全面系统结果或说是"确定性"结果尚有待时日。目前认为约 90% 以上的资源量赋存于海域（陆缘海床中），少量存在于冻土带。

我国具有良好的天然气水合物蕴藏潜力，东海的冲绳海槽边坡，南海的北部陆坡、西沙海槽和西沙群岛南坡等是最有希望的天然气水合物储存区，西藏高原终年积雪的羌塘地区也有发现。我国部分海域天然气水合物找矿远景区预测图如图 4-14 所示。迄今对我国南海海域天然气水合物中含甲烷资源总量的测算结果有为我国现已发现石油和常规天然气甲烷当量 1/2 的报道。20 世纪 90 年初我国才开始关注国外有关的报道和研究成果，并由中国科学院兰州地质所和中国石油大学等单位率先开始水合物实验室合成研究工作。1995 年，在中国大洋协会、地质矿产部和国家科委的支持下，中国地质科学院矿产资源研究所曾先后在南海、东海和太平洋国际海底开展了天然气水合物的调查研究工作，并发现了一系列与天然气水合物有关的地球化学和自生矿物异常标志。在中国地质调查局的资助下，1999 年 10 月，广州海洋地质调查局在我国南海海域开始了一系列有关天然气水合物地质、地球物理和地球化学调查，在神狐等有关海域发现了重要的地球物理标志及其他异常标志，显示出良好的寻找天然气水合物的前景。2007 年 5 月，中国地质调查局租用挪威 Fugro 公司的深水钻井船及取样工艺方法在我国南海北部神狐海域实施了中国首次海洋天然气水合物钻探取样调查评价工作，使我国海洋天然气水合物调查取得了突破性进展。2000 年，在国土资源部的资助下，中国地质科学院勘探技术研究所在国内第一个开始天然气水合物保压取心钻具研发。2001 年，又在国家"十五""863"项目的资助下，进行了不同结构海洋天然气水合物保压取样钻具及施工工艺的研究。曾先后开发出了提钻保压取心钻具和绳索打捞不提钻保压取心钻具，在电子致冷、蓄能器压力补偿及球阀关闭取样管等结构方面进行了试验研究和有益的探索，并对所试制的钻具样机在室内和陆地地热井进行了可行性试验。在陆地 700 多米深的地热井进行钻探取样试验证明，结构原理及各机构是可行的，为进一步完善水合物保真取样钻具及我国未来钻探取样施工应用奠定了基础。依照相关科研数据，我国仅在南海地区以 50% 概率计算，天然气水合物的资源量为 64.9680 万亿立方米；依照国土资源部最新的官方数据，我国海域的天然气水合物资源量已经达到 700 亿吨油当量（近 80 万亿立方米天然气）。

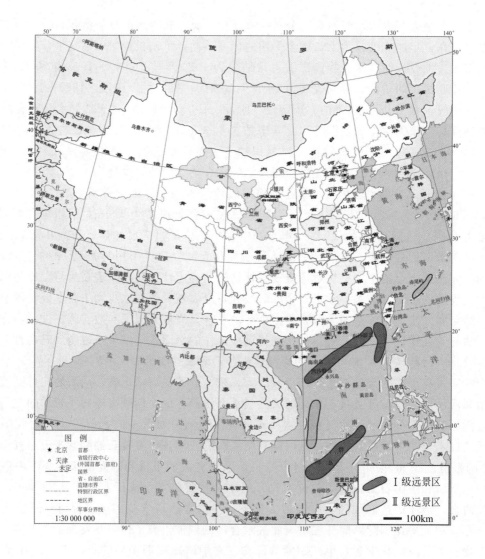

图 4-14 我国部分海域天然气水合物找矿远景区预测图

中国继 2007 年于南海北部陆坡发现海底天然气水合物之后，又于 2008 年 11 月在青藏高原祁连山脉木里地区永久冻土带钻获了水合物实物样品。这一发现突破了陆域天然气水合物只生存于两极地区的永久冻土带（俄、加、美等国的陆域水合物即属于此）的认识，首次在中纬度地区的高海拔冻土带找到了天然气水合物，具有较大的战略及科学研究意义，也为陆域天然气水合物资源的勘查开发与环境研究开启了新的篇章。中国多年冻土面积达 $215 \times 10^4 \ km^2$，占国土总面积的 22.4%，是仅次于俄罗斯、加拿大的世界第三冻土大国。冻土区主要分布于青藏高原、大兴安岭及其他高山地区。根据原有地质和冻土资料，中国科学院兰州冰川冻土研究所等单位的有关人员对青藏高原天然气水合物的形成条件进行了初步研究和预测，并建议有关部门对青藏高原冻土区开展相应的调查研究。中国地质调查局于 2002 年开始先后设立了 4 个调查研究项目，即"青藏高原多年冻土区天然气水合物地球化学勘查预研究"、"青藏铁路沿线天然气水合物遥感识别标志研究"、"我国陆域永久冻土带天然气水合物资源远景调查"和"陆地永久冻土天然气水合物钻探技术研究"，国家自然科学基金委员会也于 2005 年设立了"青藏高原多年冻土区天然气水合物的形成条件探讨"的面上科研项目。为完成上述任务，中国地质科学院矿产资源研究所等单位对中国冻土区特别是青藏高原冻土区开展了地质、地球物理、地球化学和遥感等方面的探索性调查和评价工作，初步调查研究结果显示，青藏高原特别是羌塘盆地具备良好的天然气水合物成矿条件和找矿前景，其次是祁连山木里地区、东北漠河盆地和青藏高原的风火山地区等，并在祁连山木里地区的冻土层内发现有连续逸出的可燃气体，有可能在其稳定带内形成天然气水合物。2004 年 9 月，青海 105 勘探队在钻孔中发现强烈涌气现象。测（录）井结果显示，该层段全烃、甲烷值明显出现峰值，其全烃含量为 2.19% ～8.35%，均值为 4.25%，甲烷含量为 1.01% ～5.62%，均值为 2.28%。在木里镇 DK-10 井的钻进过程中，于 52.9m 孔段粉砂岩中遇天然气强力喷出，以管道将甲烷气引至距井场约 200m 外明火放喷，火焰最高近 5m。气体组分主要为甲烷（60%），其次为乙烷（0.25%）。现场测试喷出气体流量大于 4800 立方米/日。

4.6.3　天然气水合物开发现状与前景

天然气水合物开采是一项系统工程。自 20 世纪 80 年代起，世界各主要资源国都将天然气水合物开发列入国家发展战略。在近年全球新一轮天然气水合物试采热潮中，美国、日本、印度等均将天然气水合物资源勘查和开发纳入国家能源中长期发展规划，进而出台鼓励政策。目前，天然气水合物研发活跃的国家主要有中国、美国、日本、韩国和印度等，越南、菲律宾、印度尼西亚等也制定了试采计划。处于领先地位的国家包括俄罗斯（已实现商业化，但因成本问题而中止）、美国（陆上试采）、日本（海床试采）。天然气水合物低成本开发技术问题在目前仍是最难克服的障碍。天然气水合物开发涉及多方面的科学问题，如天然气水合物的形成机理及时空分布、天然气水合物分解条件及环境效益和天然气水合物的未来资源潜力及替代性等，因此开发利用天然气水合物资源是一项系统的科学研究和技术发展工程。大多数有关天然气水合物开发的思路基本上首先考虑如何将蕴藏于沉积物中的天然气水合物进行分解，然后加以利用。由于天然气水合物稳定带的形成需要一定的温度压力条件，人为打破这种平衡会造成天然气水合物的分解，是目前开发天然气水合物中甲烷资源的主要方法。在这方面的研究基本上还处于试验阶段，至今没有一个安全、有效、能够大规模开采天然气水合物的方法。天然气水合物开采，目前已经提出三种方案：加热生产层；降低产层压力使水合物中的天然气释放；采用注射化学溶剂的方式使水合物液化。目前唯一工业性开采的俄罗斯西伯利亚麦索雅哈天然气水合物气田，在地下 730～850m 有天然气层，在地下约 750m 左右处存在数层天然气水合物。该地区气温低，天然气水合物层埋藏不太深，其水合物高密度的可采面积约 125km×19km，厚 80m，层内孔隙度平均为 25%。

天然气水合物的开采方式有两种，即以甲烷气体方式开采和以固体水合物方式开采。气体开采是先将赋存在沉积物中的天然气水合物分解（气化），再将甲烷气采（输）至地面（或船上）。固相开采接近于固体矿产的采掘，但复杂的是，如何保持在采掘及输送至地面时固相水合物不分解气化从而避免体积剧烈膨大（爆炸）。两者相较，气体法开采更被重视和采用。原地打破天然气水合物稳定存在的温压（相平衡）条件，将其予以分解、输送，是目前开采天然气水合物的主要思路。在以气体方式开采天然气水合物时，主要是以物理、化学等方式打破水合物的相平衡，包括向天然气水合物储层注入热能（热解、热激法）进行开采，或在其温度基本不变条件下降压，或注入化学促进剂进行开采。热激法开采是在压力较稳定的条件下，通过注入热源介质（例如水等）使水合物分解，进而采气（甲烷）。这种开采方式相比降压法和化学试剂法具有热量直接、水合物分解快、对环境的影响小、适用于多种不同储层等优点。也可以布置、施钻多口开采井，实施蒸汽（热源）依次、分层注入多井、多层使其配套产气。降压法则是使天然气水合物储层压力骤降，水合物分解，甲烷气沿特定孔道上达地表，这种方法成本更低。

国外在气相法开采中经常采用抑制剂（例如甲醇、乙二醇、$CaCl_2$ 等）注入法、CO_2 置换法等；在固相法开采中，多侧重于泥浆、钻井液的配制以阻止水合物分解，不至于因瞬间气化而引发爆炸等。此外，在天然气水合物脱硫、纯化之前如何维持其固相（态）是一大难题。虽然天然气水合物分解问题和开采技术等均已有所突破，但难言系统、完善，与降压开采相比，热开采法较为复杂。2017 年 5 月，我国南海神狐海域的天然气水合物开采采用的是降压法。

美国天然气水合物的开采地点以阿拉斯加为主。据美国地质调查局估计，在阿拉斯加北坡范围内，天然气水合物中天然气技术可采资源量约为 300 万亿立方米。但是，对储层的测录井十分困难，这是由于钻孔完钻后，未下套管之前孔壁储层中的水合物大都气化、分解，只能利用测（录）井技术叠加气化因子判断天然气水合物的储层，测得储层位置较为准确但资源量误差甚大。阿拉斯加北坡近百口钻井中见多层天然气水合物。美国、加拿大在各自的北极圈陆域都进行过试采，但商业性、规模化等方面效果均不理想。日本天然气水合物资源量约为日本 100 年的天然气消费量（2015 年日本天然气消费量为 1130 亿立方米）。2013 年，日本利用降压法在其"南海海槽（Nankai Trough）"天然气水合物储层中提取出甲烷气，成为世界上首个掌握海底天然气水合物开采技术的国家。但由于泥沙堵住了井下管道，试采停止，持续 6 天的试采共从储层中提取了 12 万立方米天然气。2017 年 5 月 4 日，日本再次尝试降压开采，并于当日成功产气，但于 5 月 15 日再次因钻井通道有泥沙灌入而阻断管输被迫中断，此次试采共持续 12 天，共采出 3.5 万立方米天然气。日本曾期盼在 2018 年前落实商业开发所需要的各项技术、装备等，但屡次"沙堵"成为一大障碍。

相对而言，国外天然气水合物的开采侧重于商业成本、规模化以及环境等因素，毕竟利润才是资本、市场主体等追逐的目标。因此，美国、日本等正着力研究包括单井间歇生产、单井多层套管连续生产、井下天然气水合物的固相可控，并以适宜的条件、适宜（安全、经济）的速率缓释出甲烷气等，目的就是降低成本、规避环境风险。

我国自 1995 年开展对海域天然气水合物的开采研究。1999 年 10 月，广州海洋地质调查局在南海实施了高精度地震测量。2007 年 5 月 1 日凌晨，广州海洋地质调查局在珠江口盆地东部海域钻获高纯度、新类型天然气水合物实物样品，成为世界上第四个获取实物样品的国家。南海一带天然气水合物主要赋存于水深 600～1100m 的海床下 220m 岩（泥）层中的两个矿层，岩心中天然气水合物含矿率（长度）平均为 45%～55%，其中天然气水合物样品中甲烷含量最高达 99%，具有埋藏浅、厚度大、类型多、含矿率高、甲烷纯度高等特点，为世界少见。2008 年，广州海洋地质调查局在南海北部陆坡利用海洋 6 号船再次成功进行了天然气水合物采样试验。本次采样试验与德国等国进行了合作，使用自行研制的可燃冰抑制剂、取样器等，在南海北部陆坡又发现天然气水合物有利成矿带 8 个。2010 年，我国在南海神狐海域圈定了 11 个可供开采的天然气水合物矿体。2013 年，国家天然气水合物科研课题通过"863 计划"验收。

2017 年 5 月 10 日，我国在南海神狐海域水深 1266m 处海床下的天然气水合物矿藏中开采出甲烷（见图 4-15）；19 日，国土资源部在南海宣布，"我国正在南海北部神狐海域进行的可燃冰试采获得成功，南海北部神狐海域的可燃冰试采现场距离香港 285km，采气点位于水深1266m海底以下200m的海床中。此次开采天然气水合物采用的是在"蓝鲸一号"钻探平台上采用降压法实现的，开采原理如图4-16所示。降压法打破了天然气水合物海床稳定赋存成藏条件，采用水、沙、甲烷气分离核心技术最终将天然气采出。这次试采成功是我国首次、也是世界首次成功实现资源量全球占比90%以上、开发难度最大的泥质粉砂岩型天然气水合物安全可控开采，为实现天然气水合物商业性开发利用提供了技术储备，积累了宝贵经验"。截至6月10日14时52分，我国南海神狐海域天然气水合物开采已经连续产气31天，总产气量达21万立方米，平均日产气6800m³；获得各项测试数据264万组。

图4-15　神狐海域可燃冰开采现场图

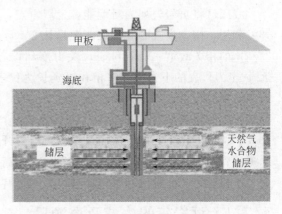

图4-16　压降法开采原理

　　这次神狐海域天然气水合物开采的重大突破，标志着我国天然气水合物开采已经达到"技术上可行"；已成为第一个实现在海域可燃冰试开采且能够连续稳产的国家；标志着它是继美国"页岩气革命"之后由我国引领的新一轮"天然气水合物革命"，将推动整个世界能源利用格局的改变。"这是一个历史性的突破"，党中央、国务院发来贺电并给予高度评价，称其是"中国人勇攀世界科技高峰的又一标志性成就，对推动能源生产和消费具有重要而深远的影响"。

　　天然气水合物的开采面临环境风险。天然气水合物的开采涉及海洋地质、地球物理、流体动力学、热力学等众多学科，与传统的煤炭、石油等能源相比，天然气水合物中甲烷的开发技术更为复杂。温室气体排放是近年来举世关注的议题。甲烷的温室气体效应超过二氧化碳。由于天然气水合物分子结构、产状、区域储层变异系数大等原因，目前的开发技术存在一定的环境风险。首先，由于天然气水合物的固态不稳定，开采时的人为扰动或可导致甲烷不可控地大量释出，加速全球变暖、海平面上升，破坏海洋生态系统等。其次，由于海床原有沉积物以及陆上冻土层因天然气水合物开采而失稳，可能导致海底滑塌、海洋灾难，在陆上则可能导致冻土层软化或形成类似于西伯利亚等地区的巨大"天坑"。因此，如何在安全且环境友善的前提下商业开采天然气水合物，是一大挑战。

4.7　页岩气

　　页岩气是指赋存于以富有机质页岩为主的储集岩系中的非常规天然气，是连续生成的生物化学成因气、热成因气或二者的混合，可以游离态存在于天然裂缝和孔隙中，以吸附态存在于干酪根、黏土颗粒表面，还有极少量以溶解状态储存于干酪根和沥青质中，游离气比例一般在 20%～85%。页岩气属于新型的绿色能源资源，是一种典型的非常规天然气，是我国第 172 种矿产。页岩气成分以甲烷为主，是一种清洁、高效的能源资源和化工原料，用途非常广泛，可用于居民燃气、城市供热、发电和汽车燃料等。过去的十多年以来，由于水平井钻井和压裂改造技术的进步，泥页岩不仅仅被认为是传统意义的烃源岩和盖层，也是油气资源的重要储集层，特别是美国页岩气开发，俨然可以看作一场新的化石能源革命，截至 2015 年 11 月，美国页岩气年产量累计为 3692.74 亿立方米，占其天然气总产量的 40%，增长潜力巨大。近年来，页岩气的勘探开发已成为全球油气工业中的新亮点，并逐步向全方位的变革演进。

我国已将页岩气列为新型能源发展重点，纳入了国家能源发展规划。为了加快页岩气的开发利用，国家发改委和国家能源局从 2009 年 9 月开始，研究制定了鼓励页岩气勘探与开发利用的相关政策。随着科研攻关力度和核心技术突破能力的不断提高，先后发现了以威远-长宁为代表的下古生界海相和以延长为代表的中生陆相等页岩气田，特别是开发了特大型焦石坝海相页岩气，将我国页岩气工业推送到了一个特殊的历史新阶段。我国非常规油气勘探开发取得重要突破，2016 年全国页岩气产量达到了 78.82 亿立方米，仅次于美国、加拿大，位于世界第三位。然而，中国页岩气开发也面临着地下地质条件复杂、地表自然条件恶劣、管网等基础设施不完善、开发成本较高等诸多挑战。我国页岩气的资源背景、工程条件、矿权模式、运行机制及市场环境等明显有别于美国，页岩气开发与发展任重道远。

4.7.1　页岩气的生成及资源量

页岩气可以生成于有机成因的各阶段，可包括早期的生物作用生成的生物气，进入生油窗之后的热成因气，也包括石油、沥青等经裂解之后形成的裂解气。页岩气表现为"原地"成藏模式，即在含气页岩中，页岩兼具烃源岩、储层，甚至盖层的角色。因此，有机质含量高的黑色页岩、高碳泥岩等常是最好的页岩气发育条件。泥页岩具有微观复杂性、非均匀性和强地震各向异性。页岩气的赋存状态是多种多样的，除极少部分呈溶解状态赋存于干酪根、沥青和结构水中外，绝大部分页岩气以吸附状态赋存于有机质颗粒的表面，或以游离状态赋存于孔隙和裂缝之中。有机质与黏土颗粒表面的吸附气的储集方式与煤层气相似；基质孔隙和裂缝中的游离气的储集方式与常规天然气储层相似。页岩的吸附能力与总有机碳含量、矿物成分、储层温度、地层压力、页岩含水量、天然气组分和孔隙结构等因素有关。页岩中吸附气和游离气含量大约各占 50%，含气量大小与有机质的含量密切相关。因此从赋存状态观察，页岩气介于煤层吸附气（吸附气含量在 85% 以上）、根缘气（致密砂岩气，吸附气含量小于 20%）和常规储层气（含裂缝游离气，但吸附气含量通常忽略为零）之间。页岩气的存在体现了天然气聚集机理递变的复杂特点，即天然气从生烃初期时的吸附聚集到大量生烃时期（微孔、微裂缝）的活塞式运聚，再到生烃高峰时期（较大规模裂缝）的置换式运聚，运移方式还可能表现为活塞式与置换式两者之间的过渡形式。

据 2005 年 RHS 的统计，全球页岩气资源量为 $456 \times 10^{12} \, m^3$，主要分布在北美、亚洲、欧洲和非洲。2011 年 4 月美国能源信息署（EIA）发布了"世界页岩气资源初步评价报告"，根据 Advanced Resources 国际有限公司负责完成的美国以外 32 个国家的页岩气资源评价以及美国页岩气资源评价结果，全球页岩气技术可采资源总量为 $186.7 \times 10^{12} \, m^3$。这次评价没有包括俄罗斯、中亚、中东、东南亚和中非等地区，因为这些地区或有非常丰富的常规资源，或缺乏基础的评价资料。据 EIA 最新的评价结果，全球页岩油和页岩气技术可采资源量分别为 473×10^8 t 和 207×10^{12} m^3，分别占油气资源总量的 10% 和 32%。中国页岩气和页岩油技术可采资源量分别为 31.6×10^{12} m^3 和 44.1×10^8 t，分别居世界首位和第三位。世界页岩气技术可采资源量排名第二位、第三位的国家分别是阿根廷和阿尔及利亚，资源量分别为 22.71×10^{12} m^3 和 20.02×10^{12} m^3。俄罗斯拥有 102.19×10^8 t 页岩油技术可采资源量，居世界首位，阿根廷、利比亚、委内瑞拉和墨西哥等国也拥有丰富的页岩油资源。非常规油气已成为全球油气供应的重要组成部分，非常规油气产量占油气总产量的比例已超过 10%。非常规油气勘探开发技术取得的成果包括连续型油气聚集理论、水平井规模压裂技术、平台式"工厂化"开发模式。

美国的页岩气主要发现于中生界-古生界地层中，勘探开发的主要盆地有阿巴拉契亚盆地的 Ohio 页岩、密执根盆地的 Antrim 页岩、伊利诺斯盆地的 New Albany 页岩、威利斯顿盆地的 Bakken 页岩等，勘探正在由东北部盆地向中西部盆地发展，美国页岩气原地资源量大于 85×10^{12} m^3。加拿大的页岩气资源同样很丰富，主要分布在 5 个盆地中，根据加拿大非常规天然气协会资源评价结果，加拿大页岩气的原地资源量大于 42.5×10^{12} m^3。欧洲的页岩气勘探概况与勘探成效。国际能源署 2009 年预测欧洲的非常规天然气储量约为 500×10^8 m^3，其中将近一半蕴藏在泥页岩中，这个数字远低于美国或者俄罗斯。国际能源署提醒说，从全球来看，除了撒哈拉以南的非洲地区，欧洲的页岩气储量可能是最少的。欧洲自 2007 年启动了由行业资助、德国国家地质实验室协助的为期 6 年的欧洲页岩气项目以来，已经在 5 个盆地发现了富含有机质的黑色页岩，初步估算页岩气资源量至少在 30×10^{12} m^3。

我国众多含油气盆地同样具备页岩气形成的基本地质条件。中国主要盆地和地区的页岩气资源量约为 $21.5\times10^{12}\sim45\times10^{12}$ m^3，中值为 30.7×10^{12} m^3。主要分布在南方聚气区、华北聚气区，古生界页岩气资源量大约是中生界页岩气资源量的 2 倍，四川盆地东部和南部下寒武统和下志留统页岩是目前勘探的主要层系。其中，陆相页岩发育于中、新生界，在中国六大含油气盆地均有分布；海陆过渡相页岩发育于上古生界和中生界，在中国华北、南方和西北广泛分布；海相页岩以下古生界为主，主要分布于扬子和塔里木盆地。在四川盆地及周缘的下古生界志留系龙马溪组的海相地层累计探明页岩气地质储量 7643 亿立方米。其中，重庆涪陵页岩气田累计探明地质储量 6008 亿立方米，成为北美之外最大的页岩气田，预计 2017 年底将建成年产能 100 亿立方米。四川威远-长宁地区页岩气累计探明地质储量 1635 亿立方米。延长油矿在鄂尔多斯盆地、中国地质调查局在贵州遵义正安、湖北宜昌陆续获得页岩气工业气流，实现页岩气勘探新区新层系重大突破。南方页岩气调查取得重大突破，有望建成两个页岩气资源基地。中国地质调查局在南方盆地外复杂构造区拓展 9 套新层系，圈定 10 处远景区，开辟了 6 万平方千米新区，取得了新区新层系的页岩气调查重大突破。长江上游贵州遵义安页 1 号井获超过 10 万立方米/日的稳定高产工业气流，长江中游湖北宜昌鄂宜页 1 井在寒武系获得无阻流量 12.38 万立方米/日的高产页岩气流，并在震旦系获得迄今全球最古老页岩气藏的重大发现，下游安徽宣城港地 1 井同时获得页岩油、煤层气、致密气和页岩气的重要发现。

4.7.2　页岩气的勘探与开发

页岩气革命发生在美国，并在世界范围内引起了能源大变局。在经过了漫长的偶遇发现（1821~1975 年），经艰难探索之后，形成现今比较成熟的页岩气开发技术。目前采用的开发技术是在20世纪80年代初直井泡沫压裂技术的基础上逐步完善而发展起来的，先后经历了从直井到水平井、从泡沫和交联冻胶到清水压裂液、从简单压裂到重复压裂和同步压裂工艺的演进。完善的基础设施、专业的技术服务、有效的监管体系为页岩气开发提供了重要的支持和保障作用，批量化生产的低成本开发技术是页岩气开发成功的关键。

近年来，随着页岩油气勘探开发技术的需求，国外对泥页岩岩石特性进行从电子显微到地面地震方法的跨尺度成像与界定，也发展了钻井、完井和生产工艺等。地球物理技术在各种新技术集成与融合中也发挥了不可替代的重要作用，从页岩油气开发核心区选区评价到钻完井设计，从测井识别页岩油气层到随钻测井，从地面三维地震"甜点"评价到微地震压裂裂缝监测，地球物理技术已经融入页岩油气勘探开发的各个阶段，成为页岩油气储层评价和增产改造不可或缺的技术手段。地震勘探是利用地层岩石的弹性特征来研究地下地质结构、推断岩体物性、预测油气的一种勘查方法，已经成为最重要的勘探手段，特别是油气勘探。地震勘探的大致步骤是在地表运用震源（通常是炸药）激发产生在地层介质中传播的波，在岩层分界面发生散射、反射或折射，在地面用专门仪器接收，测定波形和传播时间，然后进入复杂处理流程，反演解释出地层的地震波速度、地层构造、地层岩性、岩石物理性质等，提供给地质学家，判定地质目标。地震反演解释地下地质目标，需要采用多种技术，如高分辨率处理技术、叠前深度偏移技术、高精度反演技术、地震属性分析技术、相干体技术、地震层序分析技术、振幅随偏移距的变化分析技术、多波多分量技术、时移地震技术和可视化技术等。由于岩层可近似为弹性体，地震勘探方法所依赖的地震波传播理论都属弹性动力学范畴，因而弹性波动力学是地震勘探理论和方法的重要基础。地震勘探是在天然地震学的基础上发展起来的。几十年来地震波的基本理论、仪器设备、野外工作方法、资料处理技术、解释方法等各个方面都不断更新并迅速发展。

中国页岩气勘探开发起步虽晚，但发展速度很快，已成为继美国和加拿大之后世界上第三个实现页岩气商业化开发的国家。国土资源部组织相关单位开展了页岩气资源评价工作，并启动勘查项目，国家发改委、能源局也已开始研究相关激励政策。国内众多石油公司以及国土资源部相关科研机构积极开展页岩气选区评价工作，优选出了一批有利区块，并部署勘探工作。壳牌、康菲、BP和挪威国家石油等国外石油公司也积极参与我国页岩气的勘探开发。"十二五"期间，我国页岩气开发在南方海相获得突破，四川盆地页岩气实现规模化商业开发，其他很多有利区获得工业测试气流，南方海相龙马溪组页岩气资源及开发潜力得到有力证实。四川盆地深层海相页岩气、四川盆地外大面积常压低丰度海相页岩气及鄂尔多斯盆地陆相页岩气也将为页岩气大规模开发提供资源保障。2012年，中国石化成功地在涪陵地区发现了中国第一个大型海相气田。2015年全国页岩气产量为45亿立方米，截至2016年9月，全国累计探明页岩气地质储量为5441亿立方米。中国富有机质页岩平面分布及构造见图4-17。

世界上页岩气资源的勘探开发最早始于美国，早在1821年美国纽约州就有人尝试在页岩层中开采天然气。进入21世纪以来，米切尔的钻探公司为页岩气开发带来了技术上的突破，他们通过水力压裂法开采了巴涅特页岩气藏。页岩气开发给米切尔的公司带来了巨大利润，这吸引了6000～8000个中小石油公司进入到了页岩气开发的钻井、压裂、泥浆以及设备制造等各个环节。2001年戴文能源公司并购了米切尔能源公司，并将自己拥有的水平开采技术和水力压裂技术结合起来，这使得页岩气开采技术更加成熟。随着分工的细化和竞争的加剧，越来越多的大公司开始进入页岩气开发领域。例如，2009年12月埃克森美孚投资

图 4-17 中国富有机质页岩平面分布及构造

410亿美元并购在美国页岩气市场上占有很大份额的天然气生产商 XTO 能源公司。2011年康菲公司斥资150亿美元用以并购更多深水和页岩资源。

技术的进步是页岩气藏大规模开发的关键所在。2000年以后，成熟的水力压裂技术促进美国 Barnett 页岩气大规模开采，此后又开发了 Haynesville 和 Eagle Ford 页岩气藏（2008年）、Marcellus 页岩气藏（2009年）。正是由于高压水力压裂技术和水平钻探技术在美国油气开采业的推广应用，曾经被称为非传统油气资源的页岩油气藏，改变了过去长时间被弃之一边的命运，变身为油气宝库。由于技术革新所带来的页岩气变废为宝的这一进程，被称为"页岩气革命"。水力压裂技术是利用地面高压泵车，以超过地层的吸液能力，大量地注入液体在岩层中造缝，然后泵送一定量的支撑剂填充于先前产生的裂缝中，最终形成远超过地层渗流能力的高速支撑带的工程技术。水力压裂技术形成的人工裂缝将地层原先的径向流动模式转化为双线性流动模式，即油气藏流体从地层线性地流入裂缝，又从裂缝线性地流入井筒。根据渗流力学原理可知，线性流动的渗流阻力远小于径向流动的渗流阻力。因此，在流动压差不变的前提下，高流动能力的人工裂缝的存在，会显著提高地层流体的产量。水力压裂技术水平的高低，以及与地层的针对性如何，都将直接影响压裂的效果和经济效益。水力压裂技术诞生于1947年，在常规砂岩油气藏、碳酸盐岩油气藏及煤层气等领域中，已经发挥了重要的增储上产作用。通过调研可知，国外的页岩气井也大量采用水力压裂技术，如美国的 Barnett 页岩气田，几乎每口井都采用水力压裂技术，先前采用直井压裂技术，效果不明显，后来采用水平井分段压裂，取得了历史性突破。该技术迅速在北美其他页岩气区块得到普及，显著加快了页岩气的勘探开发进程。

通过技术引进、消化吸收和技术攻关，中国已掌握了页岩气地球物理、钻完井、压裂改造等技术，具备了 3500m 以浅（部分地区已达 4000m）水平井钻井及分段压裂能力，初步形成了适合中国地质条件的页岩气勘探开发技术体系。四川盆地页岩气试采现场见图 4-18。

图 4-18　四川盆地页岩气试采现场

我国的页岩气富集区主要包括四川盆地及其周边地区、中下扬子地区、鄂尔多斯盆地、沁水盆地、准噶尔盆地、渤海湾盆地、松辽盆地等。这些地区不仅地表环境较差，多山区或沙漠，而且页岩气层的储层比美国的储层要深。即使这些页岩气层在技术上具有可开采性，但如果没有真正适合我国地质条件的技术创新，中国的页岩气很难具有经济上的可开采性。

页岩气开采主要采用水力压裂技术，这项技术需要将混合了化学溶剂的数百万加仑压裂液打入地层深处，压裂页岩层，以回收其中的天然气。由于钻探都必须经过地下蓄水层，因此如何保证压裂液中的化学溶剂不会污染地下蓄水层就变成了一个必须要解决的环保问题。就美国而言，他们主要采用联邦、州和县三级的方式对页岩气开采进行环境监管。从联邦政府的层面上看，内政部的土地管理局、农业部的森林服务局或环境保护署负责执行《清洁水法案》《安全饮用水法案》《清洁空气法案》《全国环境政策法案》等；在州一级的层面上，每个州都设立了一个或多个监管机构，负责页岩气开发的相关事宜。对我国来说，页岩气开发还处在起步阶段，目前主要是依靠《环境保护法》来约束企业的开采行为，并没有针对性的法律和法规出台，也难以解决页岩气资源开采中导致的环境问题。我国页岩气开发已进入实质性勘探阶段，虽然未进入大规模商业开发阶段，但已经暴露出一些环境问题。例如，页岩气开发造成占地和地表扰动、水力压裂法消耗水资源巨大等。

另外，调查一个国家的页岩气储量是有难度的。由于技术、方法等因素，不同机构得出的数据往往也有偏差。目前，对美国页岩气储量的预估数据都只是暂时的，对真正储量规模的判断仍存在不确定性。其二，从页岩气开采的角度看，对环境的影响也增加了人们对"页岩气革命"能否持续的担忧。这些影响主要包括水力压裂技术对美国水质所构成的威胁和页岩气与页岩油开发过程中的伴生气燃烧等问题。其三，美国液化天然气出口的不确定性问题。美国国内工业用户认为，如果美国国内天然气价格保持低位，他们将更有力地抗衡来自海外的竞争，进而促进就业、提振美国经济。与此相反，天然气生产商认为如果气价太低，开发商将退出页岩气勘探开发领域。因此，他们主张以更高的价格销往全球市场。实际上，美国页岩气开采前景在很大程度上依赖于如何解决其国内天然气市场供过于求、价格持续走低的问题，而当前美国国内在这一问题的解决上并未形成一致意见。

参 考 文 献

[1] 钱伯章，朱建芳. 世界天然气供应和需求预测. 天然气与石油，2006，24（2）：44-48.

[2] 夏丽洪. LNG 国际环境分析及我国发展策略建议. 城市燃气，2007，384（2）：31-37.

[3] 郑定成，杨泽亮，王聪. 广东天然气工业用户市场的发展潜力. 中山大学学报论丛，2007，27（2）：101-104.

[4] 杨伟波. 几种 LNG 供气形式在城镇中的应用. 城市燃气，2007，21（l）：31-46.

[5] 沈余生，张宝金，马洪敬. 世界天然气储量的估计. 煤气与热力，2005，25（5）：57-58.

[6] 白国平，郑磊. 世界大气田分布特征. 天然气地球科学，2007，18（2）：161-167.

[7] 胡奥林，周昌英. 世界天然气发电现状与趋势. 世界天然气，2000，8（4）：24-27.

[8] 汪朝阳，陈曼升，章伟光. 天然气的组成与应用. 化学教育，2007，（4）：1-4.

[9] 周总瑛，张抗，唐跃刚. 中国天然气生产现状与前景展望. 资源·产业，2002，（3）：22-26.

[10] 朱德春. 天然气化工的应用研究进展. 安徽化工，2007，33（2）：11-14.

[11] 何拥军，陈建文，曾繁彩等. 世界天然气水合物调查研究进展. 海洋地质动态，2004，20（6）：43-46.

[12] 张志翔，苑慧敏，王凤荣等. 煤层气的化工利用进展. 现代化工，2007，27（8）：26-29.

[13] 丁运年，涂彬. 天然气的优化利用. 油气田地面工程，2007，26（11）：10-11.

[14] 姚伯初，杨木壮，吴时国等. 中国海域的天然气水合物资源. 现代地质，2008，22（3）：333-341.

[15] 张虎权，王廷栋，卫平生等. 煤层气成因研究. 石油学报，2007，28（2）：29-34.

[16] 东南海. 天然气水合物开采现状及相关思考. 国际石油经济，2017，（6）：19-25.

[17] 邵仲妮. 天然气水合物资源分布及勘探开发进展. 当代石油石化，2007，（5）：24-29.

[18] 王淑红，宋海斌，颜文. 全球与区域天然气水合物中天然气资源量估算. 地球物理学进展，2008，（4）：1145-1154.

[19] 李丽松，苗琦. 天然气水合物勘探开发技术发展综述. 油气田开发，2014，（1）：66-71.

[20] 张洪涛，张海启，祝有海. 中国天然气水合物调查研究现状及其进展. 中国地质，2007，（6）：953-961.

[21] 周怀阳等. 天然气水合物. 北京：海洋出版社，2000.

[22] 蒋国盛等. 天然气水合物的勘探与开发. 武汉：中国地质大学出版社，2002.

[23] 郭平等. 天然气水合物气藏开发. 北京：石油工业出版社，2006.

[24] 蒋延学. 页岩气压裂技术. 上海：华东理工大学出版社，2016.

[25] 董宁. 页岩气地震勘探技术. 上海：华东理工大学出版社，2016.

[26] 李宏勋，张杨威. 全球页岩气勘探开发现状及我国页岩气产业发展对策. 中外能源，2015，（5）：22-29.

[27] 刘洪林，王红岩，刘人和等. 中国页岩气资源及其勘探潜力分析. 地质学报，2010，（9）：1374-1378.

[28] 邹才能，董大忠，王玉满等. 中国页岩气特征、挑战及前景（一）. 石油勘探与开发，2015，（6）：689-701.

[29] 姜福杰，庞雄奇，欧阳学成等. 世界页岩气研究概况及中国页岩气资源潜力分析. 地学前沿，2012，（2）：198-211.

[30] 张东晓，杨婷云. 页岩气开发综述. 石油学报，2013，（4）：782-801.

第5章

电　能

电能是应用最广泛、最方便、最清洁的一种能源，电能易于生产、输送和使用，构成了现代化生活的基础。电能广泛应用于工业、农业、交通运输业、城市公用事业、第三产业和人民生活，渗透到国民经济和社会生活的各个角落。对电能消费的多少已经成为衡量一个社会物质文明高低的主要标准。

电可以通过输电线方便、经济、高效地输送到远方；小到几瓦的灯泡，大到几百千瓦的电动机，都可以根据用户的需要灵活分配，而且不受控制距离的限制。电能易于控制、测量和调整，可以利用电能实现高度自动化。

5.1　电能是最优质的二次能源

在自然界中天然存在的可直接取得而又不改变其基本形态的能源称为一次能源，如煤炭、石油、天然气等，这些能源可以通过燃烧而产生热能供人们使用。二次能源是指由一次能源经过加工转换成另一种形态的能源，电能就是煤、石油和天然气等一次能源燃烧后产生的热量通过发电设备转化而来的，因此电能是二次能源，而且是最优质的二次能源。电能可以方便地转换为热能、机械能、光能、声能等其他形式的能量，而且转换效率高，电能转换为热量，效率几乎为 100%，电能通过电机转换为机械能。电能，通过输送和分配，在各种设备中使用，即终端能源。终端能源最后转换为有效能。

水能、风能也属于一次能源，但不能直接利用。在自然状态下水能和风能包含有势能，需加以转换才能成为有用的电能。

虽然有诸如普通干电池、蓄电池、燃料电池等储存电能的方式，但与其他一次或二次能源最大的不同是电能不能大规模地储存，必须使用才能成为能源，即电力的生产、输送、分配和消费是同时进行的，电能的生产其实是一种能量形式的转换。这一特点就要求发电与用电必须同时匹配才能完成。

将一次能源转换为电能的工业称为电力工业。作为一种先进的生产力和基础产业，电力工业对促进国民经济的发展和社会进步起到重要作用，在国民经济中占有重要地位，是国家经济发展战略中的重点和先行行业。

自从 18 世纪发明了发电的原理之后，科学家们便努力寻找高效的发电方式，目前较为经济且有效的发电方式包括了火力发电、水力发电和核能发电。

5.2 火力发电

火力发电是目前生产电能的主要方法之一。火力发电厂在全世界发电厂总装机容量中占70%以上。我国的火电产业一直占据着电力生产的主导地位。2016年底，全国全口径火电装机10.5亿千瓦，占全部发电装机容量的65%左右。未来几年我国火力发电仍将保持较高的增长速度。

5.2.1 火力发电基本原理

火力发电是指利用煤炭、石油、天然气等燃料燃烧时产生的热能来加热水，使水变成高温、高压水蒸气，然后再由水蒸气推动发电机来发电的方式的总称。从能量转换的角度看，即：燃料的化学能→蒸汽的热势能→机械能→电能。

以煤、石油或天然气作为燃料的发电厂统称为火电厂。它的基本生产过程是：燃料在锅炉中燃烧加热水，使它成为蒸汽，将燃料的化学能转变成热能，高压蒸汽推动汽轮机旋转，汽轮机带动发电机旋转，热能转换成机械能，发电机发电将机械能转变成电能。其中作为热源的物质、加热方式与成本均不相同，但发电原理则相同。火力发电过程如图5-1所示。

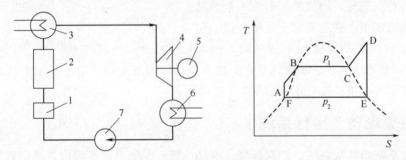

图 5-1　火力发电过程示意图
1—省煤器；2—锅炉；3—过热器；4—汽轮机；5—发电机；6—凝汽器；7—给水泵

水通过供水泵向锅炉系统加水，水在流过省煤器时，与锅炉的烟气进行换热，水温上升，热水进入锅炉，在锅炉水管中被加热，变成蒸汽，蒸汽经过热器继续加热，变成高压蒸汽。高压蒸汽推动蒸汽轮机转动，与蒸汽轮机安装在同一轴上的发电机也同时转动，发出电能。高压蒸汽冷凝为水，通过供水泵向锅炉加水，完成一个循环过程。

（1）热量转换原理

火电厂的热力循环都遵循朗肯循环：过程 A→B 为高压（p_1）水在省煤器和锅炉水冷壁的中下部定压预热的吸热过程；过程 B→C 为高压（p_1）水在锅炉水冷壁的上部等温汽化的吸热过程；过程 C→D 为高压（p_1）干蒸汽在过热器中经定压过热而成为过热蒸汽的吸热过程；过程 D→E 为过热蒸汽在汽轮机内的绝热膨胀做功过程；过程 E→F 为乏汽（即汽轮机排汽）向凝汽器（冷源）定压（p_2）等温放热的完全凝结过程；过程 F→A 为凝结水通过给水泵的绝热压缩过程。6个过程周而复始，不断循环。

不难理解，1kg工质按照朗肯循环工作，每循环一次向外输出的净功 W 应为汽轮机输出功 W_s 与水泵耗功 W_p 之差，或为从热源的吸热量 Q_x 与向冷源的放热量 Q_f 之差，即：

$$W = W_s - W_p = (Q_x - Q_f)$$

(5-1)

则 W 从数量上看，即 T-s 图上循环包围的面积的大小。

在现代高温、高压火力发电厂中，水泵对 1kg 工质所做的功 W_p，远远小于 1kg 工质对汽轮机所做的功 W_s，例如在 $p_1 = 17MPa$ 的火电厂，W_p 仅占 W_s 的 1.5% 左右。因此，在循环热效率计算中常将水泵所做的功忽略不计，所以朗肯循环的热效率为：

$$\eta = \frac{h_1 - h_2}{h_1 - h_3} \tag{5-2}$$

式中　h_1——压力为 p_1、温度为 t_1 下的过热蒸汽的比焓；

　　　h_2——压力为 p_2 下的汽轮机乏汽（湿蒸汽）的比焓；

　　　h_3——压力为 p_2 下的饱和水的比焓。

（2）发电原理

根据法拉第电磁定律，当导电体在一定的磁场中移动时，导电体的两端将产生电动势。或者说，一个导电体处于变化的磁场中时，其两端将产生变化的电动势。在绕于发电机转轴上的导线（称为转子绕组）中通入直流电流，就会在转子周围空间形成一定的磁场，磁场分为 S 和 N 两极，就像一块在空间旋转的磁铁，形成一个旋转的磁场。发电机定子由铁芯和定子线圈组成，包围在转子的外面。在发电机转子旋转时，磁场（S 极和 N 极）是旋转的，于是就有变化的磁力线切割定子线圈，定子线圈中就有感应电动势产生，形成了发电机的端电压，如图 5-2 所示。

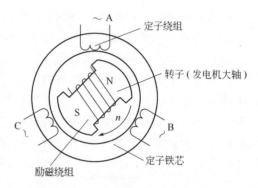

图 5-2　同步发电机原理示意图

5.2.2　主要设备及运行系统

火力发电系统由燃烧系统、汽水系统、电气系统、控制系统等组成。燃烧系统和汽水系统产生高温高压的蒸汽，将煤的化学能转变为热能；电气系统实现由热能、机械能到电能的转变，汽轮机将热能转变为机械能，发电机转换机械能为电能。控制系统保证各系统安全、合理、经济地运行。

（1）燃烧系统

燃烧系统是由输煤、磨煤、筛分、给粉、燃烧、除尘等步骤组成的。来自煤场的煤炭经皮带机输送到位置较高的储煤仓中，煤炭从储煤仓底部流出，通过电磁铁、碎煤机然后送到煤仓间的煤斗内，再经过给煤机进入磨煤机进行磨粉，磨好的煤粉通过空气预热器来的热风，将煤粉进行粗细分离，合格的煤粉经过排粉机送至粉仓，不合格的煤粉送回磨煤机。

自然界的大气由鼓风机送到布置于锅炉垂直烟道中的空气预热器内，接受烟气的加热，回收烟气余热。从烟气预热器出来的热风温度达 250℃ 左右，分成两路：一路直接引入锅炉的燃烧器，作为二次风进入炉膛；另一路引入给粉机，将煤粉打入喷燃器送到锅炉进行燃烧。一次风、煤粉和二次风通过燃烧器喷射进入炉膛后充分混合燃烧，火焰中心温度高达 1600℃，火焰、高温烟气与布置于炉膛侧面的水冷壁和炉膛上方的过热器进行强烈的辐射换热，将热量传递给水冷壁中的水和过热器中的蒸汽。燃尽的煤粉中少数较大的颗粒成为灰渣下落到炉膛底部的冷灰斗由排灰设备连续或定期排走，而大部分颗粒较小的煤粉燃尽后成为飞灰被烟气携带上行（在炉膛上部出口处的烟气温度仍高达 1000℃），为了回收这些热量，在水平烟道及垂直烟道内，布置有过热器、再热器和空气预热器，烟气和飞灰经过这些换热器时，进行对流换热，将烟气和飞灰的热量回收，提高锅炉热效率。最后穿过空气预热器的烟气和飞灰温度已下降到 110～130℃，经过电除尘脱除粉尘再送至脱硫装置，通过石灰浆喷淋脱除烟气中的硫分。脱除硫分的烟气经过排风机送到烟囱排入大气。

（2）汽水系统

汽水系统是由锅炉、汽轮机、凝汽器、高低压加热器、凝结水泵和给水泵等组成的，也包括汽水循环、化学水处理和冷却系统等。

水在锅炉中被加热成蒸汽，经过热器进一步加热后变成过热的蒸汽，再通过主蒸汽管道进入汽轮机。由于蒸汽不断膨胀，高速流动的蒸汽推动汽轮机的叶片转动从而带动发电机。

汽轮机工作时，蒸汽通过喷嘴增大速度，同时压力和温度下降，这样蒸汽的热能就转变为蒸汽的动能。蒸汽以一定方向进入汽轮机转子上的叶片，叶片强迫气流改变运动方向，蒸汽产生对叶片的作用力，推动转子旋转做功，这样蒸汽的动能就转换成了汽轮机转子旋转的机械能。汽轮机的内部构造如图 5-3 所示。

为了进一步提高热效率，在现代大型汽轮机组中都从汽轮机的某些中间级后抽出做过功的部分蒸汽，用来加热给水。在某些超高压机组中还采用再热循环，即把做过一段功的蒸汽从汽轮机的高压缸的出口全部抽出，送到锅炉的再热汽中加热后再引入汽轮机的中压缸继续膨胀做功，从中压缸送出的蒸汽，再送入低压缸继续做功。在蒸汽不断做功的过程中，蒸汽压力

图 5-3　汽轮机内部结构图

和温度不断降低，最后排入凝汽器凝结成水。凝结水集中在凝汽器下部由凝结水泵打至低压加热再经过除氧，给水泵将预加热除氧后的水送至高压加热器，经过加热后的热水被打入锅炉，在过热器中把水已经加热到过热的蒸汽，送至汽轮机做功，这样周而复始不断地做功。

在汽水系统中的蒸汽和凝结水，由于管道长、阀门设备多而导致产生跑、冒、滴、漏等现象，会或多或少地造成水的损失，因此必须不断地向系统中补充经化学处理过的软化水。

（3）电气系统

电气系统是由副励磁机、励磁盘、主励磁机（备用励磁机）、发电机、变压器、高压断路器、升压站、配电装置等组成的。强大的电流通过发电机出线分两路，一路送至厂用电变压器，另一路则送到高压断路器，由高压断路器送至电网。

发电机是电气系统的主要设备。发电机分为卧式和立式两种，汽轮发电机一般为卧式，水轮发电机为立式。卧式汽轮发电机的结构如图 5-4 所示，从图中可以看出，发电机主要由发电机转子铁芯和线圈、定子铁芯和线圈以及氢气冷却系统三大部分组成。

发电机转子铁芯和线圈高速旋转，因此称为转子。正常运行时，在转子线圈中通入直流电流，形成了一个电磁铁。电磁铁有 S 极和 N 极，高速旋转的电磁铁（转子）在周围空间形成了高强的磁场。定子线圈受磁通量变化的影响会感应出电势，若定子线圈外连接导线，接上负荷，就会产生电流，从而向外界提供电功率。

电压和电流的乘积等于发电机向外输出的功率。发电机的发电功率，即是该发电机在额定工况运行的情况下可发出的额定的有功功率，例如，一台 300MW 的发电机组在额定参数

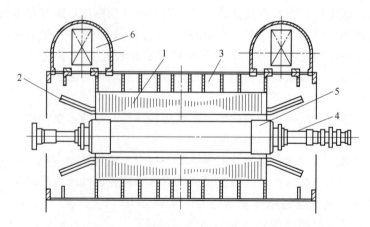

图 5-4　卧式汽轮发电机结构示意图

1—定子铁芯；2—定子线圈；3—冷却风道；4—转子大轴；5—转子铁芯线圈；6—氢气冷却器

条件下运行时，能够向外输出 300MW 的有功功率。

发电机在运行时，由于导线中流过电流、铁芯有损耗、摩擦发热等，造成温度升高，因此必须外加冷却物质（氢气）通过发电机线圈、铁芯等部位，使其降温。

（4）控制系统

为了保证设备的正常运转，火力发电厂装有大量的仪表，用来监视这些设备的运行状况，同时设置有自动控制装置，以便及时地对主辅设备进行调节。现代化的火力发电厂，已采用了先进的计算机分散控制系统。这些控制系统可以对整个生产过程进行控制和自动调节，根据不同情况协调各设备的工作状况，使整个电厂的自动化水平达到新的高度。自动控制装置及系统已成为火电厂中不可缺少的部分。

除了上述的主要系统外，火电厂还有其他一些辅助生产系统，如燃煤的输送系统、水的化学处理系统、灰浆的排放系统等。这些系统与主系统协调工作，它们相互配合完成电能的生产任务。

5.2.3　火力发电厂的分类

火力发电厂有多种习惯分类，主要如下。

（1）按发电装机容量的多少分类

小容量发电厂：装机总容量在 100MW 以下的发电厂。

中容量发电厂：装机总容量在 100～250MW 范围内的发电厂。

大中容量发电厂：装机总容量在 250～600MW 范围内的发电厂。

大容量发电厂：装机总容量在 600～1000MW 范围内的发电厂。

特大容量发电厂：装机总容量在 1000MW 以上的发电厂。

（2）按燃料分类

燃煤发电厂：以煤为燃料的发电厂。

燃油发电厂：以石油（实际是提取汽油、煤油、柴油后的油渣）为燃料的发电厂。

燃气发电厂：以天然气、煤气等可燃气体为燃料的发电厂。

余热发电厂：用工业企业的各种余热进行发电的发电厂。

此外，还有利用垃圾及工业废料作为燃料的发电厂。

（3）按原动机分类

分为：凝汽式汽轮机发电厂、燃汽轮机发电厂、内燃机发电厂、蒸汽-燃汽轮机发电厂。

（4）按蒸汽压力和温度分类

中低压发电厂：蒸汽压力一般为 3.92MPa（40kgf/cm²）、温度为 450℃的发电厂，单机功率小于 25MW。

高压发电厂：蒸汽压力一般为 9.9MPa（101kgf/cm²）、温度 540℃的发电厂，单机功率小于 100MW。

超高压发电厂：蒸汽压力一般为 13.83MPa（141kgf/cm²）、温度为 540/540℃的发电厂，单机功率小于 20MW。

亚临界压力发电厂：蒸汽压力一般为 16.77MPa（171kgf/cm²）、温度为 540/540℃的发电厂，单机功率为 300～1000MW 不等。

超临界压力发电厂：蒸汽压力大于 22.11MPa（225.6kgf/cm²）、温度为 550/550℃的发电厂，机组功率为 600MW 及以上。

（5）按供电范围分类

区域性发电厂：在电网内运行，承担一定区域性供电的大中型发电厂。

孤立发电厂：不并入电网内，单独运行的发电厂。

自备发电厂：由大型企业自己建造，主要供本单位用电的发电厂（一般也与电网相连）。

5.2.4　火力发电的优缺点

（1）火力发电的优点

① 布局灵活，火力发电厂可以在任何地点建造。

② 装机容量可按需要决定且距负载地点较近。

③ 建造工期短，建设费用低廉，一次性建造投资少。

④ 只要储备充足的燃料，就可以连续、稳定地输出电力。

（2）火力发电的缺点

① 效率低，传统的火力发电站的技术效率仅为燃料能量的 30%～35%，其余都要消耗在锅炉和汽轮发电机这些庞大的设备上。

② 动力设备多，发电机组操作控制复杂，运行费用高。高温、高压及高速设备运转与维护难度大。

③ 资源消耗量大。发电的汽轮机通常用水作为冷却介质，一座 1000MW 的火力发电厂每日的耗水量约为 10 万吨。燃料消耗量大，全国每年消耗 5000 万吨标准煤。目前发电用煤约占全国煤炭总产量的 25%左右，加上运煤费用和大量用水，其生产成本比水力发电要高出 3～4 倍。

④ 火力发电污染严重，电力工业已经成为我国最大的污染排放产业之一。

烟气污染：煤炭直接燃烧排放的 SO_2、NO_x 等酸性气体不断增长，使我国很多地区酸雨量增加。全国每年产生 140 万吨 SO_2。

粉尘污染：对电站附近环境造成粉煤灰污染，对人们的生活及植物的生长造成不良影响。全国每年产生 1500 万吨烟尘。

相对而言，天然气发电产生的有害物质较少，在天然气液化过程中，硫、氮、水分等不纯物质已被尽数去除，所以燃烧时只产生少量的氮氧化物及二氧化碳。

5.2.5　其他的火力发电形式

(1) 燃气轮机发电

燃气轮机是以连续流动的气体为工质，把热能转换为机械功的旋转式动力机械，包括压气机、加热工质的设备（如燃烧室）、透平、控制系统和辅助设备等。

现代燃气轮机主要由压气机、燃烧室和透平三大部件组成。当它正常工作时，工质按顺序经过吸气压缩、燃烧加热、膨胀做功以及排气放热四个工作过程完成一个由热能转化为功的热力循环。在完成上述循环过程的同时，发动机也就把燃料的化学能连续地部分地转化为有用功。一般来说，燃气轮机的膨胀功约2/3用于带动压气机，1/3左右才是驱动外界负荷的有用功。

燃气轮机与汽轮机有三大区别：一是工质，燃气轮机采用的是空气而不是水，故可不用或少用水；二是多为内燃方式，没有了庞大的传热与冷凝设备，因而设备简单，启动和加载时间短，电站金属消耗量、厂房占地面积与安装周期都成倍地减少；三是高温状态下加热—放热，可以提高系统效率，但在简单循环时热效率较低，而高温部件的制造需更多的镍、铬、钴等高级合金材料，影响了使用的经济性与可靠性。

目前燃气轮机主要有以下两类。

① 发电用燃气轮机　能在无外界电源的情况下快速启动与加载，作为紧急备用电源和电网中的尖峰负荷，能较好地保障电网的安全运行。一般可在电网中按总装机容量的8%～15%装备燃气轮机机组。由于燃气轮机移动电站（包括列车电站、卡车及船舶电站）具有体积小、启动快、机动性好等优点，适合于边远无电网地区或新建的工矿、油田等单位。

随着高效大功率机组的出现，燃气轮机联合循环发电装置已开始在电网中承担基本负荷和中等负荷。目前功率在100MW以上的燃气轮机大部分用于发电，而300MW以上的机组几乎全部用于发电。

大量实践表明，简单循环燃气轮机发电机组是调峰、应急以及移动电站的最佳选择。

② 工业用燃气轮机　主要用在石化、油田、冶金等领域，用于带动各种泵、压缩机、发电机等，以承担注水、注气、天然气集输、原油输送以及发电等任务。

(2) 燃气轮机与蒸汽机联合发电

单循环燃气轮机发电时热效率较低，而如果把能获得最高实用热机效率的燃气轮机与汽轮机联合循环结合起来，形成燃气蒸汽联合循环，将大大提高发电效率。按热力循环系统中能量转换利用的组织形式的不同，联合循环有以下几种基本类型。

① 无补燃的余热锅炉型联合循环　是指所有的热量都从循环的燃气轮机部分加入的联合热力循环。燃气轮机的高温排气被引到装在其后的余热锅炉中去加热给水，产生蒸汽以驱动汽轮机做功，由于使用燃气的热气在余热锅炉中加热蒸汽，因此称为余热锅炉型。输入循环的热量是以较高温度的燃气加入的，因此这是一种以燃气轮机为主的联合循环。这是目前各种联合循环中效率最高、使用最广的联合循环形式。

这种循环系统的汽轮机与燃气轮机的功率比 $R = P_{蒸汽}/P_{燃气}$ 约为 1：2（0.45～0.77），联合循环效率与相应的简单循环燃气轮机效率的比值（$R_\eta = \eta_{联合}/\eta_{简单}$）比较大，为 1.45～1.77。

② 排气全燃型联合循环　利用燃气轮机的排气作为常压锅炉的助燃介质，并同时回收排气余热。这时的余热锅炉与普通锅炉没有多大区别，只是用燃气轮机代替了锅炉的送风

机，送入锅炉的是高温热风（约为 500℃燃气轮机排气），并取消了空气加热器，加大了省煤器受热面，炉膛温度不受限制，补燃的燃料量可以很大，因而能够采用更高的蒸汽参数，以配置大型高效的汽轮机系统。

排气全燃型联合循环是以汽轮机为主的联合循环，系统的性能主要取决于蒸汽侧循环的热力参数，汽轮机的功率占主要部分，一般循环的蒸燃功率比 R 为 3～7，效率增值（$\Delta\eta = \eta_{联合} - \eta_{简单}$）为 2%～5%。

③ 增压锅炉型联合循环　是把锅炉放在循环燃气的燃烧室之后与燃气透平之前的联合循环，其特点是锅炉（蒸汽发生器）与燃气轮机的燃烧室合为一体，锅炉在燃气轮机的工作压力下燃烧和换热，锅炉的给水吸收高温燃气的部分热量，产生一定量的蒸汽，驱动汽轮机做功。而由锅炉排出的燃气则送到燃气透平中去做功，燃气透平的排气温度很高，再用排气来加热锅炉给水。

这种联合循环的蒸汽由蒸汽锅炉产生，不受燃气透平排气温度的限制，便于采用高参数蒸汽循环，所以它也是以汽轮机为主的联合循环，系统性能主要取决于蒸汽侧循环参数，一般蒸燃功率比 $R = 1.4～5$。此循环中由于锅炉是在较高的压力下燃烧和传热的，燃烧强度和传热系数都大有增加，因此增压锅炉的体积比常压锅炉要小得多，这样设备的造价和安装费用都有所减少，这是它的一个显著优点。但这种联合循环装置的流程结构特征使得燃气轮机和汽轮机都不能单独运行。

5.3　水力发电

水能是清洁的可再生能源，由于利用极为方便，很早就被人类利用。利用水能的最普遍的形式是建设水电站，世界各国都竞相优先开发水力发电，作为电力工业的重要组成部分。

全世界可开发的水力资源约为 22.61 亿千瓦，分布很不均匀，各国开发程度亦不相同，西欧一些发达国家如瑞士、法国、意大利、英国等，水能开发程度都已达到 90%，甚至 100%。而水能资源较丰富的发展中国家，开发程度一般还很低。

5.3.1　我国的水能资源

我国是世界上水力资源较为丰富的国家之一，理论蕴藏量达 6.76 亿千瓦，约占全世界的 1/6，居世界第一位。水电在中国经历了多个发展阶段，总装机容量从 1980 年的约 1000 万千瓦，跃增至 2016 年的 3.3 亿千瓦。水电产量占全国总发电量的 20%。

2006 年，我国最大的水轮发电机组——三峡电站机组首次实现满负荷发电，到 2008 年底，三峡电站 26 台 70 万千瓦的水轮发电机组将全部投入使用，年均发电量达到 847 亿千瓦。

我国水能资源呈现以下特点。

① 水能资源分布不均。我国的地形西高东低，成阶梯状，由西南的青藏高原、西部的帕米尔高原向东部沿海地区逐渐降低；降水量则随各地距海洋的远近和地形条件变化，由东南向西北逐渐减少，而且河道径流量年内、年际变化大；西部地区河道坡陡落差大；南部地区径流丰富。这些地形和降水的特点造成了我国水能资源时空分布极不均匀的特点。

水能资源主要集中在西南地区，其可开发电量占全国总量的 67.8%；其次是中南地区占 15.5%；西北地区占 9.9%，而东北、华北、华东三个经济较发展地区的可开发电量仅占全国总量的 6.8%。按江河流域来分，长江流域技术可开发水能资源占全国的 53.4%；雅鲁藏布江及西藏诸河占 15.4%；西南国际诸河占 10.9%；而海河、淮河、东北、东南诸河及新疆内陆合计只占 8.4%。

② 水电开发力度不均。我国水电开发利用从流域来看，海河流域和松辽流域水能资源开发率已超过 37%，黄河流域、淮河流域也在 30% 左右，珠江流域为 25%，长江流域不到 10%，而西南诸河更不到 5%。各省区开发率差别很大，东、中部经济发达省份远高于西部省份。河南、辽宁、吉林、福建、安徽、京津冀、湖北和海南等省区都在 50% 以上，其中河南、辽宁、湖北、吉林均超过 80%。虽然这些省区水能资源开发力度很大，但由于资源相对较少，其总量不及全国的 6%，而西藏、云南、四川等水能资源较多的省区开发率则大都很低。

③ 水能资源开发中大型水电站所占比重大。我国水能资源开发中，大中型水电站所占比重较大，投资较大，对环境的影响也大。

5.3.2 我国的水电建设

我国第一座水电站昆明石龙坝电站建于 1912 年，装机容量为 1440kW。到 1949 年新中国成立时，全国水电站总装机容量仅为 36 万千瓦，年发电量 12 亿度。

新中国成立后，我国政府十分重视发展水电建设，水电事业得到了蓬勃发展。到 2000 年底，全国水力发电装机容量已达 7935 万千瓦，占可开发装机容量的 21.0%，居世界第二位。建成了一大批大中型水力发电站，如葛洲坝、二滩、龙羊峡等。2009 年完工的三峡水电站，总装机容量达到了 2250 万千瓦，年发电量 1000 亿度，是目前世界上最大的水利水电工程。

1989 年水利水电规划院在对 1979 年编制的"我国十大水电能源基地规划的设想"报告的基础上，作了补充，形成了新的"我国十二大水电能源基地"的建设目标，这个目标建成，我国水电装机容量将达 22380 万千瓦，年发电达到 9896 亿度。

该规划的建设形成了以南、中、北通道为主线的"西电东送"的总体格局。

(1) 南通道

以红水河、澜沧江、乌江和金沙江中游四个水电能源基地为主进行开发，南向广东送电，规划送电规模 2020 年前达到 3000 万千瓦，并实现向泰国送电 300 万千瓦。

红水河水电能源基地，共有 11 个梯级水电站，已建成的有天生桥一级、天生桥二级、岩滩、大化、百龙滩、恶滩扩建、鲁布革 6 座水电站，装机容量共 549.2 万千瓦。争取在 2020 年前将红水河流域的水电站全部开发完毕，规模达到总装机容量 1312 万千瓦，年发电量 564 亿度。

澜沧江水电能源基地，共有 14 个梯级，总装机容量 2137 万千瓦，年发电量 1094 亿度。已开发成功果桥以下 8 个梯级电站，共 1520 万千瓦。

乌江水电能源基地共有 10 个梯级，总装机容量为 1093.5 万千瓦，年发电量 337.94 亿度，已建成乌江渡、东风、普定三座电站共 121.5 万千瓦。2020 年前将乌江流域水电项目全部开发完毕。

金沙江中游水电能源基地，规划的一库八级方案，总装机容量 2058 万千瓦，年发电量

883 亿度。2005 年已开工建设金安桥水电站，至 2020 年金沙江中游水电站建成规模将达到 1500 万千瓦。

南通道水电站地理位置如图 5-5 和图 5-6 所示。

图 5-5　红水河上游水电站地理位置图

图 5-6　长江流域水电站地理位置图

（2）中通道

以长江上游，金沙江下游，大渡河、雅砻江 4 个水电能源基地为主进行开发。2020 年前实现中部通道向华中送电 1100 万千瓦左右，向华东送电 2400 万千瓦左右。

长江上游水电能源基地干流 5 个梯级、支流清江 3 个梯级，共计装机容量 2831 万千瓦，年发电量 1260 亿度。目前葛洲坝、隔河岩、高坝洲电站已投产，三峡和水布垭水电站即将建成投产发电，总规模将达到 2397 万千瓦。

金沙江下游水电能源基地共有 4 个梯级，装机容量共 3626 万千瓦，至 2020 年争取使金沙江下游水电能源基地建成规模达到 1860 万千瓦。

大渡河干流水电能源基地开发为两库 17 个梯级，总装机容量共 1772 万千瓦，年发电量 966.42 亿度。已建成龚嘴、铜街子电站，至 2020 年，大渡河干流水电能源基地建成规模将达到 1000 万千瓦。

雅砻江干流水电能源基地为 11 级，总装机容量 2045 万千瓦，年发电量 1156.75 亿度。目前已建成二滩水电站 330 万千瓦，至 2020 年，争取雅砻江干流水电能源基地建成规模达到 1200 万千瓦左右；同时做好其他梯级的前期工作，为 2020 年以后储备开工项目。各水电站地理位置如图 5-6 所示。

图 5-7　北通道水电站地理位置图

（3）北通道

北通道以黄河上游和中游北干流水电能源基地为主进行开发，建成后规模达到 1750 万千瓦，配合一定的火电建设，2020 年前实现向华北和山电网送电 300 万千瓦以上。

黄河上游水电能源基地有 25 个梯级，总装机容量 1700 万千瓦，年发电量 597 亿度。目前已建成龙羊峡、李家峡、刘家峡、盐锅峡、八盘峡、大峡、青铜峡共 7 座水电站，553.45 万千瓦；2020 年前争取建成规模达到 1400 万千瓦左右。

黄河中游北干流水电能源基地规划开发 6 个梯级，总装机容量 653 万千瓦，年发电量 193 亿度。已建成天桥、万家寨水电站，规划 2020 年前建成龙口和碛口水电站。北通道水电站地理位置如图 5-7 所示。

除上述水电能源基地开发建设外，西部各省区的其他水能资源，例如各地区的中小型河流水电资源，也将随着地区经济的发展逐步得到开发。预计至 2020 年西部地区水电建设的开发程度将达到 45% 左右。

5.3.3　水力发电的基本原理

（1）水力发电的基本原理

江河水流因地形变化，由高处向低处流动，由于高度差，形成一定的势能，水在流动时也具有一定的动能。水力发电就是利用水流下泻的势能和动能做功，推动水轮旋转，带动发电机发出电力。水力发电基本原理如图 5-8 所示。

（2）水力发电的特点

① 水力发电的优点

水能与煤、石油、天然气一样属于一次能源，通过推动水轮机发电转化为二次能源。但是煤、石油、天然气发电需要消耗这些不可再生的燃料，并在转换过程中产生大量的二氧化碳、硫化物等污染物。而水力发电则不消耗水量资源，仅仅利用了江河流动所具有的能量。

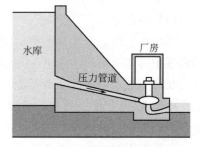

图 5-8　水力发电原理示意图

水作为一种资源可由自然界水循环中的降水补充，使水能资源成为不会枯竭的再生能源。相对于火力发电，水力发电的成本较低，水电站建成后，能够连续提供廉价的电力。水力发电还可以和其他水利事业结合起来，为发电而修建的水库可为防洪、灌溉、供水。航运等多项事业提供便利。

水电站中装设的水轮机开启方便、灵活，适宜于作为电力系统中的变动用电器，有利于保证供电质量。

② 水力发电的缺点

水力发电也有其固有的缺点。在修建大型水库时，往往要搬迁相当数量的库区群众，既要增加投资，还会增加一系列的移民安置等间接工作，这是建设大型水电站特有的问题。

水电同样会造成另一种形式的环境污染。建坝截流蓄水，把流动的活水变成了静止的死水，其自净能力就会大大降低，造成藻类疯长，导致水库水体的富营养化，使水质下降。被淹没的植物有机物在水中分解，造成大量的硫化氢、二氧化碳和甲烷气体的释放，有时甚至超过火电。

流动水体变成静止水体，还导致淡水大量蒸发，水体中的盐分上升，下游河道干涸，地下水位下降，土地盐碱化，湿地和河口三角洲消失。

由于建坝蓄水，会造成流域生态系统的破坏，使河流中的珍贵、稀有的鱼类栖息环境改变，洄游和产卵通道被截断，可能导致物种的灭绝。

(3) 水力发电的能力指标

① 水体的单位能量

为了确切地表示水体的能量特征，通常用单位质量水体的能量来表示水体的能量特征，单位质量水体的能量又称为水头 E。单位质量水体的能量有三种能量表达形式，即单位位能 (z)、单位动能 $\left(\dfrac{\alpha}{2g}v^2\right)$ 和单位压力能 $\left(\dfrac{p}{r}\right)$。

水头为上述三项之和，即

$$E = z + \frac{p}{r} + \frac{\alpha}{2g}v^2 \tag{5-3}$$

式中，α 为动能修正系数，一般 $\alpha = 1.05 \sim 1.1$，在定性分析时取 $\alpha = 1.0$。

水体的三种能量形式相互之间能够转换。

② 水能计算的基本方程

在重力作用下，降雨形成河流，河水具有位能，由上游流向下游。河水能量消耗于克服河道的摩擦阻力、挟带泥沙和冲剥河床，如图 5-9 所示。根据水力学的伯努利方程，取河道上、下游的两个断面 A-A、B-B 上单位质量水体的能量可分别表示为：

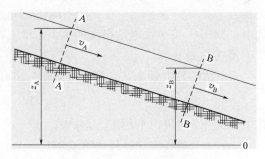

图 5-9 河流断面水能计算图

$$E_A = z_A + \frac{p_A}{r} + \frac{q_A}{2g}v_A^2 \tag{5-4}$$

$$E_B = z_B + \frac{p_B}{r} + \frac{q_B}{2g}v_B^2 \tag{5-5}$$

上、下游两个断面之间的能量差

$$\Delta E = (z_A - z_B) + \left(\frac{p_A}{r} - \frac{p_B}{r}\right) + \left(\frac{q_A}{2g}v_A^2 - \frac{q_B}{2g}v_B^2\right) \tag{5-6}$$

当两个断面距离不大时，可近似认为两个断面的气压和平均流速相同，即

$$\frac{p_A}{r} = \frac{p_B}{r}$$

$$\frac{q_A}{2g}v_A{}^2 = \frac{q_B}{2g}v_B{}^2$$

则
$$\Delta E = z_A - z_B = H_m \tag{5-7}$$

式中　H_m——上、下断面之间水位差，简称落差或水头，m。

上、下游断面之间蕴含的水流功率为：
$$N_h = \gamma Q H_m \tag{5-8}$$

式中　γ——水体容重，1000kg/m³；

　Q——河流常年的径流量，m³/s。

上、下游断面之间蕴含的水能为：
$$W_h = \gamma Q H_m t \tag{5-9}$$

式中　t——时间。

③ 水电站的出力计算

如果在上述河段内安装水电站，单位时间内水体向水电站所供给的能量称为水电站的理论出力 N_t，其单位用 kW 表示。

由于水体容重 $\gamma = 1000$kg/m³，1kW$=102$kg·m/s，经变换量纲可以得到：
$$N_t = \gamma V H_m / t = \gamma Q H_m = 9.81 Q H_m \tag{5-10}$$

式中　N_t——单位时间内水量所做的功（出力），kW；

　γ——水体容重，1000kg/m³；

　V——河流水量，m³；

　H_m——河段落差，m；

　Q——河段流量，m³/s。

水电站水能计算的目的是要确定水电站实际的平均出力和平均发电量，为确定水电站的设计规模和装机容量提供依据。

若水轮发电机组的总效率为 η，则水电站实际出力 N 为：
$$N = 9.81 Q (H_m - \Delta h) = 9.81 Q H \tag{5-11}$$

式中　Δh——安装水电站损失的水头，m。

④ 发电量计算

水电站的发电量 W_E 是指水电站在一定时段内发出的电能总量，单位为 kW·h。
$$W_E = \overline{N} \times T \tag{5-12}$$

式中　$\overline{N}$——时段内平均出力，kW；

　T——时段（日、月、季或年）。

5.3.4　水力发电方式和水电站的类型

由于河流落差沿河分布，因此采用人工方法集中落差来开发水电能资源是必要的途径，一般有筑坝式开发、引水式开发、混合式开发、抽水蓄能式开发、小水电开发等基本方式。

(1) 筑坝式开发

拦河筑坝形成水库，坝前上游水位高，坝后下游形成一定的水位差，在坝址处集中落差形成水头。这种方式引用的河水流量越大，大坝修筑的越高，集中的水头越大，水电站发电量也越大，但水库淹没造成的损失也越大。

用这种方式集中水头，在坝后建设水电站厂房，称为坝后式水电站。如果将厂房作为挡水建筑物的一部分，就称为河床式水电站，如图 5-10 所示。

这种坝式开发的特点如下：

① 河水落差取决于坝高；

② 可以用来调节流量，水电站引用流量大，电站规模也大，水能利用比较充分，综合利用效益高；

③ 坝式水电站的投资大，工期长。

适用于河道坡降较缓，流量较大，有筑坝建库条件的河段。

目前我国最大的大坝是四川的二滩水电站大坝，混凝土双曲拱坝的坝高 240m。三峡水电站是世界上总装机容量最大的坝后式水电站，其总装机容量为 1820 万千瓦。如图 5-11 所示。

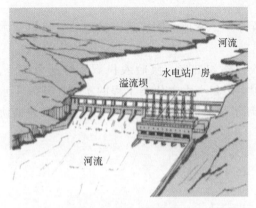

图 5-10　河床式水电站

图 5-11　三峡水电站

（2）引水式开发

是在河流坡降陡的河段上筑一低坝（或无坝）取水，通过人工修建的引水道（渠道、隧洞、管道）引水到河段下游，集中落差，再经压力管道引水到水轮机进行发电的水能开发方式。

特点如下：

① 水头相对较高，目前最大水头已达 2030m；

② 引用流量较小，规模较小，最大也就几十万千瓦；

③ 没有水库调节径流，水量利用率较低，综合利用价值较差；

④ 无水库淹没损失，工程量较小，单位造价较低。

根据引水有无压力，分为无压引水式和有压引水式。

世界上最高水头的有压引水式水电站是奥地利雷扎河水电站，其工作水头为 1771m。我国引水隧洞最长的水电站是四川省太平驿水电站，其引水隧洞的长度为 10497m。

（3）混合式开发

是在一个河段上，同时采用筑坝和有压引水道共同集中落差形成水头的开发方式。

这种方式的优点集合了坝式开发和引水式开发两者的优点，主要适用于河段前部有筑坝建库条件，后部坡降大（如有急流或大河弯）的情况。

（4）小水电开发

小水电从容量角度来说处于所有水电站的末端，它一般是指容量在 5 万千瓦以下的水电站。在 1980 年 10～11 月的第二次国际小水电学术会议上,将小水电定义为:装机容量 1001～12000kW 的为小水电站;101～1000kW 的为小小水电站,100kW 及以下为微型水电站。据初步调查,我国可开发农村小水电资源总蕴藏量约为 1.3 亿千瓦,可开发利用量为 8700 万千瓦,居世界第一。

① 我国小水电建设 截至 2016 年底,我国农村水电总装机容量已达 7800 万千瓦,年发电量 2680 亿千瓦时,装机容量和年发电量均占全国水电的 1/4。农村小水电,照亮了乡村,改善了生态,改变了生活,帮扶了贫弱。

② 小水电开发的特点 农村小水电资源多分布在人烟稀少,用电负荷分散,大电网难以覆盖,也不适宜大电网长距离输送供电的山区,所以它既是农村能源的重要组成部分,也是大电网的有力补充。农村小水电资源的特点如下。

a. 农村小水电工程建设规模适中、投资省、工期短、见效快,不需要大量水库移民和淹没损失。

b. 由于农村小水电系统服务于本地区,分散开发、就地成网、就近供电、发供电成本低,是大电网的有益补充,具有不可替代的优势。

c. 农村小水电由于规模小,适合于农村和农民组织开发,吸收农村剩余劳动力就业,有利于促进较落后地区的经济发展。结合农村电气化和小水电代柴工程的实施,开发小水电,有利于控制水土流失、美化环境,以及生态环境的保护,有利于人口、资源、环境的协调发展。

5.4 电力输配

电厂发出的电并不能直接供给用户使用,电厂大都建设在远离我们的城市边缘或高山峡谷之中,电能在那里生产出来需要通过电力线跨过千山万水,到达城市、工厂和乡村,输送到千家万户,才能被使用。电力线就像人体的血管一样,遍布在所有城市和乡村,形成了一张巨大的网,因此将电力输配线称为电网。电网成为连接电厂和用户的纽带,电能的生产、输送和分配是靠电力网实现的。

5.4.1 电力输送的质量指标

相对于煤炭、石油等能源的输送需要大量的交通运载工具来说,电力传输方便、灵活、快速,不受距离远近的限制。这是电能作为优质能源的最突出的优点。电传输 100m 的时间和传输 100km 的时间相差很小,几乎感觉不到。因此人们常常会看到一个城市在同一时刻万灯齐明的壮观景象。

电能不能大规模地储存,必须使用才能成为能源。要求电能的生产与消费必须同时进行,因此电能的输送和分配就显得更加重要。

(1) 电压质量指标

电压质量对各类用电设备的安全经济运行都有直接影响。对电力系统负荷中大量使用的异步电动机而言,它的运行特性对电压的变化是较敏感的。由图 5-12 中的曲线可见,当输出功率一定时,端电压下降,定子电流增加很多。这是因为异步电动机的最大转矩与其端电压的平方成正比,当电压降低时,电机转矩将显著减小,电压下降将使转差增大,从而使得定子、转子电流都显著增大。这不仅会直接影响运行效率,还将导致电动机的温度上升,可能烧坏电动机。当电压过高时，对于电动机、变压器一类具有激磁铁芯的电气设备而言，铁芯磁密增大以致饱和，从而使激磁电流与电耗都大大增加（过激磁），也会使电机过热，效率降低。铁芯饱和还会造成电压波形变坏。

对照明负荷来说，白炽灯对电压的变化也是很敏感的，当电压降低时，白炽灯的发光效率和光通量都急剧下降；电压上升时，白炽灯的寿命将大为缩短。对于其他各种电力负荷来说，其特性或多或少地都要随电压的变化而变化。因此，在电力系统正常运行时，供电电压必须规定在允许的变化范围之内，这也就是电压的质量指标。表 5-1 给出了我国目前所规定的终端用户处的允许电压变化范围。

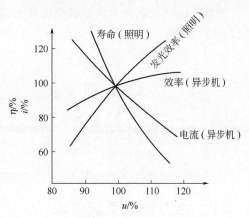

图 5-12　异步电动机白炽灯电压特性

表 5-1　供电电压允许变动范围

线路额定电压	35kV 及以上	10kV 及以下	低压照明	农业用户
电压允许变动范围/%	±5	±7	±5～－10	＋5～－10

（2）频率

由同步电机的原理可知，电力系统在稳定运行情况下，频率值取决于所有机组的转速，而转速则主要取决于发电机组的转矩平衡。每一个电力系统都有一个额定频率，即所有发电机组都对应一个额定转速。系统运行频率与系统额定频率之差称为频率偏移，频率偏移是衡量电能质量的一项重要指标。对于电动机来说，频率降低将使电动机的转速下降，从而使生产率降低，并影响电动机的使用寿命；频率增高将使电动机的转速上升，增加功率损耗，使经济性降低。频率的偏差对电力系统的许多负荷都将造成经济上、质量上的不利影响。

所有电气传动的旋转设备，其最高效率都是以电力系统频率等于额定值为条件的，任何频率转移都会造成效率的降低，而且频率过高或过低，还会给运行中的电气设备带来各种不同的危害。我国电力系统采用的额定频率为 50Hz，为保证频率的质量，其允许偏移值在 ±0.2～±0.5Hz 之间。

（3）波形

电能质量的另一个要求是供电电压（或电流）的波形应为正弦波，这就要求发电机发出符合标准的正弦波电压，在电能输送、分配和使用过程中不应使波形产生畸变。供电系统中的变压器发生铁芯过度饱和或变压器中无三角形接法的绕组时，都可能导致波形的畸变。此外，随着电力系统负荷复杂化的发展趋势，三相负荷不平衡、可控硅控制的非线性负荷等情况都将造成电网电压（或电流）波形的畸变。

当供电电源的波形畸变成非标准的正弦波时，电压波形中包含了各种高次谐波成分。这些谐波成分的出现，将对电力系统产生污染，影响电动机的效率和正常运行，还可能使系统产生高次谐波共振而危害设备的安全运行。谐波成分还将影响电子设备的正常工作，造成对通信线路的干扰以及其他不良后果。

衡量电压（或电流）波形畸变的技术指标是正弦波形的畸变率，正弦波形畸变率 D_v 由式(5-13)表示：

$$D_v = \frac{100\sqrt{\sum\limits_{n=2}^{m} U_n^2}}{U_1} \tag{5-13}$$

式中　U_n——高次谐波有效值；

　　　U_1——基波有效值。

1993 年国家根据不同电压规定了谐波畸变率，分别在 2%～5% 之间。

5.4.2　电力输配系统组成

大型发电机发出的电，其电压一般为 10～20kV，首先要通过升压器升高到 500kV，通过高压输电线送至远方的用电区。到了用电区，先在一次高压变电所将电压降至 110～130kV，再由二次高压变电所降至 10～30kV。其中一部分送到需要高压的工厂，另一部分送到低压变电所再降到 380V 或 220V 供一般用户使用。图 5-13 为电力生产及传输示意图。

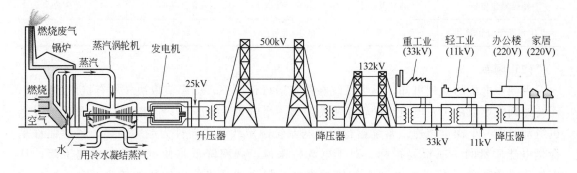

图 5-13　电力生产及传输示意图

电力系统是由发电厂（不含动力部分）、变电所、输配电线路和用电设备连接起来的整体的统称。它包括了从发电、变电、输电、配电到用电的全过程。

电力系统中由各种不同电压等级的电力线路和变配电所构成的网络称为电力网，一般简称电网。依据功能、等级不同将电网分为输电网和配电网，将众多电源连接起来以及将不同电网连接起来的称为主干网，将电力分配到用户并提供配电服务的支网称为配电网。

变电所是电力系统中的一个重要组成部分，它将多个电源连接起来，升到所需电压，传输到远方，也可以将高压电变为低压后分配到用户。我国电网的变电所分为四级：枢纽变电所→中间变电所→地区变电所→终端变电所。

枢纽变电所位于电力系统的枢纽点，它将电力系统的高压、中压部分连接起来，汇集了多个电源和多个回路，变电容量大，电压等级高，一般在 330～500kV。若枢纽变电所发生事故出现停电时，将导致系统解列，出现崩溃的灾难。

中间变电所一般位于系统的主要环路中或系统主干线的接口处，汇集了 2～3 路电源，电压等级多为 220～330kV，在系统中起交换功率、高压长距离输送分段和降压供本地用户使用的作用。当全所停电时，将引起区域电网解列。

地区变电所的目标是对本地区用户供电，是一个地区或城市的主要变电所，电压为

110～220kV。

终端变电所位于电网的末端，接近负荷点，高压一侧的电压为110kV或更低，经降压后直接向用户供电。

5.4.3 电力输配电压的选择

(1) 我国的电压等级

由焦耳定律 $Q=I^2R$ 可知，导线的发热损耗 Q 与电阻 R 和电流 I 的平方成正比，输电导线的电阻由输电线的材料所决定。当选择了导线材料之后，则电阻就确定了，只能通过减小电流才能减少发热损耗。怎样减少这种损耗呢？发电站的输出功率是一定的，它等于输出电压 U 和输出电流 I 的乘积，即 $P=UI$，所以要减小输出电流，就必须升高输出电压。如果电压升高为原来的100倍，导线损耗的功率就只有原来的万分之一，所以只要将电压升得足够高，导线上的损耗就会很小，因此远距离输电的电压至少需要几十万伏特。目前我国输电电压列于表5-2中。

表 5-2　电网额定电压

额定电压/kV	传输功率/MW	传输距离/km	使　用　场　所
3	0.1～1	1～3	终端配电网线,企业内部网线
6	0.2～2	3～10	终端配电网线,企业内部网线
10	2～3	5～20	终端配电网线
35	2～15	20～50	城市、农村配电网线,大型工业企业内部网线
110	10～50	50～150	二级输电网主干线
220	100～300	100～300	电网主干线,相邻电网联络线,二级输电网主干线
330	200～1000	200～600	电网主干线,相邻电网联络线
500	1000～1500	300～1000	电网主干线,相邻电网联络线

(2) 特高压输电

随着我国经济和电力工业的迅速发展，电网建设和发展面临一系列问题。我国用电比较集中的沿海经济发达地区已开始出现输电走廊布置困难、短路电流难以控制等技术难题，如何提高输电走廊的效率是急需解决的关键问题。

特高压输电是在超高压输电的基础上发展起来的，一般称电压在330～500kV为超高压，1000kV或以上电压等级为特高压。特高压电网的突出优点是在经济上有竞争力，输电电压高，输送容量大。500kV的输电线最大输电量为1500MW，而特高压的经济输电容量大约为2400MW。输送同样容量，1100kV的线路损耗仅为500kV线路的 $1/5\sim1/2$。采用特高压线路输电的走廊比超高压线路输电的走廊小得多。输送相同电力，采用500kV线路输电的走廊是1100kV线路输电走廊的4倍。采用特高压输电明显提高了走廊的利用率。

我国的特高压研究开始于20世纪80年代，并连续将特高压输电技术研究列入国家"七五"、"八五"和"十五"科技攻关计划。进入新世纪，特高压技术研究已进入实用化阶段，科研机构在特高压领域做了大量工作，取得了一批重要科技成果。相继开展了中国更高一级电压远距离输电方式和电压等级选择问题的研究；进行了特高压输变电设备、典型变电站的分析论证和特高压输电系统过电压、绝缘配合及输电线路对环境影响的研究。

2005年5月底，国家电网公司已经启动了交流特高压示范工程的初步设计工作，于2005年开工、2007年投产。这项示范工程为1000kV交流输变电工程。具体线路为：陕北-晋东南-南阳-荆门。荆门1000kV特高压变电站是该项示范工程的第一个建设项目，初步规划安装主变压器 3 台、容量 3×300 万千瓦。中国南方电网有限责任公司曾向媒体展示了一幅由"五交二直"特高压输电线路组成的特高压电网蓝图：在交流方面，南方电网将从云南丽江经贵州、广西，建设二回路 1000kV 的交流输电通道向广东输电，并从云南永平经广西建设三回路 1000kV 交流输电通道向广东输电，在直流方面，南方电网将于"十一五"末期建成云南—广东的一回路±800kV 输电通道。

5.4.4 电力输配设备

(1) 变压器

在电力系统中，变压器占据着极其重要的地位，无论是在发电厂或变电所，都可以看到各种形式和不同容量的变压器，如图 5-14 所示。

图 5-14 变压器

变压器按相数不同可以分为三相变压器和单相变压器。在电力系统中，一般应用三相变压器。当容量过大且受运输条件限制时，在三相电力系统中也可应用 3 台单相变压器连接成三相变压器组。

变压器也可以按绕组数目分为两绕组和三绕组变压器。所谓两绕组变压器即在一相铁芯上套有两个绕组，一次组和二次绕组。升压变压器的一次绕组是低压绕组，二次绕组是高压绕组，而降压变压器则相反。容量较大（5600kW以上）的变压器有时可能有 3 个绕组，即在一相铁芯上套有 3 个绕组，用以连接 3 种不同电压，此种变压器称做三绕组变压器，例如在电力系统中，220kV、110kV 和 35kV 之间有时就采用三绕组变压器。

按冷却介质来区分，变压器又可以分为油浸式变压器、干式变压器（用空气冷却）以及水冷式变压器；干式变压器多用在低电压、小容量或用在防火防爆的场所，而电压较高、容量较大的变压器多用油浸式，称为油浸式变压器。

变压器是怎样变压的呢？变压器有两个绕组，一次绕组中通过交流电流，并在铁芯中产生交变磁通，其频率和外施电压的频率一致，这个交变磁通同时交链着一、二次绕组。根据电磁感应定律，交变磁通在一、二次绕组中感应出相同频率的电势，二次绕组有了电势便可向负载输出电能，实现了能量转换。利用一、二次绕组匝数的不同及不同的绕组连接，可以输出不同的电压，这就是变压器的基本原理，如图 5-15 所示。

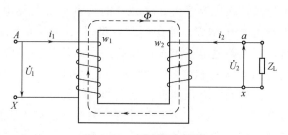

图 5-15 变压器示意图

在变压器中，若忽略负荷电流的影响，一次侧电压和二次侧电压的比值可以用一次绕组和二次绕组的匝数比来表达，称为变压器的变比。

$$\frac{U_1}{U_2} = \frac{W_1}{W_2} = K \tag{5-14}$$

（2）线路

电力线路可分为架空线路和电缆（电力电缆）线路两大类。架空线路由导线、避雷线（又称架空地线）、杆塔、绝缘子等元件组成，如图 5-16 所示。电缆线路由导线、绝缘层、保护层等组成。

① 导线和避雷线 架空线路的导线和避雷线均采用裸线。导线的作用是传输电能，避雷线的作用是防止导线遭受直接雷击，并将雷电流引入大地，以保护电力线路，因此要求它们都具有良好的导电性能。由于架空线路的导线和避雷线都架设在户外空间，不仅要承受自重、风力、冰雪载荷及温度变化等产生的机械应力，还会受到空气中有害气体的腐蚀，所以导线和遭雷线还应具有较高的机械强度和抗腐蚀能力。2008 年年初发生

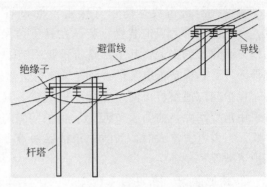

图 5-16 架空线路示意图

在华南地区的特大冰雪灾害，冻雨和冰雪凝结在输电线路上，造成了线路拉断，线杆倒塌，致使电力机车停驶，造成整个地区交通瘫痪。

导线主要由铜、铝、钢等材料制成，在特殊条件下也用铝合金制成。避雷线一般采用钢线，裸导线有单股线和多股绞线之分，多股绞线柔性好，机械强度高，因此架空线路大多数都采用多股绞线。当采用多股绞线时，由于铝线的机械性能差，常将铝线和钢线组合起来制成钢芯铝绞线。它由多股铝线绕在单股或多股钢线的外层而构成，铝线是主要载流部分，机械载荷则由钢线和铝线共同承担，这就充分利用了铝线导电性能好、钢线机械强度高的特点。

② 电缆 电力电缆主要由导体、绝缘层和保护层三部分构成的，导体通常采用多股铜绞线或铝绞线，以增加电缆的柔性。根据电缆中导体数目的不同，可分为单芯、三芯、四芯和五芯电缆。单芯电缆的导体截面为圆形；三芯或四芯电缆的导体截面除了圆形外，还有扇形的。我国 0.4kV 是中性点直接接地系统，很多的用电负荷为 220V，采用三相四线制，因此电缆中包含一根中性线。五芯电缆适用于三相五线制系统中（三相线、接地线、接零线）。我国 10～35kV 是中性点不直接接地系统，采用三芯电缆。

电缆的绝缘层使用橡胶、沥青、聚氧乙烯、聚乙烯、聚丁烯、棉、油毛毡纸、矿植物油、气体等绝缘材料，目前大多采用聚氧乙烯、聚乙烯绝缘。

（3）高低压开关设备

① 高压断路器 高压断路器是电力系统中最重要的实现控制和保护的操作电器。利用断路器的控制作用，可以根据电网运行的需要，将一部分电力设备或线路投入或退出运行；其次，当电力设备或线路发生故障时，通过继电保护装置作用于断路器，将故障部分从电网中迅速切除，保证电网的其他部分正常运行。

高压断路器有油断路器、真空断路器等。

② 过电压保护装置 正常运行中的电力系统，由于雷击、跳闸操作、故障或电力系统参数配合不当等原因，会使电力系统中某些部分的电压突然升高，成倍超过其额定电压。这

种电压升高的现象称为电力系统过电压。由于直击雷或雷电感应而引起的过电压称为大气过电压或称外部过电压。这种过电压持续时间很短，具有脉冲特性，雷电冲击电流和冲击电压的幅值都很大，所以破坏性大。由于电力系统内部操作或故障而引起的过电压称为内部过电压，内部过电压持续时间较长，过电压的幅值和瞬时功率比外部过电压来得小，但它同样具有较大的破坏性。

过电压的保护装置主要有避雷针、避雷线和保护间隙避雷器。

避雷针与避雷线是防止直接雷击的设备，由金属制成，并配有良好的接地装置，装设在高于被保护电气设备的地方或建筑物附近，其主要是将雷吸引到自身，使雷电流导入地下，保护了电气设备及建筑物免遭雷击。

保护间隙避雷器由两个金属电极组成，其结构形式通常采用角型间隙，如图5-17所示。保护间隙与被保护设备并联，当雷电波流入时，间隙先于被保护设备击穿，从而保护了被保护设备。

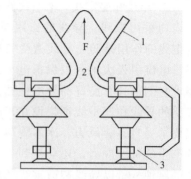

图 5-17　角型保护间隙
1—φ6~12mm 的圆钢；2—主间隙；
3—辅助间隙；F—电弧运动方向

③ 接地保护　在电力系统中，为了工作和安全的需要，常常须将电力系统及其电气设备的某些部分与大地相连接，称为接地保护。根据目的不同可分为以下三种接地。

一是工作接地。为了保证电力系统正常运行或事故情况下能够可靠地工作，有利于快速切除故障而采用的接地，称为工作接地。例如发电机和变压器的中性点接地。

二是防雷接地。为了导引雷电流，避免雷电危害的接地。例如避雷针、避雷线和避雷器。

三是保护接地。为确保人身安全，将一切正常不带电而由于绝缘损坏有可能带电的金属部分（电气设备金属外壳、配电装置的金属构架等）接地，降低人体的接触电压，称为保护接地。

5.4.5　直流输配电

(1) 直流输配电的发展历史与应用

高压交流供电在一定程度上解决了城市供电中架空线走廊缺乏、电力设施与城市景观不和谐等问题，但依然受到供电距离、无功消耗较大等问题的限制。直流输电逐渐受到人们的重视。直流输电的发展可以分为以下几个阶段：①汞弧换流阀阶段。1935年，美国采用汞弧阀建立了15kV、100kV的直流输电系统。1943年，瑞典研制成功了栅控汞弧阀，建立了一条90kV、6.5MW、58km的直流输电线路。与此同时，德国试制了单阳极汞弧阀。②晶闸管换流阀阶段。20世纪70年代以后，电力电子技术和微电子技术迅速发展，高压大功率晶闸管研制成功，并应用于直流输电工程。1970年，瑞典首次采用晶闸管换流器叠加在原有汞弧阀换流器上，对果特兰岛直流工程进行扩建增容，增容部分的直流电压为50kV，功率为10MW。1972年，世界上第一个全部采用晶闸管换流阀的伊尔河背靠背直流工程（80kV、320MW）在加拿大投入运行。③新型半导体换流设备的应用。20世纪90年代以后，新型氧化物半导体器件——绝缘栅双极晶体管（IGBT）首先在工业驱动装置上得到了广泛的应用。20世纪60年代开始，国内制造和运行部门的研究单位开始对直流输电进行实验室研究，1974年在西安高压电器研究所建成一个8.5kV、200A、1.7MW、采用6脉动换流器的背靠背换流试验站。到2007年我国已有10个直流输电工程投入运行。

直流输电主要应用于远距离大功率输电和非同步交流系统的联网，具有线路投资少、不存在系统稳定问题、调节快速、运行可靠等优点。①当输送相同功率时，直流线路造价低，架空线路杆塔结构较简单，线路走廊窄，同绝缘水平的电缆直流输电可以运行于较高的电压。②直流输电的输送容量和距离不受同步运行稳定性的限制，有利于远距离大容量送电。③直流输电可方便地进行分期建设和增容扩建，有利于发挥投资效益。④线路稳态运行时没有电容电流，没有电抗压降，沿线电压分布较平稳，线路本身无需无功补偿。⑤直流输电线联系的两端交流系统不需要同步运行，因此可用以实现不同频率或相同频率交流系统之间的非同步联系。⑥由直流输电线互相联系的交流系统各自的短路容量不会因互联而显著增大。⑦直流输电线的功率和电流的调节控制比较容易并且迅速，可以实现各种调节、控制。如果交、直流并列运行，有助于提高交流系统的稳定性和改善整个系统的运行特性。

基于上述优点，直流输电目前主要用于以下几个方面：

① 远距离大功率输电，传统直流输电的显著特点就是传输功率范围大，一般都在 250MW 以上；

② 联系不同频率或相同频率而非同步运行的交流系统；

③ 作网络互联和区域系统之间的联络线（便于控制、又不增大短路容量）；

④ 以海底电缆作跨越海峡送电或用地下电缆向用电密度高的大城市供电；

⑤ 在电力系统中采用交、直流输电线的并列运行，利用直流输电线的快速调节，控制、改善电力系统的运行性能。

由于我国地域辽阔，能源分布及负荷发展很不平衡，水利资源主要集中在西南数省，煤炭资源主要集中在山西、陕西和内蒙古西部，而负荷主要集中在东部沿海地区，因此远距离大容量输电势在必行。另一方面，电网互联是电力工业发展的必然趋势，我国各大区和独立省网的互联已进入实施阶段，利用高压直流输电作异步联网在技术上、经济上和安全性等方面的优势已在世界范围内得到证明。因此高压直流输电技术必将以其技术上和经济上的独特优势，在远距离大容量输电和全国联网两个方面对我国电力工业的发展起到十分重要的作用。我国已成为世界范围内直流输电应用前景最为广阔的国家。

(2) 直流输电系统结构与类型

直流输电系统的结构主要有三种。①单极直流输电系统。单极直流输电系统中换流站出线端对地电位为正的称为正极，为负的称为负极。与正极或负极相连的输电导线称为正极导线或负极导线，或称为正极线路或负极线路。单极系统的接线方式可分为单级大地（或海水）回线方式和单极金属回线方式两种。另外当双极直流输电工程在单极运行时，还可以接成双导线并联大地回线方式运行。②双极系统接线方式包括双极两端中性点接地方式、双极一端中性点接地方式和双极金属中心线方式。③背靠背直流系统。背靠背直流系统是输电线路长度为零（无直流输电线路）的两端直流输电系统，它主要用于两个异步运行（不同频率或频率相同但异步）的交流电力系统之间的联网或送电，也称为异步联络站。如果两个被联电网的额定频率不同（50Hz 和 60Hz），也可称为变频站。背靠背直流系统的整流站和逆变站的设备装设在一个站内，也称背靠背换流站。

直流输电线路的输电能力与电流电压成正比，与输电距离没有直接关系，但输电线路的电压降与电流成正比，电能损耗与电流平方成正比，它们都与线路的电阻成正比。对于超远距离的直流输电来说，直流线路的压降和损耗将会显著增大。对于长度在 2000km 左右的超长距离直流线路，如果仍采用 ±500kV 电压降登记，电压降和线路损耗都将超过 10%。在长距离直流输电工程中，需要更高的电压等级以降低线路损耗。我国能源和负荷分布不均，决定了我国远距离、大容量输电的特点，宜采用±800kV（或以上）特高压直流输电技术。按照相关规划，为配合西南水电和北方火电基础建设，到2020年需要建设15个特高压直流输电工程，外送容量总计达到102.4GW。西藏水电蕴藏量丰富，初步估算其外送容量可达35GW，需要五六个±800kV（或以上）特高压直流输电工程。

轻型高压直流输电是ABB公司发展的一项全新的输电技术，尤其适用于小型的发电和输电应用，它将高压直流输电的经济应用功率范围降低到几十兆瓦。该系统由放在两个或两个以上的输电终端上的终端换流站及它们之间的联接组成。虽然传统的直流架空线可以作为联接，但如果我们应用地下电缆来联接两个变电站，整个系统将能最多地获益。在很多场合，评估下来的电缆成本低于架空线的成本，而且在一个轻型高压直流输电系统中，使用电缆所需的环境等方面的许可还更容易获得。

20世纪90年代，基于可关断器件和脉冲宽度调制技术的电压源换流器开始应用于直流输电，被称为柔性直流输电，标志着第三代直流输电技术的诞生。城市配电网采用柔性直流输电的优点：柔性直流输电能瞬时实现有功和无功的独立解耦控制，结构紧凑、占地面积小、易于构成多端直流系统；能向系统提供有功和无功的紧急支援，在提高系统的稳定性和输电能力等方面具有优势。利用这些特点不仅可以解决目前城市电网存在的问题，而且可以满足未来城市电网的发展要求，改善系统的安全稳定运行。

参 考 文 献

[1] 戴佩琨，程钧培. 火力发电新技术发展. 发电设备，2004，（1）：1-6.

[2] 彭程，钱钢粮. 21世纪中国水电发展前景展望. 水力发电，2006，32（2）：6-10.

[3] 李续军. 超（超）临界火力发电技术的发展及国产化建设. 电力建设，2007，（4）：60-66.

[4] 陶星明. 大型水轮发电机组关键核心技术新发展. 电力设备，2006，（7）：17-21.

[5] 朱梅，徐献芝，杨基明. 调峰电站及其蓄能技术. 节能，2004，（5）：4-5.

[6] 邵海忠. 高压输配电产品技术发展综述. 江苏电机工程，2003，（5）：53-54.

[7] 张章奎. 国内外特高压电网技术发展综述. 华北电力技术，2006，（1）：1-2.

[8] 钱海平. 火力发电技术的发展方向和设计优化. 浙江电力，2006，（3）：23-26.

[9] 张福良. 开发微水电解决边远山区通电问题. 福建电力与电工，2006，（4）：36-37.

[10] 范业正. 澜沧江-湄公河次区域能源分布及配置. 地理学报，1999，（6）：110-117.

[11] 马艳霞，许武德. 论水电工程建设与可持续发展. 吉林水利，2006，（5）：51-53.

[12] 杨勇. 输配电领域的技术进步对电力环保的影响. 电力环境保护，2001，（4）：36-39.

[13] 袁宝林. 输配电线路的安全分析. 电力与能源，2007，（16）：224.

[14] 王庆一. 中国与世界能源数据（7）. 煤炭经济研究，2004，（9）：73-77.

[15] 李世东，陈萍，刘一兵. 中国水力资源状况及开发前景. 水力发电，2001，（10）：33-37.

[16] 彭天波，刘晓亭. 中国抽水蓄能电站运营现状分析. 湖北水力发电，2004，（2）：16-20.

[17] 王涛. 现代高压输配电产品发展现状研究. 电力与能源，2007，（33）：617.

[18] 邹结富，杨英. 我国水电产业发展趋势分析. 水力发电，2002，（1）：1-4.

[19] 姜绍俊. 我国配电网亟待升级. 中国电力企业管理，2006，（2）：34-35.

[20] 曹丽英. 水轮发电机组主要技术的实践与应用. 甘肃水利水电技术，2005，（1）：66-68.

[21] 韦钢，张永键，陆剑锋等. 电力工程概论. 北京：中国电力出版社，2005.

[22] 邢运明，陶永红. 现代能源与发电技术. 北京：电子科技大学出版社，2007.

[23] 中国电力科学研究院. 特高压输电技术. 北京：中国电力出版社，2012.

[24] 徐政等. 柔性直流输电系统. 北京：机械工业出版社，2012.

[25] 曹均正，郭焕，魏晓光等. 智能电网发展与高压直流输电. 智能电网，2013，（2）：1-6.

第二篇　新能源与可再生能源

第6章

核　能

　　原子核中蕴藏着巨大的能量，这种能量称为核能，也称为原子能。核能是重要的能量来源，目前，人类已经掌握了使核能释放并加以利用的技术，核能在世界能源消费结构中的比例已上升至4.4％，成为继石油、煤炭和天然气后的第四大能源。核能清洁、安全、无排放，与石油等常规能源相比具有突出的优势。核能储量相对丰富，在常规能源日渐枯竭、可再生能源技术尚未完全成熟之际，核能将作为重要的过渡性替代能源，扮演重要的角色。

6.1　核反应

　　19世纪末至20世纪初，科学界在物质结构、元素的放射性等领域取得了重大突破，英国科学家汤姆逊、卢瑟福、查德威克、考克拉夫特、瓦尔顿，法国科学家居里夫妇、维拉德，德国科学家博特、贝克尔，美国科学家范德格拉夫、劳伦斯、利文斯顿等做出了突出的贡献。

　　世界由物质构成，物质由分子构成，分子由原子构成，原子由原子核及围绕其运动的电子构成，原子核由结合在其中的一定数量的带正电荷的质子和不带电荷的中子构成。质子和中子统称为核子。如果以棒球场的尺度来描述原子，那么原子核比棒球还小。在如此小的原子核内，拥挤着许多带正电荷的质子，根据库仑定律，质子之间会产生库仑斥力，斥力的大小与二者的电量乘积成正比，与二者的距离平方成反比。如果仅有库仑斥力，带正电的原子核早已分崩离析，而事实上，原子核内的核子通常可以"和平共处"，稳定地存在。可以想象，必然有一种足以克服库仑斥力的很强的结合力起作用，这种力便是核力。核力是在大约2.1×10^{-13}cm近距离范围内起作用的短程力，在核子之间，即质子与质子之间、中子与中子之间及质子与中子之间同样起作用。

　　核能是通过原子核反应而释放出的巨大能量。在这个过程中，所发生的不是普通的物理或化学变化，而是原子核发生了变化，即由一种原子变为另一种原子，这种过程称为核反应。核反应释放出巨大的核能，这一现象可以从爱因斯坦的狭义相对论得到理论依据。在狭义相对论中，物质在接近光速（$v = 3 \times 10^8$m/s）运动的情况下，该物质的质量随着运动速度的增加而增加。这种质量的增加部分与被增加的能量成比例，即能量变为质量。在核能领域，是质量变为能量，利用的是上述关系的逆关系。可以从原子核的平均结合能分析其稳定性。平均结合能越大的原子核越稳定，如铬（Cr）、铁（Fe）等，要使其核子成为分散状态需要很大的能量。而轻核以及像铀（U）这样的重核，其核子的平均结合能较小，被看作是不稳定的核，可以通过核反应取出核能。

核反应有核裂变和核聚变两种形式，其释放的能量相应地称为裂变能和聚变能。

6.1.1 核裂变

20世纪30年代起，德国放射化学家哈恩与奥地利物理学家迈特纳联手，尝试用中子逐一轰击元素周期表中的元素。1938年，哈恩与其助手斯特劳斯曼开始了用中子轰击当时最重的铀元素的实验，他们的实验结果不是得到更重的元素，而是质量只是铀的一半多一点的钡。那么，另一半质量去哪儿了呢？只有一种可能，就是铀裂成了两半，这就是人类对核裂变的最初认识。哈恩接下来还发现，裂变可能还会释放出大约两个自由中子。哈恩由于发现了核裂变而获得1944年的诺贝尔化学奖。迈特纳与奥地利物理学家弗里希共同用液滴模型清晰地解释了裂变现象。

核裂变是将平均结合能比较小的重核，分裂成两个或多个平均结合能大的中等质量的原子核，同时释放出核能的过程。

核裂变分自发裂变和感生裂变。自发裂变是原子核在没有粒子轰击或不加入能量的情况下发生的裂变，是重核不稳定性的一种表现。自然界的自发裂变仅见于铀和钍的同位素，其裂变半衰期都很长。如铀-238衰变为钍-234的半衰期长达45亿年。感生裂变是指重核受到其他粒子（主要是中子）轰击时，裂变成两到三个中等质量的原子核，且伴随放出2~3个中子和射线，同时释放大量的能量的现象。

图6-1描绘出铀-235核感生裂变的过程：当铀-235的原子核被外来的中子轰击后，中子会进入原子核内，与其他核子紧密结合而放出多余的结合能，该结合能为裂变提供了能量，使原子核呈不稳定状态，发生形变并分裂成两到三个质量不等的、较轻的原子核，还会产生2~3个新的中子，并伴有γ射线的逸散。分裂后的原子核总质量减少，而减少的质量则转变为巨大的能量释放出来。

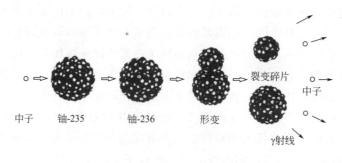

图 6-1　铀-235裂变示意图

在一个原子核裂变过程中产生的新中子，可以继续轰击其他的铀-235原子核，促成下一轮核裂变，再度释放巨大的能量及产生更多的新中子，新中子又可轰击其他的铀-235原子核，这一过程称为链式反应，如图6-2所示。链式反应在少数核发生裂变后，可以不再依靠外界补充中子而自持地裂变下去，这种反应称为自持链式裂变反应。要实现自持链式裂变反应需要满足很多条件，如有合适的中子，其轰击原子核后可发生裂变，新产生的中子要有一个或以上能够引起其他原子核发生裂变，中子不被有害吸收或泄漏，原子核有足够的密度等。如果图 6-2 所示的过程可以高效地进行而不加以控制，反应可迅速蔓延，在百万分之一秒内所有的核燃料裂变反应就可全部完成，并放出惊人的巨大能量，这就是用于军事用途的原子弹爆炸。对核裂变进行控制，使其放出适度的能量并为人类所用，称为受控核裂变，是和平利用核能的重要技术。

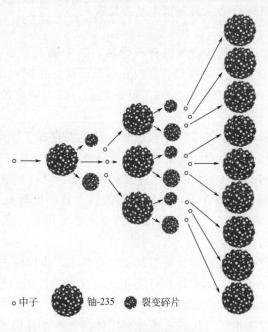

○ 中子　　🔵 铀-235　　● 裂变碎片

图 6-2　链式裂变反应示意图

6.1.2　核聚变

核聚变也称为热核反应，是在一定条件下，将平均结合能较小的轻核聚合成一个较重的、平均结合能较大的原子核，同时放出巨大的能量的过程。例如，将氢的同位素氘和氚的原子核结合在一起生成氦。

迄今为止，核能的工业应用只能利用核裂变能，而核聚变能仅可用于军事用途，如氢弹。只有实现可人为控制的、缓慢释放的核聚变能，才能实现核聚变能的大规模工业化和平利用。这就是全球核科学家在致力攻克的技术难关——受控核聚变，又称受控热核反应。

6.2　核反应堆

核反应堆（nuclear reactor）是指能够在受控条件下安全、持续地进行核裂变链式反应的装置。具体地说，反应堆是由容易发生裂变的物质自己维持连续不断的裂变反应，并可以人为控制其反应快慢的一种装置。

核反应堆即核反应器，之所以习惯上称为"堆"，与世界上第一座核反应装置有关。1942 年，诺贝尔物理学奖获得者、美籍意大利裔物理学家费米在芝加哥大学斯塔格运动场西看台底下的一个网球厅中，将核燃料天然铀埋置在石墨棒堆积的堆（pile）之中，建成了人类首座受控核反应装置——芝加哥1号堆（Chicago Pile 1）。同年12月2日下午3时45分，操作人员用手提拉控制棒使反应达到临界，链式反应开始自持地进行，拉开了人类利用核能的序幕。核反应堆的叫法一直沿用至今。

6.2.1　核反应堆的基本要素

要维持核反应堆正常运行必须具备以下基本要素。

（1）核燃料

目前只有铀-235、铀-233和钚-239三种核燃料，其中铀-235是天然的核燃料，其余两种是由钍-232和铀-238俘获中子后再经β衰变分别形成的。核燃料是能量密度极高的能源，1g铀-235全部发生核裂变，可产生8.2×10^7kJ的能量，约为同质量石墨的255万倍，石油的182万倍，氢的57万倍。

目前绝大部分反应堆都是以铀-235为核燃料。铀主要存在于铀矿中，到2013年，已探明可采成本小于130美元/kg铀的资源量约562.9万吨。铀矿中铀的含量约为0.1%，且大部分为不能直接用作燃料的铀-238，需要经过大量的提纯、分离和浓缩过程，才能得到满足要求的核燃料。在目前的技术条件下，反应堆用的核燃料浓度较低，如压水堆中铀-235浓度仅为3%～4%，比起原子弹90%以上浓缩铀的要求要低得多，因此核反应堆是不可能发生类似原子弹的核爆炸的。

自持链式反应还对核燃料的质量、外形和密度有要求，以保证前一代裂变所产生的中子可以有效地击中下一代原子核。能维持自持裂变反应进行的核燃料最低质量称为临界质量。铀-235的临界质量为50kg，钚-239的临界质量为10kg。

反应堆的燃料元件称为堆芯。堆芯有液体和固体两大类布置形式。液体堆芯是将铀盐溶解在水或有机液体中，并与慢化剂均匀混合，也称为均匀堆芯，该类型堆芯较少使用。固体堆芯是将固体核燃料制成一定形状的燃料元件，并按照一定的规则排列，插入慢化剂中，也称为非均匀堆芯，是核反应堆主要的堆芯形式。燃料元件主要由核燃料芯块和包壳组成，有棒状、薄片状、管状和六角套管等形式，芯块有金属型、弥散型和陶瓷型三种。以最常见的水堆为例，其燃料元件是燃料棒，包壳为薄壁锆合金管或不锈钢管，内装有烧结的二氧化铀燃料芯块。

（2）中子

核裂变由中子轰击原子核而产生。数量足够的、具有轰击原子核使其发生裂变的中子，是反应堆可发生自持链式反应的先决条件。反应堆内的中子按其能量或运动速度分为三类：快中子、慢中子和介于两者间的中能中子。铀-235每次裂变可产生2～3个中子，这些中子能量高、运动速度快，被称为快中子。快中子与原子核发生反应的概率低，难以引起下一代核裂变。而能量低的慢中子与原子核发生反应的概率大，为了维持链式反应，必须将快中子的速度降下来，直至达到热运动的速度，即将快中子减速为慢中子（或称为热中子）。快中子的减速是热中子核反应堆的重要技术之一。

进一步分析中子在反应堆内的行为，可以发现有如下四种情况：①中子被核燃料吸收并引发裂变，产生新的中子；②中子被核燃料吸收但没有发生裂变，而是生成新的核素；③中子被杂质或其他原子核吸收（有害吸收）；④中子发生泄漏损失。其中①和②是有用的，①更是维持链式反应的必要条件，而③和④是有害的，应尽量避免。

（3）慢化剂

慢化剂也称为中子减速剂，要求其具有对中子的慢化效率高，不捕获中子，不与包壳材料发生化学反应，不腐蚀包壳材料及结构材料等性质。快中子是通过与慢化剂原子核发生碰撞而失去部分能量，达到减速的目的。研究表明，如果快中子与质量大的减速核发生碰撞，只会改变运动方向而能量不会有太大损失，因此，慢化剂通常选择质量较轻的元素。目前常用的慢化剂主要有（轻）水、重水（含有氢的同位素氘）和石墨，也有用铍和氧化铍。实际上，快中子必须与慢化剂发生多次碰撞才能将速度降下来，不同的慢化剂的碰撞次数分别为：轻水16次，重水29次，石墨91次。

（4）冷却剂

冷却剂的作用是将核反应所放出的巨大能（热）量带出来供人们使用，并将反应堆的温度维持在正常水平。冷却剂应具有高的沸点和低的熔点，大比热容，中子吸收和感生放射性小，并具有良好的热稳定性、辐照稳定性和与系统其他材料的相容性。通常将液态慢化剂同时用作冷却剂，如轻水和重水，也可使用有机液体。在采用石墨为慢化剂的反应堆中，采用气体作为冷却剂，如氦气和二氧化碳。对于快中子堆，也有采用熔融状态下的金属钠、钠钾合金和铅等作为冷却剂。

（5）反应堆控制

反应堆的控制是通过对中子数量的控制实现的。反应堆运行有三个重要概念：临界、次临界和超临界。

在反应堆内，中子的产生率和消失率达到平衡，链式反应以不随时间变化的恒定速率持续进行的状态，称为反应堆临界。临界是反应堆正常运行时的状态。

超过临界的状态称为超临界。在超临界状态下，中子产生数大于消失数，剩余出来的中子可轰击原子核引发更大规模的核裂变。在启动阶段，可以控制反应堆适度超临界，当核裂变达到预定的规模后即控制其回归临界。在正常运行时，如果出现超临界，则要迅速处理，以防止事故的发生。原子弹爆炸是典型的不受控超临界状态，核裂变以几何级数增长，瞬间完成，并伴随释放大量能量和核辐射，具有极大的杀伤力。

未达临界状态称为次临界。在这种状态下，核裂变反应会逐渐减弱直至完全停止。当反应堆需要降低负荷甚至停堆时，应将其控制在次临界状态。正常运行的反应堆如果出现次临界状态，则必须尽快采取措施处理。

控制中子数量的方法通常有中子吸收法、改变中子慢化剂性能法、改变燃料含量法和中子泄漏法。

中子吸收法是最主要的反应堆控制方法，控制棒是最常用的方法。控制棒由能够强烈吸收中子的材料制成，如硼、碳化硼、镉、镉铟银合金、铪、钆、铒和钐等，这些材料也称为中子毒物。控制棒可以是棒状、管状或板状，多根组合形成控制棒束，由机械传动机构控制其升降。控制棒插入堆芯越深，插入的数量越多，所吸收的中子也越多，因此可以通过调节控制棒插入堆芯中的深度或根数来调节堆内反应强度，从而达到调节反应堆功率的目的。

改变中子慢化剂性能法也常被使用。如在压水堆作为慢化剂和冷却剂的轻水中加入硼，硼可在水中溶解，称为可溶性毒物。可以通过控制可溶性毒物在慢化剂中的浓度达到控制反应强度的目的。如新使用的核燃料反应性强，可以适度增加毒物的浓度，随着使用时间的变化逐步对毒物稀释。这种方法可长期稳定地将反应堆控制在临界状态。

（6）反射层

核反应堆内的中子有一部分会逃逸到堆芯外损失掉，通常在堆芯外面围上一层材料形成反射层，将逃逸的中子反射回堆芯。可用作慢化剂的材料均可用作反射层。

（7）屏蔽层

核反应堆工作时和停堆后，均会生产大量中子、裂变产物并辐射出 γ 射线，屏蔽层的作用是将其屏蔽在堆内，以保护人员与环境。厚度很大的、钢筋比例很高的重混凝土是最常见的屏蔽层，也可采用铁、铅、水和石墨等。

图 6-3 为常见的压水堆结构示意图。

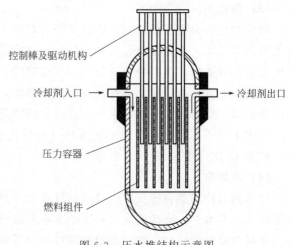

控制棒及驱动机构

冷却剂入口 → ← 冷却剂出口

压力容器

燃料组件

图 6-3　压水堆结构示意图

6.2.2　核反应堆的分类

核反应堆用途繁多、结构复杂、原理不一，目前尚无统一的分类方法。下面对一些常见的分类方法进行介绍。

（1）用途分类法

核反应堆最重要的用途是通用受控核裂变将核能释放出来，以产生动力供人类和平利用，这种堆称为动力堆。此外，反应堆还可用于生产新的核燃料，如由铀-238 生产钚-239，由钍-232 生产铀-233 等，还可以生产放射性同位素，称为生产堆；用于进行中子活化分析、中子照相、利用中子进行研究等的反应堆，相应地称为研究试验堆、特殊用途堆。

（2）中子能量分类法

按引起裂变反应的中子能量可分为热（慢）中子堆（中子能量小于 0.1eV）、快中子堆（中子能量大于 0.1MeV）和中能中子堆（中子能量介于 1eV～10keV 之间）。

（3）核燃料分类法

核燃料主要有用于热中子堆的天然铀、低富集铀或铀钚混合氧化物、高富集或钚-239 等。

（4）慢化剂分类法

热中子堆需要使用慢化剂将裂变产生的快中子速度降下来。根据所使用的慢化剂，有石墨堆、重水堆、轻水堆（包括压水堆和沸水堆）和铍或铍的氧化物堆等。

（5）冷却剂分类法

按反应堆所使用的冷却剂，有轻水堆、重水堆、二氧化碳堆、氦堆等。

（6）核燃料布置形式分类法

根据核燃料的布置形式，可分为均匀堆和非均匀堆。

除此之外，还可按反应堆结构形式、空间位置、中子通量、堆芯包容器、热工状态、运行方式等对反应堆进行分类。

6.3 核电站

6.3.1 核电概况

将核裂变释放的核能转变为电能称为核能发电，相应的设施称为核电站（nuclear generating station）。核电站是一种高能量产出、少原料消耗和低排放的电站。以一座发电量为1300MW 的电站为例，如果以煤为原料，一年要消耗约 330 万吨原煤；若采用核能发电，每年只消耗32t 浓度为 3.5% 的铀燃料，一次换料就可以满功率连续运行一年，大大减少了电站燃料的运输和储存问题。此外，核燃料在反应堆内反应过程中，同时还能产生出新的核燃料。在排放方面，上述煤电站每年产生灰渣 25 万吨，脱硫脱硝废渣 15 万吨，排放二氧化碳 900 万吨、二氧化硫 6.5 万吨、氧化氮 2.5 万吨、微粒 2300t、重金属 470kg，而核电站上述指标均为零。核电站一次建设投资高，但燃料费用较低，因而综合发电成本也较低。

1954 年前苏联建立了人类的第一座功率为 5MW 的石墨沸水堆核电站并成功投入商业运营，1956 年英国建成了 45MW 天然铀石墨气冷堆核电站，1957 年美国建成 60MW 压水堆核电站，1962 年法国建成 60MW 天然铀石墨气冷堆核电站，1962 年加拿大建成 25MW 天然铀重水堆核电站。这期间所建造的核电站主要是验证性的，被称为第一代核电站。1966~1980 年，受石油危机和核技术经济性的影响，核电进入高速发展期，发达国家纷纷建设核电站，全球共有 242 个机组投入运行，这个时期的核电站属于第二代核电站。由于受到 1979 年美国三哩岛核电站和 1986 年前苏联切尔诺贝利核电站事故的影响，1981~2000 年核电的发展极其缓慢甚至停滞，人们将精力用于增加现有核电站的安全性上。进入 21 世纪，世界经济逐渐复苏，而人类所面临的能源、环境压力日渐增大，核电作为煤炭、石油的清洁替代能源重新引起关注，先进的轻水堆核电站（第三代核电站）技术取得重大进展，核电在新的高度上重新起步。目前，可防止核扩散、经济性好、安全性高和废物产生量少的第四代核电技术正在从研究阶段逐步进入实用。

据世界核协会统计，截至 2017 年 8 月，全球共有 31 个国家拥有 447 个核电机组，总装机容量 392.3GW，2016 年实际核发电量 2490TW·h，占总发电量的 10.6%。全球正在建设的核电机组 58 个，总装机容量 63.1GW；计划建造的核电机组 162 个，装机容量167.8GW；有意向建造的机组 349 个，装机容量 400.4GW。如果这些机组全部得以实施建设并投产，届时核电装机容量将在现有基础上再增加 1.6 倍。从地区分布上看，核电站遍布全球，但主要分布在发达国家。共有 16 个国家对核电的依赖度超过 25%，其中法国依赖度最高，达到 75%，比利时、捷克、芬兰、韩国等国家依赖度也超过 30%。日本、美国、阿联酋、西班牙、罗马尼亚和俄罗斯在 20% 左右。

除发电以外，利用反应堆小型化技术，核能还在航空母舰、潜艇、破冰船、大型舰船和航天器等领域发挥了重要作用。

6.3.2 核能发电的基本原理

核电站的本质就是将核裂变过程所释放的核能转换为电能的能量转换系统，有以下主要能量转换和输送过程：①核反应堆通过核裂变释放核能，并将其转换成热能，是转换系统的龙头；②使用合适的载热体将热能带出核岛，并产生蒸汽；③以蒸汽驱动汽轮机，将热能转变为机械能；④汽轮机带动发电机运转，将机械能转变为电能；⑤通过电网将电能送到用户。概括起来，在核电站内发生如下能量转换过程：核能-热能-机械能-电能。

下面对压水堆核电站的工作流程作进一步说明，见图 6-4。

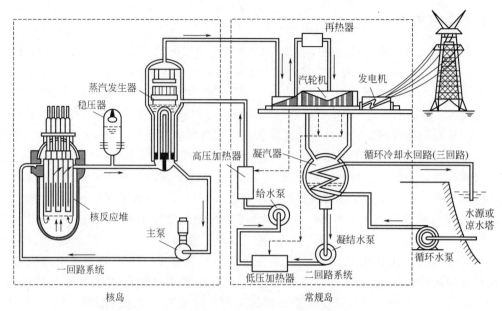

图 6-4　压水堆核电站工作流程示意图

反应堆启动时类似于煤气炉的电子打火，由堆芯附近设置的人工中子源点火组件不断地放出中子，引发堆内核燃料的裂变反应。反应堆常用的初级中子源是钋-铍源，钋放出粒子打击铍核，铍核发生反应放出中子，中子再轰击铀-235 燃料棒，在受控条件下开始链式反应，持续不断地释放出核能量。

压水堆核电站以轻水（普通水）为冷却剂，同时兼作慢化剂，图 6-4 中一回路系统内的工质就是冷却剂轻水。在主泵的驱动下，冷却剂连续不断地流过反应堆堆芯，把裂变反应所释放的（热）能量带出，进入蒸汽发生器管程，通过间壁换热的形式将热量传给壳程的二次工质并使其沸腾。放出热量后的冷却剂自身温度降低，重新由主泵打入反应堆循环使用。在整个换热过程中，冷却剂一直保持液态。按照核电站容量大小的不同，一回路通常设置有 2~4 个同样的封闭循环回路。为了保证冷却剂不汽化，系统需要保持 15MPa 以上的较高压力，并通过稳压器进行稳压，压水堆也因此而得名。

二次工质（通常也是水）在蒸汽发生器壳程中接受冷却剂提供的热量而汽化，成为高温高压蒸汽。蒸汽驱动汽轮机，汽轮机带动发电机旋转发出电能，进入电网完成输配电后至用户。蒸汽在汽轮机内做功后，乏汽在凝汽器中放出热量重新成为液态，被加热后泵入蒸汽发生器完成循环。这一循环称为二回路系统。

凝汽器的冷却介质也是水。如果采用直流冷却系统，则是以天然的江、河、湖、海作为水源，直接抽用，在核电站选址时要作充分考虑。如果采用循环冷却水系统，则需要建设大型凉水装置。循环冷却水回路也称为三回路。

按放射性辐射程度对核电站区域进行划分，可以分为核岛和常规岛两部分。核岛如图6-4 左侧虚线框所示，主要有核反应堆、稳压器、蒸汽发生器、主泵及其附属设备以及将这些设备连接起来的管路，也就是一回路系统。常规岛如图 6-4 右侧虚线框所示，即二、三回路系统。常规岛主要有汽轮机、发电机、再热器、高低压加热器、凝汽器和各种泵等设备。对于压水堆核电站，核岛与常规岛间的唯一交换设备为蒸汽发生器。该设备为间壁式换热装置，一回路的冷却剂与二回路的二次工质在其内仅发生热量交换而无质量交换，因此不会将放射性物质带出核岛外。与常规火力发电相比，核电站的常规岛与火电厂的相应部分是完全相同的，所不同的是核电站用核岛取代了火力发电厂的锅炉。即核电站通过核反应堆内核燃料的裂变放出核能产生蒸汽，而火力发电厂则是通过煤等燃料所发生的燃烧反应放出化学能产生蒸汽。

6.3.3　核电站的主要类型

目前世界上投入商业运行的核电站主要有压水堆、沸水堆、重水堆、石墨气冷堆、石墨水冷堆及少量快中子堆，堆型分布如图 6-5 所示。

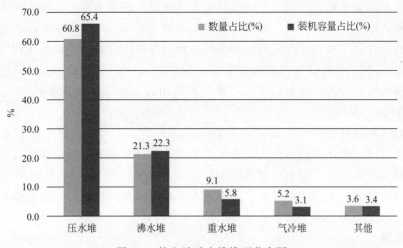

图 6-5　核电站反应堆堆型分布图

（1）轻水堆

轻水堆采用水作为慢化剂和冷却剂，具有结构紧凑、安全可靠、建造费用低、负荷跟随能力强等优点，其发电成本已可与常规火电厂竞争。轻水堆有压水堆和沸水堆两种堆型，均采用低浓缩铀燃料，饱和水蒸气推动汽轮发电机组发电。

① 压水堆

压水堆是目前技术最成熟、安全可靠性高、有较强的经济竞争力的反应堆型，无论是反应堆数量还是装机容量，在各种堆型中占比均超过 60%。目前我国已投入商业运行的反应堆均为压水堆。压水堆核电站的工作原理如图 6-4 所示。压水堆的一大问题是能量转换次数过多，能量利用效率难以提高。

② 沸水堆

沸水堆工作时，作为冷却剂的水从堆芯下部进入，在沿堆芯上升过程中吸收反应热并汽化，所产生的蒸汽经气液分离和干燥后直接送到汽轮发电机组发电。与压水堆相比，反应堆运行压力约可下降一半，并减少了蒸汽发生器，也减少了二回路系统和二次工质，提高了系统的能量效率；但由于推动汽轮发电机的蒸汽由接触堆芯的冷却剂产生，导致汽轮机系统在正常运行时带有强放射性，使需要屏蔽辐射区范围扩大，操作和维护难度增加。

（2）重水堆

氢有三种同位素：氕（H）、氘（D）和氚（T），它们与氧原子结合，生成三种不同的水：氕水（H_2O，即我们日常接触的普通水，也称为轻水）、氘水（D_2O，称为重水）和氚水（T_2O，称为超重水）。重水是一种良好的慢化剂，其外观和化学性质与普通水一样，但某些物理性质与普通水有差别，如表 6-1 所示。重水代价高昂，需处理 3400t 普通水才能获得 1t 重水。

表 6-1　普通水与重水性质比较

名称	密度/(g/cm³)	沸点/℃	凝固点/℃
水（H_2O）	1	100	0
重水（D_2O）	1.056	101.42	3.8

采用重水作为慢化剂的反应堆称为重水堆。由于重水吸收中子少，慢化性能好，使得重水堆可以直接使用天然铀为燃料，不必建造浓缩铀装置。在重水堆中，除了保证核裂变反应所需的中子外，还有较多的剩余，可用作将铀-238 转变成钚-239，生产出新的核燃料。重水堆对燃料的适应性强，较容易改用另一种燃料。重水堆突出的缺点是设备体积大，其堆芯体积约为压水堆 10 倍；重水受辐照后会产生有放射性的氚，防护难度大，污染危害较大；由于采用天然铀为燃料，换料频繁；重水昂贵，其费用占重水堆基建投资的 15% 以上；造价比轻水堆高出 20% 左右。

按结构可将重水堆分为压力管式和压力壳式两大类。压力管式重水堆有立式和卧式两种，其冷却剂可以与慢化剂同为重水，也可以是轻水、气体或有机物。压力壳式重水堆只有立式，冷却剂与慢化剂同为重水。重水堆中比较成熟的堆型称为坎杜（CANDU）堆，以重水为慢化剂和冷却剂，天然铀为燃料，压力管水平布置。我国在建的秦山核电站三期采用此堆型，也是我国迄今为止唯一的重水堆核电站。

（3）石墨堆

石墨具有良好的中子减速性能，人类第一座核反应堆芝加哥 1 号堆就是以石墨作为慢化剂的，早期的核反应堆大量采用这种堆型。

石墨堆可以用水作冷却剂，称为石墨水冷堆。这种堆型存在不少先天缺陷，曾发生重大事故的切尔诺贝利核电站就是这种堆型，虽然事故由人为违规操作引发，与堆型无关，但事后这类堆型已经停建。

用气体作为冷却剂的称为石墨气冷堆。该堆型采用石墨为慢化剂和结构材料，二氧化碳为冷却剂，在核电发展初期曾大量建造和使用。由于技术和经济方面的原因，20 世纪 70 年代末起停建。

高温气冷堆（HTR）以高浓或低浓二氧化铀为燃料，石墨作慢化剂，氦气为冷却剂，氦气出口温度在 700℃以上，具有热效率高、燃耗深、转换比高、安全性能好等优点，属于最先进的第四代核能系统，被国际核能界公认为具有良好安全特性的堆型，正逐步走出实验室，向商业应用迈进。

6.3.4　核电在中国

1995 年以前，是我国核电的起步阶段。该阶段可以追溯到 1958 年，在前苏联的帮助下，我国建成了第一座实验性核反应堆。1991 年我国第一座自行设计、建造和运营管理的 300MW 压水堆核电站——秦山核电站建成投入运行。1994 年，我国引进国外资金、设备和技术建设的第一座大型商用核电站，拥有两台单机容量为 984MW 压水堆反应堆机组的大亚湾核电站 1 号机组投入运行。1995～2005 年为初步发展阶段，秦山二期、岭澳、秦山三期、田湾核电站相继投产。2005 年以后，特别是近年来，我国核电呈现快速发展的态势。截至 2016 年底，我国在运核电装机 3364 万千瓦，年发电量 2132 亿千瓦时，占全国总装机和总发电量比例达 2.0% 和 3.6%。在建核电机组 21 台，装机容量 2344 万千瓦，在建规模居世界首位。我国《能源发展"十三五"规划》提出，到 2020 年运行核电装机力争达到 5800 万千瓦，在建核电装机达到 3000 万千瓦以上，成为仅次于美国的第二核电大国。核电在我国优化能源结构、保障能源安全、促进减排和应对气候变化等方面发挥了重要作用。表 6-2 为截至 2016 年底我国核电站分布情况。

表 6-2　中国核电站分布

省份	核电站名称	状态	堆型	机组数	装机容量/万千瓦
浙江	秦山核电站	商运	压水堆(CNP300)	1	30
	秦山核电站二期	商运	压水堆(CNP600)	2	130
	秦山核电站三期	商运	重水堆(CANDU-6)	2	144
	秦山核电站二期扩建	商运	压水堆(CNP600)	2	130
	方家山核电站	商运	压水堆(M310)	2	200
	三门核电站一期	在建	压水堆(AP1000)	2	200
广东	大亚湾核电站	商运	压水堆(PWR)	2	196.8
	岭澳核电站一期	商运	压水堆(PWR)	2	198
	岭澳核电站二期	商运	压水堆(CPR1000)	2	200
	阳江核电站	商运	压水堆(CPR1000)	3	324
		在建	压水堆(CPR1000)	3	324
	台山核电站一期	在建	压水堆(EPR)	2	350
福建	宁德核电站	商运	压水堆(AES-91)	4	400
	福清核电站	商运	压水堆(M310)	2	200
		在建	压水堆(M310)	2	200
		在建	压水堆(ACP1000)	2	200
江苏	田湾核电站	商运	压水堆(AES-91)	2	212
	田湾核电站二期	在建	压水堆(AES-91)	2	212
	田湾核电站三期	在建	压水堆(CPR1000)	2	200
辽宁	辽宁红沿河核电站	商运	压水堆(CPR1000)	4	400
		在建	压水堆(CPR1000)	2	200
山东	海阳核电站	在建	压水堆(AP1000)	2	200
	石岛湾核电站	在建	高温气冷堆(HTR200)	1	20
广西	广西防城港核电站	商运	压水堆(CPR1000)	2	216
海南	海南昌江核电站	商运	压水堆(CNP650)	2	130

　　与发达国家相比，我国核电虽然起步较晚，但起点高，基本采用 2.5 代或以上的核技术，设备先进，管理水平高。与此同时，我国核电正在不断走向成熟，核电国产化比例不断加大。技术研发在世界首屈一指，国产核电反应堆设计进入国际市场。

　　特别值得一提的是，在建的石岛湾核电站采用先进的四代核技术——高温气冷堆，该技术由清华大学核研院提供。我国从 20 世纪 70 年代中期开始研究高温气冷堆，技术已日臻成熟。首座高温气冷堆的压力壳直径 4.7m，高 12.6m，重 150t，是中国自己设计和制造的迄今体积最大的核安全级压力容器。蒸汽发生器直径 2.9m，高 11.7m，重 30t。堆内有约13000 个零部件，总质量近 200t。这些设备的成功制造，使我国成为少数几个能够加工制造高温气冷堆关键设备的国家之一。

6.4 核安全

与世间万物一样，核能也具有两面性，一方面，其资源较丰富、能量密度高、清洁、无（低）排放，如果正确使用可极大地造福人类；另一方面，核反应剧烈、放射性强、技术要求高，如果不当使用（如核武器）或使用不当（如核事故），则可对环境和人类造成严重的危害，甚至引发毁灭性的灾难。因此，核安全一直伴随着核技术诞生和成长。随着人类对核能认识的不断深入，核安全的理念已经在核电站管理、设计、施工、技术、设备和运行等各个方面发挥作用，核电站的安全性在不断提高。

核安全中一个重要的指标称为"堆年"，一座反应堆运行一年（包括正常停堆时间）为一个"堆年"。至 2012 年，全球核反应堆共运行约 15000 堆年，仅发生过 3 起堆芯熔化事故，其中两起为特大事故。从事故的数量上看，核电事故率极低，但事故所造成的影响却非常大。

6.4.1 重特大核事故

(1) 三哩岛核电站事故

美国宾夕法尼亚州首府哈里斯堡东南方的三哩岛核电站有两座压水堆，总装机容量为170 万千瓦。1979 年 3 月 28 日凌晨 4 时，2 号反应堆发生事故。事故起因是二回路给水泵跳闸及阀门误关闭，导致二回路循环中断，蒸汽发生器失水，堆芯热量无法传出，一回路压力升高。接下来一连串的误操作和设备失灵，最终导致 2/3 堆芯熔化，有 50% 气态裂变产物释放到安全壳中。安全壳由钢筋混凝土浇灌而成，厚 1.22m，高 58.8m，内壁衬有钢板，正是这个坚固的壳体，成功地将事故泄漏的放射性阻挡，才使得事故对周边环境的影响降到最低。据事后统计，事故无人员死亡，只有三人受到略高于职业限量的照射，对周边造成的辐射影响很小，事故被认定为 5 级（最高为 7 级）。这是世界核电史上的第一起重大事故，虽然没有带来灾难性的后果，却造成了 2 号反应堆严重损毁，直接经济损失高达 10 亿美元。事故暴露了核电站在设计、管理和安全方面的不足，对核电界产生了很大震动，也促进了核电站人-机关系、检测控制、人员培训和事故分析研究方面的大量改进。

(2) 切尔诺贝利核电站事故

切尔诺贝利核电站曾是前苏联最大的核电站，位于前苏联西部，乌克兰加盟共和国首府基辅东北 130km 处。核电站分两期建设，第一期各 1000MW 的两台机组于 1977 年建成发电，第二期各 1000MW 的两台机组于 1983 年投产。反应堆为石墨沸水堆，没有压力壳、安全壳和辅助设施，虽然发电效率较高、经济性较好，但系统自稳定性较差，存在安全隐患。

1986 年 4 月 25 日，电站按计划对 4 号反应堆停堆检修，并对汽轮机进行惰转试验，以研究一项改善电站安全性的措施。由于试验过程准备不足，违反一系列操作规程，实施了一连串错误操作，包括关闭堆芯应急冷却系统，提升的控制棒超过安全值，切断了自动停堆保护系统，关闭了与热工参数有关的反应堆保护系统等，使反应堆处于无保护状态，导致概率极低的事故同时叠加出现。26 日凌晨 1 时 24 分事故爆发：反应堆瞬发超临界，功率剧增、冷却水流量下降、燃料过热、压力超标，引起堆芯熔化，堆内产生大量蒸汽，熔融的燃料碎粒与水发生剧烈化学反应，引起石墨燃烧、蒸汽和氢气爆炸。爆炸冲击波冲破保护壳，炸毁了反应堆和部分建筑物，碎片飞溅至周边引起 30 多处起火，放射性物质被抛向天空，扩散至环境中。事故发生后，原苏联政府和人民采取了一系列善后措施，清除、掩埋了大量污染物，并为发生爆炸的 4 号反应堆建起了钢筋水泥"石棺"。

切尔诺贝利核电站事故是人类迄今为止最严重的核事故，直接导致 59 人死亡，320 多万人受到超量核辐射，8 吨多强放射性物质泄漏，电站周围 6 万多平方公里土地受到直接污染，放射性尘埃随大气扩散到欧洲大部地区。据 1992 年乌克兰官方公布，已有 7000 多人死于事故造成的核污染。事故被定为最高的 7 级，属于特大核事故，对环境、经济、社会造成了巨大而深远的影响，是人类和平利用核能史上最大的灾难。事故调查专家认为，该事故主要原因为反应堆设计缺陷、操作人员未经良好培训和未形成良好的安全文化。

（3）福岛核电站事故

福岛核电站是世界上最大的核电站，位于日本东北部的福岛工业区，共有 10 个反应堆，其中第一核电站有 6 个堆，第二核电站有 4 个堆，均为 20 世纪 70 年代建造的沸水堆，大部分已接近或超过服役年限。发生事故的第一核电站各机组装机容量分别为：1 号机组 46 万千瓦、2～5 号机组各为 78.4 万千瓦和 6 号机组 110 万千瓦。

2011 年 3 月 11 日 14 时 46 分，日本发生里氏 9 级强烈地震并引发巨大海啸，海浪高达 14m。地震发生时，第一核电站 1～3 号堆正在运行，4～6 号堆处于检修状态，核燃料已取出放入冷却池中。地震后，1～3 号堆成功实现了自动停堆，但仍需大量冷却水对堆芯进行冷却，在外电中断后，系统中的应急柴油发电机自动启动为冷却水泵供电。但一小时后，海啸所带来的海浪越过核电站 5.7m 的洪水高程设防，导致柴油发电机受淹停机，冷却水泵也随之停机，只有蓄电池为仪表控制系统供电。13 小时后，移动式发电机到达，但因底层配电设备被水淹没而无法接通，后改为另接电源为水泵供电。由于长时间失去冷却，部分堆芯裸露损伤，温度压力超限，堆芯燃料包壳的锆在高温下与水发生化学反应放出大量氢气，并通过安全壳排气释放到反应堆厂房，累积在厂房顶部。在事故后 25 小时，1 号堆厂房发生爆炸；事故后 68.5 小时，3 号堆厂房爆炸；事故后 87.5 小时，2 号堆厂房爆炸；事故后 91 小时，4 号堆厂房起火；事故后 93.5 小时，4 号堆厂房爆炸；事故后 115 小时，3 号机组出现白烟。

福岛核电站事故现场共造成十多人伤亡，核泄漏影响区域甚广。随着事态发展，事故定级不断提升，从最初的 4 级升为 5 级，最终被定为与切尔诺贝利核电站事故相同的最高级别 7 级。事故的直接原因是超过核电站设计安全设防极限的超强地震和海啸，但设备超期服役、沸水堆本身的技术缺陷和政府与企业对事故的应急处置不力等是事故的间接原因。

6.4.2 核事故预防

重特大核事故并未改变人们"核电是清洁安全的能源"这一结论，而是激发人们更加科学、理性地看待和处理核问题，建立更加严格的安全制度和措施，将安全理念贯穿至核能利用的全过程，从本质安全的角度、从细节入手，将事故消灭在萌芽之中，以确保核电站的运行安全。

核事故预防应包含在涉核的全生命周期中，只有对各个环节实行最严格的管理，才能做到万无一失。核安全的根本在人，只有建立严格的质量管理系统，有严格责任分工、严密的质量控制和充分的应急人力物力供应，建立多种多样的相互独立的应急预案，核安全才能得到有效保证。核电站的硬件包括设备、管道、阀门、控制系统及核电站运行的环境等。硬件除了自身的可靠运行外，还应在其他硬件出现问题时能够及时互补，以降低事故发生的概率和造成的后果。因此，核电站的选址、设计、建造、调试、运行直至退役均应实行严格的许可证制度。要防止核燃料和核废料在制造、运输和后处理过程中对环境和人员造成影响，更要防止发生核劫持而落入恐怖分子手中。

"纵深防御"是预防核电站事故的基本原则，即充分考虑到技术、人为和组织管理上可能出现的失效，为每一可能的失效设置多层次的屏障。以压水堆为例，其核岛就设置了四道屏障：

一是二氧化铀陶瓷核燃料芯块，可保留98％以上的放射性裂变物质不逸出。

二是锆合金或不锈钢燃料包壳管，可将核燃料芯块装在管中制成耐高温、耐高压、耐辐照、抗腐蚀的燃料棒，保证在长期运行后放射裂变产物不会逸出。

三是反应堆心脏压力容器。压力容器内放置堆芯、控制棒等关键部件，核裂变反应就在其内进行，慢化剂和冷却剂在其内部流过，将快中子减速，并将反应热带至蒸汽发生器。压力容器要在350℃和15MPa下长期工作，技术要求极高，通常采用厚度为200mm左右的高级合金钢焊接，经过严格的加工程序制成，要求有足够的强度、塑性、韧性，可耐高温、高压、辐照和腐蚀。该屏障足以挡住放射性物质外泄。

四是安全壳。安全壳即核岛，一回路系统的所有设备均包容在壳内。安全壳通常为圆柱体筒体和半球顶的建筑，采用预应力钢筋混凝土内衬钢板的方案，直径30～40m，高度60～70m，厚度1m，内衬厚度为38mm的钢制衬套。安全壳能承受3～5个大气压的压力，以及地震、飓风和飞行物的撞击，其内还设置了堆芯应急冷却、气体净化等各种安全系统。安全壳是最后一道屏障，在前面三道屏障失效后，可保证放射性物质不外泄至环境，不对周边人员产生影响。

相信通过科学家和工程技术人员的不断探索和实践，一定能使核能安全高效地为人类服务。

参 考 文 献

[1] 周乃君，乔旭斌. 核能发电原理与技术. 北京：中国电力出版社，2014.

[2] 孙为民. 核能发电技术. 北京：中国电力出版社，2012.

[3] 周明胜，田民波，俞冀阳. 核能利用与核材料. 北京：清华大学出版社，2016.

[4] 马栩泉. 核能开发与应用. 第2版. 北京：化学工业出版社，2013.

[5] 国家发展与改革委员会，国家能源局. 能源发展"十三五"规划. 2016.

[6] 国家能源局. 国家发展改革委国家能源局关于印发能源发展"十三五"规划的通知：发改能源［2016］2744号［A/OL］. 2017-01-17. http：//www. nea. gov. cn/2017-01/17/c＿135989417. htm.

[7] 宋翔宇. 世界核电发展现状. 中国核电，2017，10（3）：439-443.

[8] 中国核电网. 核电大国的中国到底有多少座核电站［EB/OL］. 2016-11-09. http：//np. chinapower. com. cn/201611/09/0054035. html.

[9] 中国核电信息网. 中国核电站［EB/OL］. http：//www. heneng. net. cn/index. php？mod＝npp.

[10] 罗顺忠. 核技术应用. 哈尔滨：哈尔滨工程大学出版社，2015.

[11] 吴明红，王传珊. 核科学技术的历史、发展与未来. 北京：科学出版社，2015.

[12] 翟秀静，刘奎仁，韩庆. 新能源技术. 第3版. 北京：化学工业出版社，2017.

第**7**章

太阳能

7.1 太阳及太阳能

7.1.1 太阳

太阳是距离地球最近的一颗恒星,直径约为 1.39×10^6 km,大约是地球直径的 109.3 倍;体积约为 1.42×10^{27} m^3,约为地球体积的 130 万倍;质量约为 2.2×10^{27} t,是地球质量的 3.32×10^5 倍;而太阳的平均密度只有 1409kg/m^3,是地球平均密度的 1/4,但太阳内部密度非常高,达 160×10^3 kg/m^3。太阳的物质组成为:氢 78.4%、氦 19.8%、金属和其他元素 1.8%。太阳是一个炽热的气态球体,其表面温度有 6000K 左右,内部温度则高达 2×10^7 K,太阳内部压力高达 3×10^{16} Pa。

科学家将太阳分为内部和大气两大部分。

太阳的内部结构如图 7-1 所示,R 为太阳的平均半径。从球心到 $0.23R$ 的区域称为"内核",约为太阳总质量的 40%、总体积的 15%,温度为 $8 \times 10^6 \sim 4 \times 10^7$ ℃,所产生的能量占太阳产生总能量的 90%;$0.23R \sim 0.7R$ 的区域称为"辐射输能区",温度约为 1.3×10^5 ℃,密度下降为 79kg/m^3;$0.7R \sim 1.0R$ 的区域称为"对流区",温度为 5×10^3 ℃,密度为 10^{-5} kg/m^3。

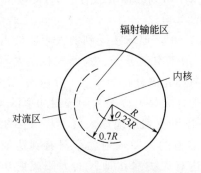

图 7-1 太阳的内部结构

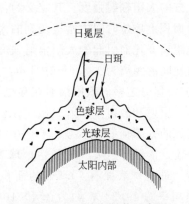

图 7-2 太阳大气结构示意图

太阳大气由光球层、色球层和日冕层三部分组成,图 7-2 为太阳大气结构示意图。我们日常所能看见的部分称为光球层,最靠近太阳内部,厚度约为 500km,约为太阳半径的万分之七,非常薄,温度约为 5700K,太阳的光芒基本上是从光球层发出来的;中间的一层为色球层,是稀疏透明的一层大气,由氢、氦、钙等离子构成。在发生月全食时,可以在月轮的四周看见一个美丽的彩环，这就是太阳的色球层。其平均厚度约为2000km，温度比光球层高，温度梯度也很大，从光球层顶部的4600K到色球层顶部可提高数万度，但其发出的可见光却不及光球层；日冕层在太阳大气的最外层，在发生月全食时，可以看到太阳周围有一圈厚度不等的银白色环，这就是日冕层。该层形状很不规则，变化无常，与色球层的界限不明显，厚度可达（500~600）×10⁴km，物质稀少，亮度也很小，但温度却很高，有100多万摄氏度。

7.1.2　太阳能

太阳能是一种巨大、久远、无尽的能源。太阳内部持续进行着氢聚合成氦的核聚变反应，不断地释放出巨大的能量，以辐射和对流的方式由核心向表面传递，并以每秒3.83×10²³kJ向外辐射。根据目前太阳产生核能的速率估算，其氢的储量足够维持600亿年，因此太阳能可以说是用之不竭的。

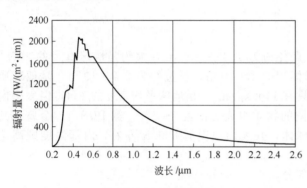

图7-3　太阳辐射光谱

太阳辐射是由不同波长的电磁波组成的，太阳辐射能量随波长的分布称为太阳光谱。了解和掌握太阳光谱对有效提高太阳能利用率非常重要。图7-3所示为地球大气层外太阳辐射光谱，可知太阳辐射主要集中在0.2~100μm的从紫外线到红外线的范围内，其中波长0.3~2.6μm是能量最集中的范围，占总辐射能的95%以上。

在太阳能的计算过程中，经常会遇到太阳常数这一物理量。地球以椭圆轨道围绕太阳旋转，日地距离随时间而变化，太阳辐射强度也会因此而变化。但是，日地距离相当大，由于地球椭圆轨道而导致的太阳辐射强度的变化几乎可以忽略。因此，人们就定义了一个被称为"太阳常数"的物理量来描述地球大气层上方的太阳辐射强度。其定义为：在平均日地距离时，地球大气层上界垂直于太阳辐射的单位面积上单位时间内所接受到的太阳辐射通量。太阳常数的标准值为1.367kW/m²。由于日地距离变化而引起的太阳辐射强度的变化不超过±3.4%。

日地间的距离为1.496×10⁸km，太阳的张角为31′59″，地球接受到的太阳能仅占其总能量的22亿分之一。太阳辐射在穿越地球大气层时，由于空气分子、水蒸气和尘埃等对其的吸收、反射和散射，辐射的强度会衰减，辐射的方向和光谱分布会改变。穿越大气层到达地球表面的太阳辐射功率为8.1×10¹³kW，约占到达地球大气上界的太阳辐射功率的47%，也就是说，能够穿越大气层到达地球表面的太阳能，还不及到达地球大气上界太阳能数量的一半。而地球表面有70.8%的面积为海洋，到达陆地的太阳辐射功率只有到达地球表面辐射功率的29.2%，约为2.4×10¹³kW，真正到达有人类居住地区的太阳辐射功率只有约7×10¹²~10×10¹²kW，这个数字相当于到达地球大气上界太阳能数量的5%~6%。尽管如此，这部分太阳能仍然相当可观，它相当于太阳每秒给予人类29万吨标准煤，这远远大于人类目前所消耗的各种能量之和。地球上的风能、水能、海洋能、生物质能等可再生能源全部或部分来源于太阳能，煤炭、石油、天然气等即化石燃料也是远古时期储存下来的太阳能，人类依赖这些能量得以生存和发展。

太阳能既是一次能源，又是可再生能源。它资源丰富，到处都可以得到太阳能，既可免费使用，又无需运输且安全，对环境无任何污染。但太阳能也有两个主要缺点：一是能流密度低，具有分散性的特点；二是强度受各种因素（时间、季节、地点、气候等）的影响不能维持常量。这两大缺点大大限制了太阳能的有效利用。

7.1.3 我国的太阳能资源

我国太阳能辐射总量为 3340～8400MJ/(m² · a)，按太阳辐射资源划分为五类资源区：Ⅰ类，资源丰富地区；Ⅱ类，资源较丰富地区；Ⅲ类，资源一般地区；Ⅳ类，资源较贫乏地区；Ⅴ类，资源贫乏地区，具体数据见表 7-1。年太阳能总辐射量超过 5000MJ/(m² · a)，年太阳辐照时数超过 2200h 的太阳能利用条件较好的Ⅰ、Ⅱ、Ⅲ类地区占国土的 2/3，太阳能资源较为丰富，开发利用太阳能是实现我国能源可持续发展战略的有效措施之一。

表 7-1　我国太阳能资源区划

分类区	年日照时数 /(h/a)	太阳辐射总量 /[MJ/(m² · a)]	相当于标准煤 /kg	包括的地区
Ⅰ	3200～3400	6680～8400	228～287	宁夏北部,甘肃北部,新疆东南部,青海西部和西藏西部
Ⅱ	3000～3200	5852～6680	200～228	河北、山西北部、内蒙古和宁夏南部,甘肃中部,青海东部,西藏东南部和新疆南部
Ⅲ	2200～3000	5016～5852	171～200	山东、河南、河北东南部,山西南部,新疆北部,吉林、辽宁、云南等省以及陕西北部,甘肃东南部,广东和福建的南部,江苏和安徽的北部,北京,台湾西南部
Ⅳ	1400～2200	4190～5016	143～171	湖北、湖南、江西、浙江、广西等地以及广东、福建北部,陕西、江苏、安徽南部,黑龙江、台湾东北部
Ⅴ	1000～1400	3344～4190	114～143	四川、重庆、贵州

我国的太阳能热利用技术研究开发始于 20 世纪 70 年代末，当时工作的重点为简单、价廉的低温热利用技术，如太阳能温室、太阳灶、被动太阳房、太阳热水器和太阳干燥器。这类技术在农村得到推广应用，为缓解农村能源短缺，改善农村生态环境和农民生活起了积极的作用。

近年来，我国太阳能产业飞速发展，在许多领域已处于世界领先水平。"十二五"时期，国务院发布了《关于促进光伏产业健康发展的若干意见》（国发〔2013〕24 号），光伏产业政策体系逐步完善，光伏技术取得显著进步，市场规模快速扩大。太阳能热发电技术和装备实现突破，首座商业化运营的电站投入运行，产业链初步建立。太阳能热利用持续稳定发展，并向供暖、制冷及工农业供热等领域扩展。

全国光伏发电累计装机从 2010 年的 86 万千瓦增长到 2015 年的 4318 万千瓦，2015 年新增装机 1513 万千瓦，累计装机和年度新增装机均居全球首位。光伏发电应用逐渐形成东中西部共同发展、集中式和分布式并举格局。光伏发电与农业、养殖业、生态治理等各种产业融合发展模式不断创新，已进入多元化、规模化发展的新阶段。

2015 年，我国多晶硅产量 16.5 万吨，占全球市场份额的 48%；光伏组件产量 4600 万千瓦，占全球市场份额的 70%。我国光伏产品的国际市场不断拓展，在传统欧美市场与新兴市场均占主导地位。我国光伏制造的大部分关键设备已实现本土化并逐步推行智能制造，在世界上处于领先水平。

"十二五"时期，我国太阳能热发电技术和装备实现较大突破。八达岭 1 MW 太阳能热发电技术及系统示范工程于 2012 年建成，首座商业化运营的 1 万千瓦塔式太阳能热发电机组于 2013 年投运。

太阳能热利用行业形成了材料、产品、工艺、装备和制造全产业链，截至 2015 年底，全国太阳能集热面积保有量达到 4.4 亿平方米，年生产能力和应用规模均占全球 70% 以上，多年保持全球太阳能热利用产品制造和应用规模最大国家的地位。太阳能供热、制冷及工农业等领域应用技术取得突破，应用范围由生活热水向多元化生产领域扩展。

在"十三五"期间，我国将继续扩大太阳能利用规模，不断提高太阳能在能源结构中的比重，提升技术水平，降低利用成本。到 2020 年底，太阳能发电装机达到 1.1 亿千瓦以上，其中，光伏发电装机达到 1.05 亿千瓦以上，在"十二五"基础上每年保持稳定的发展规模；太阳能热发电装机达到 500 万千瓦。太阳能热利用集热面积达到 8 亿平方米。到 2020 年，太阳能年利用量达到 1.4 亿吨标准煤以上。

7.1.4　太阳能利用的基本方式

太阳以辐射能的形式从遥远的太空给地球带来能量，人类要利用好这些能量，必须高效地将其转化成人类方便使用的形式。目前太阳能利用的方式主要有光热利用和光电利用两种。

太阳能的光热利用的基本原理是将太阳的辐射能通过各种能量转换手段转换成为热能，所得到的热能既可以直接使用，也可以再转换成其他形式的能量，如通过太阳能热发电技术将热能转换成电能。

太阳能的光电利用是利用光生伏打效应将太阳辐射能直接转换为电能，太阳电池是最常见的光电转换元件。

除上述两种方式外，还有太阳能光化利用、光生物利用等。

7.2　太阳能光热利用技术

7.2.1　太阳集热器

太阳集热器是最重要的太阳能光热转换设备之一，它接收太阳辐射，将其转换为热能并向传热工质传递热量，同时最大限度地保证已吸收的热量不再散失。太阳集热器的种类很多，分类方法也不同。若按采光方式分，可分为聚光型集热器和非聚光型集热器；按传热工质的种类分，可分为热水集热器和空气集热器；按吸热体周围的状态分，有普通集热器和真空管集热器。

（1）平板型集热器

最常见的太阳集热器为非聚光式平板型集热器。它的吸热体基本上为平板形状，吸热面积与采光面积近似相等，其结构由以下几部分组成。

① 吸收表面　太阳集热器的核心，主要采用吸热板的形式，其作用是吸收太阳的辐射能并将其转换成热能，并向传热工质传递热量。吸热板的向阳表面涂有吸热涂层，通常使用的选择性吸收涂层，可最大限度地吸收太阳辐射，同时又降低吸热板表面红外发射比，从而减少集热器热损失。直接来自太阳、方向不发生改变的太阳辐射称为直射，被反射和散射后方向发生改变的太阳辐射称为漫射。吸收表面既能吸收直射，也能吸收

漫射太阳辐射。

② 透明盖板 用以透过太阳辐射,降低吸热表面对大气的散热损失,并减少周围环境对集热器的影响。通常用平板玻璃、透明塑料或玻璃钢材料制成,透明盖板可以是单层,也可以是双层或多层,但以单层和双层较为常见。

③ 隔热体 用以降低吸热体向周围环境的传热损失,常用泡沫塑料、岩棉、珍珠岩等材料制成。

④ 外壳 起保护和固定吸收表面、透明盖板及隔热体的作用。

图 7-4 为平板型集热器结构示意图。

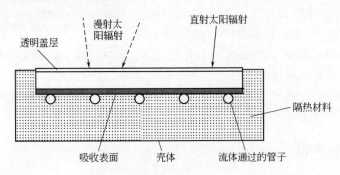

图 7-4 平板型集热器结构示意图

(2) 聚光型集热器

聚光型集热器是利用光线的反射和折射原理,采用反射器或折射器使阳光改变方向,并集中照射在吸热体上,其吸热体面积小于采光面积。反射器有平面、抛物面、球面、抛物柱面、圆锥面反射镜和菲涅耳反射镜等;折射器主要是菲涅耳透镜。聚光器的采光面积与接收器的焦面面积之比称为聚焦比 C,它是聚光型集热器的特性参数。聚焦比越大,则集热器工作温度越高。通常聚焦比为 3~10 倍,工作温度约为 100~150℃;聚焦比为 15~85 倍时,温度可达 200~400℃;若聚焦比增至 1000~3000 倍,工作温度就会更高,可达 500~2000℃。

(3) 空气集热器

当太阳集热器是以空气为传热工质时,则称为空气集热器。空气集热器通常都是平板型的,其结构与液体工质的平板型集热器相类似,但由于空气与金属吸热板间的传热系数很低,因此需要对吸热板的结构作特殊处理,以增大传热系数或提高传热面积,达到提高传热速率的目的。按空气在集热板上的流动方式可分为非渗透型空气集热器和渗透型空气集热器。非渗透型空气集热器的吸热板为致密结构,空气在其上下两端流动的过程中吸收热量,为了提高传热速率,通常将吸热板加工成各种复杂形状。空气直接穿透吸热板的称为渗透型空气集热器,其吸热板有网格式、蜂窝式和多孔床式等。渗透型空气集热器的效率要比非渗透型空气集热器的效率高,图 7-5 所示为空气集热器结构示意图。

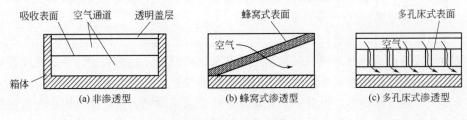

图 7-5 空气集热器

（4）真空管集热器

玻璃真空集热管结构类似于保温瓶的瓶胆，由内管和外管双层玻璃结构组成，内、外管间抽成高真空。外管玻璃是高透明度的，内管外表面涂有光谱选择性涂层，太阳辐射通过透明的玻璃外管被内管的黑色涂层吸收转换为热量，而该热量因内、外管之间的高真空不能通过空气的对流和传导散发出来，选择性吸收涂层又抑制吸热体的辐射热损。据测算，真空集热管的热损失系数约为平板集热器的 $1/7 \sim 1/6$。因此，真空管集热器具有比普通平板型集热器更优良的热性能，在高温和低温环境条件下均有较高的集热效率，一般太阳下空晒温度有 200℃左右，夏日高达 280℃。

真空集热管按其材料结构可分为全玻璃型和金属吸热体型两大类。在金属吸热体型中还可分为热管式、U形管式、同心套管式、储热式和直通式等。图7-6 所示为全玻璃真空集热管。

图7-6　全玻璃真空集热管

真空管集热器由若干支真空集热管通过联箱连接而成。真空管集热器具有平板集热器不可比拟的优越性，发展前景广阔，是今后太阳能光热利用的关键器件。

7.2.2　太阳热水器

太阳热水器又称为太阳能热水器，是太阳能光热利用的最重要的设备之一。太阳热水器的主要部件是太阳集热器，以水为工质通过太阳集热器以吸收太阳能，可以得到人们需要的各种温度的热水，再辅以热水储存、循环和控制等系统，就组成了太阳热水器。太阳热水器产业是世界上太阳能行业中的骨干，美国、日本、以色列和澳大利亚等国是太阳热水器使用最多的国家。近年来，我国太阳热水器产业得到了长足的发展，使用量已进入世界的前列。

太阳热水系统通常包括集热器、储水箱、水位及温度控制装置、连接管道、支架及其他部件。太阳热水器可选用平板型集热器、真空管型集热器，也可以采用简易的闷晒型。

平板型集热器在我国使用最为广泛，目前大量推广使用的是铜铝复合平板型集热器。它的集热板采用铜管与铝板复合压制，然后用压缩空气将铜管吹胀，铜与铝紧密结合。导水管是铜质的，吸收太阳能的翼板为铝质，并涂有光谱选择性涂层，质量轻、传热好。随着技术的进步和价格的下降，真空管型集热器的优势逐步显现出来，已经开始走进千家万户。

下面介绍几种常见的太阳热水系统。

（1）自然循环式热水系统

太阳热水系统中最常见的是平板型自然循环式。其原理是利用水的温度梯度不同所产生的密度差而使水在集热器与蓄水箱之间进行循环，又称热虹吸循环式热水器。当太阳把集热器中的水加热后，热水的密度小便上浮进入蓄水箱，而蓄水箱内温度较低的水流则从其底部流入集热器，从而形成循环。该循环将一直维持直至系统中的水达到热平衡为止。这类热水系统结构简单，运行可靠，不需要附加能源，适合于家庭和中小型热水系统使用，图7-7 所示为自然循环式热水系统。

（2）强制循环式热水系统

强制循环式热水系统利用机械泵强制工质在系统内循环，达到稳定流速、提高传热效率的目的，它适用于大型热水系统，或使用双工质的系统。

在大型太阳热水系统中，设备多、管路复杂，工质流动阻力大，单靠由于密度差所产生的自然循环往往流速较小，传热效率低，强制循环正好发挥作用。为了防止冬季由于水凝结而使热水器工作不正常甚至胀坏集热器，通常采用双工质的形式，即在系统中设置两个循环，防冻液在集热器中循环，通过换热器将水加热，这种情况必须使用循环泵。对于强制循环式热水系统，储水箱的位置不必高于集热器，对于安装高度有限制时特别适用。

（3）直流式热水系统

水在直流式热水系统中是一次性流过集热器被加热后便进入储水箱的。通常采用自动控制系统保证储水箱中的水温，感温元件安装在集热器的出口，执行器安装在冷水管路上，而控制器根据设定的出口水温控制进水量。因此，这种热水系统也称为定温放水直流式热水系统。图 7-8 所示为定温放水直流式热水系统。

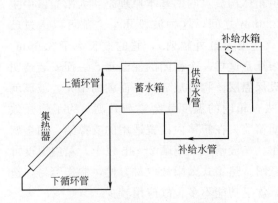

图 7-7 自然循环式热水系统

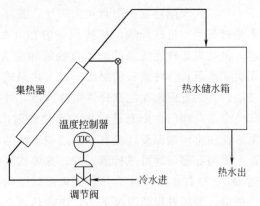

图 7-8 定温放水直流式热水系统

7.2.3 太阳灶

太阳灶是利用太阳能进行炊事的设备。使用太阳灶，不用煤、柴、电、液化气，不用花一分钱燃料费，仅利用太阳光就可以完成烧开水、做饭、炒菜等炊事操作。太阳灶可分为聚光式灶、热箱式灶和箱式聚光灶三种类型。

（1）聚光式太阳灶

聚光式太阳灶是利用抛物面的聚光特性，功率大，在各类太阳灶中能获得的温度最高（见图 7-9）。以一个 $2m^2$ 的太阳灶为例，锅底温度可达 $500 \sim 900℃$ 以上，可大大缩短炊事作业时间，还可完成煎、炒等需要较高温度的炊事操作。聚光太阳灶的基本结构包括聚光器、跟踪器和吸收器（炊具）三大部分，其中聚光器是太阳灶的核心部分。

下面介绍几种常见的聚光式太阳灶。

① 水泥薄壳太阳灶 水泥薄壳太阳灶制作容易，造价便宜，结实耐用。这种太阳灶适合农户自己制作，开始时先在地上做一个土堆胎模，再在其上涂一层废油作为脱模剂，然后将水泥砂浆糊于胎模上，厚度控制在 $1.5 \sim 3.0cm$ 左右，若预埋细钢筋或竹筋则薄壳强度更高。干燥定型后即可脱模，这就制成了水泥薄壳，用乳胶等黏结剂把小镜片粘在薄壳上，或用特制的聚酯镀铝薄膜作反光材料。在薄壳上设置用于支撑炊具的支架，再将薄壳固定，一台太阳

图 7-9 聚光式太阳灶
结构示意图

灶就制作完成了，如图 7-10 所示。使用时，可以通过手动调节使太阳灶对准太阳，炊具在焦点上。水泥薄壳太阳灶的聚光镜面积一般为 $1.5m^2$ 左右，其功率可达 $500 \sim 1000W$。

② 凹面玻璃太阳灶 将平面玻璃热弯成所需的凹面，然后按制镜工艺在镜面镀银或真空镀铝，并涂上保护漆，以防止反光膜磨损。若此种凹面玻璃再经过钢化处理，强度会大大提高，更符合制作太阳灶的要求，当然造价较高。

③ 太阳蒸汽灶 太阳蒸汽灶是一种大型太阳灶，它的聚光镜一般呈圆形，直径5~10m，钢架结构，镜面为旋转抛物面，如同卫星天线。反光镜片用小块平面玻璃镜片粘制，亦可用铝片抛光加保护膜。在抛物面焦点处，安装蒸汽锅炉，即可产生蒸汽供用户使用。这种太阳灶一般采用太阳自动跟踪装置，以保证随时对准太阳。

（2）热箱式太阳灶

热箱式太阳灶属于闷晒式太阳灶，其外形由箱体构成。它的基本原理是：太阳光谱中主要是可见光和近红外线，其波长一般在 $0.3\sim3.0\mu m$ 之间，这种波段几乎全部可以透过玻璃。但是当此种光线经过黑体吸收后转变为热（主要是红外辐射），它的波长大于 $3.0\mu m$，而玻璃能阻止这种波长的射线通过。热箱式太阳灶是这样一个密闭的保温箱，一面安装透明玻璃，其余五面内涂以选择性吸收涂层，外敷设保温层。将有玻璃的一面朝向阳光，玻璃就如一个单向阀门，阳光进得来，而热辐射出不去，箱内的温度就会逐渐升高。为了增强效果，往往将玻璃面设计成有双层透明玻璃的活动箱盖。在箱体内设置适用的支撑架，用金属饭盒等为容器，即可进行蒸、闷、煮等炊事操作。一般晴天，闷晒2~3h以上，箱内温度可达150℃左右。图7-11为热箱式太阳灶结构示意图。热箱式太阳灶取材方便，制作容易，造价低廉，但因获得的温度不高，箱内热容有限，炊事功能不多，故应用较少。

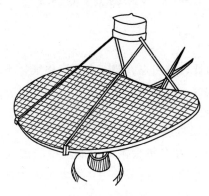

图7-10 水泥薄壳太阳灶结构示意图

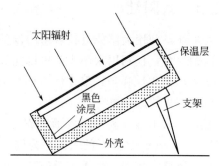

图7-11 热箱式太阳灶结构示意图

（3）箱式聚光太阳灶

箱式聚光太阳灶集上述两种太阳灶的优点，设计较为精巧，打开为太阳灶，合起来为一箱体，携带和保管都比较方便，可以显著延长反光材料的寿命。但由于其结构复杂、维修不便、价格较高等原因，应用还不太多。

7.2.4 太阳能建筑

利用太阳能供能的建筑称为太阳能建筑，俗称太阳房，特指用太阳能采暖的建筑。太阳能建筑可以分为三大类，即被动式太阳房、主动式太阳房和零能建筑。

（1）被动式太阳房

被动式太阳房完全靠建筑结构本身来完成集热、储热和释热等功能。其优点是不使用其他辅助能源，运行成本低，但当没有日照时，室内温度偏低，控制不够灵活，较为被动。被动式太阳房的基本工作原理就是通常所说的温室效应。在选址时要考虑当地冬夏太阳高度角的大小，尽可能利用太阳的直射效益，在北半球一般采用坐北向南的方位。其采光面要采用阳光透过率高的材料；外围护结构应具有较大热阻，起保温作用；室内要使用高热容材料，如砖石和混凝土等，以保证房屋有良好的蓄热能力。

按采集太阳能的方式不同，被动式太阳房大致可分为以下五种类型。

① 直接受益式　直接受益式太阳房的向阳面（如南墙）是玻璃墙或较大面积的玻璃窗，太阳辐射通过玻璃直接照射到室内地板、墙壁和家具上，这些被太阳晒到的地方，直接吸收了太阳能，温度升高。这些能量一部分通过对流、辐射的形式传递出去，使室内空间温度上升，其余部分能量则被储存在被晒的物体内，待太阳辐射消失后，再逐渐向室内释放，使房间在阴天和晚上也可以保持一定的温度。由于采光面积较大，应配置保温窗帘，并要求有较好的密封性能，以减少通过采光面的散热损失。为了防止夏季室内温度过高，采光面还应设置遮阳板。除采光面外，建筑的屋顶和其他朝向的墙壁要加强保温或采用高热阻材料，尽量减少散热，如图 7-12(a) 所示。

② 集热蓄热墙式　利用房屋的向阳墙（如南墙）做成集热蓄热墙，墙的外表面涂成黑色，以便更有效地吸收太阳辐射。在墙外一定距离处用 1～2 层透明材料做成盖层（如玻璃），形成夹墙。当墙体将阳光转变为热之后，加热夹墙内的空气。空气沿着夹墙上升，并从其上部小窗口进入室内，而室内较冷的空气则由底部的小窗口流入夹墙，形成室内空气循环，温度逐渐升高，达到采暖的目的。在夏季，将集热蓄热墙上部小窗口关闭，同时打开设在夹墙顶部的天窗，并打开北墙的窗户，则集热蓄热墙就发挥类似烟囱的抽气作用，不断将室内的热空气由天窗排出，同时从北窗补充较凉爽的空气，达到降低室内温度的目的。这就是冬暖夏凉的太阳房，如图 7-12(b) 所示。集热蓄热墙的形式有：实体式集热蓄热墙、花格式集热蓄热墙、水墙式集热蓄热墙、相变材料集热蓄热墙和快速集热蓄热墙等。

③ 附属温室式　又称附加阳光间式，即在房屋的南墙外附建一间温室，或称为阳光间，其围护结构全部或部分由玻璃等透光材料构成，如图 7-12(c) 所示。白天太阳辐射透过玻璃进入阳光间，一部分太阳能被南墙和温室的地面吸收，使阳光间的空气温度上升，并与室内的空气产生对流，达到采暖的目的。在夜间，南墙墙体的余热向室内通过传导放热。

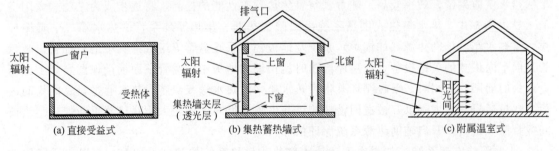

图 7-12　三种被动式太阳房示意图

④ 屋顶池式　用装满水的密封塑料袋作为储热体，置于屋顶，其上设置保温盖板。在冬季有阳光时，打开保温盖板，让水袋吸收太阳的辐射能，并通过辐射和对流传到室内。夜间则关闭保温盖板，防止水袋热量散失。夏季的操作方式刚好与冬季相反。白天盖严保温盖板，以避免水袋被阳光及室外的热空气加热，水袋吸收房屋内的热量，使室内温度下降。晚上则打开盖板，主水袋冷却。自动化程度高的屋顶池式太阳房的保温盖板还可以根据室内温

度、水袋温度及太阳的辐照度等参数，自动调节盖板的开度。

⑤ 太阳能温室　太阳能温室是最早利用太阳能进行采暖的一种建筑物，常见的玻璃暖房、花房和塑料大棚都是太阳能温室。与上述四种被动式太阳房不同的是，其采暖的目的是农业生产而不是供人类居住，因此也有将其归入太阳能在农业上的应用而进行单独分类。

早期建造的太阳能温室功能单一，仅仅是利用太阳能使温室内保持较高的温度，是典型的被动式太阳房。而先进的太阳能温室已大量采用聚酯树脂板和玻璃钢等新型材料建造，面积也在逐渐加大，有些还可以在里面使用农业机械，除了能充分利用太阳能使其内保持一定的温度外，还可以进行湿度、太阳辐照度等参数的调节，甚至通过计算机模拟大自然的各种最优环境，保证作物最佳的生长条件，从功能上已经从被动式过渡为主动式太阳房。在现代化的太阳能温室中，可以进行遗传工程研究，也可采用无土栽培等先进技术，将农业生产工厂化。

（2）主动式太阳房

为了满足现代人对建筑舒适度的要求，利用太阳能作为主要替代能源为建筑完成供暖、空调、照明等主要功能，这样的建筑被称为主动式太阳房。它是由太阳集热器、空气或水管道、风机或泵、散热器、储热装置及辅助能源设备等组成的，先进的主动式太阳房还有太阳能空调系统、热泵系统及太阳能发电系统，可以对室温进行主动调节。一般来说，主动式太阳房的造价比被动式太阳房要高。

与被动式太阳房一样，主动式太阳房的围护结构要有良好的隔热性能。太阳能供暖系统通常采用空气或水为热载体，地板辐射是最适宜采用的采暖方式。目前主动式太阳房主要采用以下三类系统。

① 空气集热式供热系统　以空气为热载体，在房顶或室外空地设置太阳空气集热器，被加热的空气由风机驱动直接送入室内供暖，也可先通过由碎石等材料做成的储热器将多余的热量储存起来，到阴天或晚上再释放出来。辅助热源通常为热风炉，通过温度控制装置自动操作辅助热源的开闭。这种系统的造价较低，但热交换效率不高，设备体积大，风机的动力消耗也大，约为热水系统的 10 倍。

② 热水集热式供热系统　该系统以水为热载体，通常采用地板辐射采暖方式，还兼备生活热水供应系统，效率较高。随着真空管集热器等性能的提高，将逐步成为主动式太阳房的主导供热方式。热水集热式供热系统由太阳集热器、集热循环泵、供热水箱、采暖循环泵、蓄热水箱、辅助热源（如锅炉）系统及地板辐射采暖盘管等组成。其中地板辐射采暖盘管是向室内供热的关键设备，在房屋修建时就预埋在地板中，盘管下面铺设保温层，上面铺设地板的面层。使用时，采暖循环泵将供热水箱中的热水送入盘管，热水通过盘管向房间内放出热量后自身温度降低，被送回蓄热箱，并由集热循环泵送至太阳集热器重新加热。当夜间或日照不足时，开启辅助热源系统保证供热。

③ 太阳能空调系统　如果在上述热水集热式供热系统的基础上加上一套以太阳能驱动的制冷机组，就组成了太阳能空调系统，夏季启动制冷机组为房屋供冷，冬季则启动热水系统采暖。

（3）零能建筑

零能建筑是指在使用过程中所需的全部能量均由太阳能提供的建筑，包括采暖、供冷、供电和热水供应等，常规能源的消耗为零。零能建筑往往综合应用太阳能的光热和光电转换技术，以最大限度地采集太阳能。

7.2.5　太阳能蒸馏

地球是一个富含水分的星球，其海洋覆盖率达 71％。但是，地球的淡水资源却非常紧缺，淡水总量仅占 2.8％，其中大部分分布在地球两极及高原冰川，可为人类所用的不到 1％。因此如何通过科学而节能的方法从苦咸水中获取淡水，即所谓海水淡化技术，就成为人们致力研究的课题。海水淡化技术根据其原理不同有蒸馏、膜分离、冷冻等，各有优缺点。相比之下，太阳能淡化海水或苦咸水由于无需使用常规能源，规模可大可小，特别适合在海岛、船舶上使用，具有一定的竞争力。

最简便的太阳能海水淡化装置是顶棚式太阳能蒸馏器，如图 7-13 所示。它由带集水沟的盛水容器、透明盖板和集水槽三大部件组成。透明盖板可采用玻璃或透明的塑料薄膜，有单斜坡、双斜坡和圆锥形等形式。当阳光透过盖板照射到黑色池底时，太阳的辐射就转变为热能，池中的海水吸热后蒸发，水蒸气不带盐分，上升到顶棚玻璃遇冷凝结

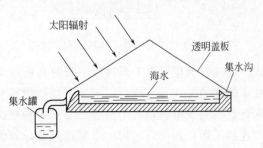

图 7-13　顶棚式太阳能蒸馏器

成水珠，并沿斜面向下流动，通过集水沟流入集水槽。而海水中的盐分浓集在池底，达到一定程度后可排出或制盐。

7.2.6　太阳能干燥器

利用太阳能对物料进行干燥，是人类最早直接利用太阳能的方式之一。通过摊晒、晾晒等方式，可以达到干燥食品、农副产品的目的，以利于长期保存，这属于被动式的太阳能干燥。但是这些干燥方法效率低，干燥时间长，需占用大面积土地；受天气影响大，下雨时如不及时收入室内或有效覆盖，产品很容易发生霉变；易受灰尘、蝇虫的污染，影响产品质量。现代太阳能干燥器利用科学原理，主动地利用太阳能对产品进行干燥，效率高、能耗低、周期短、清洁卫生，有较好的经济效益和社会效益。

常见的太阳能干燥器主要有以下几种。

（1）温室型太阳能干燥器

温室型太阳能干燥器如图 7-14 所示，它的基本原理为温室效应，温室即为干燥室。太阳辐射通过干燥器盖面玻璃，被干燥的物料直接吸收太阳辐射，与室内空气一起被加热，物料脱去水分，达到干燥的目的。干燥器上部设有排气装置，及时排除湿度大的空气，以利于干燥过程的进行。温室型太阳能干燥器结构简单，造价低廉，易于制作，使用起来既不耗能，又

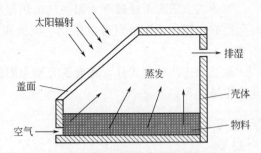

图 7-14　温室型太阳能干燥器结构示意图

比自然露天晒物温度高，也可避免蝇虫和尘土的污染，被广泛应用于农产品的干燥。

（2）集热型太阳能干燥器

集热型太阳能干燥器如图 7-15 所示，它利用太阳空气集热器获得热空气，通过风机将其送入干燥室对物料进行干燥。与温室型太阳能干燥器不同，这种干燥器一般设计为主动

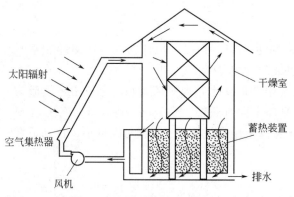

| 图 7-15　集热型太阳能干燥器结构示意图 | 图 7-16　混合型太阳能干燥器结构示意图 |

式，即通过风机增强干燥过程的传热传质效果，还可以根据物料的干燥特性调节热风温度。在干燥室的形式上，也可以根据干燥的物料不同进行设计，如松散的物料可用箱式干燥室，陶坯之类的成型物料可用窑式干燥室，颗粒状物料则以流动床式干燥室为宜。为了对物料进行连续干燥，还可以增加一个辅助热源，如燃烧炉，在夜间或日照不足时启用。有时还可设置一个储热器，让经过物料后的湿热空气流过储热后再循环回太阳空气集热器，既可以回收空气中多余的热量，又可使湿空气中的水分冷凝出来。这种形式的干燥器特别适用于不宜直接曝晒的物料的干燥，如中药、木材、橡胶等。

（3）混合型太阳能干燥器

混合型太阳能干燥器如图 7-16 所示，它是集热型与温室型相结合的一种太阳能干燥器。温室型太阳能干燥器虽然有许多优点，但温升较小，在干燥如蔬菜、水果等含水率高的物料时，其所获得的能量不能满足在较短时间内使物料干燥至含水率以下的要求。为了解决这个问题，在温室外加一个太阳空气集热器，以补充部分能量。物料一方面直接吸收透过玻璃盖面的太阳辐射，另一方面来自空气集热器的热空气又直接与其接触，在这双重作用下，物料可以较短时间内达到较低的含水率。这种干燥器多用于含水率较高、要求干燥温度较高的物料。

（4）整体式太阳能干燥器

整体式太阳能干燥器将太阳空气集热器与干燥室合并为一个整体，使辐射传热与对流传热同时起作用，干燥过程得以强化，大大提高了太阳能的利用效率，适用于果脯、药材的干燥。

除了上述四种型式外，还有聚光型太阳能干燥器、太阳能远红外干燥器和太阳能振动液化床干燥器等。

7.2.7　太阳能制冷

利用太阳能作为驱动能源制冷称为太阳能制冷。太阳辐射夏季强、冬季弱，刚好与人类需求的冬暖夏凉相反，太阳能制冷技术正好能够将热量转换成冷量，满足了人们在盛夏骄阳下乘凉的奢望。

理论上说，现有的以热源驱动的制冷方式都可以用于太阳能光热转换制冷，如吸收式、吸附式和蒸汽喷射式等。其中，前两种方式所需热源温度较低，太阳集热器较易达到，是较常见的太阳能光热制冷方式。而吸收式制冷技术成熟，可连续制冷，被广泛研究和应用。如采用太阳能光电转换技术产生电能，则可以驱动人们所熟悉的压缩式制冷设备。

吸收式制冷的工作原理是：恰当地选择两种物质组成工质对，其中一种物质为制冷剂，另一种物质为吸收剂。较常用的工质对有氨-水、水-溴化锂等。以氨-水工质对为例，说明吸收式制冷的工作过程为：太阳集热器同时为吸收式制冷的氨发生器，被称为集热-氨发生器，太阳辐射把其加热，氨-水溶液中的氨不断气化，压力升高，氨气而进入冷凝器，冷凝成液氨，冷凝时所放出的热量由冷却水带走。随着氨的不断气化，集热-氨发生器内溶液浓度不断下降，稀氨水通过热交换器将热量传给浓氨水后被冷却，进入氨吸收器，吸收来自蒸发器的纯氨气，形成浓氨水溶液，在热交换器中接受稀氨水的热量后温度上升，在溶液泵的作用下进入集热-氨发生器。在冷凝器中得到的液氨经节流阀减压后进入蒸发器，在其中急速膨胀而气化，气化时要大量吸收热量。根据用户的需要调整工况，可将蒸发器设计成空调器的空气冷却器，成为太阳能吸收式空调器。大型吸收式空调器往往先在蒸发器中获得冷冻水，以此为冷载体输送到建筑物各处，再通过换热器产生冷风。也可将蒸发器设计成太阳能冰箱，用于冷冻或冷藏。

图 7-17 为氨-水太阳能吸收式制冷工作过程示意图。

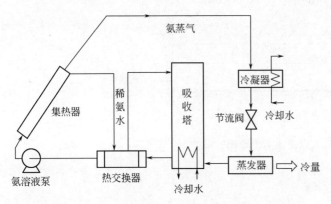

图 7-17　氨-水太阳能吸收式制冷工作过程示意图

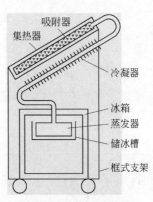

图 7-18　太阳能吸附式
冰箱结构示意图

吸附式制冷由吸附剂和吸附质（制冷剂）组成工质对，常见的工质对有活性炭-甲醇、分子筛-水和氯化钙-氨等。下面以活性炭-甲醇工质对为例，通过图 7-18 所示的太阳能吸附式冰箱示意图说明其工作原理。白天太阳辐射将集热-吸附器加热，被吸附在活性炭中的甲醇脱附出来进入气相，系统的压力升高。甲醇气体进入空气冷凝器放出冷凝潜热成液态，存放于储液罐中。空气冷凝器置于集热-吸附器下方的敞开空间，不会被阳光晒到，又便于空气流通带走冷凝潜热。夜间开启阀门将液态甲醇放入置于冰箱内的蒸发器中，由于夜间无日照，集热-吸附器的温度降低，活性炭进入吸附状态，重新将系统内的甲醇吸附进来，使得压力降低，蒸发器中的甲醇便吸热气化。若在储冰槽中放入水，即可制得冰块。吸附式制冷是间歇过程，白天接受太阳辐射脱附，晚上冷却吸附制冷，一天一个循环。由于太阳能吸附式制冷无需任何辅助能源，没有运动部件，结构简单，特别适合于偏远无电地区使用。

7.2.8　太阳池

太阳池是一种具有一定浓度梯度的盐水池，它可以将太阳辐射能转变为热能蓄积在水中，兼太阳集热器和蓄热器于一身。由于它结构简单、造价低廉、操作简单方便，并可以用于大规模采集太阳能，日益得到世界各国的重视。

太阳池是一个面积较大的浅水池，水深一般控制在 $1\sim3m$，池底涂黑，池内盛盐水，且盐的浓度随水深度的增加而提高。太阳辐射进入池内后，被水及黑色的池底吸收转变为热量。通常，湖底处的热水会因密度变小而升向水面，从而形成对流。但是，太阳池内的盐水在垂直方向是有一个浓度梯度的，下浓上稀。盐浓度高，盐水的密度就会随之增大。只要盐浓度适当，因加入盐所增加的密度就会抵消因温度上升而减小的密度，从而阻止了池底热水向上对流。于是，热量便在湖底处蓄积起来，形成一个下高上低的温度梯度。湖面上的水层其温度接近于常温，就像保温层一样将湖底的热水严严实实地封住，阻止了热量向大气中散失。进入池内的太阳辐射除了在池水表面的反射损失外，几乎全部被池底和池水吸收并蓄集起来，不失为一种经济实用的太阳集热器和储热器。太阳池所获得的100℃以下的热水，可广泛应用于工业、农业、采暖空调和低沸点工质发电等领域。图 7-19 所示为一种简单实用的太阳池的工作原理。

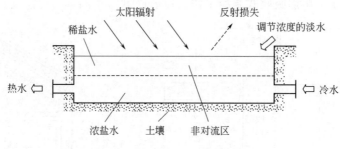

图 7-19　太阳池工作原理示意图

7.2.9　太阳炉

太阳炉是利用太阳能获得高温的装置。用定日镜群高倍聚集太阳光，在焦点处可获得 2500～3000℃，最高可达 3500℃高温。定日镜群由许多平面反光镜组成，每面定日镜都安装在刚性刚架上，采用计算机控制，自动跟踪太阳。这种高温炉不用燃料，不含杂质，它的热源来自清洁的太阳能，所得到的温度高，升温和降温快，因而是进行冶金、耐火材料、高温化学反应的理想热源，也是研究试制导弹、核反应堆等所需要的高温材料，以及用于模拟核爆炸时高温区情况的较理想的地方。然而美中不足的是，由于地面阳光的不稳定性和昼夜周期的影响，使太阳炉的应用受到限制。20 世纪 70 年代，法国在比利牛斯山麓修建一座高 40 多米的巨型太阳炉，它由 9000 块小玻璃反射镜排列组成，面积达 2500m^2，输出功率为 1800kW，是迄今为止世界上最大的太阳炉，图 7-20 为这座太阳能高温炉的结构示意图。

7.2.10　太阳能热发电

将太阳能转变为热能并驱动热机发电，这种技术称为太阳能热发电。如利用类似太阳炉的原理，在定日镜群所聚集阳光的焦点处放置锅炉，便可产生高温高压蒸汽，驱动汽轮机发电，这种发电技术适用于大型电站（见图 7-21）。还有利用太阳集热器或太阳池所获得的低温热源的低沸点工质发电技术，也属于太阳能发电的范畴。

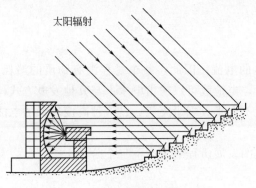

图 7-20　太阳能高温炉结构示意图

图 7-21　太阳能热发电装置

7.3　太阳能光电利用技术

太阳能的光电利用技术是根据"光伏效应"原理，通过太阳电池将太阳的辐射能直接转换成电能。这种技术具有许多独特的优点，如无噪声、无污染、安全可靠、不受地域限制、不用消耗任何燃料、无机械运转部件、设备可靠性高、无需人工操作、建设周期短、规模可大可小、无需架设复杂的输电线路、可以很好地与建筑物结合等，常规发电与其他发电方式都不能与其相比拟。随着技术的进步，太阳电池的光电转换效率不断提高，成本大幅度下降，蓄电池等辅助装置技术水平也在不断改善，为太阳能光电利用技术的大规模应用打下了良好的基础，展示出广阔的应用前景。

7.3.1　光伏效应原理

太阳能的光电转换是太阳的辐射能光子通过半导体材料转变为电能的过程，在物理学上称"光生伏打效应"，简称光伏效应。下面结合图 7-22 说明光电转换过程。当阳光照射到某种特制的半导体材料上时，部分被材料表面反射，部分透过，剩余的一部分则被半导体材料吸收。被吸收的光中，又有部分转化为热，另一部分光则同组成半导体的原子价电子碰撞，产生电子-空穴对。这些特制半导体材料内存在 p-n 结，则在 p 型和 n 型交界面的两边形成势垒电场，就能将电子驱向 n 区，空穴驱向 p 区，这样在 p-n 结附近就形成与势垒电场方向相反的光生电场。光生电场的一部分除抵消势垒电场外，还使 p 型层带正电，n 型层带负电，在 n 区与 p 区之间的薄层产生所谓的光生伏打电动势。如果在 p 型层和 n 型层焊上金属导线，连接负载，形成回路，则电路中便有电流通过。通过这种方式，光能就以产生电子-空穴对的形式转变为电能。但一个 p-n 结所能产生的电量有限，在实际应用中，通过一定的规律将它们串联和并联，就能产生一定的电压和电流，输出人们所需要的电能。

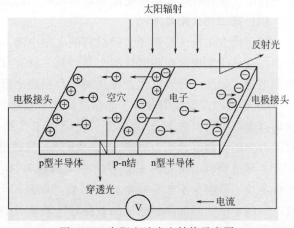

图 7-22　太阳电池光电转换示意图

7.3.2 太阳电池

太阳电池就是根据光伏效应制成的，也称为光伏电池。由于太阳电池是物理过程产生的电流，因此，整个过程没有物质的消耗，仅是进行光转变为电能的转换，只要有光的照射，电池就可以输出电来。与其他发电方式相比，它既没有化学腐蚀性，也没有机械噪声，更不会排放烟尘废气，是一种高度环保的电能获取方式。

依据太阳电池的发展历程，可以将太阳电池的发展历程分为以下三个阶段。

(1) 第一代太阳电池

1954年美国贝尔实验室研制出了第一块晶体硅太阳电池，开始了利用太阳能发电的新纪元。现在，晶体硅太阳电池占整个太阳电池产量的90%以上，是最重要也是技术最成熟的太阳电池。近几年由于表面结构、背面局部扩散、发射极钝化等一系列新技术的采用，晶体硅太阳电池转换效率有所提高。

① 单晶硅太阳电池 制作太阳电池的材料要考虑禁带宽度的值，同时要能最大限度地吸收太阳光，选用材料时要满足以下条件：材料易于获得并且无毒；电池的制备工艺简便，重复性好，便于大规模生产；材料具有长期稳定性。在这些方面硅材料具有很大的竞争力。

单晶硅太阳电池是最早问世的太阳电池，也是当前开发得最快的一种太阳电池。它的结构和生产工艺日臻成熟，产品已广泛用于航天和地面，成为太阳电池最主要的种类。硅是地球上极丰富的一种元素，用硅来制造太阳电池，原料供应十分充足。但是单晶硅太阳电池以高纯的单晶硅棒为原料，纯度要求非常高，必须达到99.999%。为了降低生产成本，除了用于航天、军事等高要求场合，地面应用的普通太阳电池多采用太阳能级的单晶硅棒，材料性能指标有所放宽。目前，单晶硅太阳电池的光电转换效率为16%左右，实验室可达到25%，是各类太阳电池中转换效率最高的种类，但价格也比较昂贵。

② 多晶硅太阳电池 采用多晶硅片制备p-n结，晶片价格比单晶硅片低，而且硅材料的利用率也比单晶高。提高多晶硅电池转换效率的关键是减小表面反射，需要研究廉价、有效的表面腐蚀工艺来解决。目前多晶硅电池的转换效率虽然低于单晶硅电池，但因成本低，仍占有相当的市场份额。

随着长晶技术和多晶硅太阳电池制备技术的不断改进，近年来多晶硅太阳电池的转换效率得到了大幅度提高，商业化多晶硅太阳电池的效率约为12%~15%。

(2) 第二代太阳电池

第二代太阳电池是基于薄膜材料的太阳电池。薄膜技术所需的材料较晶体硅太阳电池少得多，且易于实现大面积电池的生产，是一种有效降低成本的方法。薄膜电池主要有非晶硅薄膜电池、多晶硅薄膜电池、碲化镉以及铜铟硒薄膜电池等。

① 非晶硅薄膜太阳电池 非晶硅属于直接带隙材料，对阳光吸收系数高，只需要$1\mu m$厚的薄膜就可以吸收80%的阳光，但是由于非晶硅缺陷较多，制备的太阳电池效率偏低，且其效率还会随着光照而衰减（ST效应），导致非晶硅薄膜太阳电池的应用受到限制。目前非晶硅薄膜电池研究的主要方向是与微晶硅结合，生成非晶硅/微晶硅异质结太阳电池，这种电池不仅继承了非晶硅电池的优点，而且可以延缓非晶硅电池的效率随光照衰减的速度。目前单结非晶硅薄膜电池的最高转换效率为16.6%。

② 多晶硅薄膜太阳电池 多晶硅薄膜太阳电池是近几年来太阳电池研究的热点。虽然

多晶硅属于间接带隙材料，不是理想的薄膜太阳电池材料，但是随着陷光技术、钝化技术以及载流子束缚技术的不断发展，人们完全有可能制备出高效廉价的多晶硅薄膜太阳电池。

③ 碲化镉和铜铟硒薄膜太阳电池　碲化镉（CdTe）和铜铟硒（CIS）的禁带宽度与太阳光谱匹配较好，且属于直接带隙材料，性能稳定，是很有希望的高效薄膜太阳电池。目前碲化镉薄膜电池的最高转换效率达到16.5%，铜铟硒薄膜电池的最高效率为18.4%。但是，碲化镉薄膜电池中镉是一种对人体有害的物质，而铜铟硒薄膜电池中的铟在地壳中的含量非常稀少，这都不利于规模化生产，而且对元素含量进行大面积精确控制的工艺也非常复杂。目前这类电池还处于研究和中试阶段，尚无大规模生产应用。我国南开大学于20世纪80年代末开始研究铜铟硒薄膜电池，目前在该研究领域处于国内领先、国际先进地位。其制备的铜铟硒太阳电池的效率已经超过12%，铜铟硒薄膜太阳电池的中试生产线亦已建成。我国是继德国、日本、美国后第四个建立铜铟硒薄膜太阳电池中试生产线的国家。

④ 其他薄膜太阳电池　染料敏化TiO_2电池实际上是一种电化学电池，其导电机理是基于多子输运，与通常基于少子运输的半导体电池不同，因而对原材料纯度要求不高，加工工艺也较简单，但是目前这种电池的效率只有11%左右，而且由于液态电解液的存在，其稳定性能不好。现在研究的热点是采用固体电解液代替液态电解液。柔性塑料太阳电池工艺简单，价格低廉。

(3) 第三代太阳电池

薄膜太阳电池的研究任务还没有结束，第三代太阳电池的概念便已经提出。第三代太阳电池必须满足如下几个条件：薄膜化、转换效率高、原料丰富且无毒。目前第三代太阳电池还在进行概念和简单的试验研究。已经提出的第三代太阳电池主要有叠层太阳电池、多带隙太阳电池和热载流子太阳电池等。

叠层电池采用多层电池结构设计，每层电池的能带均不相同，顶层电池的能带最高，往下依次减少，这样能量高的光子被上面能带高的电池吸收，而能量低的光子则能透过上面的电池而被下面能带低的电池吸收，从而有效地提高了太阳电池的效率。在理想的状态下，无限增加电池层的数目，电池的理论效率可以达到86.8%。目前广泛研究的非晶硅/微晶硅电池可以说是这种太阳电池的雏形。但是随着电池层数的增加，层间的点阵匹配问题变得越来越复杂，工艺和技术要求也越来越严，而且为了优化能带结构，势必要用到一些有毒或稀有元素，这些都不符合第三代太阳电池的要求。

通过适当地掺杂可以在能带中引入中间能级，使太阳光入射到这种材料内部时，不同能量的光子可以将电子激发到不同能带，从而有效利用太阳光。理想情况下，通过在单结电池中引入1个或2个合适的中间能级，电池的转换率分别可以达到62%和71.2%。美国伯克利国家实验室的研究人员在锌锰碲合金中注入氧，使合金具有0.73eV、1.83eV、2.56eV 3个能级。这种合金几乎能对整个太阳光谱作出响应，而且原料丰富，是一种比较理想的太阳电池材料，用这种材料制备的太阳电池的效率有望达到56%。

7.3.3　太阳电池的性能参数

(1) 开路电压

开路电压U_{OC}，即将太阳电池置于$100mW/cm^2$的光源照射下，在两端开路时，太阳电池的输出电压值，可用高内阻的直流毫伏计测量电池的开路电压。

（2）短路电流

短路电流 I_{SC}，就是将太阳电池置于标准光源的照射下，在输出端短路时，流过太阳电池两端的电流。测量短路电流的方法，是用内阻小于 1Ω 的电流表接在太阳电池的两端。

（3）最大输出功率

太阳电池的工作电压和电流是随负载电阻而变化的，将不同阻值所对应的工作电压和电流值做成曲线就得到太阳电池的伏安特性曲线。如果选择的负载电阻值能使输出电压和电流的乘积最大，即可获得最大输出功率，用符号 P_m 表示。此时的工作电压和工作电流称为最佳工作电压和最佳工作电流，分别用符号 U_m 和 I_m 表示，$P_m = U_m I_m$。

（4）填充因子

太阳电池的另一个重要参数是填充因子 FF，它是最大输出功率与开路电压和短路电流乘积之比：

$$FF = P_m/(U_{OC} \cdot I_{SC}) = (U_m \cdot I_m)/(U_{OC} \cdot I_{SC}) \tag{7-1}$$

FF 是衡量太阳电池输出特性的重要指标，是代表太阳电池在带最佳负载时，能输出的最大功率的特性，其值越大表示太阳电池的输出功率越大。FF 的值始终小于 1。

（5）转换效率

太阳电池的转换效率指在外部回路上连接最佳负电阻时的最大能量转换效率，等于太阳电池的输出功率与入射到太阳电池表面的能量之比：

$$\eta = P_m/P_{in} = (FF \cdot U_{OC} \cdot I_{SC})/P_{in} \tag{7-2}$$

太阳电池的光电转换效率是衡量电池质量和技术水平的重要参数，与电池的结构、特性、材料性质、工作温度、放射性粒子辐射损伤和环境变化等有关。其中与制造电池半导体材料禁带宽度的关系最为直接。首先，禁带宽度直接影响最大光生电流即短路电流的大小。由于太阳光中光子能量有大有小，只有那些能量比禁带宽度大的光子才能在半导体中产生光生电子空穴对，从而形成光生电流。

7.3.4 太阳能光电利用技术的应用

在太阳电池方阵中通常还装有蓄电池，这是为了保证在夜晚或阴雨天能连续供电的一种储能装置。当太阳光照射时，太阳电池产生的电能不仅能满足当时的需要，而且还可多提供一些电能储于蓄电池内。太阳电池应用广泛，有了太阳电池，就为人造卫星和宇宙飞船探测宇宙空间提供了方便、可靠的能源。1953 年，美国贝尔电话公司研制成了世界上第一个硅太阳电池。而到 1958 年，美国就发射了第一颗用太阳能供电的"先锋 1 号"卫星。现在，各式各样的卫星和空间飞行器上都安置了布满太阳电池的铁翅膀，使它们能在太空里远航高飞。卫星和飞船上的电子仪器和设备，需要使用大量的电能，但它们对电源的要求很苛刻，既要质量轻，使用寿命长，能连续不断地工作，又要承受各种冲击、碰撞和震动的影响。而太阳电池完全能满足这些要求，成为空间飞行器较理想的能源。通常，根据卫星电源的要求，将太阳电池在电池板上整齐排列起来组成太阳电池方阵。当卫星向着太阳飞行时，电池方阵受阳光照射产生电能，供应卫星用电，并同时向卫星上的蓄电池充电；当卫星背着太阳飞行时，蓄电池就放电，使卫星上的仪器保持连续工作。

太阳电池还能代替燃油用于飞机上。世界上第一架完全利用太阳电池作动力的飞机——"太阳挑战者"号已经试飞成功，它共飞行了 4.5h，高度达 4000m，飞行速度为 60km/h，这架飞机上装置了 16000 多个太阳电池，最大输出功率为 2.67kW。

以太阳电池为动力的小汽车，已经在墨西哥试制成功，这种汽车的外形像三轮摩托车，在车顶上架了一个装有太阳电池的大篷，在阳光照射下，太阳电池供给汽车电能，使汽车以40km/h的速度行驶。

太阳电池很适合作为电视差转机的电源。由于电视信号的覆盖率有限，边远城镇、区、海岛不易接收电视节目，在没有卫星转播的情况下，采用电视差转机的办法是简易可行的，但是，电视差转机一般都建在高山上，架设高压输电线路供电很困难，投资很高，所以最适合采用太阳电池供电。它建造快捷，投资节省，而且维护使用方便，还可以做到无人看守管理。

以上这些成就，都标志着太阳电池的开发应用已逐步走向产业化、商业化，有可能成为化石燃料的重要替代能源而雄居于陆运、水运和航空事业中。

7.4 太阳能光化结合

早在1839年，法国科学家比克丘勒就发现了一种奇特现象，即半导体在电解质溶液中会产生光电效应。一个半世纪以来，人们梦寐以求，若能在电解过程中得到化学能的同时又获得电能，就可谓一举两得了。现在固体太阳电池正在迅速发展，又有人回头来研究液体太阳电池。1972年，日本首先用二氧化钛半导体电极完成了在液体中产生电能的试验，实现了将水分解为氢和氧的同时得到直流电。接着美国又用磷化铟半导体作电极，并在电极的表面用电解沉积法镀上一层金属钌，然后将钌层腐蚀成钌的斑点，利用这种方法制成的液结太阳电池，光电转换效率明显高于二氧化钛的方法。中国科学院感光化学研究所的科学家们也在这方面开展了研究，同样获得了液结太阳电池产生光电和氢氧的成果。

光电与光化学的结合，这一高技术的进展必将开辟光电转换与制氢技术的新途径，它是太阳能利用的一个新领域。尽管目前尚处于实验室阶段，但预示着一个美好的前景，甚至涉及解开叶绿素之迷等一系列光合作用问题。从现有试验看，光电化学电池对半导体晶体结构的完整性要求不严，因此可以利用容易获得的廉价材料，如多晶和非晶材料，也可用薄膜材料作电极。

参 考 文 献

[1] 罗运俊，何梓年，王长贵. 21世纪可持续能源丛书——太阳能利用技术. 北京：化学工业出版社，2005.
[2] 任宏琛，陈晓夫. 太阳能实用技术丛书——太阳灶技术. 北京：化学工业出版社，2006.
[3] 李锦堂. 20世纪太阳能科技发展的回顾与展望. 太阳能学报，1999，特刊：1-14.
[4] 陆维德. 太阳集热器与太阳热水器/系统. 太阳能学报，1999，特刊：15-21.
[5] 罗运俊，李元哲，赵承龙. 太阳热水器原理、制造与施工. 北京：化学工业出版社，2005.
[6] 殷志强. 中国太阳光——热转换材料科学与工程进展（1979～1999）. 太阳能学报，1999，特刊：22-29.
[7] 陈晓夫. 中国太阳灶技术进展和应用（1979～1999）. 太阳能学报，1999，特刊：30-35.
[8] 李申生. 物理学与太阳能. 南宁：广西教育出版社，1999.
[9] 李戬洪，黄志成. 我国太阳能制冷空调研究与发展. 太阳能学报，1999，特刊：36-42.
[10] 黄素逸，高伟. 能源概论. 北京：高等教育出版社，2004.
[11] 王革华，艾德生. 新能源概论. 北京：化学工业出版社，2006.
[12] 郑瑞澄. 太阳能建筑. 太阳能学报，1999，特刊：43-49.
[13] 李戬洪. 我国太阳能干燥的研究与应用. 太阳能学报，1999，特刊：50-56.
[14] 罗运俊，陶桢. 太阳热水器及系统. 北京：化学工业出版社，2006.
[15] 李申生. 太阳池. 太阳能学报，1999，特刊：57-62.
[16] 王七斤，李崇亮. 太阳能应用技术. 北京：中国社会出版社，2005.
[17] 林安中，王斯成. 国内外太阳电池和光伏发电的进展与前景. 太阳能学报，1999，特刊：68-74.

[18] 赵玉文，林安中. 晶体硅太阳电池及材料. 太阳能学报，1999，特刊：85-94.

[19] 薛德干. 太阳能制冷技术. 北京：化学工业出版社，2006.

[20] 吴瑞华，耿新华. 非晶硅太阳电池述评. 太阳能学报，1999，特刊：95-101.

[21] 季秉厚，王万录. 多晶薄膜与薄膜太阳电池. 太阳能学报，1999，特刊：102-114.

[22] 李树木. 太阳能分解水研究的回顾与展望. 太阳能学报，1999，特刊：127-131.

[23] 肖绪瑞，尹峰，刘尧. 太阳能光电化学转换研究的回顾与展望. 太阳能学报，1999，特刊：133-137.

[24] 国家发展与改革委员会，国家能源局. 能源发展"十三五"规划. 2016.

[25] 国家能源局 国家发展改革委 国家能源局关于印发能源发展"十三五"规划的通知：发改能源［2016］2744 号
［A/OL］. 2017-01-17. http：//www. nea. gov. cn/2017-01/17/c＿135989417. htm.

[26] 国家能源局. 太阳能发展"十三五"规划. 2016.

[27] 国家能源局. 国家能源局关于印发《太阳能发展"十三五"规划》的通知：国能新能［2016］354 号［A/OL］.
2016-12-16. http：//zfxxgk. nea. gov. cn/auto87/201612/t20161216＿2358. htm.

[28] 钱伯章. 太阳能技术与应用. 北京：科学出版社，2010.

第 8 章

生物质能

在人类的能源史上，生物质能是最早被利用的能源。人类学会用火之后，首先用树枝、杂草等作为燃料，用于燃烧煮食、取暖、驱兽，用草饲养牲畜，靠人力、畜力并利用一些简单机械作动力，从事手工生产和交通运输活动。从远古时代直至中世纪，在马车的低吟声中，人类度过了悠长的农业文明时代。恩格斯指出："当人类学会用摩擦取火后，人便第一次支配了一种自然力，从而最终把人同动物分开"。应该说，生物质能是人类赖以生存和发展的重要能源。即使在石油、天然气、煤炭等化石能源成为主导能源的今天，生物质能在世界能源消费总量中仍占有 14％左右的份额。随着化石能源的日益枯竭，生物质能源在新的可再生能源体系中将扮演更加重要的角色。

8.1 生物质及生物质能

8.1.1 生物质

生物质是指通过光合作用而形成的有机体，包括所有的动物、植物和微生物。地球上生物质种类极其丰富，据科学家估计，全球生物物种有 3000 万～5000 万之多，丰富的生物多样性赋予我们的星球斑斓绚丽的色彩。在生物分类法中，其中一种是根据生物碳素营养方法不同，将生物划分为自养生物和异养生物两大类。自养生物指在自然界中能以二氧化碳作为主要碳源进行生长的生物，主要包括绝大多数植物和少数微生物。自养型生物在自然界物质转化中具有重要作用，如植物通过光合作用将太阳能转换成化学能并储存起来，将二氧化碳和水转变为有机物，为其他直接或间接依靠植物生存的生物提供有机物和能量。异养生物靠摄取现成的有机化合物作为自身的营养，动物、大多数微生物和少量植物属于异养生物。

经过漫长的进化，地球拥有 50 多万种形态、结构、生活习性各异的植物。通常可将植物分为低等植物和高等植物两大类。低等植物的植物体是单细胞或多细胞的叶状体，一般没有叶、茎、根等器官分化，靠分裂和孢子来传宗接代。低等植物可分为藻类植物、菌类植物和地衣植物。高等植物有着复杂的结构和形态，它们大多有叶、茎、根等器官分化，有中柱，生殖器官是多细胞的，精与卵结合而成的合子发育成新植物体需经过胚的阶段。根据营养器官和生殖器官的不同，可将高等植物分为苔藓植物、蕨类植物和种子植物三大类群。

另一种分类法将植物分为孢子植物和种子植物两大类。孢子植物在生长过程中能产生孢子，并用孢子繁殖，完成生活周期。如藻类、菌类、地衣、苔藓和蕨类植物等均属于孢子植物。孢子植物也称为隐花植物。种子植物会开花，故也称为显花植物或有花植物。种子植物又可再分为裸子植物和被子植物两类。裸子植物的种子是裸露的，没有被果皮包裹，是比较低级的种子植物。被子植物开花并结果实，种子被保护在果实中，是最高等的植物类型。

光合作用（photosynthesis）是生命活动中的关键过程。绿色植物通过叶绿体，利用太阳能，将环境中的二氧化碳和水转换为有机物，并释放出氧气。植物光合作用的总反应可以用下式表示：

$$CO_2 + H_2O \xrightarrow[\text{光能}]{\text{叶绿体}} (CH_2O) + O_2 \tag{8-1}$$

式中，(CH_2O) 代表糖。

科学家对光合作用的机理进行了不懈地研究，使人类对这一重要过程的认识不断深化。能够进行光合作用的生物有植物、藻类和光合细菌，在它们的细胞中，进行光合作用的细胞器是叶绿体。植物的叶绿体主要分布在叶肉细胞中，每个叶肉细胞内有多个叶绿体。叶绿体有许多类囊体，它们叠在一起形成基粒。组成类囊体的膜称为类囊体膜，或称为光合膜，叶绿素和其他色素，以及将光能转变为化学能的整套蛋白质复合体都存在于类囊体膜中。

光合作用由两个阶段组成，第一阶段为光反应，第二阶段为碳反应，光合作用的全过程如图 8-1 所示。

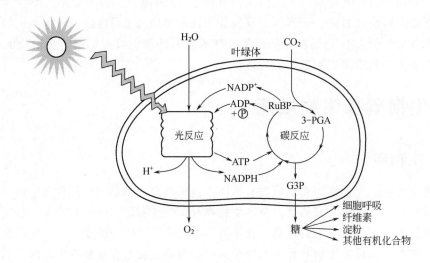

图 8-1　光合作用全过程

光反应的主要作用是将光能转变为化学能，同时产生氧气。光反应发生在类囊体膜中，由叶绿素分子吸收光能，将光能转变为化学能的整套蛋白质（酶）利用这种能量推动 $NADP^+$ 的还原，形成 NADPH。$NADP^+$ 是和 NAD^+ 同一类的电子载体，只是比 NAD^+ 多了一个磷酸基团。NADPH 和 NADH 一样，都是高能分子。类囊体膜中的蛋白质还会利用所吸收的光能推动 ADP 和磷酸根合成 ATP。光能转变成的化学能就暂时储存于 NADPH 和 ATP 中。

碳反应发生在叶绿体的基质中，不需要光直接参与，以前曾被称为暗反应。碳反应的主要步骤是光合碳还原循环，这一循环由科学家 M. Calvin（卡尔文）发现，因此以他的名字命名，称为 Calvin 循环，M. Calvin 也因发现光合碳还原循环获得诺贝尔化学奖。Calvin 循环是将 CO_2、ATP 和 NADPH 转变为磷酸丙糖的复杂生化反应。ATP 和 NADPH 负责供应能量，反应完毕后，它们又重新变回为 ADP、$NADP^+$ 和 Pi（磷酸根）。CO_2 是 Calvin 循环的唯一原料，丙糖磷酸是唯一的产物，这个产物以后会转变为各种糖类。Calvin 循环的总变化为 3 分子的 CO_2 通过消耗 9 分子 ATP 和 6 分子 NADPH 形成 1 分子 G3P（三碳糖）。

光合作用的产物在为植物自身细胞呼吸和其他生命活动提供物质来源的同时，也为全球所有其他生物提供食物和能量的来源。

环境因素对光合作用的影响极大，其中光强度、温度和 CO_2 浓度是光合作用的三大影响因素。这三种因素是相互作用的，图 8-2 所示为三种因素对光合作用的综合影响。由图可看出，光曲线随光强度的增加经历一个斜率由大到小，最后为零的变化过程，我们将曲线斜率刚好为零的点称为光饱和点。当达到光饱和点时，光反应速率已达到最大值，光强度继续增加并不能使光合速率增加。光饱和点随温度或 CO_2 浓度的升高而提高，例如即使在光照很充足的条件下，如果温度低或 CO_2 浓度不高，植物的生长也不可能快。在太阳能直接转换的各种过程中，

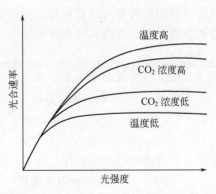

图 8-2　环境因素对光合作用的综合影响

光合作用的转换效率是最低的，仅为 $0.5\%\sim5\%$。按全年平均计算，温带地区植物的光合作用转换效率为 $0.5\%\sim1.3\%$，亚热带地区为 $0.5\%\sim2.5\%$。在最佳田间条件下，农作物的转化率可达 $3\%\sim5\%$。

8.1.2　生物质能

（1）生物质能的定义

生物质能（biomass energy）是以生物质为载体的能量。植物通过光合作用将太阳能转化为化学能而储存在生物体内，因此，生物质能是太阳能以化学能形式储存在生物中的一种能量形式。

在各种可再生能源中，生物质能是独特的，在光合作用过程中，植物吸收太阳能及环境中的 CO_2，构成了生物质中的碳循环，是唯一可再生的碳源，并可以成为固态、液态和气态燃料。目前人类的主要能源——煤、石油、天然气等化石能源也是由生物质能转化而来的。据估计地球上每年植物通过光合作用所固定的碳达 2×10^{11} t，含能量达 3×10^{21} J。每年通过光合作用储存在植物的枝、茎、叶中的太阳能，相当于全世界每年耗能量的 10 倍、人类消耗矿物燃料的 20 倍、人类食物能量的 160 倍。虽然生物质能数量巨大，但目前人类将其作为能源的利用量还不到其总量的 1%。未被利用的生物质能，为完成自然界的碳循环，其绝大部分由自然腐解将能量和碳素释放，回到自然界中。

生物质能在人类历史上所起的作用是独特而又巨大的，即使在石油、煤炭等矿物燃料成为人类能源消费主体的今天，生物质能仍是世界第四大能源，目前全世界约 25 亿人生活能源的 90% 以上是生物质能。在我国农村，生物质能的消费量占 $32\%\sim35\%$，占生活用能的 $50\%\sim60\%$。随着人类对生物质能的重视，以及研究开发的逐步深入，其应用水平及使用效率必将进一步提高。

世界上生物质资源数量庞大，形式繁多，其中包括薪柴、农林作物、农业和林业残剩物、食品加工和林产品加工的下脚料、城市固体废弃物、生活污水和水生植物等。近年来，出现了专门为生产能源而种植的能源作物，成为生物质能队伍里的一支生力军。

（2）生物质能的分类

生物质能的分类方法有很多种，如可将生物质能分为传统的和现代的两大类。传统生物质能主要指第三世界国家小规模使用的生物质能，如农户使用的薪柴和木炭，农作物秸秆、稻壳，其他植物废弃物和动物的粪便等。现代生物质能是指专门大规模生产用于代替常规能源的各种固态、液态和气态生物质能，如燃料乙醇、生物柴油、工业沼气和用于发电的城市垃圾等。

根据生物质能的来源进行分类，有如下三大类。

① 林业生物质能　是指森林生长、砍伐及木材加工过程中所提供的生物质能。如薪炭林、树叶、树枝、果壳、果核、锯末、木屑、板皮和截头等。

② 农牧业生物质能　是指秸秆、稻壳等粮食、经济作物生产过程中的残余物和废弃物，牧业、养殖业所产生的粪便、污水，能源作物所提供的生物质能。

③ 工业、生活废弃物生物质能　是指酒精、酿酒、造纸、食品、屠宰等行业所排放的富含有机物的废水，居民生活、第三产业所排放的废水及人粪便等。城市固体废弃物如居民生活垃圾、第三产业及建筑业垃圾等也含有大量生物质能。

（3）生物质能的转化利用途径

生物质能存在于生物体内，以生物质为载体。与太阳能、风能、海洋能等可再生能源相比，生物质能是唯一可运输、储存的实体能源。由于煤炭、石油等矿物燃料是由生物质转化而来的，其组织结构与生物质有许多相似之处，因此，生物质能的转换利用技术与矿物燃料相类似，例如燃烧就是将生物质能转换为热能的最常用和最直接的方式。同时我们也看到，由于作为生物质能载体的生物质种类繁多，性质各异，其利用技术也呈现复杂和多样的特点。图 8-3 列举了生物质能主要转换技术及产品。从图中可以看出，

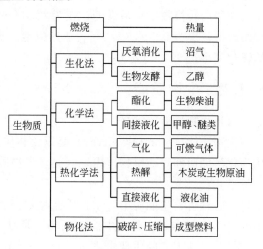

图 8-3　生物质能主要转换技术

生物质转换技术除了燃烧外，还有生化法、化学法、热化学法和物化法等，其转换的机理各不相同，所得到的生物质能产品也不一样。

燃烧是将生物质能转换为热能的最直接的方式，是人类对能源最早的利用。生物质在有氧存在时，通过燃烧反应生成二氧化碳和水，同时放出热量，如式（8-2）所示：

$$生物质 + O_2 \xrightarrow{燃烧} CO_2 + H_2O + 热量 \tag{8-2}$$

生物质通过燃烧这种特殊的化学反应形式，将储存在其内的生物质能转换为热能，被人们广泛应用于炊事、取暖、发电及工业生产。炊事是生物质燃烧最原始的利用形式，目前仍广泛用于农村。传统的炉灶热效率很低，只有 $15\% \sim 20\%$，通过对炉灶的改造，可以提高生物质的燃烧效率和热能利用率。目前在我国农村推广的节能灶，热效率可提高到 30% 以上。利用城市废弃物燃烧所获得的热量进行发电，也是生物质能燃烧转换的重要方式。

生化法是生物质能转换利用的重要方式之一。依靠微生物或酶的作用，对生物质能进行生物转化，可得到乙醇、沼气等重要的生物质液体或气体燃料。利用经筛选优化的产酒酵母

菌将经过预处理的淀粉、糖蜜、纤维素等原料发酵生产乙醇（酒精）。用沼气发酵方法可以将农作物秸秆、林产废弃物、人畜粪便、生活污水和工业有机废水转化为气体燃料。原理如下：

$$生物质（有机物质）\begin{cases} \xrightarrow{\text{微生物发酵}} 液体燃料（乙醇）+CO_2 \\ \xrightarrow{\text{（厌氧）微生物发酵}} 气体燃料（沼气） \end{cases} \tag{8-3}$$

化学生物质转换技术可分为酯化和间接液化两大类方法，最终可获得生物质液体燃料。在催化剂存在的条件下，使动植物油与甲醇或乙醇发生酯化反应，可获得生物柴油。生物柴油既可单独用于柴油机，也可以 $2\%\sim30\%$ 的比例与矿物柴油混合使用。间接液化是先将生物质气化得到含 CO 和 H_2 的合成气，再经催化反应合成甲醇、二甲醚等液体燃料。

热化学法通过高温化学反应手段将生物质能转换为气体、液体或固体燃料，主要由气化、热解、直接液化三种技术组成。气化是在高温下将生物质与含氧气体（如空气、富氧气体或纯氧）、水蒸气或氢气等气化剂作用，使生物质中的可燃成分转化为可燃的气态物质，主要成分为 H_2、CO 和 CH_4 等高品位的气态燃料。这些燃料既可以在锅炉及民用炉灶中燃烧，也可以直接发电，或作为合成气进一步参与化学反应得到甲醇、二甲醚等液态燃料或化学品。热解是指在无氧或缺氧的高温状态下，利用热能切断生物质大分子间的化学键，使其分解为小分子的化学反应，可得到优质固体燃料木炭，也可得到甲醇、木榴油等液体燃料。直接液化技术将生物质在高压和一定温度下与氢气发生化学反应，直接得到液体燃料。直接液化所得到的液体燃料的物理和化学稳定性都较热解得到的液体燃料要高。

物化法也称生物质压缩成型法，即将秸秆、树枝、木屑等松散的农林废弃物破碎后加入黏结剂，利用机械压缩成一定形状，这样加工后的固体燃料能量密度大大提高，相当于中等烟煤，可明显改善燃烧特性。

（4）生物质能的利用现状

鉴于生物质能源的重要性，对其相关技术的研究与开发已受到世界各国政府和科技工作者的关注，成为全球热门课题之一，许多国家纷纷制定计划加大研发力度，如美国的能源农场、日本的阳光计划、巴西的酒精能源计划、印度的绿色能源工程等，生物质能都在其中占有相当大的份额。生物质能的开发与利用包括两方面内容：一是增加生物质的产量；二是生物质能的高效转换及有效利用，后者是研究的重点。美国、欧盟、巴西等，是生物质能应用较领先的国家。

截至 2015 年，全球生物质发电装机容量约 1 亿千瓦，其中美国 1590 万千瓦、巴西 1100 万千瓦。生物质热电联产已成为欧洲，特别是北欧国家重要的供热方式。生活垃圾焚烧发电发展较快，其中日本垃圾焚烧发电处理量占生活垃圾无害化处理量的 70% 以上。全球生物质成型燃料产量约 3000 万吨，欧洲是世界最大的生物质成型燃料消费地区，年均约 1600 万吨。北欧国家生物质成型燃料消费比重较大，其中瑞典生物质成型燃料供热约占供热能源消费总量的 70%。全球沼气产量约为 570 亿立方米，其中德国沼气年产量超过 200 亿立方米，瑞典生物天然气满足了全国 30% 车用燃气需求。全球生物液体燃料消费量约 1 亿吨，其中燃料乙醇全球产量约 8000 万吨，生物柴油产量约 2000 万吨。巴西甘蔗燃料乙醇和美国玉米燃料乙醇已规模化应用。

国际生物质能体现出以下三个明显的发展趋势：

① 生物质能多元化分布式应用成为世界上生物质能发展较好国家的共同特征。

② 生物天然气和成型燃料供热技术和商业化运作模式基本成熟，逐渐成为生物质能重要发展方向。生物天然气不断拓展车用燃气和天然气供应等市场领域。生物质供热在中、小城市和城镇应用空间不断扩大。

③ 生物液体燃料向生物基化工产业延伸，技术重点向利用非粮生物质资源的多元化生物炼制方向发展，形成燃料乙醇、混合醇、生物柴油等丰富的能源衍生替代产品，不断扩展航空燃料、化工基础原料等应用领域。

我国生物质资源丰富，能源化利用潜力大。全国可作为能源利用的农作物秸秆及农产品加工剩余物、林业剩余物和能源作物、生活垃圾与有机废弃物等生物质资源总量每年约 4.6 亿吨标准煤。截至 2015 年，生物质能利用量约 3500 万吨标准煤，其中商品化的生物质能利用量约 1800 万吨标准煤。生物质发电和液体燃料产业已形成一定规模，生物质成型燃料、生物天然气等产业已起步，呈现良好发展势头。

截至 2016 年，我国生物质发电总装机容量约 1214 万千瓦，其中，农林生物质直燃发电约 530 万千瓦，垃圾焚烧发电约 470 万千瓦，沼气发电约 30 万千瓦，年发电量约 520 亿千瓦时，折合标准煤 1520 万吨/年，生物质发电技术基本成熟。

截至 2015 年，生物质成型燃料年利用量约 800 万吨，折合标准煤 400 万吨/年，主要用于城镇供暖和工业供热等领域。生物质成型燃料供热产业处于规模化发展初期，成型燃料机械制造、专用锅炉制造、燃料燃烧等技术日益成熟，具备规模化、产业化发展基础。

截至 2015 年，全国沼气理论年产量约 190 亿立方米，折合标准煤 1320 万吨/年，其中户用沼气 4380 万户，理论年产量约 140 亿立方米，规模化沼气工程约 10 万处，年产气量约 50 亿立方米，沼气正处于转型升级关键阶段。

我国生物燃料乙醇产业发展始于"十五"初期。2004 年 2 月，我国八部委联合下发了《车用乙醇汽油扩大试点方案》和《车用乙醇汽油扩大试点工作实施细则》，截至 2017 年，我国生物燃料乙醇年消费量近 260 万吨，产业规模居世界第三位。全国已有 11 个省区（包括黑龙江、河南、吉林、辽宁、安徽、广西 6 省（区）全境和河北、山东、江苏、内蒙古、湖北 5 省的 31 个地市）试点推广乙醇汽油，乙醇汽油消费量已占同期全国汽油消费总量的 1/5。2017 年 9 月，国家发展改革委、国家能源局等十五部门联合印发《关于扩大生物燃料乙醇生产和推广使用车用乙醇汽油的实施方案》，在全国范围内推广使用车用乙醇汽油，计划到 2020 年基本覆盖全国。

我国生物柴油正处于产业发展初期，截至 2015 年，生物柴油年产量约 80 万吨，折合标准煤 120 万吨/年。

根据国家《生物质能发展"十三五"规划》，到 2020 年，生物质能基本实现商业化和规模化利用。生物质能年利用量约 5800 万吨标准煤。生物质发电总装机容量达到 1500 万千瓦，年发电量 900 亿千瓦时，其中农林生物质直燃发电 700 万千瓦，城镇生活垃圾焚烧发电 750 万千瓦，沼气发电 50 万千瓦；生物天然气年利用量 80 亿立方米；生物液体燃料年利用量 600 万吨；生物质成型燃料年利用量 3000 万吨。

8.2　能源植物

生物质是生物质能的载体，充足的生物质是大规模开发利用生物质能的物质保障。能源植物是指能够大量储存并用以提供生物质能的植物。近年来，人类对生物质能的重视程度在不断提高，研究、开发和利用的力度不断加大，局部地区出现某些生物质供应紧张的状况。为了解决这些问题，科学工作者通过现代育种栽培技术，大规模人工种植能源植物，如甘蔗、木薯、甘薯、麻风树等，为生物质能的大规模开发提供了保障。

8.2.1　能源植物的分类

能源植物种类繁多，涉及植物分类学的大部分种属，其分布也相当广泛，几乎在全球所有气候地理区域都可以找到相应的物种。能源植物的分类法各不相同，其中有两种分类法比较常见。

(1) 以植物中所含主要化学物质的类别划分

① 淀粉类能源植物　含有淀粉的植物，如木薯、甘薯、玉米、马铃薯等，可用于发酵法生产燃料乙醇。

② 糖类能源植物　含有糖类的植物，如甘蔗、甜菜、甜高粱等，可用于发酵法生产燃料乙醇。

③ 纤维素类能源植物　如速生树、芒草等，预处理后可用于发酵法生产燃料乙醇，也可转化为各种气体、液体或固体燃料。

④ 油料类能源植物　含有油脂的植物，如花生、棕榈、油菜、芝麻、大豆、蓖麻、核桃、向日葵、麻风树等，提取其油脂可生产生物柴油。

⑤ 烃类能源植物　这类植物分泌的汁液成分接近石油甚至成品燃料油，可直接提取使用，故也被称为"石油植物"，如续随子、银胶菊、三角戟、西蒙得木、绿玉树和西谷椰子等。

⑥ 速生丰产薪炭类能源植物　以提供碳为目的而栽种的植物，其生长速度快，对土壤、气候等条件要求低，如加拿大杨、美国梧桐、桉、冷杉、大叶相思、沙枣和泡桐等。

(2) 按植物的形态和生活环境划分

① 陆生能源植物　陆生植物是能源植物的主体，依照植物体的形态特征，又可分为木本植物和草本植物。

a. 木本植物　木本植物大多是作为薪炭植物，还有部分是"石油植物"或油料类植物。

b. 草本植物　草本植物生长迅速，生活周期短，更有利于大面积种植，实现产业化。

② 水生能源植物　主要是指一些特殊的藻类。如美国加州有一种巨型海带，可以提取大量合成天然气。还有一种生长在淡水里的丛粒藻，可以直接排出液态燃油。

8.2.2　能源植物的育种与栽培

对于人工种植的能源植物，如何获得更多的生物质能源，育种和栽培技术十分关键。

通过对植物的光合机构进行人为的改造，使其利用光能的效率更高，如使三碳植物具有四碳途径，培育无光呼吸的品种等，已经进入研究阶段。科学家还提出一些新的设想，如一般认为植物的光合机构中有色素系统Ⅰ和Ⅱ配合起来利用可见光进行放氧的光合作用。光合菌中有类似色素系统Ⅰ的机构，可利用近红外线进行不放氧的光合作用。科学家设想将光合菌的色素系统和植物的色素系统结合起来，以便把占太阳光大部分能量的可见光和近红外线都用于进行放氧的光合作用，使太阳光的利用效率大大提高。

研究表明，在某年中光合强度高的品种基本上在其他年份也是如此。因此，可以通过选育技术将其遗传特性固定下来，将这些植物作为培育新品种的亲本材料。在遗传育种工作中，杂种优势的利用是一个重要方面，杂交高粱、杂交玉米等作物已经大面积种植。

植物的高产种植技术主要是提高光能的利用率，可采用延长光合时间、增加光合面积和提高光合效率等方法达到这个目的。

所谓延长光合时间，就是要最大限度地利用光照时间，提高光能利用率。常用的方法如下。

① 提高复种指数。复种指数是一年内作物的收获面积与耕地面积的比值，可以通过增加同种作物每年的种植次数，不同作物的轮、间、套种等方法提高。

② 延长生育期。在不影响作物耕作制度的前提下，适当延长作物的生育期，可使作物光合时间延长。如在作物生长前期使其早生快发，提早达到较大的光合面积，后期则要求作物叶片不早衰，尽量延长每一块叶片的有效光合时间。

光合面积指的是植物的绿色面积，主要为叶片面积。增加光合面积可直接提高植物的生物质能产量。以下两种方法最为常用。

① 合理密植。对能源植物进行合理密植，可使其群体得到最好的发展，有较合适的光合面积，充分利用土地资源和太阳能。

② 改变株型。比较优良的高产品种（如玉米、水稻、小麦等），株型都具有一个共同的特征，就是秆矮，叶直而小、厚，分蘖密集。通过株型的改善，可以增加密植程度，增大光合面积，耐肥不倒伏，提高光能利用率。

光合效率的影响因素很多，光照、温度、水、肥和 CO_2 浓度等都可对其产生影响。在种植过程中，可以通过改善作物间的通风使大量空气通过叶面，提高 CO_2 的供应量。还可以通过特殊方法降低 C_3 植物的光呼吸，以提高其光合效率。

8.2.3 主要能源植物

发展生物质能，要做到不与人争粮，不与粮争地，非粮能源植物就显得非常重要。

(1) 木薯

木薯（*Maninot esculenta* Crantz.），英文名称 Cassava，别名树薯、木番薯。木薯不仅是杂粮作物，还是优良的饲料作物，块根富含淀粉，叶片可以养蚕。工业上利用木薯可生产酒精、饲料和淀粉，是燃料乙醇的最主要的原料之一。木薯喜温热气候，在热带和南亚热带地区多年生，而在有霜害的地区则为一年生。一年中有 8 个月以上无霜期，年平均温度在 18℃以上的地区均可栽培。发芽最低温度为 16℃，24℃生长良好，高于 40℃或低于 14℃时，生长发育受抑制。木薯根系发达，耐旱，年降雨量 366～500mm 就能满足它对水分的需要。木薯喜欢湿润，如长期干旱或雨量不足时，块根木质化较早，纤维含量多，淀粉减少。比较适宜的降雨量为每年 1000～2000mm。木薯对积水的耐受力较差，排水不良以及板结的田块对结薯不利。木薯生长发育需强光照。种在树荫下，或过度密植，则叶细小，茎秆细长，薯块产量极低。短日照有利于块根的形成，结薯早，增重快，日照长度在 10～12h 的条件下，块根分化的数量多，产量高。长日照不利于块根形成，日长 16h，块根形成受抑制，但长日照有利于茎叶生长。木薯对土壤的适应性很强，无论在沿海、丘陵、山地、荒地均可栽培。以排水良好、土层深厚、土质疏松、有机质和钾质丰富、肥力中等以上的砂壤土最为适宜。土质黏重板结或石砾地、粗砂地等，不利于根系伸长，块根发育不良，产量和品质都差。木薯可在 pH 值为 3.8～8.0 的土壤中生长，但以 pH 值为 6～7 适宜。木薯植株较高，台风可造成倒伏减产。

据统计，当前全球约有 90 个国家栽培木薯，种植面积约为 1400 万公顷，总产量约为 1.3 亿吨；木薯年贸易量约占总产量的 10%。生产木薯最多的地区为非洲，约占世界木薯总产量的 54%；其次是亚洲，占 28%；再次是拉丁美洲，占 16.8%。生产木薯最多的国家是巴西；出口量最大的是泰国，占世界木薯贸易量的 80% 以上。木薯在我国广东、广西、福建、云南以及湖南、四川等地得到广泛种植。近年来，我国木薯的年栽种面积保持在 40 万公顷左右，鲜薯年产 540 万吨，已成为我国南方一种重要的旱地经济作物。

(2) 甘蔗

甘蔗 (*Saccharum sinensis* Roxb.)，英文名 Sugarcane，别名薯蔗、干蔗、接肠草、糖蔗、甘枝等。甘蔗是一年生宿根热带和亚热带草本植物，属 C₄ 作物。秆直立，粗壮多汁，表面常披白粉，叶为互生，边缘具小锐齿，花穗为复总状花序。甘蔗为喜温、喜光作物，年积温需 5500～8500℃，无霜期 330 天以上，年均空气湿度 60%，年降水量要求 800～1200mm，日照时数在 1195h 以上。甘蔗对土壤的适应性比较广泛，以黏壤土、壤土、砂壤土较好。土壤 pH 值在 4.5～8.0，甘蔗都能生长，但以土壤 pH 值为 6.5～7.5 最为适宜。

甘蔗原产于印度，现广泛种植于热带及亚热带地区。甘蔗种植面积最大的国家是巴西，其次是印度，中国位居第三，种植面积较大的国家还有古巴、泰国、墨西哥、澳大利亚、美国等。我国干蔗种植区主要分布在广西、云南、广东、台湾、福建、四川、江西、贵州、湖南、浙江、湖北等省区。

甘蔗是我国制糖的主要原料。在世界食糖总产量中，蔗糖约占 65%，我国则占 80% 以上。糖是人类必需的食用品之一，也是糖果、饮料等食品工业的重要原料。甘蔗还是轻工、化工和能源的重要原料，利用制糖工业的废料，可制得酒精、干冰、酵母、柠檬酸、赖氨酸、冰醋酸、醋酸酯、醋酸酐、糠醛、味精、甘油等化学品，也可得到饲料、食用品培养基、蔗糖酯、果葡糖浆等，蔗渣、废糖蜜和滤泥等可制成纸张、纤维板、碎粒板、肥料等。

随着生物质能的大量应用，人们对甘蔗的利用发生了新变化。过去甘蔗是制糖的原料，酒精是制糖工业的副产品，而现在却将甘蔗作为能源植物种植，直接制取燃料乙醇。巴西早在 20 世纪 70 年代就投资 39.6 亿美元实施"生物能源计划"，选育以高生物量为目标的能源甘蔗，培育出 SP71-6163 和 SP76-1143 等能源甘蔗品种。之后，美国也培育出 US67-22-2。特别值得一提的是，20 世纪 80 年代中期，印度与美国联合实施 IACRP 计划，利用热带种与野生蔗杂交培育出 IA3132，其乙醇产量可达 12m³/hm²。

(3) 甘薯

甘薯 (*Ipomoea batatas* Lam.)，英文名 Sweet Morningglory，别名番薯、山芋、红薯、白薯、地瓜等。

甘薯根可分为须根、柴根和块根 3 种形态。须根具有吸收水分和养分的功能。柴根是须根生长发育不完全而形成的畸形肉质根，没有利用价值。块根是储藏养分的器官，也是供食用和生物质能的主要蓄积器官。分布在 5～25cm 深的土层中，先伸长后长粗，其形状、大小、皮肉颜色等因品种、土壤和栽培条件不同而有差异，分为纺锤形、圆筒形、球形和块形等，皮色有白、黄、红、淡红、紫红色等，肉色可分为白、黄、淡黄、橘红或带有紫晕等。甘薯茎匍匐蔓生或半直立，长 1～7m，呈绿、绿紫或紫、褐等色。茎节能生芽，长出分枝和发根，利用这种再生力强的特点，可剪蔓栽插繁殖。

甘薯性喜温，不耐寒。适宜栽培于夏季平均气温 22℃ 以上、年平均气温 10℃ 以上、全生育期有效积温 3000℃ 以上、无霜期不短于 120 日的地区。块根形成的适温一般在 25℃ 左右，而块根膨大适温则在 22～24℃ 之间。生长的中后期气温由高转低，昼夜温差大，有利于块根累积养分和加速膨大。甘薯属喜光的短日照作物，茎叶利用光能的时间长，效率高。茎叶生长期越长，块根积累养分越多。日照充足、气温和地温高、温差较大时，对养分的制造、运转、储存都有利。

甘薯起源于墨西哥以及从哥伦比亚、厄瓜多尔到秘鲁一带的热带美洲，目前种植于世界上 100 多个国家。在世界粮食生产中甘薯总产排列第七位。据联合国粮农组织统计，2002 年世界甘薯总种植面积为 976.5 万公顷，总产量为 1.36 亿吨。甘薯于 16 世纪末传入我国，种植区域分布很广，以淮海平原、长江流域和东南沿海各省最多。全国分为 5 个薯区：①北方春薯区，包括辽宁、吉林、河北、陕西北部等地，该区无霜期短，低温来临早，多栽种春薯；②黄淮流域春夏薯区，属季风暖温带气候，栽种春夏薯均较适宜，种植面积约占全国总面积的 40%；③长江流域夏薯区，除青海和川西北高原以外的整个长江流域；④南方夏秋薯区，北回归线以北，长江流域以南，除种植夏薯外，部分地区还种植秋薯；⑤南方秋冬薯区，北回归线以南的沿海陆地和台湾等岛屿属热带湿润气候，夏季高温，日夜温差小，主要种植秋、冬薯。我国的甘薯种植总面积和总产量分别占世界的 62% 和 84%，均居世界首位。

甘薯是块根作物，用途很广，可以作粮食、饲料和工业原料。甘薯的营养成分，如胡萝卜素、维生素 B_1、维生素 B_2、维生素 C 和铁、钙等矿物质的含量都高于大米和小麦粉。非洲、亚洲的部分国家以此作为主食；此外还可制作粉丝、糕点、果酱等食品。工业加工以鲜薯或薯干提取淀粉，广泛用于纺织、造纸、医药等工业。甘薯淀粉的水解产品有糊精、饴糖、果糖、葡萄糖等。酿造工业用曲霉菌发酵使淀粉糖化，生产酒精、白酒、柠檬酸、乳酸、味精、丁醇、丙酮等。根、茎、叶可加工成青饲料或发酵饲料，营养成分比一般饲料高 3～4 倍。

甘薯是理想的食物，同时也是最重要的可再生能源原料之一。甘薯生物产量高，淀粉产量高，是生产燃料乙醇的理想原料，作为新型能源植物已经引起许多国家的高度重视。"新型能源专用甘薯新材料创制和新品种选育"已经列入国家十五"863 计划"，旨在培育高产、高淀粉含量、高抗病的新型能源用的甘薯新品种。甘薯作为新型能源植物，将在我国能源安全中扮演重要角色。

（4）甜高粱

甜高粱（*Sorghum bicolor* L. Moench），又名糖高粱、芦粟、甜秫秸、甜秆、二代甘蔗等。

甜高粱是高粱的一个变种。与普通高粱一样，其籽粒可作为粮食食用，每亩可结出 150～400kg 粮食。但其特点并不在此，而在于其富含糖分的茎干，一些优良的甜高粱品种其茎干的含糖量接近甘蔗。甜高粱属高光效 C_4 植物，生物产量高，茎干高度可达 2～5m，直径 4～5cm，亩产茎干 4000～6000kg，最高纪录达 11200kg。甜高粱原产于热带地区，适宜生长在温度较高的地区。其种子发芽所需的最低温度为 8～10℃，在我国北方地区每年可栽种一次，而在南方，则春、夏、秋三季均可播种。甜高粱对土壤的适应能力很强，耐涝、耐旱、耐盐碱，是很好的节水作物，适合在我国广大半干旱地区的气候条件下，以及在各种类型的土壤如松散的砂壤、黏土中种植，其最适宜的土壤条件为肥沃、疏松、排水良好的土壤。

甜高粱播种前，先用农家肥和氮磷钾化肥为底肥，把土地耕作平整，然后，采取点播的方法播种，具体要求是：行距 50cm，株距 25～30cm。坑的深度与种普通高粱的深度相同，每个坑里放 5～6 粒种子，然后用土把坑埋平。等苗长到 30cm 时，定苗一株，拔去多余的苗。苗长到中期时，再施一次肥，不施或少施氮肥，以免影响茎秆的含糖量，以施磷肥和钾肥为主（多施钾肥）。要保持土壤的养分和湿度，适时锄草。收获的方法是：先把叶子劈掉，再用镰刀在距地面 30cm 处把茎秆砍断、放倒，把高粱穗砍下来就可以了。甘蔗在凉处存放 3～5 天，茎秆的含糖量达到最高。

由于甜高粱具有生长迅速、糖分积累快、生物学产量高等优点，是生产燃料乙醇的优质原料，引起了世界各国的广泛关注，许多国家投入大量人力物力和财力进行研究并大力推广，甚至通过法律途径推动实施。日本早在 1984 年就已完成了 10t/a 的甜高粱酒精厂的设计。巴西积极开展新品种的选育并取得了显著成效，先后培育出 BR-500～BR-504、BXH28-3-2、BXH34-3-1 等优良品种。我国 1974 年引入了"丽欧"品种，近年来又相继引入泰勒、萨尔特、M-81E 等品种，我国农业科研人员也培育出如早熟 1 号、醇甜 2 号、沈农甜杂 2 号等优良品种，在我国东北、西北和山东等地展开了大规模种植。

(5) 麻风树

麻风树 (*Jatropha curcas* L.)，又名膏桐、臭油桐、小桐子、芙蓉树。

麻风树为多年生木本植物，喜阳光，根系粗壮发达，具有较强的耐干旱瘠薄能力，枝、干、根近肉质，组织松软，含水分、浆汁多，有毒性而又不易燃烧，可抗病虫害。原产美洲，现广泛分布于亚热带及干热河谷地区，我国引种有 300 多年的历史。野生麻风树分布于广东、广西、海南、云南、贵州、四川等省区。该树种人工造林容易，天然更新能力强，还耐火烧，可以在干旱、贫瘠、退化的土壤上生长。适宜在热带、亚热带以及雨量稀少、条件恶劣的干热河谷地区种植，是保水固土、防沙化、改良土壤的主要选择树种。麻风树具有极强的生育繁殖能力，枝叶浓密，林地郁闭快，落叶易腐不易燃，改良土壤能力强。生长在陡坡上的麻风林成为良好的生物防火隔离带。麻风树生长迅速，树林 3 年可挂果投产，5 年进入盛果期。果实采摘期长达 50 年，果实的含油率为 60%～70%，麻风树油制成的生物柴油可用于各种柴油发动机，故被称为生物柴油树，是最有种植潜力的油料作物品种。目前，野生麻风树的干果产量为 300～800kg/亩，平均产量约 660kg/亩。纯麻风树油可以用于照明或发电。它的一系列副产品包括用于化妆品的甘油，以及再加工制成的麻风树种子饼，可以作为有机肥料使用。其种子油渣、残油渣及树叶可制作农药，去毒后也可作为动物饲料。富含氮的种子油渣是极好的植物肥料。

(6) 油棕

油棕 (*Elaeis guineensis* Jacq.)，又名油椰子、非洲油棕。

油棕是多年生单子叶植物，是热带木本油料作物。植株高大，须根系，茎直立，不分枝，圆柱状。叶片羽状全裂，单叶，肉穗花序（圆锥花序），雌雄同株异序，果实属核果。油棕喜高温、湿润、强光照环境和肥沃的土壤。年平均温度 24～27℃，年降雨量 2000～3000mm，分布均匀，每天日照 5h 以上的地区最为理想。年平均温度 23℃ 以上，月平均温度 22～30℃ 的月份有 7～8 个月以上，年降雨量 1500mm 以上，在干旱期连续 3～4 个月的地区能正常开花结果，但出现季节性产果。土层深厚、富含腐殖质、pH 值 5～5.5 的土壤最适于种植油棕。油棕是世界上生产效率最高的产油植物，油棕果含油量高达 50% 以上。在马来西亚，目前每公顷油棕最多可生产约 5t 的油脂，每公顷油棕所生产的油脂比同面积的花生高出 5 倍，比大豆高出 9 倍。在马来西亚，成熟期的油棕每年每公顷平均产量是 3.7t

毛棕榈油。通常油棕的商业性生产可保持25年。

油棕原产地在南纬10°至北纬15°、海拔150m以下的非洲潮湿森林边缘地区，主要产地分布在亚洲的马来西亚、印度尼西亚、非洲的西部和中部、南美洲的北部和美洲中部。我国引种油棕已有80多年的历史，现主要分布于海南、云南、广东、广西等省区。

棕榈油是从油棕树上的棕果中榨取出来的，果肉压榨出的油称为棕榈油，而果仁压榨出的油称为棕榈仁油，两种油的成分大不相同。棕榈油主要含有棕榈酸和油酸两种最普通的脂肪酸，棕榈油的饱和程度约为50%；棕榈仁油主要含有月桂酸，饱和程度达80%以上。传统上所说的棕榈油仅指棕榈果肉压榨出的毛油和精炼油，不包含棕榈仁油。棕榈油是世界油脂市场的一个重要组成部分，目前，它在世界油脂总产量中的比例超过30%。马来西亚和印度尼西亚是全球主要的棕榈油生产国，这两个国家的棕榈油产量占全球产量的80%以上。棕榈油被人们当成天然食品来使用已超过五千年的历史，被广泛用于烹饪和食品制造业。同时，棕榈油也是制造生物柴油的优良原料。由于油棕产油量大，因此也是一种重要的能源植物。

(7) 薪炭植物

薪炭植物是指以生产薪炭燃料为目的的植物，一般具有萌芽力强、生长快、热值高的特点。大面积种植薪炭植物可形成薪炭林。目前世界上较好的薪炭树种有加拿大杨、意大利杨、美国梧桐等。我国传统薪炭林主要有：栎类薪炭林、松类薪炭林、杨柳类薪炭林、豆科乔木薪炭林和灌木薪炭林等，近年来又开发了一些适合作薪炭的树种，如紫穗槐、沙枣、旱柳、泡桐等。随着薪炭林产业的发展，我国从树种选育、种植及经营管理方面的水平都有了很大提高，已初步形成了一套较先进的薪炭林营造技术。这为发展薪炭林、扩大林草覆盖率、保护植被、减少水土流失、治理沙漠化、减少沙尘暴以及扩大生物质燃料来源，提供了非常有利的条件。

(8) 巨菌草

巨菌草（*Pennisetum giganteum z. x. lin* 暂定名）为多年生禾本科直立丛生型植物，具有较强的分蘖能力。这是一种适宜在热带、亚热带、温带生长和人工栽培的高产优质菌草。其植株高大，抗逆性强，产量高，粗蛋白和糖分含量高，直立、丛生，根系发达。茎粗可达3.5cm，节间长9~15cm，15个有效的分蘖，每节着生一个腋芽，并由叶片包裹，叶片互生，长60~132cm，叶片宽3.5~6cm，8个月共生长35片叶。株高最高的达7.08m，50个节，株重达3.25kg，每公顷产鲜草达521.6t，换算成亩产接近35t。

巨菌草是由国家菌草工程技术研究中心首席科学家、菌草技术发明人林占熺于1983年引进中国，经过20多年的研究，培育出适合我国气候土壤环境的草种。巨菌草可用作培养料栽培香菇、灵芝等49种食用菌、药用菌，还可作饲料，纤维板的原料，同时还是水土保持的优良草种。2008年起应用于生物质发电和燃料乙醇等能源用途。

8.3 生物质气体燃料

8.3.1 沼气

沼气是一种可燃的混合气体，是有机物（碳水化合物、脂肪、蛋白质等）在一定的温度、湿度、pH值和厌氧条件下经沼气菌群分解发酵而生成的。沼气因最初在沼泽内被发现而得名。沼气的主要成分为甲烷（CH_4）和二氧化碳（CO_2），还有少量氢（H_2）、氮（N_2）、一氧化碳（CO）、硫化氢（H_2S）和氨（NH_3）等。

人类对沼气的研究已经有上百年的历史。在我国，20世纪20～30年代起开始出现沼气生产装置。由于利用沼气技术可以将农林废弃物、生活垃圾和工业有机废水转化为生物质能源，同时得到有机肥料，在为人类提供丰富的生物质能源的同时，也解决了生产生活废弃物的处理问题，因此，沼气技术被广泛应用。

沼气是一种清洁的可再生能源，可用于炊事（见图8-4）和照明（见图8-5），还可以烧锅炉、驱动内燃机和发电。随着科学技术的发展，沼气的新用途不断被开发，从沼气中将其主要可燃气体甲烷分离出来，经过纯化后，可作为新型燃料用于航空、交通、航天等领域。

图8-4　沼气炊事

图8-5　沼气照明

8.3.1.1　沼气生产的基本原理

沼气发酵是生产沼气的基础。用于沼气发酵的微生物种类很多，可分为不产甲烷群落和产甲烷群落两大类。不产甲烷群落是一类兼性厌氧菌，具有水解和发酵大分子有机物而产生酸的功能，在满足自身生长繁殖需要的同时，为产甲烷微生物提供营养物质和能量。产甲烷群落被称为甲烷菌，包括食氢产甲烷菌和食乙酸产甲烷菌。在厌氧条件下，产甲烷菌可利用不产甲烷微生物的中间产物和最终代谢产物作为营养物质和能源而生长繁殖，并最终产生甲烷、二氧化碳和水。

沼气发酵的机理非常复杂，可用二阶段理论、三阶段理论、四阶段理论进行描述。以最简单的二阶段理论为例，可将沼气发酵过程分为两个阶段，即产酸阶段和产气阶段。在产酸阶段，大分子的有机物在一定的温度、浓度、pH值和密闭条件下，被不产甲烷微生物菌群落中的基质分解菌所分泌的胞外酶水解成小分子物质，如蛋白质水解成复合氨基酸，脂肪水解成丙三醇和脂肪酸，多糖水解成单糖类等。然后这些小分子物质进入不产甲烷微生物菌群中的挥发酸生成菌细胞，通过发酵作用被转化成为乙酸等挥发性酸类和二氧化碳。由于不产甲烷生物的中间产物和代谢产物都是酸性物质，使沼气池液体呈酸性，pH值小于7，故这一阶段称为产酸阶段。在产气阶段，甲烷菌将不产甲烷微生物产生的中间产物和最终代谢物分解转化成甲烷、二氧化碳和氨。甲烷和二氧化碳可以挥发而排出池外，就是我们所得到的沼气，而氨则以强碱性的亚硝酸铵的形式留在沼气池中，中和了产酸阶段的酸性，创造了甲烷稳定的碱性环境。故这一阶段也被称为碱性发酵期。在上述过程中，由于甲烷菌代谢的产物就是最终产品沼气，因此甲烷菌的种类、数量及活性直接决定着沼气的产量。要提高沼气的产量，就要在原料、水分、温度、pH 值、密闭性等各方面为参与甲烷发酵的微生物、特别是甲烷菌创造一个适宜的环境。还可以通过适度的搅拌，使沼气池中的各种物料均匀分布，以利于微生物生长繁殖，使其活性得到充分发挥，以提高发酵效率。

8.3.1.2 农村沼气

我国农村户用沼气无论在规模上还是技术水平上均处于世界前列。从 1999 年起，农业部总结了我国北方"四位一体"、南方"猪-沼-果"、西北"五配套"等卓有成效的沼气能源生态建设经验，提出了"能源环保工程"和"生态家园富民工程"计划，使农村户用沼气进入快速发展的新阶段。到 2015 年底，全国沼气户用达到 4193.3 万户，受益人口达 2 亿人，沼气年生产能力达到 158 亿立方米，约为全国天然气消费量的 5%，每年可替代化石能源约 1100 万吨标准煤，对优化国家能源结构、增强国家能源安全保障能力发挥了积极作用。据测算，农村沼气年可生产沼肥 7100 万吨，按氮素折算可减施 310 万吨化肥。

农村沼气发酵的原料十分丰富，各种农作物的秸秆、人畜禽粪便、生活垃圾和生活污水等，将其沼气化处理，不但可以得到高质量的生物质能源，解决农村用能问题，同时对保护生态环境也有非常重大的意义。在沼气发酵过程中，微生物的生长、繁殖和代谢，需要各种物质，除水分外，主要有碳、氮等元素及少量无机盐。碳元素为微生物的生命活动提供能源，是形成甲烷的主要物质。氮元素则是构成微生物细胞的主要来源。因此，正常的沼气发酵过程对原料的碳氮比（C∶N）有一定的要求。研究表明，发酵原料的碳氮比以（13～30）∶1 为宜。根据原料的化学性质和来源，可分为如下两大类。

（1）富氮原料

主要为人、畜、禽粪便。这类原料颗粒较细，氮元素含量较高，其碳氮比一般都小于 25∶1，适宜于直接发酵，减少了原料预处理的麻烦，而且分解和产气速度都较快。

（2）富碳原料

主要是各种农作物秸秆。其碳元素含量较高，碳氮比一般在 30∶1 以上。农作物秸秆含有木质素、纤维素、半纤维素、果胶和蜡质等成分，分解和产气速度较慢。因此，为了提高产气速度，在原料入池前，需对原料进行预处理。

以上是我国农村最主要的两大类沼气发酵原料，其产气性质也有很大差别。在实际操作中，大都使用混合原料，即粪便与秸秆按一定的比例混合，这个比例称为粪草比。粪草比对产气效果影响很大，一般要大于 2∶1，不宜小于 1∶1。

除了上述两类原料之外，自然界的一些水生植物如水花生、水草、水葫芦等，都具有生长速度快、产量高、组织鲜嫩等特点，可以被沼气菌分解，也是沼气发酵的良好原料。特别是水葫芦，在 20 世纪 70 年代，我国为了解决饲养生猪饲料不足的问题，从国外引进了这种繁殖力极强的水上浮生植物。我国南方的气候和环境适宜于水葫芦的生长，而且至今几乎没有昆虫病毒和其他天敌，因此其繁殖速度极快，据监测，1 株水葫芦 1 个月就能繁殖 6 万新株，成为了一大公害。在江河纵横的珠江三角洲，这种浮生植物泛滥成灾，将大部分河涌覆盖，堵塞河道、水库、排灌站，污染饮用水源，影响航道运输等，严重影响了农业的正常生产和水利排灌。但从另一角度看问题，利用水葫芦这种生长速度极快的水生植物给人类提供生物质能源，则可以达到变害为宝的效果。

表 8-1 所列为农村沼气常用原料的碳氮比。

表 8-1　农村沼气常用原料碳氮比

原　料	碳氮比(C∶N)	原　料	碳氮比(C∶N)
干麦秸	87∶1	鲜牛粪	25∶1
干稻草	67∶1	鲜马粪	24∶1
玉米秸	53∶1	鲜猪粪	13∶1
落叶	41∶1	鲜羊粪	29∶1
大豆茎	32∶1	鲜人粪	2.9∶1
野草	26∶1	鲜鸡粪	9.65∶1
花生茎叶	19∶1	鲜人尿	0.43∶1

制取沼气的生物反应设备是沼气发酵池，简称沼气池。沼气池为微生物代谢产生沼气提供了必要的条件，主要有以下几点。

① 厌氧环境　沼气菌群中的产甲烷菌是厌氧菌，对氧特别敏感，不能在有氧环境中生存，即使有微量氧存在也会使发酵过程受阻。因此，沼气池必须提供严格的厌氧环境，这是沼气生产的先决条件。

② 便于接种与菌群富集　沼气发酵是微生物过程，有用细菌的数量和质量直接影响到沼气的产量。如果沼气池中有足够数量的高活性沼气菌，沼气发酵会启动快、产气好。沼气菌种广泛存在于自然界中，来源广泛，如正在使用的沼气池中沼渣沼液、粪坑底脚污泥、屠宰场阴沟泥等都是良好的接种物。沼气池启动需要大量的接种物，一般为发酵料液的15%～30%，因此，沼气池必须方便接种，有利于菌群富集。

③ 适宜的酸碱度　沼气发酵适宜的 pH 值为 6.8～7.5。在沼气池中进行的正常发酵产气过程，可依靠其自动调节而达到平衡，一般不需要人为调节 pH 值。但当原料配制不当，接种物质量又较差时，就会导致 pH 值过低而自身调节不了的现象。这时就需要人为干预，可通过向沼气池内加入草木灰、稀氨水、稀石灰水等碱性物质加以调节。

④ 发酵温度　温度是与产气速度直接相关的重要因素。由于产沼气的微生物质的代谢活动随温度的升高而旺盛，因此在一定的范围内，温度越高，产气速度也越快。沼气池冬天的产气量就明显低于夏天。按照沼气的发酵温度可分为三个区域，即常温发酵区（10～28℃）、中温发酵区（30～38℃）和高温发酵区（45～55℃）。对于中温及高温发酵，沼气池必须保温，必要时还要补充热量。农村沼气池通常为常温发酵，但大都采用埋地式，受大气温度变化影响不大。

⑤ 搅拌　农村沼气池在不搅拌的情况下，发酵料会成为三层：上层浮壳，中层清液，下层沉渣，这不利于微生物与原料充分均匀接触，产气量会下降。通过适当的搅拌，可以解决这个问题。可采用人工搅拌、机械搅拌、气搅拌和液搅拌四种搅拌形式，农村小型沼气池多采用人工搅拌的方式。

⑥ 发酵压力　沼气池内维持正压操作，但压力过高会对产气产生抑制。因此，将池内压力控制在适宜的范围也很重要，通常为49～88Pa。

沼气池种类很多，可按储气方式分为水压式、气罩式、气袋式沼气池等，按池的几何形状可分为圆柱形池、球形池、椭球形池和长方形池等，按建池材料可分为砖结构池、混凝土结构池、钢结构池、玻璃钢结构池和塑料结构池等。沼气发酵工艺参数是沼气池设计的主要依据之一，主要包括产气率、储气量、气压、池温、池容量等指标。

经过多年实践和总结，我国提出埋地水压式沼气池为农村主要推广的池型，并制定了相应的国家标准，如《户用沼气池标准图集》（GB/T 4750—2002）、《户用沼气池质量检查验

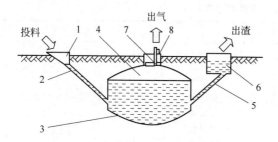

图 8-6　水压式沼气池原理示意图
1—进料口；2—进料管；3—发酵间；4—储气间；
5—出料管；6—水压间；7—活动盖；8—导气管

收规范》（GB/T 4751—2002）和《户用沼气池施工操作规程》（GB/T 4752—2002）。水压式沼气池如图 8-6 所示，可用"圆、小、浅"几个字来概括其主要特点。该池型由进料间（包括进料口和进料管）、发酵池（包括发酵间和储气间）、出料间（包括出料管和水压间）以及活动盖板（包括活动盖和导气管）四大部分组成。水压式沼气池是把发酵间和储气间结合成一体，出料管和水压箱连在一起，沼气的导气管在活动盖板上，

另有一进料管。在运行中，随着发酵间不断产生沼气，储气间的沼气密度逐渐增大，气压上升，并把发酵间的料液挤向水压箱。于是水压箱的液面与发酵间的液面形成一个位差，该位差就是储气间沼气的压力，因此沼气池即靠这种压力向导气管输送沼气。当使用沼气后，储气间压力下降，发酵料液从水压箱流回发酵间，继续发酵产生沼气。如此依靠沼气池中料液来回的压力，保持运行中的平衡，实际是水的压力在起作用，所以称"水压式"。它的主要优点，一是结构简单，容易普及；二是建造材料如灰、沙、砖等可因地制宜取用，造价低廉；三是操作方便，人畜粪便可自动入池。我国农村从 20 世纪 70 年代开始大量推广水压式沼气池。当前，我国农村家庭所用的小沼气池中，绝大多数属于这种类型。

钢铁结构的浮罩式沼气池是以印度为代表的，因为在印度建造得较多。它也是把发酵池与储气室连成一体，但靠钢浮罩的重量为所产沼气增加压力，这种沼气池的基础是用混凝土浇制，上面加装一个圆柱形的钢浮罩，浮罩的升降由沼气的产量决定。导气管可装在浮罩顶部。通常浮罩式沼气池的压力比较稳定（由浮罩的重量决定）。据称印度建有此种沼气池约 30 万个，主要也是农户所用。由于浮罩需要大量钢板，就地焊接受条件所限，工厂加工又受运输条件限制，造价通常比水压式沼气池高得多。其他进料和出料都类似水压式沼气池，只是大出料时可掀开浮罩，比较方便，安全，不会发生窒息。

塑料薄膜气袋式沼气池，是将发酵池与储气间（即塑料薄膜气袋）分开的。它的特点是结构简单，防漏要求低。发酵池中产生的沼气被引至气袋中储存。由于气袋中压力较低，使用沼气时需要在气袋上加压将沼气驱出，使用很不方便。通常对于容积超过 $20m^3$ 的气袋式沼气池，大都设置有小型抽风机，将沼气从气袋中抽出，然后喷进燃烧器中使用。

我国农村户用水压式沼气池一般采用半连续式发酵工艺。我国在 1988 年颁布了国家标准《农村家用沼气发酵工艺规程》（GB 9958—88），对整个工艺过程作出了详细的规定，通常包括备料、新池检漏或旧池检修、配料、接种拌料、入池堆沤、加水封池、点火试气和日常管理等步骤。

8.3.1.3　大中型沼气工程

如沼气发酵装置达到一定规模，通常将其称为大中型沼气工程。如单体发酵容积大于 $50m^3$，或多个单体发酵容积各大于 $50m^3$，或日产气量大于 $50m^3$ 的称为中型沼气工程；单体发酵容积之和大于 $1000m^3$，或日产气量大于 $1000m^3$ 的称为大型沼气工程。大中型沼气工程可处理大量养殖业粪尿等排泄物、工业有机废水、大城市生活污水和垃圾，降解污染物，获得优质的生物质能源，达到变废为宝的目的。

欧美发达国家的畜禽养殖业非常发达，他们对环境保护十分重视，各国制定了相应的法

律法规，以确保养殖业废弃物能够经过无害化处理。如英国的《水资源保护法》、日本的《畜禽废弃物处理与清理法》，这些政策法则对大中型沼气工程的发展起到了重要的作用。德国以农场沼气工程为主，普遍采用"沼气发电、余热升温、中温发酵、无储气罐、自动控制、加氧脱硫、沼液施肥"的模式，2008年底，德国沼气工程总装机容量为1435MW，其中装机容量大于500kW的工程占19.5%，装机容量为70～500kW的工程占65.6%，是世界上沼气工程技术最好、密度最高的国家之一。

我国的大中型沼气工程出现在20世纪60年代。近年来，随着能源、环境意识的增强，以及政府执法力度的加大，促使全国大中型沼气工程不断增加，我国大中型沼气工程的数量从1999年的746个迅速增长到2010年的27758个，数量增加了近36倍。沼气工程的年产气量由3947.06万立方米增长到89024.2万立方米，产气量增加了近21倍。目前，我国大中型沼气工程的数量已居世界各国之首，在废物资源化综合利用，环境、生态、能源和经济效益结合的沼气综合技术系统方面，逐步摸索出符合我国国情的途径。

大中型沼气工程中的生物反应器通常称为厌氧消化器，是整个沼气工程的核心设备。随着沼气技术的不断发展，厌氧消化器的形式也在不断更新，反应效率不断提高。目前常见的厌氧消化器可分为常规型、污泥滞留型和附着膜型三大类。高速厌氧消化器（见图8-7）设有搅拌装置，使发酵原料与微生物处于完全混合状态，活性区遍布整个消化器，效率比常规消

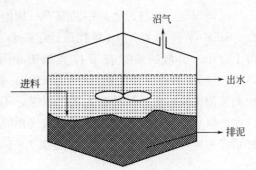

图8-7　高速厌氧消化器示意图

化器有明显提高，是世界上使用量最大、应用范围最广的厌氧消化器。

与农村户用沼气相比，大中型沼气工程处理量大，原料来源复杂，从设备、工艺、管理、安全等各个方面都有很高的要求，虽然世界各国已有很多成功的经验，但对其的研究、开发和试验一直没有停止。

8.3.2　生物质气化技术

热解、气化、液化技术是目前主要的生物质热化学转化手段，其中生物质气化是制取氢气和合成气（H_2和CO）的有效途径。气化制取的合成气可用于供热、发电、合成化学品（如甲醇、二甲醚、氨）等。提升合成气中氢气的含量还可将其应用于合成天然气，进一步转化合成气中的CO得到的高纯氢可应用于燃料电池。而氢气作为高效、清洁的能源载体，有替代化石能源的潜在价值。

8.3.2.1　生物质气化技术概述

生物质气化技术已有一百多年的历史。最初的气化反应器产生于1883年，它以木炭为原料，气化后的燃气驱动内燃机，推动早期的汽车或农业排灌机械。较大规模应用生物质热解气化技术，始于20世纪30～40年代，第二次世界大战期间，为解决石油燃料的短缺问题，用于内燃机的小型气化装置得到广泛使用。从20世纪70年代初开始，受石油危机影响，这一技术有了新的发展。在20世纪40年代初期，我国部分地区曾以木炭和木块为燃料经气化驱动民用车辆，50～60年代初期，我国部分城乡曾以木质燃料气化驱动内燃机，取代柴油和汽油，用于驱动汽车和发电设备。现在，生物质气化技术作为生物质能源利用的重

要分支的补充能源更加受到各国重视。

国外生物质气化领域处于领先水平的国家有瑞典、美国、意大利和德国等。目前瑞典已生产出 25kW～25MW 的下吸式生物质气化炉，科研机构正致力于循环流化床和加压气化发电系统的研究。美国根据循环流化床气化原理，研制出生物质综合气化装置——燃气气轮机发电系统成套设备，为大规模发电提供了范例。美国能源部所属的国家可再生能源实验室（National Renewable Energy Laboratory）于 1993 年 10 月开始在夏威夷建造一座生物质气化能力为每天 100t 的装置。此外，德国、意大利、荷兰等国家也在生物质气化技术方面开展了大量的研究工作，由于投资高、技术尚未成熟，在发达国家也未进入实质性的应用阶段。总体上看，欧美发达国家研制的生物质气化装置一般规模较大，自动化程度高，工艺复杂；以发电和供热为主，造价较高；气化效率可达 60%～80%，可燃气热值为 $(1.7～2.5)×10^4 kJ/m^3$。

与此同时，为满足发展中国家农村用能的需要，一些国家研究了小型气化设备。日本的 Jun Sakai 等于 20 世纪 70 年代设计了一台小型木炭煤气装置用于开动 6 马力的汽油机并取得了成功。类似的装置在菲律宾的 Central Luzon 大学（1977）、美国密执安州立大学（1978）和泰国农业部农业工程局（1980）相继建成。该装置制造工艺简单，由于使用木炭而无焦油去除问题。另外，发展中国家近年来由于森林覆盖率下降，也开始重视生物质气化技术的研究，如孟加拉国建成下吸式气化装置投入运行，马来西亚用固定床气化发电。印度以稻壳和可可壳为原料，已研制出 3.7～100kW 多种规格的上吸式气化炉生物质气化发电装置。

近十余年来，生物质气化技术在我国得到重视，出现了许多适合我国国情的生物质气化系统，技术逐渐成熟，已经从小试、中试向大规模产业化应用发展。20 世纪 80 年代，我国研制出由固定床气化器和内燃机组成的稻壳发电机组，形成了 200kW 稻壳气化发电机组的产品并得到推广。中国农机院、中国林科院进行了用固定床木材气化器烘干茶叶、为采暖锅炉供应燃气等尝试，并得到了一定程度的推广应用。辽宁省能源研究所开发的 FGAS 系列生物质气化集中供气系统，其主要技术指标如表 8-2 所列。

表 8-2　FGAS 系列生物质气化集中供气系统技术指标

机 组 型 号	FGAS-100	FGAS-200	FGAS-300
输出功率/(MJ/h)	450～550	900～1100	1350～1650
产气量/(m³/h)	100	200	300
煤气热值/(kJ/m³)	4500～5500	4500～5500	4500～5500
气化效率/%	70	72	73
气体焦油含量/(mg/m³)	<10	<10	<10

山东省能源研究所开发了 XFF 系列固定床气化集中供气系统，并在该省农村建立了示范基地。中国科学院广州能源所在生物质气化方面进行了大量研究和技术推广工作。早在 1991 年，他们开发的木粉循环流化床气化炉就开始投入使用。该炉利用了特殊的阀门加料结构，可以在较高的炉内压力下稳定运行。当以空气为气化介质时，低热值气化燃料送至锅炉，作为锅炉的燃料；当以氧气为气化介质时，生成中热值气体（12MJ/m³ 左右），可用作生活炊事用燃料。使用木屑流化床气化器与内燃机结合组成的 1MW 发电系统已经投入商业运行并取得了较好的效益。

8.3.2.2　生物质气化基本原理

生物质气化是在一定热力学条件下，将组成生物质的碳氢化合物通过化学反应转化为含氢、一氧化碳等可燃气体的过程。现以生物质气化常用的下吸式气化炉为例（见图8-8），阐述气化过程的基本原理。生物质原料从下吸式气化炉顶部加入，依靠重力由上向下运动，在这个过程中，分别经历了干燥层、热解层、氧化层和还原层，完成全过程后成为灰烬从气化炉底部排出。空气等气化剂从气化炉中部加入至氧化层，可燃气体从底部吸出。干燥层、热解层、氧化层和还原层在气化过程中起不同的作用，分述如下。

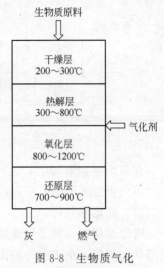

图 8-8　生物质气化
原理示意图

（1）干燥层

其作用是将含水的生物质原料加热至200～300℃，使水分蒸发，得到水蒸气和干物料。

（2）热解层

热解层的温度为300～800℃。物料中的挥发分在此层内大量析出，在500～600℃时基本完成，剩下残余的木炭。热解反应主要析出水蒸气、氢、一氧化碳、二氧化碳、甲烷、焦油和其他碳氢化合物。

（3）氧化层

气化剂（如空气）从氧化层引入，与从热解层下来的残余木炭发生剧烈的化学反应（也称为燃烧），放出大量反应热，温度可达800～1200℃。氧化层是生物质气化四个区域中唯一发生放热反应的区域，为干燥、热解和还原层提供热量。氧化层反应速率较快，高度较低。热解层析出的挥发分在氧化层参与反应后进一步降解，主要有以下反应：

$$C+O_2 \longrightarrow CO_2$$
$$2C+O_2 \longrightarrow 2CO$$
$$2CO+O_2 \longrightarrow 2CO_2 \tag{8-4}$$
$$2H_2+O_2 \longrightarrow 2H_2O$$

（4）还原层

由于气化剂中的氧在氧化层中已消耗尽，进入还原层的气体没有氧存在，其他组分与还原层中的木炭发生还原反应，生成氢气、一氧化碳和甲烷等可燃气体，完成了固体生物质向气体燃料的转化过程。主要反应过程如下：

$$C+H_2O \longrightarrow CO+H_2$$
$$C+CO_2 \longrightarrow 2CO$$
$$C+2H_2O \longrightarrow CO_2+2H_2 \tag{8-5}$$
$$C+2H_2 \longrightarrow CH_4$$

还原反应是吸热的，所需的热量由氧化层提供。因此，还原层的温度降低到700～900℃，反应速率也较慢，高度比氧化层要高。

纵观整个过程，反应主要发生在氧化层和还原层，因此将这两层称为气化区。在实际过程中，以上四层相互交错，没有明确界限。

8.3.2.3　生物质气化工艺及设备

由固体生物质到可供用户使用的可燃气体，需要一系列设备完成，主要有气化炉、气体净化系统、气体输送和储存系统等。图8-9所示为生物质气化工艺流程图。

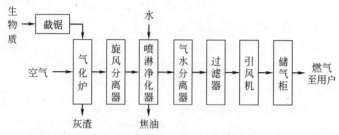

图 8-9　生物质气化工艺流程图

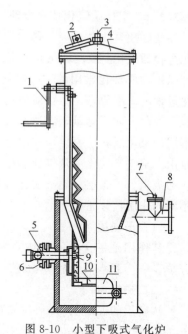

图 8-10　小型下吸式气化炉
结构示意图
1—物料捣杆及手柄；2—投料口盖；
3—传感器套管；4—炉盖；5—进
气口；6—填料压盖；7—安全阀；
8—出气口；9—喷嘴；10—炉箅；
11—清灰炉门

在整个生物质气化系统中，气化炉是核心设备。气化炉大体上可分为两类，即固定床气化炉和流化床气化炉。

（1）固定床气化炉

将经过切碎和初步干燥的生物质原料从固定床气化炉顶部加入炉内，由于重力的作用，原料从上而下运动，按层次完成各阶段的气化过程。反应所需的空气以及生成的可燃气体的流动靠风机所提供的压力差完成，有两种形式。第一种是风机安装在流程前端，靠压力将空气送入气化炉并将可燃气体吹出，系统正压操作。这时的风机称为鼓风机，经过鼓风机的气体为环境状态下的空气，因此对鼓风机的要求不高。但由于系统在正压下操作，不利于物料加入，因此这种送风形式通常为间歇操作。第二种是风机安装在流程的末端，称为引风机。依靠引风机的吸力，将空气吸入气化炉，将可燃气体吸出，系统在负压下操作。由于经过引风机的气体为燃气，对引风机的耐腐蚀等性能有一定的要求。负压操作还有利于将物料吸入气化炉，可实现连续操作。

按气体在气化炉内的流动方向，可将固定床气化炉分为下吸式、上吸式、横吸式和开心式四种类型。图 8-10 为小型下吸式气化炉结构示意图。

（2）流化床气化炉

流化床是一种先进的燃烧技术，广泛应用于化工、能源等部门，其高效的燃烧和气化过程使得生物质的气化速度和效率大大提高。一般选用砂子作为流化介质，将砂子加热到一定温度后，加入物料，在临界流化速率以上通入气化剂，物料、流化介质、气化剂相互接触，均匀混合，炉内各部分均匀受热，各部分温度保持一致，呈"沸腾"状态。流化床气化炉反应速率快，产气率高。

按反应炉结构又可分为鼓泡式、循环式、双循环式和携带式。

表 8-3 列出了各种不同类型的气化器对气化原料在形状以及组成方面的要求。可以看出，在原料尺寸的要求方面，固定床的适用范围比较广。

表 8-3　气化器对原料的要求

气化器类型	上吸式固定床	下吸式固定床	横吸式固定床	开心式固定床	流化床
原料种类	秸秆、废木	秸秆、废木	木炭	稻壳	秸秆、木屑、稻壳
粒度/mm	5～100	20～100	40～80	1～3	<10
含水量/%	<30	<25	<7	<12	<20
灰分/%	<25	<6	<6	<20	<20

8.4 生物质液体燃料

生物质通过直接和间接的方法生成液体燃料，如燃料乙醇、生物柴油、甲醇、二甲醚等，可以作为清洁燃料直接代替汽油、柴油等化石燃料，因此受到人们的高度关注。

8.4.1 燃料乙醇

8.4.1.1 概述

乙醇的某些理化性质与汽油非常接近，可直接作为液体燃料或与汽油混合使用，减少对石油的消耗。乙醇的辛烷值高，抗爆性能好。通常车用汽油的辛烷值为 90 或 93，而乙醇的辛烷值可达到 100～112，与汽油混合后，可提高油品的辛烷值。乙醇的氧含量高达 34.7%，如添加 10% 乙醇，油品的氧含量可以达到 3.5%，有助于汽油完全燃烧，以减少对大气的污染。使用燃料乙醇取代四乙基铅作为汽油添加剂，可消除空气中铅的污染；取代 MTBE，可避免对地下水和空气的污染。当汽油中乙醇的添加量不超过 15% 时，对车辆的行驶性能没有明显影响，但尾气中碳氢化合物、NO_x 和 CO 的含量明显降低。

乙醇可采用淀粉类、糖类和纤维素类生物质发酵生产，其生产及燃烧过程所排放的 CO_2 和作为原料的生物质生长所吸收的 CO_2 在数量上基本持平，需要环境供给的仅仅是阳光。这对减少大气污染及抑制温室效应有着重大的意义。图 8-11 为燃料乙醇全生命周期物质循环示意图。

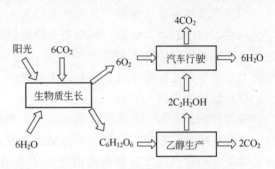

图 8-11　燃料乙醇全生命周期物质循环示意图

美国和巴西燃料乙醇合计产量约占世界燃料乙醇产量的 85%。巴西的石油资源短缺，是世界上第一个发展燃料乙醇的国家，早在 1973 年便启动了乙醇替代石油发展道路，是全球第一个达到生物燃料可持续利用的国家，也是世界上唯一不使用汽油作为汽车燃料的国家，其燃料乙醇巨大的优势主要源于巴西庞大的甘蔗产业。2016 年巴西的燃料酒精总量达到 1938 万吨。美国在 20 世纪 70 年代，为了减少对原油进口的依赖，开始推广车用乙醇汽油。作为能源战略，美国还制定了相关法律和扶持政策，给燃料乙醇的生产和使用提供财政补贴和税收优惠。由于转基因玉米的大量种植，美国燃料乙醇的产量一路攀升，2016 年全美国燃料乙醇产量达到 4578 万吨。欧盟为了解决农产品过剩问题和缓解石油资源短缺问题而发展车用乙醇汽油，在税收优惠政策的支持下，燃料乙醇在欧盟的使用呈上升趋势。

在中国加入世贸组织、农业面临巨大冲击、原油进口日趋增加、环保压力日益加大的大环境下，推广使用车用乙醇汽油是国家的一项战略性举措。2001 年国家质量监督检验检疫总局负责组织制定的《变性燃料乙醇》（GB 18350—2001）和《车用乙醇汽油》（GB 18351—2001）两项国家标准，于 2001 年 4 月开始实施。河南天冠集团公司、黑龙江华润金玉实业有限公司变性燃料酒精改扩建项目已投产，年产量均为 20 万吨。吉林市 60 万吨燃料乙醇项目竣工投产，从 2003 年 11 月 18 日起，吉林省全境对所有汽车只提供乙醇汽油。我国燃料乙醇的发展定位在改善国民经济结构、保护环境和推动农业产业化上，并要以此为目标把我国燃料乙醇逐步建设成为一个生产工艺技术先进成熟、综合利用水平较高并具有经济竞争力和国际影响力的全新产业。

8.4.1.2 乙醇的燃料特性

乙醇，俗称酒精，分子式为 CH_3CH_2OH，是一种无色透明并具有特殊芳香气味和强烈刺激性的物质，在常温常压下呈液态。乙醇的沸点和燃点较低，属于易挥发和易燃物质。当乙醇蒸气与空气混合时，极易引起爆炸或火灾。乙醇除了用作燃料外，还是重要的化工原料和食品。表 8-4 所列为乙醇的主要燃料特性。

表 8-4　乙醇的主要燃料特性

项目	密度(20℃)/(kg/L)	辛烷值	闪点/℃	馏程/℃	热值/(kJ/L)	汽化潜热/(kJ/kg)
数值	0.7893	100~112	13	78	21.26	854

8.4.1.3 燃料乙醇的生产工艺

乙醇的生产方法有化学合成法和发酵法两大类。化学合成法以石油、天然气为原料，通过化学反应制造乙醇。主要工艺路线有乙烯水合法、乙醛加氢法等。发酵法采用生物化学的工艺路线，以生物质为原料，利用微生物将糖分转化为乙醇。目前世界上通过发酵法生产的乙醇占乙醇总产量的 94% 以上。

发酵法生产乙醇的原料主要有以下三大类。

(1) 淀粉类原料

谷类作物如玉米、大米、高粱、大麦、小麦和燕麦等，薯类作物如甘薯、木薯和马铃薯等，还有一些含淀粉较多的野生植物如土茯苓、橡子、葛根、石蒜等。谷类是人类的主要粮食，除非在粮食供应十分充裕的情况下才考虑使用，否则就会出现人与汽车争粮的被动局面。在 21 世纪初，我国就曾将大量战备陈化粮用作燃料乙醇的原料，将这些不再合适用作人和牲畜食用的存放时间过长的粮食转化成生物质燃料，为陈化粮的利用找到了一条理想的出路。薯类作物在我国得到广泛的种植，甘薯的种植区域几乎遍布全国，而我国南方盛产木薯、北方盛产马铃薯，它们是乙醇生产的优质原料。

(2) 糖类原料

糖类原料包括甘蔗、甜菜、甜高粱等含糖作物，以及制糖工业的副产物——糖蜜。目前我国很少直接采用甘蔗、甜菜等糖类原料生产乙醇，而主要以糖蜜为原料。糖蜜是制糖工业中结晶母液多次循环后不再析出糖的废液，内含相当数量的可发酵糖，经过适当工艺处理后，可成为乙醇发酵的理想原料。随着糖类作物以能源作物的形式进行育种和栽培，利用它们的糖汁直接生产乙醇的工艺正在逐步推广。

(3) 纤维素原料

纤维素原料指农作物秸秆、林产加工废弃物、甘蔗渣及城市固体废物等，其主要成分有纤维素、半纤维素和木质素。纤维素结构与淀粉有共同之处，都是葡萄糖的聚合物。纤维素来源广泛，以纤维素为原料生产乙醇是目前主要的研究方向。1996 年，美国可再生资源实验室已研究开发出利用纤维素废料生产乙醇的技术，由美国哈斯科尔工业集团公司建立了一个 1MW 稻壳发电示范工程：年处理稻壳 12000t，年发电量 800 万度，年产乙醇 2500t，具有明显的经济效益。与淀粉类、糖类原料生产乙醇的成熟工艺相比，纤维素原料生产乙醇的工艺尚在研究和开发中，还有许多问题亟待解决。

成熟的生物质制取燃料乙醇的工艺流程如图 8-12 所示。

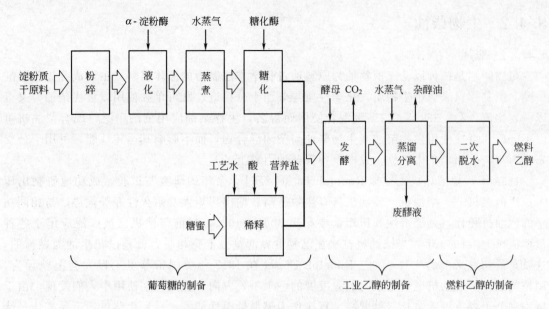

图 8-12　生物质制取燃料乙醇的工艺流程

由图 8-12 可以看出，燃料乙醇的生产分为三个阶段，即从原料制取葡萄糖，从葡萄糖制取工业乙醇，从工业乙醇制取燃料乙醇。

由淀粉质干原料制取葡萄糖的工艺较复杂，粉碎后的原料经液化、蒸煮和糖化成为葡萄糖，所经历的反应为：

$$(C_6H_{10}O_5)_n + nH_2O \xrightarrow{\text{酶}} nC_6H_{12}O_6 \qquad (8\text{-}6)$$
$$\underset{\text{淀粉}}{} \qquad\qquad \underset{\text{葡萄糖}}{}$$

相比之下，以糖蜜为原料制取葡萄糖就简单多了，通过加水对糖蜜进行稀释，加酸（通常为硫酸）调节 pH 值进行酸化处理，加营养盐等工序，使其中的蔗糖分子水解成葡萄糖，使溶液的浓度、pH 值及养分适合酵母菌的生长。反应式为：

$$C_{12}H_{22}O_{11} + H_2O \xrightarrow{\text{水解}} 2C_6H_{12}O_6 \qquad (8\text{-}7)$$
$$\underset{\text{蔗糖}}{} \qquad\qquad \underset{\text{葡萄糖}}{}$$

从葡萄糖制取工业乙醇是整个生产工艺的关键步骤。在生物反应器（发酵罐）中发生如下反应：

$$C_6H_{12}O_6 \xrightarrow[30\sim32℃]{\text{酵母菌}} 2CH_3CH_2OH + 2CO_2\uparrow \qquad (8\text{-}8)$$
$$\underset{\text{葡萄糖}}{} \qquad\qquad\qquad \underset{\text{乙醇}}{}$$

酵母菌通过代谢将葡萄糖转化为乙醇。酵母菌的种类、活性、代谢能力等对乙醇的产量有很大影响。离开发酵罐含乙醇 8%～11% 的物料进入蒸馏装置进行脱水分离，可得到乙醇含量为 95% 的工业乙醇或食用乙醇。

乙醇与水的混合物在浓度 95% 附近会出现一个被称为恒沸点的特殊点，采用普通蒸馏的方法不能使产品浓度高于这个点，因此必须采用二次脱水工艺，将浓度提高到 99% 以上，以符合燃料乙醇的要求。目前采用得最多的二次脱水方法有分子筛吸附法和加盐萃取精馏法。

8.4.2　生物柴油

8.4.2.1　概述

生物柴油是一种以动、植物油为原料通过化学方法制得的液体燃料，主要成分为脂肪酸甲酯。因其原料来源于生物质，化学性质与柴油十分接近，既可单独使用以替代柴油，又可以一定比例（2%～30%）与柴油混合使用而得名。生物柴油应用范围广泛，现有柴油机可以不经改装直接使用生物柴油或生物柴油与柴油混合物，而不影响其运转性能，可用于公交车、卡车、轮船、矿山机械、发电设备等柴油引擎上。

1896年，德国热机工程师 Rudolph Diesel 经过十余年的研究与试验，成功地研制出压力点火内燃机——柴油机。柴油机具有热效率高、输出扭矩大及耐久性好等优势，与相同功率的汽油机相比，其经济性和扭矩都要高出30%～40%。目前柴油机已被广泛应用于各种重型机械上。1900年，当柴油机首次在巴黎世界博览会上亮相时，就是以花生油为燃料的，这就是最初意义上的生物柴油。Rudolph Diesel 在1912年美国密苏里工程大会上曾预言，用植物油作为发动机燃料将成为能源发展的一个重要方向。但是，在使用中人们发现，由于植物油分子量大、碳链长、黏度高，直接作为燃料低温性能差、易炭化结焦、不易雾化、堵塞喷嘴易导致发动机故障，加上成本高，使得其应用受到限制。随着石油化学工业的高速发展，石油替代了煤炭成为了人类使用量最大的能源。廉价的石油及其制成品，以及优越的理化性质，使柴油迅速成为柴油机的燃料。当然，石油的大量使用也带来了许多问题，于是人们从20世纪50年代起，开始研究将动植物油通过改性制成性质与柴油相近的燃料，这就是我们现在所说的生物柴油。

2015年，生物柴油产量较高的国家依次是美国、巴西和德国，欧洲地区占所有生物柴油产量的43%。美国是研究、生产和应用生物柴油最早的国家。生物柴油是美国发展最快的替代燃油，2003年，美国生物柴油的产量约为2000万加仑，到2004年产量上升到2500万加仑。美国2016年生物柴油消费量达21.89亿加仑，其中国内生产15.69亿加仑（72%）。目前，全美约有450家加油站供应生物柴油，生物柴油在美国的零售价格约为0.33～0.59美元/L，价格与石油柴油相当。生物柴油的生产原料主要有大豆油、黄脂膏和牛油脂等，大豆油是主要生产原料，大豆油为原料生产的生物柴油在美国生物柴油市场上占有率达88.5%。此外，美国人造黄油产业中蕴涵着至少11000万加仑的生物柴油生产潜力。欧洲是世界上生物柴油产量最大和使用最广的地区，2010年生物柴油产量达到830万吨。日本从1995年开始研究生物柴油，主要以废弃食用油为原料，目前日本生物柴油年产量可达40万吨。马来西亚是世界棕榈油的主产国和主要输出国，具有发展生物柴油产业得天独厚的资源优势。目前，马来西亚计划通过生物柴油立法，2007年在全国范围内使用B5生物柴油，但其生物柴油产品主要用于出口，预计世界生物柴油在2007年后需求将达到1050万吨，马来西亚将占据10%的份额。

近年来，生物柴油在我国受重视的程度迅速提高。2004年，科技部高新技术和产业化司启动了"十五"国家科技攻关计划"生物燃料油技术开发"项目，包括生物柴油内容。2005年，由石元春院士主持的国家专项农林生物质工程开始启动，规划生物柴油在2020年的产量为1200万吨/年。2005年5月，国家"863计划"生物和现代农业技术领域决定提前启动"生物能源技术开发与产业化"项目，其中设有"生物柴油生产关键技术与产业化"课题。中国科技大学、石油化工科学研究院、西北农林科技大学、东北林业大学、华东理工大学、北京化工大学、四川大学、辽宁省能源研究所等单位分别进行了生物柴油的实验室开发和小型工业实验，取得了重大成果。2001年海南正和生物能源有限公司在河北邯郸建成了以回收废油、野生油料为原料的年产1万吨生物柴油的试验装置。2002年8月，四川古杉油脂化工公司以植物油下脚料为原料生产生物柴油，生产能力为15000t/a。2002年9月，福建卓越新能源发展有限公司的20000t/a生物柴油装置投产。上述工作为我国大力发展生物柴油产业提供了宝贵的经验。据有关资料介绍，2017年，我国生物柴油产量约为110万吨，年产5千吨以上的厂家超过40家，并向大规模化趋势发展。基于近年来的发展情况来看，我国生物柴油原料资源收集困难，原料成本较高和国家政策不完善等因素制约着生物柴油产业发展。当前生物柴油发展受限最主要的原因是原料资源短缺。虽然近年来颁布的"十三五"规划明确提出了对生物柴油项目进行升级改造，提升产品质量，满足交通燃料品质需要，但由于暂未出台相关配套措施，生物柴油市场并未因此有明显好转。

8.4.2.2 生物柴油的燃料特性

生物柴油主要由C、H、O三种元素组成。作为柴油的替代品，生物柴油应当满足柴油的使用要求，才能保证其正常使用。表8-5给出了生物柴油与柴油燃料特性的比较。

表8-5 生物柴油与柴油燃料特性比较

主要燃料特性		生物柴油	柴 油	主要燃料特性	生物柴油	柴 油
冷滤点/℃	夏季产品	−10	0	十六烷值	≥56	≥49
	冬季产品	−20	−20	热值/(MJ/L)	32	35
相对密度		0.88	0.83	燃烧功效/%	104	100
动力黏度(40℃)/(mm²/s)		4~6	2~4	S/%(质量分数)	<0.001	<0.2
闭口闪点/℃		>100	60	O/%(体积分数)	10	0

与柴油相比，生物柴油的优越性能十分突出，归纳为如下几点。

① 可再生 与柴油相比，生物柴油的原料是可再生的生物质，来源广泛，用之不竭。

② 环境友好 柴油发动机使用生物柴油后，其尾气中悬浮微粒可降低30%，黑烟降低80%，CO降低50%，SO_x降低100%，碳氢化合物降低95%，醛类化合物降低30%。生物柴油可生物降解，对土壤和水体污染较小。

③ 良好的机械性能 生物柴油有良好的润滑性能，可降低喷油泵、发动机缸和连杆的磨损率，延长其寿命。生物柴油还具有较好的发动机低温启动性能。

④ 安全性高 生物柴油闪点高，储存、运输、使用都非常安全。

⑤ 使用方便 生物柴油可与柴油以任意比例互溶，混合燃料物理、化学状态稳定。

但生物柴油也有一些缺点。如生物柴油具有腐蚀性，可腐蚀橡胶和塑料，因此所有与其接触的部件都要有适当的防护设计。生物柴油具有吸水性，会对喷射设备造成腐蚀，长时间停止不动可能导致机件损坏，因此使用生物柴油的发动机必须定期运转和保养。生物柴油的运动黏度高、雾化能力低、低温启动性差，使用生物柴油还会使发动机功率降低约8%。这些问题虽不影响生物柴油的使用，但必须在使用中加以注意。

8.4.2.3 生物柴油的生产工艺

由于植物油碳链比较长、含不饱和的双键比较多或含支链比较多，导致其黏度过高，直接在柴油机中使用会出现许多问题。为此各国进行了大量研究，通过各种方法对天然油脂进行改性，得到性质与柴油相近，可以供柴油机长期、稳定使用的生物柴油。目前生物柴油的生产方法主要有稀释法、微乳化法、热解法、酯交换法、生物法和超临界法六种。

(1) 稀释法

稀释法也称为直接混合法。将天然油脂与柴油、溶剂或醇类直接混合，以降低其黏度，提高挥发度。这种方法工艺简单，但得到的生物柴油质量不高，长期使用易出现喷嘴堵塞和结焦等现象。

(2) 微乳化法

微乳化法利用乳化剂将动植物油与甲醇、乙醇等溶剂混合成微乳状液，以降低黏度。微乳状液是一种透明、稳定的胶体分散系，是由两种互不相容的液体与离子或非离子的两性分子混合而形成的直径在 $1\sim150$ mm 的胶质平衡体系。用微乳化法制得的生物柴油是否能稳定利用，与环境条件有很大关系，因为环境变化易使其出现破乳现象。

(3) 热解法

热解法通过高温将高分子有机化合物转变为简单的碳氢化合物。这种方法最早是用于合成石油，在第一次世界大战后，许多研究者在这方面做了大量工作，这项研究一直延续至今。1993 年，有研究者对植物油进行催化裂解生产生物柴油进行了研究。他们以椰油和棕榈油为原料，以 SiO_2/Al_2O_3 为催化剂，在 450℃ 下裂解，得到的产物分为气液固三相，其中液相为生物汽油与生物柴油的混合物，生物柴油的性质与柴油非常接近。热解法的最大缺点是工艺复杂，成本过高。

(4) 酯交换法

酯交换法利用甲醇、乙醇等醇类物质与动植物油脂在催化剂存在的条件下发生酯化反应，得到脂肪酸甲（乙）酯（生物柴油）。酯交换法是目前工业生产中主要采用的方法，该法对原料要求不高，各种天然植物油、动物脂肪以及食品工业和餐饮业的废油都可以作为原料用于生物柴油的生产。以甲醇为例，其主要反应为：

$$
\begin{array}{c}
\mathrm{CH_2COOR^1} \\
|\\
\mathrm{CHCOOR^2} \\
|\\
\mathrm{CH_2COOR^3}
\end{array}
+ 3\mathrm{CH_3OH}
\xrightarrow{\text{催化剂}}
\begin{array}{c}
\mathrm{R^1COOCH_3} \\
\mathrm{R^2COOCH_3} \\
\mathrm{R^3COOCH_3}
\end{array}
+
\begin{array}{c}
\mathrm{CH_2OH} \\
|\\
\mathrm{CHOH} \\
|\\
\mathrm{CH_2OH}
\end{array}
\tag{8-9}
$$

油脂　　　　甲醇　　　　生物柴油　　甘油

均相催化酯交换法生产生物柴油是工业上使用得最多的方法，又可分为碱催化法和酸催化法。其中碱催化法已被广泛应用，常用的催化剂有 NaOH 和 KOH。碱催化法可在常压和 60℃ 左右进行，反应条件温和，在采用有效手段后，可获得 99% 以上的转化率。但碱催化法对原料中的游离脂肪酸和水的含量有较高要求，因为游离脂肪酸会与碱发生皂化反应而产生乳化现象；水则会引起酯化水解，进而发生皂化反应，同时也会降低碱的催化活性。乳化的结果会使产物中的甘油相和甲酯相变得难以分离，加大了反应后处理的难度。因此工业上通常要对原料进行脱酸、脱水或预酯化等预处理。但这样做又会增加工艺的复杂性和生产成本。酸催化法通常采用 H_2SO_4、HCl 等为催化剂，游离脂肪酸会在该条件下发生酯化反应，因此，该法特别适用于原料中酸含量比较高的情况，如餐饮业废油等。但酸催化法反应周期比较长，受重视程度远不如碱催化法。

为了解决传统碱催化法产生废液多、副反应多及乳化现象严重等问题，非均相催化酯交换工艺受到广泛关注。该法将液态的酸碱催化剂改为如 ZnO、$ZnCO_3$、$MgCO_3$、K_2CO_3、$Na/NaOH/\gamma\text{-}Al_2O_3$ 等固体催化剂，可大大加快反应速率，还具有寿命长、比表面积大、不受皂化反应影响和易于从产物中分离等优点。

油料植物酯交换法生产生物柴油的工艺流程如图 8-13 所示。

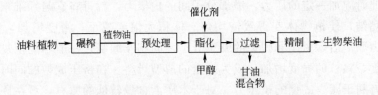

图 8-13 酯交换法生产生物柴油的工艺流程

(5) 生物法

生物法也称为生物酶法。这是一种以动物油脂和低碳醇通过脂肪酶进行转酯化反应，制取生物柴油（脂肪酸甲酯或乙酯）的方法。脂肪酶是一种很好的生物催化剂，具有高催化效率及经济性，能使醇与脂肪酸甘油酯进行酯交换反应。生物法合成生物柴油具有条件温和、醇用量小、无污染等优点。存在的问题是对甲醇及乙醇的转化率较低，通常仅为 40%～60%；短链醇对酶有一定毒性，导致酶的寿命不长；副产物甘油和水回收利用难，不但对产物形成抑制，而且甘油对固定化酶有毒性，使固定化酶使用寿命缩短。

(6) 超临界法

用植物油与超临界甲醇反应制备生物柴油的基本原理与酯交换法相同，所不同的是，反应是在超临界状态下进行的，而且不需要催化剂。在超临界状态下，甲醇与油脂成为均相，反应速率高、时间短、不发生皂化反应，产品的纯化过程大大简化。但超临界反应是在高压及 400～450℃ 左右下进行的，设备投入大，操作要求高。

8.5 生物质固体燃料

8.5.1 生物质压缩成型技术

农业、林业以及园林绿化等行业产生大量秸秆、稻壳、树枝、树叶、木屑及木材加工边角料等废弃物，这些废弃物松散、分布范围广，收集、运输和储藏难度非常大。长期以来，除了部分秸秆作为牲畜饲料外，还用作农户燃料低效率燃烧，或在田间焚烧作为草木灰还田，甚至直接废弃，既浪费了宝贵的生物质能源，又污染环境。为了解决这个问题，生物质压缩成型技术应运而生。

该技术将农林废弃物破碎并送入成型机械，在外力作用下，压缩成一定形状的高密度颗粒，常见的形状有棒状、块状和颗粒状等。这些颗粒密度可达 1.1～1.4t/m³，体积比压缩前缩小 6～8 倍，能源密度相当于中等质量的烟煤，使用生物质成型燃料可提高能源利用率和减少污染。例如直接燃烧生物质的热效率仅为 10%～30%，而将生物质压缩成型后经燃烧器（包括炉、灶等）燃烧，其热效率为 87%～89%，提高了 57～79 个百分点，节约了大量能源。燃烧过程中，炉膛温度高、火力持久，燃烧特性得到明显改善。经测定，该种燃料排放的污染物低于煤的，是一种高效、洁净的可再生能源。

农林废弃物主要由纤维素、半纤维素和木质素组成，还含有树脂和蜡等。木质素是光合作用形成的天然聚合物，具有芳香族的结构，单体为苯基丙烷型立体结构的高分子化合物。不同种类的植物都含有木质素，含量通常为 15%～30%，而阔叶木、针叶木的木质素含量可达到 27%～32%，禾草类含量则少些，为 14%～25%。木质素属于非晶体，没有熔点，但有软化点，当温度达到 70～110℃ 时开始软化并具有黏性，温度达到 200～300℃ 呈熔融状，黏度高，此时施加一定的压力，增加分子间的内聚力，就可将它与纤维素紧密黏结并与相邻颗粒互相黏结，使植物体变得致密均匀，体积大幅度减小，密度增加，并在模具内成型。当外部压力取消后，由于非弹性的纤维分子之间相互缠绕，一般不能恢复原来的结构和形状。降低温度，颗粒的强度增加，成为致密的成型燃料。在挤压成型的同时，适当提高植物体的温度，有利于减少成型的挤压力。对于木质素含量较低的原料，可在压缩时掺加少量黏结剂，有助于生物质颗粒间产生引力，减少成型所需的压力。常用的黏结剂有黏土、淀粉、糖蜜、造纸黑液和植物油等。生物质压缩成型工艺流程如图8-14所示。

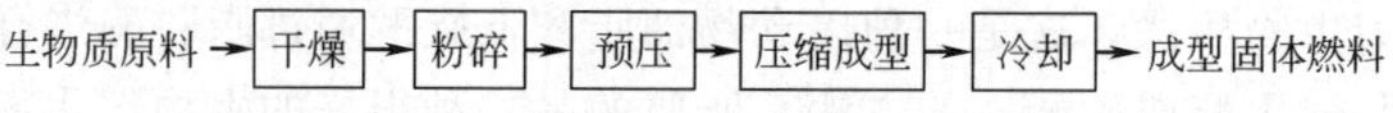

生物质原料 → 干燥 → 粉碎 → 预压 → 压缩成型 → 冷却 → 成型固体燃料

图 8-14　生物质压缩成型工艺流程

在上述流程中，压缩成型是整个工艺的关键步骤。根据生物质压缩成型原理及用户的要求，使用各种形式的机械及模具，可制成不同形状和尺寸的生物质致密成型燃料。图8-15～图8-17是三种常见的生物质压缩成型机械。

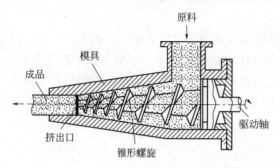

图 8-15　螺旋挤压式成型机

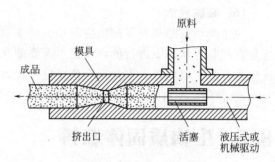

图 8-16　活塞冲压式成型机

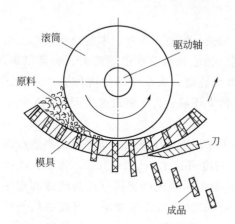

图 8-17　压辊式成型机

美国在20世纪30年代就开始研究生物质致密成型燃料技术及其燃烧技术。目前，美国已经在25个州兴建了树皮成型燃料加工厂，每天生产燃料超过300t。欧洲现有近百家生物质致密成型燃料加工厂，农场主要以秸秆为原料，靠近城市的加工厂以木屑为原料。丹麦、瑞典、德国、比利时、奥地利等国家该项技术发展得很快。例如，瑞典有生物质颗粒成型燃料加工厂10多家，人均生物质致密成型燃料消耗量达到160kg/a。德国的颗粒成型燃料工厂主要以木屑、木片、枝、边角料等生物质为原料。日本也已实现了工厂化生产，产品主要用于取暖、锅炉发电等。南非在2003年建成了4座以木柴加工废弃物为原料、年产量达到20万吨的成型燃料加工厂。在亚洲，泰国、印度等国也建立了不少生物质致密成型燃料专业生产厂。目前，我国研究和开发的生物质固化成型机也已应用于生产，致密成型燃料已应用于取暖和小型锅炉。

8.5.2　城市固体废弃物能源化处理

城市固体废弃物俗称垃圾。随着全球城市化进程的加快和人类生活水平的提高，城市数量不断增加，规模持续扩大，城市生活垃圾大量产生，已成为一个污染环境、危害市民身体健康和妨碍城市发展的严重的社会问题。以我国为例，全国城市年产生活垃圾已达 1.5 亿吨，并以每年 8%～10% 的幅度增长，垃圾侵占土地面积已超过 $5 \times 10^8 \, \text{m}^2$，全国已有 200 多座城市被垃圾包围。城市垃圾的无害化、减量化和资源化已迫在眉睫。

目前，城市生活垃圾的处理方法主要有填埋、堆肥、焚烧产能等，由于垃圾主要以可燃物质，特别是生物质组成，采用适当的方法可将其转化为适用的能源。现在，全国城市每年因运输、处理垃圾造成的损失约近 300 亿元，而将其综合利用却能创造 2500 亿元的效益。其中垃圾焚烧已成为许多城市解决垃圾出路、同时获得能源的新趋势和新热点。

垃圾焚烧是通过高温燃烧将可燃垃圾转化成惰性残渣并获得热能的过程。实践证明该方法的简单、有效和可行，可使城市的垃圾处理基本上达到了无害化、减量化和资源化的目的。垃圾焚烧处理的资源化效益主要来自其热能回收。焚烧过程产生的热量用于发电，可以实现垃圾的能源化利用。

城市生活垃圾焚烧发电技术中，焚烧炉是关键设备。目前垃圾焚烧炉主要有炉排式焚烧炉、流化床焚烧炉和旋转窑型焚烧炉等。

炉排式焚烧炉技术比较成熟，具有体积小、操作方便、工作可靠等一系列优点。它不需对进炉垃圾作严格的预处理，活动炉排的推动可实现对垃圾的搅动，防止垃圾进炉遇高温形成表面固化，影响垃圾内部的传热和气体的流动，以致延长垃圾的燃烧时间，导致不完全燃烧。垃圾的干燥、着火、燃烧及燃尽等一系列过程都在炉排上进行，故处理效率极高；垃圾层均匀，燃烧稳定，炉温及余热锅炉蒸发量变动很小。这种焚烧方式比较适合于城市生活垃圾的处理。图 8-18 为炉排式焚烧炉结构示意图。

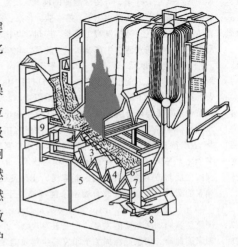

图 8-18　炉排式焚烧锅炉结构示意图
1—垃圾料斗；2—垃圾推料器；3—炉排；4—风室；
5—出灰管；6—落灰调节器；7—落灰管；
8—除渣机；9—炉排控制盘

流化床焚烧炉具有燃烧彻底、效率高、投资相对较低等特点，受到广泛重视，循环流化床焚烧炉是主要的炉型。固体颗粒在流体作用下形成流态化床层，在这种状态下，作用在颗粒上的重力与气流的曳力相互平衡，颗粒处于一种拟悬浮状态，具有类似流体的性质。在流化床焚烧炉内，垃圾发生激烈的翻腾和循环流动、悬浮燃烧，空气与垃圾充分接触，部分未燃尽的颗粒被再次循环至炉膛内反复燃烧。这种焚烧炉的燃烧效率极高，通常在 95%～99% 范围内，甚至可高达 99.5%。循环流化床焚烧炉对燃料的适应性广，特别是一些含水量高、热值低的废弃物，也很容易在其内着火燃烧。

此外，还有静态连续焚烧炉和回转窑焚烧炉等炉型。

与常规能源相比，垃圾的热值低、水分含量高、可燃物的质量和数量不稳定，造成发电量波动大，稳定性差。在垃圾焚烧过程中，会产生二噁英、NO_x 等有害物质，加上垃圾本身的臭气、垃圾渗滤液、飞灰等，都会对环境造成影响。对于上述存在的问题，必须通过技术手段加以改进。

参 考 文 献

[1] 姚向君，田宜水. 生物质能资源清洁转化利用技术. 北京：化学工业出版社，2005.

[2] 袁振宏，吴创之，马隆龙. 生物质能利用原理与技术. 北京：化学工业出版社，2005.

[3] 黄素逸，高伟. 能源概论. 北京：高等教育出版社，2004.

[4] 肖波，周英彪，李建芬. 生物质能循环经济技术. 北京：化学工业出版社，2006.

[5] 张瑞芹. 生物质衍生的燃料和化学物质. 郑州：郑州大学出版社，2004.

[6] 王革华，艾德生. 新能源概论. 北京：化学工业出版社，2006.

[7] 杨勇平，董长青，张俊姣. 生物质发电技术. 北京：中国水利水电出版社，2007.

[8] 邓可蕴. 中国农村能源综合建设理论与实践. 北京：中国环境科学出版社，2001.

[9] 日本能源学会编. 生物质和生物能源手册. 史仲平，华兆哲译. 北京：化学工业出版社，2006.

[10] 朱清时，阎立峰，郭庆祥. 生物质洁净能源. 北京：化学工业出版社，2002.

[11] 马隆龙，吴创之，孙立. 生物质气化技术及其应用. 北京：化学工业出版社，2003.

[12] 张衍国，李清海，康建斌. 垃圾清洁焚烧发电技术. 北京：中国水利水电出版社，2004.

[13] 姚向君，王革华，田宜水. 国外生物质能的政策与实践. 北京：化学工业出版社，2006.

[14] Edward S Cassedy 著. 可持续能源的前景. 段雷，黄永梅译. 北京：清华大学出版社，2002.

[15] 吴相钰，陈阅增. 普通生物学. 第 2 版. 北京：高等教育出版社，2005.

[16] 姚汝华，赵继伦. 酒精发酵工艺学. 广州：华南理工大学出版社，1999.

[17] 马赞华. 酒精高效清洁生产新工艺. 北京：化学工业出版社，2003.

[18] ［美］劳爱乐，耿勇. 工业生态学和生态工业园. 北京：化学工业出版社，2003.

[19] 邓南圣，吴峰. 工业生态学——理论与应用. 北京：化学工业出版社，2002.

[20] 黄仲涛. 现代化工词典. 北京：科学出版社，2004.

[21] 王革华. 能源与可持续发展. 北京：化学工业出版社，2005.

[22] 章克昌. 酒精与蒸馏酒工艺学. 北京：中国轻工业出版社，1995.

[23] "十五"国家高技术发展计划能源技术领域专家委员会. 能源发展战略研究. 北京：化学工业出版社，2004.

[24] 吴创之，马隆龙. 生物质能现代化利用技术. 北京：化学工业出版社，2003.

[25] 国家发展与改革委员会，国家能源局. 能源发展"十三五"规划. 2016.

[26] 国家能源局. 国家发展改革委国家能源局关于印发能源发展"十三五"规划的通知：发改能源 ［2016］2744 号 ［A/OL］. 2017-01-17. http：//www. nea. gov. cn/2017-01/17/c_135989417. htm.

[27] 国家能源局. 生物质能发展"十三五"规划. 2016.

[28] 国家能源局. 国家能源局关于印发《生物质能发展"十三五"规划》的通知：国能新能 ［2016］291 号 ［A/OL］. 2016-12-06. http：//www. gov. cn/xinwen/2016-12/06/content_5143612. htm.

[29] 袁振宏. 生物质能高效利用技术. 北京：化学工业出版社，2014.

[30] 刘灿，刘静. 生物质能源. 北京：电子工业出版社，2016.

[31] 袁振宏，吴创之，马隆龙. 生物质能利用原理与技术. 北京：化学工业出版社，2016.

[32] Bridgwater A V. Pyrolysis and Gasification of Biomass and Waste. CPL Scientific Ltd，2003.

[33] Brown，Robert C. Biorenewable Resources：Engineering New Products from Agriculture. Ames，Iowa：Iowa State Press，2003.

[34] Richardson J. Bioenergy from Sustainable Forestry：Guiding Princeples and Practice. Dordrecht；Boston：Kluwer Academic，2002.

[35] Sims，Ralph E H. The Brilliance of Bioenergy in Business and in Practice. London：James & James（Science publishers），2002.

[36] Heugren R，et al. High Temperature Pyrolysis of Biomass. In Energy from Biomass and Wastes XV. Edited by Donald. Chicago：Insitute of Gas Technology，1991：877-894.

[37] Tebbi G，Rossi C and Pedreui G. Plans for the Production and Utilization of Bio-oil from Biomass Fast Pyrolysis. Developments in Thermochemical Biomass Conversion. Edited by Bridgwater A V and Boocook D C B，1997.

第9章

风 能

风能是地球表面大量空气流动所产生的动能。由于地面各处受太阳辐照后气温变化不同和空气中水蒸气的含量不同，因而产生气压的差异，在水平方向高压空气向低压地区流动，即形成风。风是太阳能的一种转化形式，具有蕴藏量大、分布广、无污染等特点，是21世纪备受关注的可持续发展的替代能源之一。

9.1 风及风能

9.1.1 风的形成

大气时刻不停地运动着，它的运动能量来源于太阳辐射。太阳辐射对地表各处的加热并不是均匀的，因而形成了地区间的冷热差异，引起了空气上升或下沉的垂直运动，空气的上升或下沉，导致了同一水平面上的气压差异。单位距离的气压差称为气压梯度。只要水平面上存在气压梯度，就产生了促使大气由高压区流向低压区的力，这个力就称为水平气压梯度力。在这个力的作用下，大气会从高压区向低压区作水平运动，这就形成了通常所说的风。

水平气压梯度力是垂直于等压线，并指向低压的。如果没有其他外力的影响，风向应该平行于气压梯度的方向，但因为地球的自转，使空气的水平运动方向发生了偏转，而这种使空气运动发生偏转的力定义为地转偏向力，它使风向逐渐偏离气压梯度力的方向：北半球向右偏转，南半球向左偏转。由此可见，地球上的大气除了受到水平气压梯度力的作用以外，还受到地转偏向力的影响。此外，空气的运动，特别是地面附近空气的运动不仅受到这两个力的支配，而且在很大程度上受海洋、地形如山隘和海峡、丘陵山地等的影响，从而造成了风速的增大或减小。

9.1.2 风速与风向

风速，即空气流动的速度，通常用来衡量风的大小，可定义为单位时间内空气在水平方向上的位移，常以 m/s、km/h 为单位。测量风速的仪器有很多，常见的有旋转式风速计、压力式风速计、散热式风速计和声学风速计等。因为风是不恒定的，风速仪所测得的仅仅是风速的瞬时值。气象报告里出现的风速值通常是指在一段时间内多次测量所得的瞬时风速的平均值。根据时间段的不同而分为日平均风速、月平均风速或年平均风速。一般来说，风速会随着高度的升高而增强，风速仪放置的位置不同，测量结果也会有相应的变化，通常选取10m 作为测量高度。

空气团运动的方向称为风向。如果气流从北方吹来就为北风。

图 9-1 所示为常用的测量风速与风向的仪器。

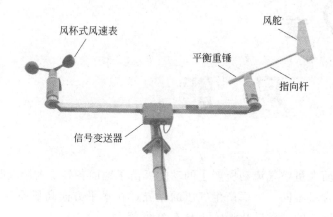

图 9-1　风杯式风速表和风向标

9.1.3　风级

风级，即风力的等级，用于衡量风对地面或海面物体的影响程度。1805 年英国人弗朗西斯·蒲福（Frincis Beanfort）把风力分为 13 级（从 0 级风到 12 级风）。除了用数字表示等级之外，还有一套自成系统的表示风力大小的具体名称，如"强风"、"狂风"、"飓风"等。蒲福创立的风级，具有科学、精确、通俗、适用等特点，已为各国气象界及整个科学界认可并采用。20 世纪 50 年代，测风仪器的发展使人们发现自然界的风力实际可以大大地超过 12 级，"蒲福风力等级"几经修订补充，现已扩展为 18 个等级，即从 0 级到 17 级。事实上，17 级以上的风虽极为罕见，但也出现过，只是现在还没有制订出衡量它们级别的标准。

表 9-1 所列为蒲福风力等级的最新形式。

表 9-1　蒲福风力等级

风力等级	风速		风力强弱	表现		
	/(km/h)	/(m/s)		陆地现象	海岸现象	海面浪高(一般/最高)/m
0	<1.0	0~0.2	无风	无风平静,炊烟直上	海面平静	—
1	1~5	0.3~1.4	软风	烟能示方向,风向标不动	微波峰无飞沫;渔船不动	0.10/0.10
2	6~11	1.7~3.1	轻风	人面感觉有风,树叶微响,风向标开始转动	小波峰未破碎;船张帆时,可随风移动	0.15/0.30
3	12~19	3.3~5.3	微风	树叶及微枝摇动不息,旌旗展开	小波峰顶破裂;渔船渐觉簸动	0.60/1.00
4	20~28	5.6~7.8	和风	能吹起地面灰尘和纸张,树的小枝摇动	小浪白沫波峰;渔船满帆时,倾于一方	1.00/1.50
5	29~38	8.0~10.6	轻劲风	小树摇摆	中浪折沫峰群;水面起波	1.80/2.50
6	39~49	10.8~13.6	强风	大树枝摇动,电线呼呼有声,举伞有困难	大浪白沫离峰;渔船不宜出海捕鱼	3.00/4.00
7	50~61	13.9~16.9	疾风	大树摇动,迎风步行感觉不便	破峰白沫成条;渔船停息港中,去海外的下锚	4.00/6.00

风力等级	风速 /(km/h)	风速 /(m/s)	风力强弱	表现 陆地现象	表现 海岸现象	海面浪高(一般/最高)/m
8	62~74	17.2~20.6	大风	树枝折断,迎风行走感觉阻力很大	浪长高有浪花;近港海船均停留不出	5.50/7.50
9	75~88	20.8~24.4	烈风	轻微结构受到损坏,简易屋顶被吹走	浪峰倒卷;轮船航行困难	7.00/9.75
10	89~102	24.7~28.3	狂风	陆上少见,可拔树毁屋	海浪翻滚咆哮;轮船航行颇危险	9.00/12.50
11	103~117	28.6~32.5	暴风	陆上很少见,有则必受重大损毁	波峰全呈飞沫;轮船遇之极危险	11.30/16.00
12	118~133	32.8~36.9	飓风	陆上绝少,摧毁力巨大	海浪滔天	13.70
13	134~149	37.2~41.4				
14	150~166	41.7~46.1				
15	167~183	46.4~50.8				
16	184~201	51.1~55.8				
17	202~220	56.1~61.1				

9.1.4 风能密度与风能

风能密度是单位迎风面积可获得的风的功率,可方便地描述某个地方的风能潜力。风能密度与风速的三次方和空气密度成正比,其一般表达式为:

$$w = \frac{1}{2}\rho v^3 \tag{9-1}$$

式中　w ——风能密度,W/m^2;

　　　ρ ——空气密度,kg/m^3;

　　　v ——风速,m/s。

由于风速的随机性很大,用某一瞬时的风速无法来评估某一地区的风能潜力,通常使用的是平均风能密度:

$$\overline{w} = \frac{1}{2T}\int_0^T \rho v^3 \mathrm{d}t \tag{9-2}$$

式中　$\overline{w}$ ——时间 T 内的平均风能密度,W/m^2;

　　　ρ ——空气密度,kg/m^3;

　　　v —— t 时刻的风速,m/s。

若空气密度 ρ 在时间 T 内的变化可以忽略不计,则式(9-2)变为:

$$\overline{w} = \frac{\rho}{2T}\int_0^T v^3 \mathrm{d}t \tag{9-3}$$

在实际的风能利用中,过小和过大的风速都不能被风能转换装置(如风力发电机)利用,风速过小风机不能启动,超过风机安全运行风速将会给风机带来破坏。除去这些不可利用的部分后,得出的平均风速所求出的风能密度称为有效风能密度:

$$w_e = \frac{1}{2}\int_{v_1}^{v_2} \rho v^3 P(v)\mathrm{d}v \tag{9-4}$$

式中　w_e ——有效风能密度,W/m^2;

v_1——启动风速，m/s；

v_2——停机风速，m/s；

$P(v)$——有效风速范围内的条件概率分布密度函数。

风能密度乘以垂直于风速的受风面积，可得到风能，即：

$$E = wF \tag{9-5}$$

式中　E——风能，W；

　　　w——风能密度，W/m²；

　　　F——垂直于风速的受风面积，m²。

9.1.5　风能利用的主要形式

风能的利用是将大气运动时所产生的动能转化成其他形式的能量。其形式有很多，包括风力发电、风力提水、风帆助航和风力制热等。可以说，风能是人类最早学会利用的能源之一。风能利用的历史悠久，早在上千年前，我们的祖先就利用风车提水、灌溉、加工农副产品了。我国是最早使用帆船和风车的国家之一，唐代有诗云："乘风破浪会有时，直挂云帆济沧海"、"用风帆六幅，车水灌田，淮阳海皆为之"，可见，当时人们已经懂得利用风帆驱动水车灌田的技术了。到了12世纪，风车排水等技术传入了欧洲，风力机械成为动力机械的一大支柱。但随后煤炭、石油、天然气等能源的出现，使风力机械逐渐被淘汰。20世纪后半叶，随着能源危机的加剧以及环境的恶化，洁净可再生的风能又重新得到重视，其中风力发电成为现代风能利用的主要形式。

9.1.6　风能资源分布

据估算，地球可供人类开发利用的风能总量约为 1.46×10^{11} kW，相当于 2005 年全球发电能力的 74.7 倍。

世界风能资源丰富的地区主要集中在大陆的沿海地带，亚洲风速较大的地区主要集中在中国、日本、印度和越南的沿海及西伯利亚等地区，欧洲主要是爱尔兰、英国、丹麦、法国、荷兰、俄罗斯、葡萄牙和希腊等国，非洲主要是摩洛哥、毛里塔尼亚、塞内加尔西北海岸、南非、索马里和马达加斯加等，美洲主要是加拿大、美国沿海地区、巴西东南沿海、阿根廷和智利等地。

我国位于亚洲大陆东部，濒临太平洋，幅员辽阔，不仅风能密度大，年平均风速也高，尤其是在东南沿海、三北地区及青藏高原区等地带，风能资源十分丰富，风能利用的潜力很大。据估计，我国陆地离地面50m高度层可开发利用的3级以上风能资源约为 2.38×10^9 kW，5～25m水深线以内近海区域海平面以上50m高度可开发利用风能资源约为 2×10^8 kW。

图 9-2 为我国陆地风能资源区划图。风能分布具有明显的地域性和季节性规律，根据年有效风能密度和年风速大于等于3m/s的风的年累积小时数的多少把我国分为4个区域，分别为风能丰富区、较丰富区、可利用区和贫乏区。由图中可看出，我国内蒙古北部、松花江下游区域及台湾海峡沿岸风能资源丰富；风能较丰富区有我国北部沿国境线的大部区域、环渤海湾地区、黄海东海沿岸、海南岛及南疆藏北地区；风能可利用区通常是指两广沿海地区、大、小兴安岭山地区以及我国的中部地区；风能贫乏区是指云、贵、川、渝、湘、赣及桂、粤、闽的内陆部分，以及雅鲁藏布江、塔里木盆地等地，这里由于地势地形的影响，基本上都是高山环抱或盆地区，风能利用的潜力不大。

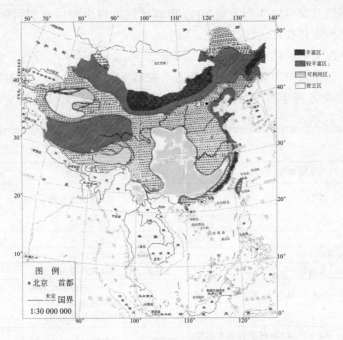

图 9-2 我国陆地风能资源区划图

9.1.7 风能利用现状

目前世界上风能利用的主要形式是风力发电。风电作为应用最广泛和发展最快的新能源发电技术，已在全球范围内实现大规模开发应用。到 2015 年底，全球风电累计装机容量达 4.32 亿千瓦，遍布 100 多个国家和地区。2011～2015 年期间，全球风电装机新增 2.38 亿千瓦，年均增长 17%，是装机容量增幅最大的新能源发电技术。随着技术的进步和应用规模的持续扩大，风电的开发利用成本不断下降，巴西、南非、埃及等国家的风电价格已低于传统的化石能源电价，美国也已下降到与化石能源电价相当水平，风电逐渐显现出较强的经济性。随着全球发展可再生能源的共识不断增强，风电在未来能源电力系统中将发挥更加重要的作用。

欧盟自 2001 年起制订可再生能源发展指导计划，风力发电逐渐成为最具竞争力、最有发展前景的可再生能源技术，2000 年以来，风电占欧洲新增装机的 30%，其中以英国、德国、丹麦的风电发展最有代表性，在世界风电发展中独领风骚。英国的风电装机容量在欧洲排名第六，风力资源主要分布在苏格兰、英格兰的西南和北部，但风电发展的程度远远及不上经济增长的速度，为此英国政府制定了一系列发展计划和促进政策，相信今后英国的风电发展将会得到极大的提高。

丹麦无论在陆上还是海上都拥有丰富的风力资源，陆上分布特点是从东到西，风力逐渐增强，海上靠近浅海地带风力资源尤其丰富。多年来丹麦政府对本国的风电事业投入了较多的人力物力，并建立了一系列的风力资料及风机性能数据库，为日后的风电发展提供了可靠的数据支持。近年来丹麦风电产业在国际市场上独占鳌头，装机规模日益扩大，发电量与日俱增，在电网中发挥着不可替代的作用，近年来由于风电成本的提高，丹麦政府逐渐把发展重心从陆上转移到海上。2015 年，风电在丹麦用电量中的比例达到 42%。

德国拥有丰富的风力资源，由于地处欧洲大陆北部，沿海地区的资源最好，由南到北风力资源逐渐增强。在陆上风力资源开发接近饱和的情况下，德国政府致力于近海风力资源的勘探和开发。德国将开发风电作为实现 2050 年高比例可再生能源发展目标的核心措施，风电在用电量中的比例逐年提高，2015 年已达到 13%。

美国是首先掌握先进的风力发电技术的国家之一，2007 年风电装机容量达到 3000MW，风力发电量为 310 亿千瓦时，可供美国 300 万户家庭用电。近年来，美国风能产业的发展迅速，因其零排放以及可再生等特点深受欢迎，目前，世界十大风电场有八个在美国（见表 9-2）。美国提出到 2030 年，20% 的电量由风电供应。

表 9-2 世界十大风电场

序号	风电场名称	国家	地点	总容量/MW
1	Alta 风能中心（AWEC）	美国	加利福尼亚州	1020 扩建后可达 1550
2	Shepherds Flat 风电场	美国	东俄勒冈	845
3	Roscoe 风电场	美国	得克萨斯州	781.5
4	Horse Hollow 风能中心	美国	得克萨斯州	735.5
5	Capricorn Ridge 风电场	美国	得克萨斯州	662.5
6	London Array Offshore 风电场（世界上最大的海上风电场）	英国	位于距肯特郡和埃塞克斯郡海岸 20km 之外的泰晤士河口	630
7	Fantanele-Cogealac 风电场（目前欧洲最大的陆上风电场）	罗马尼亚	多布罗加省	600
8	Fowler Ridge 风电场	美国	印第安纳州	599.8
9	Sweetwater 风电场	美国	德克萨斯州	585.3
10	Buffalo Gap 风电场	美国	德克萨斯州	523.3

印度是仅次于中国的第二大发展中国家，随着经济的日益发展，对能源的需求和依赖也越来越强，然而匮乏的能源供应直接阻碍了该国的发展。面对能源日益紧张的状况，印度政府急切寻求可再生替代能源，而风能则是最有潜力的发展能源之一。印度风能储量很大，长长的海岸线上蕴含丰富的风能，被誉为世界上第四大风力发电国家，在发展中国家中处于遥遥领先的地位。到 2004 年为止，印度已装机 2117.2MW，其中有一些地区电力供应甚至全部由风力发电提供。同时，印度政府修订了一些有利于风能发展的政策，并与多个欧洲的公司合作开展风力涡轮机的生产。随着技术的深入发展，到 2012 年，印度的风力发电装机容量有望达到 5000MW。

利用我国丰富的风力资源大规模开发风电，不仅可以获得大自然赋予的能量，而且可以大大降低煤电带来的 CO_2、SO_2、PM10 和 PM2.5 的排放。我国在风力发电技术的研究与应用上投入了相当大的人力及资金，充分综合利用空气动力学、新材料、新型电机、电力电子技术、通信技术等方面的最新成果，无论在科学研究，设计制造或试验应用都有了长足的发展和极大的提高。我国于 20 世纪 70 年代已经研制出大型并网风电机组，1997 年，在"乘风计划"的支持下，我国的风电产业从科研走向市场，先后建立了新疆达坂城风力发电场、广东南澳风力发电场、内蒙古辉腾锡勒风力发电场等。近年来，我国风电产业飞速发展，至 2016 年底，我国风电的总装机容量已达 1.69 亿千瓦，是 2006 年我国风电装机容量的 66.4 倍（见图 9-3），居世界第一位。按照国家风电发展"十三五"规划，到 2020 年，我国风电装机容量将达到 2.1 亿千瓦以上，其中海上风电并网装机容量达到 500 万千瓦以上，风电年发电量达到 4200 亿千瓦时，约占全国总发电量的 6%。表 9-3 为我国部分风电场装机情况，由于我国风电发展极为迅速，实际风电场数量远不止表中所列。

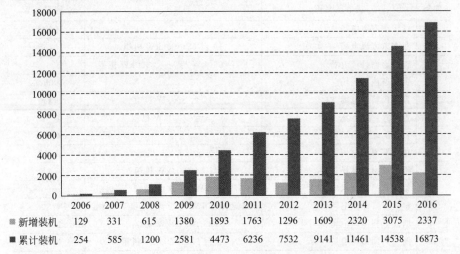

单位：万千瓦

	2006	2007	2008	2009	2010	2011	2012	2013	2014	2015	2016
■ 新增装机	129	331	615	1380	1893	1763	1296	1609	2320	3075	2337
■ 累计装机	254	585	1200	2581	4473	6236	7532	9141	11461	14538	16873

图 9-3　2006～2016 年中国风电装机容量

表 9-3　我国部分风电场装机情况

序号	风电场名称	装机	总容量/kW
1	新疆达坂城风电一场	32 台 100～600kW 机组	12100
2	新疆达坂城风电二场	146 台 300～600kW 机组	75000
3	新疆布尔津风电场	7 台 150kW 机组	1050
4	新疆阿拉山口风电场	2 台 600kW 机组	1200
5	新疆乌鲁木齐托里风电场	20 台 1500kW 机组	30000
6	宁夏贺兰山风电场	108 台 8500kW 机组	112200
7	宁夏天净神州风电场		30600
8	内蒙古商都风电场	17 台 55～300kW 机组	3875
9	内蒙古朱日和风电场	33 台 1500kW 机组	49500
10	内蒙古锡林浩特风电场		4708
11	内蒙古辉腾锡勒风电场		131600
12	内蒙古克什克腾风电场	28 台 600～750kW 机组	20160
13	内蒙古克旗赛罕坝风电场		50000
14	内蒙古灰腾梁风电场		49500
15	内蒙古永盛风电场		200000
16	内蒙古多伦风电场		50000
17	内蒙古克旗达里风电场	66 台 1500kW 机组	99000
18	广东南澳风电场	131 台 90～750kW 机组	56880
19	广东南澳风电场(二期)	53 台 850kW 机组	45050
20	广东惠来石碑山风电场	22 台 600kW 机组	13200
21	广东汕尾红海湾风电场	49 台机组	36900
22	广东珠海横琴岛风电场	20 台机组	24650
23	广东甲东风电场		30600
24	辽宁东岗风电场	25 台 55～550kW 机组	12005
25	辽宁横山风电场	20 台 250kW 机组	5000
26	辽宁营口风电场	26 台 600～1300kW 机组	19000
27	辽宁锦州风电场	5 台 750kW 机组	3750
28	辽宁丹东风电场	28 台 750kW 机组	21000
29	辽宁小长山风电场		3600
30	辽宁獐子岛风电场		3000

序号	风电场名称	装机	总容量/kW
31	辽宁法库风电场		9600
32	海南东方风电场	19 台 55~600kW 机组	8755
33	吉林通榆县风电场	11 台 660kW 与 38 台 600kW 机组	30060
34	吉林通榆风电场		100500
35	吉林长岭风电场	11 台 850kW 机组	9350
36	吉林大安风电场	33 台 1500kW 机组	49500
37	吉林洮北风电场		49300
38	福建平潭风电场	5 台 200kW 机组	1000
39	福建东山风电场	10 台 600kW 机组	6000
40	福建漳浦六鳌风电场	36 台 850kW 与 36 台 1250kW 机组	75600
41	福建南日岛风电场	24 台 2000kW 与 1 台 1500kW 机组	49500
42	浙江括苍山风电场	33 台 600kW 机组	19800
43	浙江鹤顶山风电场	19 台 500~600kW 机组	10255
44	浙江慈溪风电场	33 台 1500kW 机组	49500
45	浙江嵊泗风电场	13 台 1500kW 机组	19500
46	浙江大陈岛风电场	34 台 750kW 机组	25500
47	山东长岛风电场	32 台 850kW 机组	27200
48	山东威海风电场	13 台 1500kW 机组	19500
49	山东即墨风电场		180000
50	河北张北风电场	24 台 275~600kW 机组	9850
51	河北承德风电场	6 台 600kW 机组	3600
52	河北尚义风电场		35000
53	河北满井风电场		45000
54	河北沧州海上风电场	33 台 1500kW 机组	49500
55	河北张家口风电场		248000
56	甘肃玉门风电场	16 台 300~600kW 机组	8400
57	北京康西风电场		30000
58	江苏东台风电场		200000
59	江苏如东风电场	50 台 2000kW 机组	100000
60	江苏如东风电场(二期)	100 台 1500kW 机组	150000
61	上海奉贤海湾风电场	4 台 850kW 机组	3400
62	上海南汇风电场	11 台 1500kW 机组	16500
63	上海东海大桥风电场	20 台 5000kW 机组	100000
64	上海临港新城风电场	6 台 1250~3600kW 机组	13700

9.2　风力发电

9.2.1　概述

简单来说，风力发电的工作原理就是风轮在风力的作用下旋转，将风的动能转变为风轮轴的机械能，风轮轴带动发电机旋转发电。

风力发电模式分为并网风电和独立风电两大类，即通常所说的并网型风机与离网型风机。

并网的风电系统的风电机组直接与电网相连接。由于风电的输出功率是不稳定的，电网系统内还需要配置一定的备用负荷。为了防止风电对电网造成冲击，风电场装机容量占所接入电网的比例不宜超过 5% ～ 10%，这成为了限制风电场向大型化发展一个重要的制约因素。图 9-4 所示为建在内陆戈壁的新疆达坂城风电场，图 9-5 所示为我国著名的海岛风电场——广东南澳风电场。

图 9-4　新疆达坂城风电场　　　　　　　　　图 9-5　广东南澳风电场

离网型风力发电机是指 10kW 以下的风力发电机组，多用于在电网不易到达的边远地区，如高原、牧场、海岛等。由于风力发电输出功率的不稳定性和随机性，需要配置蓄能装置，在涡轮风电机组不能提供足够的电力时，为用户提供应急动力。最普遍使用的就是蓄电池，风力发电机在正常运转时，在为用电装置提供电力的同时，将剩余的电力通过逆变装置转换成直流电，向蓄电池充电；当风力减弱，发电机不能正常提供电力时，蓄电池通过逆变器转换为交流电，向用电装置供电。图 9-6 所示为离网风电系统。

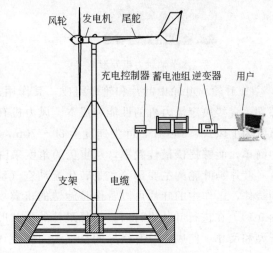

图 9-6　离网风电机系统

9.2.2　风力机

风力机是一种将风能转换为机械能的动力机械，又称风车。风车最早出现在波斯，起初是立轴翼板式风车，后又发明了水平轴风车。风车传入欧洲后，15 世纪在欧洲已得到广泛应用。荷兰、比利时等国为排水建造了功率达 66kW 以上的风车。18 世纪末期以来，随着工业技术的发展，风车的结构和性能都有了很大提高，已能采用手控和机械式自控机构改变叶片桨距来调节风轮转速。

风力机用于发电的设想始于 1890 年丹麦的一项风力发电计划。到 1918 年，丹麦已拥有风力发电机 120 台，额定功率为 5～25kW 不等。第一次世界大战后，飞机螺旋桨制造技术的提高及近代空气动力学的发展，为风轮叶片的设计创造了条件，出现了大直径、高转速的现代风力机。

按风力机风轮轴的不同可分为水平轴风力机和垂直轴风力机。能量驱动链（风轮、主轴、增速箱、发电机）呈水平方向、转轴平行于气流方向的，称为水平轴风力机。能量驱动链呈垂直于地面和气流方向的，称为垂直轴风力机。

（1）水平轴风力发电机（horizontal axis wind turbine 或 HAWT）

水平轴风力机是研究得最深入、技术最成熟、使用最广泛的一种风力机。大部分水平轴风力机都将发电机集成于机舱内，形成风能-机械能-电能的转换系统，通过导线直接向外输出电力，这种紧凑美观的风力发电装置被称为水平轴风力发电机。

图 9-7、图 9-8 为水平轴风力发电机外形及内部结构示意图。由图可见，水平轴风力发电机主要由叶轮、机舱、传动系统、发电机、偏航系统、控制系统、塔架和基础等部分组成。

图 9-7　水平轴风力机外形图

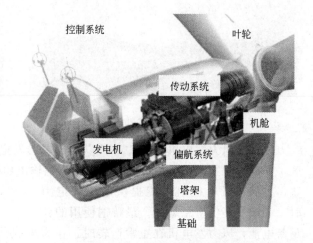

图 9-8　水平轴风力机内部结构示意图

① 叶轮　叶轮由叶片和轮毂组成，其作用是将风能转变为机械能，是机组中最重要的部件，直接决定风力机的性能和成本。风力机有上风式、下风式两种，叶片数量为 2～3 片，通常为上风式、3 叶片，叶尖速度为 50～70m/s。研究表明，3 叶片叶轮受力平衡，轮毂结构简单，能够提供最佳效率，从审美的角度来讲也令人满意。

叶片是叶轮的主要部分，是转化流动空气动能的载体，工作中的叶片可以看作是旋转的机翼（见图 9-9）。在进行叶片设计时，选择最佳的形状叶片翼型和尺寸，使风轮具有优异的空气动力特性，是风力机高效工作的前提。

常用的叶片材料是加强玻璃塑料（GRP）、木头或木板、碳纤维强化塑料（CFRP）、钢和铝等。

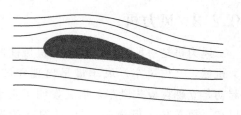

图 9-9　叶片剖面及流线簇示意图

对于大型风机，叶片材料的选择对风车的高效稳定地运行非常重要。大多数大型风力机的叶片是由 GRP 制成的，GRP 俗称玻璃钢，具有质量小、强度高、成型方便等优点。

表 9-4 所列为常见的水平轴风力发电机机组容量、叶轮直径和塔架高度关系。

表 9-4　机组容量、叶轮直径和塔架高度关系

机组容量/kW	50	300	750	1000	2000	5000
叶轮直径/m	15	34	48	60	72	112
塔架高度/m	25	40	60	70	80	100

② 机舱　机舱为风力发电机的机械、电气、自动控制等部件提供一个稳定、安全的工作环境。包括机舱盖和底板，机舱盖起防护作用，底板支撑着传动系部件。

③ 传动系统　传动系统的作用是将叶轮所获得的机械能传输给发电机，并将转速提升到发电机的额定转速。主要包括低速轴、齿轮箱和高速轴，以及轴承、联轴器和机械刹车等部件。齿轮箱有平行轴式和行星式两种，大型机组中多采用行星式。

④ 发电机　发电机将机械能转换为电能。主要有感应电机和同步电机两种，感应电机因其可靠、廉价、易于接入电网，因而得到广泛使用。

⑤ 偏航系统　风力机的偏航系统也称为对风装置，其作用在于当风速矢量的方向变化时，能够快速平稳地对准风向，以便风轮获得最大的风能。

中小型风力发电机常用舵轮作为对风装置。当风向变化时，位于风轮后面两舵轮（其旋转平面与风轮旋转平面相垂直）旋转，并通过一套齿轮传动系统使风轮偏转，当风轮重新对准风向后，舵轮停止转动，对风过程结束。

大中型风力发电机通常采用电动的偏航系统来调整风轮并使其对准风向。偏航系统包括感应风向的风向标、偏航电机、偏航行星齿轮减速器、回转体大齿轮等。风向标作为感应元件将风向的变化用电信号传递到偏航电机的控制回路的处理器，经比较后处理器给偏航电机发出顺时针或逆时针的偏航命令，电机转速带动风轮偏航对风，当对风完成后，风向标失去电信号，电机停止工作，偏航过程结束。

⑥ 控制系统　控制系统要保障机组在各种自然条件与工况下正常、安全地运行，包括调速、调向和安全控制等功能，由传感器、控制器、功率放大器、制动器等主要部件组成。

⑦ 塔架与基础　塔架与基础保障风力机在设计受风高度上安全运行。塔架高度通常为叶轮直径的 1～1.5 倍（见表 9-4），主要有柱式（见图 9-7）和桁架式（见图 9-10）两种，常用柱式，以钢或混凝土为材料。塔架在工作过程中，会发生各种形式的振动（见图9-11），其刚度在风力机动力学中是主要因素。

图 9-10　桁架式塔架

图 9-11　塔架振动形式

作为风力发电的主力机型，水平轴风力发电机也在不断发展之中，主要是从定桨距叶轮向变桨距叶轮、从定速型向变速型、从千瓦级向兆瓦级机组、从有齿轮箱式向直接驱动式转变。

（2）垂直轴风力发电机（verticaol axis wind turbine 或 VAWT）

另一大类风力机为垂直轴风力机。图 9-12 为桁架式垂直轴风力机示意图，图 9-13 为垂直轴风力发电机结构示意图。

图 9-12　桁架式垂直轴风力机示意图

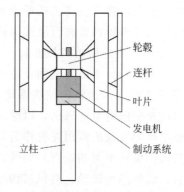

图 9-13　垂直轴风力发电机结构示意图

垂直轴风力机可分为阻力型和升力型两大类型。阻力型是指利用空气动力的阻力做功，典型的结构是 S 型风轮（见图 9-14），它由两个轴线错开的半圆柱形组成，其优点是启动转矩较大，缺点是由于围绕着风轮产生不对称气流，从而对它产生侧向推力。图 9-15 所示为经过 S 型风轮的空气流线簇。

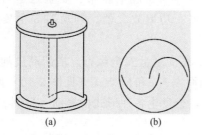

图 9-14　S 型风轮示意图

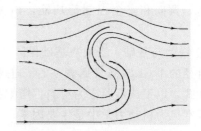

图 9-15　S 型风轮的空气流线簇

升力型是指利用翼型的升力做功，最典型的是达里厄型风力机。这种类型的风机最初由法国人 G. J. M. Darrieus 于 1925 年发明，1931 年获得专利授权。后人进行了大量的研究，使其逐步完善。达里厄风力机有多种形式，如 Φ 型、H 型、Y 型和菱形风轮，以 H 型、Φ 型风轮最为典型（见图 9-16）。H 型风轮结构简单，但这种结构造成的离心力可使叶片在其连接点处产生严重的弯曲应力。此外，直叶片需要采用横杆或拉索支撑，这些支撑将产生气动阻力，降低风力机的效率。Φ 型风轮看起来像是个巨型打蛋器，所采用的弯叶片只承受张力，不承受离心力荷载，从而使弯曲应力减至最小。由于材料所承受的张力比弯曲应力要强，所以对于相同的总强度，Φ 型叶片比较轻，且比直叶片可以以更高的速度运行。

与水平轴风力机相比，垂直轴风力机的优点和缺点都很明显。其优点是叶轮的转动与风向无关，因此不需要像水平轴风力机那样设置偏航系统；能量传递和与转换过程相对简单；可以方便地安装在地面上，因而不需要设置昂贵的塔架，设备制造、运行、维护成本都较低。主要缺点是风轮高度低，风速小，能接收的风能就小；运行中的风力机的叶片的受力大小总是不断产生周期性的变化，增加了风轮的气动载荷，易形成叶片的自激振动与材料的疲劳破坏。

(a) H 型风轮

(b) Φ 型风轮

图 9-16　达里厄型风力机

9.2.3　风光互补供电

　　风光互补供电系统是由太阳电池与风力发电机共同发电，经蓄电池储能，向负载供电的一种新型电源。该系统较好地解决了风能和太阳能的间歇性、不稳定性对用户的影响，加上蓄电池的作用，基本上可以保证向用户正常、连续供电。图 9-17 所示为风光互补供电系统示意图。

　　风光互补供电系统广泛应用于微波通信、路灯、基站、电台、野外活动、高速公路通信、无电山区、村庄和海岛等远离电网小功率负荷、可以实现无输电线路的稳定供电。图 9-18 所示为风光互补路灯。随着技术的进步，风光互补供电系统正逐步向大型化发展。

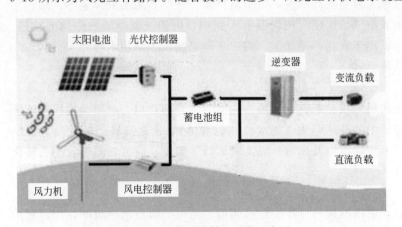

图 9-17　风光互补供电系统示意图

图 9-18　风光互补路灯

9.3　风能的其他应用

9.3.1　风力提水

　　以风能提供动力，将水从低位送到高位的过程称为风力提水，特指将地下水抽至地表的过程。风力提水既可由风力机直接带动水泵抽水，又可由风力发电机发出的电力驱动电动机旋转再带动水泵工作，也可以用风力产生压缩空气抽水，通常所说的风力提水是指第一种情况。用于风力提水的水泵可选用往复泵、回转式容积泵或叶片式泵。在系统设计时，应充分考虑风轮与水泵性能的良好匹配。

目前我国开发的风力提水装置主要有以下两类。

（1）高扬程小流量型风力提水机组

高扬程小流量型风力提水机组是由低速多叶片风力机与活塞水泵相匹配组成的。这类机组的风轮直径一般都在 6m 以下，水泵扬程 H 为 $10\sim150m$，流量 Q 为 $0.5\sim5m^3/h$，主要用于提取深井地下水。

我国的内蒙古、甘肃、青海、新疆等西北各省区草原面积大，地表水匮乏，牧区电网覆盖率低，燃油短缺，而风能资源丰富，地下水资源也比较丰富，适宜采用这种类型的风力提水机组。

（2）中扬程大流量型风力提水机组

中扬程大流量型风力提水机组是由高速桨叶匹配容积式水泵组成的提水机组，主要用来提取地下水。这类提水机组的风轮直径一般为 $5\sim8m$，水泵扬程 H 为 $0.5\sim20m$，流量 Q 为 $15\sim100m^3/h$。

此类机组在我国的东北地区有较好的应用条件。如黑龙江省三江平原和吉林省的白城地区，风能资源较好，地下水埋深为 $3\sim6m$，利用风力提水进行农业灌溉，可大大降低生产成本。

9.3.2 风力致热

利用风能供热有着广阔的应用前景，所产生的低品位热能可用于工业、农业和日常生活中。如在水产养殖中，通过风力致热提高水温，可提高产量，使热带鱼类安全越冬。用在沼气池的增温加热，可提高生成沼气的速度。用在温室大棚中，可用于反季节农作物的种植。风力致热所获得的热量还可以用于农副产品加工、农户冬季采暖及生活用水等。

风力致热主要有以下几种形式。

（1）搅拌式致热

搅拌式致热可将风车所获得的机械能直接转换为热能。它是通过风力机驱动搅拌器转子转动，转子叶片搅拌液体容器中的载热介质（如水或其他液体），使之与转子叶片及容器摩擦、冲击，液体分子间产生不规则碰撞及摩擦，提高液体分子温度，将致热器吸收的功转化为热能。

（2）固体摩擦致热

固体摩擦致热装置的基本工作原理与搅拌式致热相似，由风力机驱动一组摩擦片，利用运动中的摩擦片与静止的容器壁面摩擦生成热能并加热载热介质（如水或其他液体）。

（3）压缩空气致热

用风力机带动空气压缩机压缩空气，使其温度、压力升高。这种方法在获得热能的同时，也获得压力能。

（4）节流式致热

由风力机驱动液体泵使流体升压，再将高压流体通过节流降压的方式完成从风能—机械能—压力能—热能的转换。

（5）涡电流致热

利用导体切割磁力线，形成涡电流而产生热。

（6）电热致热

利用风力发电，使电流通过电阻丝发热，加热空气或水。

参 考 文 献

[1] 郭新生. 替代能源应用技术丛书——风能利用技术. 北京：化学工业出版社，2007.

[2] 张希良. 21 世纪可持续能源丛书——风能开发利用. 北京：化学工业出版社，2005.

[3] （美）Tony Burton 等. 风能技术. 武鑫等译. 北京：科学出版社，2007.

[4] 李俊峰. 风力 12 在中国. 北京：化学工业出版社，2005.

[5] 王革华. 新能源概论. 第 2 版. 北京：化学工业出版社，2012.

[6] 黄素逸，高伟. 能源概论. 北京：高等教育出版社，2004.

[7] 陈树勇，戴慧珠，白晓民等. 风电场的发电可靠性模型及其应用. 中国电机工程学报，2000，20（3）：26-28.

[8] 杨原，且增罗布，洛松泽仁. 浅谈西藏地区加快风能利用的必要性. 西藏科技，2008，179（2）：35-43.

[9] 李滨波，段向阳. 风力发电机原理及风力发电技术. 湖北电力，2007，31（6）：54-56.

[10] 李德孚. 离网型风力发电行业现状及其在节能环保的应用. 节能环保，2007，35（6）：19-24.

[11] 周晓曼. 风光互补发电系统. 农村电气化，2008，（1）：42-43.

[12] 李德孚. 我国小型风力发电行业 2006 年发展概况及建议. 可再生能源，2007，25（4）：2-6.

[13] 孙涛，越海翔，申洪等. 全国风电场建设投资构成与分析. 中国电力，2003，36（4）：64-67.

[14] 马晓爽，高日，陈慧. 风力发电发展简史及各类型风力机比较概述. 应用能源技术，2007，117（09）：24-27.

[15] 贺德馨. 中国风能开发利用现状与展望. 太阳能学报，1999，特刊：144-149.

[16] 国家发展与改革委员会，国家能源局. 能源发展"十三五"规划. 2016.

[17] 国家能源局. 国家发展改革委国家能源局关于印发能源发展"十三五"规划的通知：发改能源［2016］2744 号［A/OL］. 2017-01-17.

[18] 国家能源局. 风电发展"十三五"规划. 2016.

[19] 国家能源局. 国家能源局关于印发《风电发展"十三五"规划》的通知：国能新能［2016］314 号［A/OL］. 2016-11-29.

[20] 刘楼. 我国风电产业发展的现状、困境及对策. 工程科技与产业发展，2016，（32）：65.

[21] 李玲云，杨婉. 我国风电发展现状及展望. 广东化工，2016，43（14）：146.

[22] 于婷婷. 刍议风力发电的发展现状及趋势. 现代工业经济和信息化，2017，7（20）：37-39.

[23] 黄群武，王一平，鲁林平等. 风能及其利用. 天津：天津大学出版社，2015.

[24] 宋俊. 风能利用. 北京：机械工业出版社，2014.

[25] http://bbs.86wind.com/index.php

第10章

地热能

　　地热能是清洁、无污染的可再生能源，它分布广、可直接利用，更重要的是它具有连续、稳定的特点，这在可再生能源大家族中是少有的。地热能的开发利用有着悠久的历史，早在几千年前，人类就利用热泉治病和洗浴。随着人类社会的不断发展，地热能开发利用的范围越来越广，已受到世界各国的普遍重视。地热能的有效开发和合理利用，对于保护环境、缓解能源紧张和促进可持续发展具有积极的意义。

10.1　地热及地热能

10.1.1　地热资源与地热带

（1）地热能

　　地热能指的是高温地核所含有的热能。关于地热的形成有多种解释，各不尽然，但大家都承认地球内部放射性元素的衰变所发生的热核反应是地热的主要来源。如果热量提取的速度不超过补充的速度，那么地热能便是可再生的。地球是一个巨大的实心椭圆形球体，构造很像鸡蛋，主要分为三层：地壳、地幔和地核。地球是一个巨大的热库，地核温度高达5100℃，蕴藏着 1.25×10^{31} J 的巨大能量。尽管地壳是热的不良导体，像一层棉被覆盖在地球的表面，但地热仍然要以热辐射、火山爆发、间隙喷泉、温泉及岩石的热传导等多种方式时时刻刻向外界释放。据估算，地球表面每年向太空散发的热能约为 9.61×10^{17} kJ，相当于328亿吨标煤燃烧时所放出的热量。就目前的钻井技术而言，超深井的钻井深度也只有1万多米，还不到地壳平均厚度的 1/3，而普通钻井深度都在 3000m 以内。因此，目前人类利用的地热能仅仅是其总量的"沧海一粟"，潜力非常巨大。

（2）地热资源的种类

　　地热资源是指能被经济而合理地取出并加以利用的那部分地下热能，只占地热能总量中很小一部分。

　　地热资源表现方式有多种，按其属性可分为以下四种类型。

　　① 水热型　地球浅处（地下 100～4500m）所见到的水热对流系统的地下水蒸气或热水。

　　② 地压地热能　存在于某些大型含油气盆地深处（3～6km）的高温高压热流体，其中含有大量甲烷气体。

　　③ 干热岩地热能　由于特殊地质构造条件导致高温但少水甚至无水的不可渗透的地下

干热岩体，需要人工注水才能将其热能取出。

④ 岩浆热能　储存在高温（700～1200℃）熔融岩浆体中的巨大热能。目前这类地热能的开发利用还处于探索阶段。

在这四类地热能中，人们目前能开发利用的主要是第一类水热型热能，也就是人们通常所说的地热蒸气和地热水。

（3）全球地热资源量估算

全球地热资源的估算按以下三级进行：第一级称为"可及资源基数"（accessible resource base），指的是地表以下 5km 以内储存的总热量，这部分热量理论上是可采的；第二级称为"资源"（resource），是指上述"资源基数"中在 40～50 年内可望有经济价值者；第三级称为"可采资源"（reserves），专指"资源基数"中在 10～20 年内即可具有经济价值者。Palmerini 于 1993 年对全球地热资源进行了估算，结果如表 10-1 所列。虽然可采资源仅占可及资源基数的很小一部分，但其量仍非常可观，已超过目前全球一次性能源的年消耗量。全球地热可及资源基数的地区分布见表 10-2。

表 10-1　全球各类地热资源量

资源类型	总能量/(EJ/a)	占可及资源基数的比例/%
可及资源基数	$140×10^6$	100
资源	5000	0.0036
可采资源	500	0.00036

表 10-2　全球地热资源分布

地区	总能量/(EJ/a)	百分比/%	地区	总能量/(EJ/a)	百分比/%
北美	$26×10^6$	18.6	撒哈拉非洲	$17×10^6$	12.1
拉丁美洲	$26×10^6$	18.6	太平洋地区（中国除外）	$11×10^6$	7.9
西欧	$7×10^6$	5.0	中国	$11×10^6$	7.9
东欧及俄罗斯	$23×10^6$	16.4	中亚及南亚	$13×10^6$	9.2
中东、北非	$6×10^6$	4.3	总计	$140×10^6$	100

（4）地热带

按照板块构造学说，全球的地热带可划分为板缘（或板间）地热带和板内地热带两大类。

板缘地热带属火山型。在这些地方的地壳浅部，存在着强大的火山或岩浆热源，可观测到高热流及高强度的区域地热异常，地表水热活动强烈，高温地带资源丰富，地热田温度普遍高于水的沸点，大多数在 200℃ 以上。板缘地热带包括以下四个主要地热带：①环太平洋地热带（复合型）；②大西洋地热带（洋中脊型）；③红海—亚丁湾—东非裂谷地热带（洋中脊型）；④地中海—喜马拉雅地热带（缝合线型）。

板内地热带是指板块内部地壳隆起区（皱褶山系、山间盆地）、沉降区（主要为中新生代沉积盆地）内广泛发育的板内低温地热带和少量在板内特定条件下（即有热点、热柱处）形成的高温地热带。

板缘地热带和板内地热带的主要区别在于：板缘地热带的板块边缘有近代火山喷发及岩浆侵入作为高温地热带形成的必备热源条件，属火山型；板内地热带的板内，除个别特殊情况外，一般无火山或岩浆热源，板内地热区的热源系来自地下水的深循环在正常地温梯度下由地壳内部获得的热量。

10.1.2 我国地热资源的分布

我国是一个地热资源丰富的国家，总能量为 $11 \times 10^6 EJ/a$，占全球总量的7.9%，分布如图 10-1 所示。高温地热资源（温度≥150℃）主要分布在藏南、滇西、川西以及我国台湾省。我国中低温地热资源有两种类型，一类为埋藏在沉积盆地中的地下热水，即传导型地热资源。如华北、松辽等地，其资源分布面积广、储量大、易开采。另一类则为直接出露地表或在地下作深循环的对流型地热资源，前者即为日常所见的温泉，而后者一般为埋藏在基岩孔隙-裂隙介质中的地热水即对流型地热资源以热水方式向外排热，呈零星分布。它多分布在福建、广东、海南等东南沿海诸省及江西、湖南一带。从目前资料显示，全国各省市区均有地热资源发现。

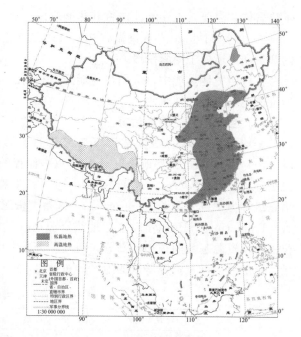

图 10-1　我国地热资源分布

10.2　地热能的利用

地热能的利用分为两种方式：一类是地热发电，另一类是热能直接利用。不同温度地热能的主要用途如表 10-3 所列。

表 10-3　地热能的温度界限及其主要用途

温度分级		温度界限/℃	主　要　用　途
高温		＞200	直接发电及综合利用
		150～200	双循环发电，制冷，工业干燥，工业热加工
中温		90～150	双循环发电，供暖，制冷，工业干燥，脱水加工，回收盐类，罐头食品
低温	热水	60～90	供暖，温室，家庭用热水，工艺流程
	温热水	40～60	医疗，温室，家庭用热水
	温水	25～40	沐浴，水产养殖，饲养牲畜，土壤加温，脱水加工

10.2.1 地热发电技术

地热发电起源于 1904 年意大利在拉德瑞罗建立的第一座天然蒸汽试验电站，1913 年正式投入运行，此后许多国家都相继建立了地热电站。据分析，按目前的技术水平和价格，地热发电价格不会高于水力发电的价格，因此地热发电在商业上具有很强的竞争力。

地热发电是利用地下热水和蒸汽为动力源的一种新型发电技术。其基本原理与火力发电类似，同样是根据能量转换原理，首先把地热能转换为机械能，再把机械能转换为电能。地热发电系统主要有以下 5 种。

(1) 地热蒸汽发电系统

利用地热蒸汽推动汽轮机运转，产生电能。本系统简单、技术成熟、运行安全可靠，热效率为 10%～15%，厂用电率在 12% 左右，是地热发电的主要形式之一。但这种方法要求地热源温度在 160℃ 以上，应用受到限制。

（2）扩容法发电系统

将地热水送至一个密闭的低压容器中，使在常压下未达沸点的地热水在低压下沸腾，产生低压水蒸气推动汽轮机发电。该法因地热水在减压闪蒸过程中体积迅速扩大而得名，适用于中温 90～160℃ 的地热源，故选用率相当高。在实际应用中，仅将地热水经过一次闪蒸扩容的称为单级扩容系统，它具有系统简单、投资少、操作简便等优点，单级扩容系统原理如图 10-2 所示。如将地热水经过两次闪蒸扩容则称为双级扩容系统，其热效率、厂用电率等指标都较单级系统佳，但系统复杂、投资大。

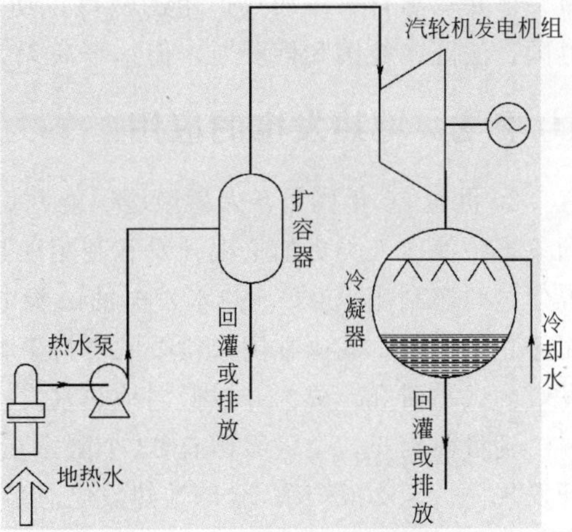

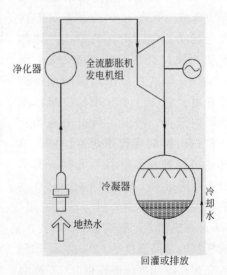

图 10-2 单级扩容系统原理图

（3）双循环发电系统

也称为有机工质朗肯循环系统，图 10-3 所示为双循环发电系统原理图。利用低沸点物质，如氯乙烷、正丁烷、异丁烷和氟里昂等作为发电的中间工质，地下热水通过换热器加热，使低沸点物质气化，利用所产生蒸气进入汽轮发电机组做功，做功后的工质从汽轮机排入凝汽器，经冷却系统降温，又重新凝结成液态工质后再循环使用。这种发电方式安全性较差，如果发电系统的封闭稍有泄漏，工质逸出后很容易发生事故。

（4）全流发电系统

本系统将地热井口的全部流体，包括所有的蒸汽、热水、不凝气体及化学物质等，只经简单净化处理后直接送进全流动力机械中膨胀做功，然后排放或收集到凝汽器中，其工作原理如图 10-4 所示。这种形式可以充分利用地热流体的全部能量，但技术上有一定的难度，尚在攻关。

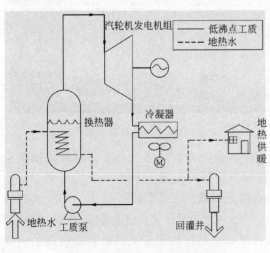

图 10-3 双循环发电系统原理图

图 10-4 全流发电系统原理图

(5) 干热岩发电系统

利用地下干热岩体发电的设想，是美国人莫顿和史密斯于 1970 年提出的。1972 年，他们在新墨西哥州北部打了两口约 4000m 的深斜井，从一口井将冷水注入到干热岩体中，从另一口井取出自岩体加热产生的蒸汽，功率达 2.3MW。进行干热岩发电研究的还有日本、英国、法国、德国和俄罗斯，但迄今尚无大规模应用。

10.2.2 地热发电的应用

20 世纪 70 年代后，人口激增、能源短缺、燃料价格不断上涨以及矿物能源消耗对环境的危害，使得人类更加重视开发和利用地热能，地热水用于发电试验研究大规模展开。日本曾建过两座利用 150℃ 地热水发电的试验电站，功率均为 1000kW，试验结束后因效率不高而停止了运行。我国在国家科委的支持下，在 20 世纪 70 年代开展过大量 100℃ 以下地热水发电的试验研究，成为开展低温地热水发电试验研究较多的国家之一。

到目前为止，全世界已有 83 个国家在进行这方面的工作，其中 50 多个国家具有相当的开发规模。至 2002 年，全球地热发电总装机容量达 8000MW，地热直接利用总装机容量为 15200MW。其中以美国、日本、菲律宾、意大利、墨西哥、新西兰、印度尼西亚等国较多。许多发展中国家也在积极利用地热发电以补充能源的不足。如萨尔瓦多、肯尼亚、尼加拉瓜等国的国家电网有 10% 的电力是来自地热发电，哥斯达黎加的地热发电进展也很快，已达到国家电网的 15%。

1970 年 5 月，我国在广东丰顺建立了第一座地热发电试验站，设计容量为 86kW。后来江西宜春、山东招远、河北怀来、辽宁熊岳、湖南灰汤、广西象州等地也建立了地热试验电站。但这批电站地热水温度低，水量小，均为 50～100kW 的偏小容量，进汽参数低，大都采用一次扩容发电技术，发电效率低。目前除广东丰顺地热电站仍在运行外，基本上已停运或拆除。我国适于发电的高温地热资源主要分布在西藏、云南、台湾等地区，取而代之的是一批技术较先进的大型地热电站。

1977 年 7 月，西藏第一个地热电站——羊八井电站，在美丽的藏北大草原上建成（见图 10-5），并于同年 10 月发电成功。电站所在的羊八井地热田位于西藏拉萨西北约 90km 处，海拔 4300m。羊八井热田地区的地质构造条件可概括为一个狭窄的、呈北东—南西向延伸、分隔了唐山山脉和念青唐古拉山脉的现代不对称地堑。羊八井热田就处在该峡谷西北侧，其热泉分布范围近 7km²。

图 10-5　西藏羊八井地热电站

1991～2001 年的 10 年间，羊八井地热电站把重点放在对深层地热资源的勘探上，电站的装机容量没有增加。为了挖掘热田的开发潜力和增加装机容量，1993 年 11 月在热田北部钻成 ZK4002 孔，钻至 1850m 深处即获得 262℃ 的高温，1994 年测得成井后恢复的最高温度达 329.8℃，如图 10-6 所示。1996 年 10 月又在此井附近钻成 ZK4001 孔，在此孔较浅部位即探得 251℃ 高温，为羊八井地热电站提供了扩大装机容量所需的高温地热资源。该电站从 1982 年起通过 110kV 线路向拉萨电网送电，到 1996 年底已发电 111×

$10^8\,\text{kW}\cdot\text{h}$，为缺煤少油的拉萨名城供电做出重大贡献。目前，国家已先后投资 2 亿多元人民币，使之成为全国最大的地热电站。该电站装机容量已达 $2.5\times10^4\,\text{kW}$，名列世界第 10 位。羊八井热田开发和电站建设具有探索试验性质，不仅关系到拉萨供电，而且对开发丰富的西藏地热乃至全国地热资源都具有重要的影响。

图 10-6　羊八井地区钻探到
329.8℃的地热流体

我国地热发电产业已具有一定基础。国内可以独立建造 30MW 以上规模的地热电站，单机可以达到 10MW，电站已实现商业运行。我国迄今运行的地热电站有 5 处，共 27.78MW。我国尚有大量高低温地热，尤其是西部地热亟待开发。根据《地热能开发利用"十三五"规划》，"十三五"期间地热能开发将拉动总计 2600 亿元投资。

10.2.3　地热供暖

用于发电的地热流体要求的温度较高，一般要求在 180℃ 甚至 200℃ 以上才比较经济，否则热-电转换率低、经济性差。而地热直接利用要求的热水温度相对较低，中低温地热资源都可以加以利用，如采暖、干燥、制冷、游泳、洗浴、灌溉、治疗以及温室种植、水产品养殖等。为了提高地热能的利用效率，最好的利用方式就是梯级综合利用。

将地热能直接用于采暖、供热和供热水是仅次于地热发电的地热利用方式。利用地热水采暖不用燃料、无污染，热水供应稳定，可保持室温恒定舒适。虽一次投资较高，但总成本只相当于燃油锅炉供暖的 1/4，不仅节省能源、运输、占地等，而且大大改善了大气环境，经济效益和社会效益十分明显，是一种比较理想的采暖能源。

地热供暖技术备受各国重视，特别是位于高寒地区的国家，如日本、冰岛、法国、美国、新西兰等都大量利用地热采暖。其中，冰岛地处北极圈边缘，气候寒冷，一年中有 300～340 天需要取暖。但该国缺煤少油，常规能源极其贫乏，他们依靠得天独厚的地下热水，全国有 85% 的房屋用地热供暖。该国早在 1928 年就在首都雷克雅未克建成了世界上第一个地热供热系统，现今这一供热系统已发展得非常完善，每小时可从地下抽取 $7740\,\text{m}^3$ 80℃ 的热水，供全市 11 万居民使用。由于没有高耸的烟囱，冰岛首都已被誉为"世界上最清洁无烟的城市"。此外利用地热给工厂供热，如用作干燥谷物和食品的热源，用作硅藻土生产、木材、造纸、制革、纺织、酿酒、制糖等生产过程的热源也是大有前途的。目前世界上最大的两家地热应用工厂就是冰岛的硅藻土厂和新西兰的纸浆加工厂。

我国利用地热供暖和供热水也发展得非常迅速，在北方城镇已成为地热利用中最普遍的方式。北京、天津、辽宁、陕西等省市的地热采暖面积逐年增多，已具一定规模。天津市地热采暖面积在 1995 年底已超过 300 万平方米，如以每平方米供暖消耗煤 35kg 计，则可节省 1015 万吨标准煤。西安市是著名的六朝古都，近年来地热开发快、规模大、起步高，1996～1997 年两年就有 13 口地热井投入使用，主要用于采暖、洗浴、旅游等。此外，我国在育种育苗、花卉栽培、蔬菜种植、水产养殖、洗浴、医疗、孵化育雏、游泳、物料干燥、洗染、缫丝、发酵、皮革加工、食品加工、空调、地震观测、矿泉水饮料等二十余个领域都利用了地热资源，给许多地区的人民带来了温暖、健康和繁荣，发展前景非常好。

参 考 文 献

[1] 汪集旸，马伟斌，龚宇烈等. 地热资源利用技术. 北京：化学工业出版社，2005.

[2] 蔡义汉. 地热直接利用. 天津：天津大学出版社，2004.

[3] 周善元. 21世纪的新能源——地热能. 江西能源，2001，(2)：32-35.

[4] 王贵玲，张发旺，刘志明. 国内外地热能开发利用现状及前景分析. 地球学报，2000，21 (2)：134-139.

[5] 吴振祥，樊秀峰，简文彬. 我国地热能开发利用现状及远景分析. 福建能源开发与节约，2002，(2)：39-40.

[6] 冯硕颖. 地热能的利用及其前景. 内蒙古科技与经济，2007，12：185.

[7] 马立新，田舍. 我国地热能开发利用现状与发展. 中国国土资源经济，2006，9：19-21.

[8] 王宏伟等. 地热能在我国的应用. 可再生能源，2002，5：32-33.

[9] 孙志高. 地热能的合理利用. 可再生能源，2003，3：50-51.

[10] 王革华. 新能源概论. 北京：化学工业出版社，2006.

[11] 黄素逸，高伟. 能源概论. 北京：高等教育出版社，2004.

第 11 章

海洋能

我们居住的地球，71%的表面积被广阔的海洋所覆盖，大海时而平静温和，时而波浪滔天，浩瀚的大海中蕴藏着巨大的能量。

11.1 海洋及海洋能

11.1.1 海洋概述

广义的海洋是指作为海洋主体的海水以及生活于其中的生物、海面上空的大气、海岸、海底等组成的有机统一体。

海洋的总面积为 $36105.9 \times 10^4 km^2$，约占地球表面面积的71%，海水的总体积为 $1.37 \times 10^{12} m^3$，全部海水的总质量为 13×10^8 亿吨，占地球上全部水量的97.2%。根据海洋的要素特点以及形态特征，可将其细分为海和洋。

洋，是海洋的中心部分，是海洋的主体。世界大洋的总面积，约占海洋面积的89%。大洋的水深，一般在3000m以上，最深处可达10000多米。大洋远离陆地，不受陆地的影响，其水温和盐度的变化不大。每个大洋都有自己独特的洋流和潮汐系统。大洋的水色蔚蓝，透明度大，水中的杂质很少。全球共有太平洋、印度洋、大西洋、北冰洋四大洋。

海，在洋的边缘，是大洋的附属部分。海的面积约占海洋的11%，海的水深比较浅，平均深度从几米到两三千米。海临近大陆，受大陆、河流、气候和季节的影响，海水的温度、盐度、颜色和透明度，都受陆地的影响，有明显的变化。夏季海水变暖，冬季水温降低，在高纬度海域海水还会结冰。在雨季及大江大河入海口附近，海水会变淡。河流夹带着泥沙入海，使得近岸海水的透明度较差。海没有自己独立的潮汐与海流。海可以分为边缘海、内陆海和地中海。边缘海既是海洋的边缘，又是临近大陆的前沿。这类海与大洋联系广泛，一般由一群海岛把它与大洋分开。我国的东海、南海就是太平洋的边缘海。内陆海指位于大陆内部的海，如欧洲的波罗的海（Baltic Sea）等。地中海是几个大陆之间的海，水深一般比内陆海深些。世界主要的海接近50个，太平洋最多，大西洋次之，印度洋和北冰洋差不多。

11.1.2 海洋能

海洋能指海洋本身所蕴藏的能量，即在海水中的可再生能源，海洋通过各种物理和化学过程接收、储存和散发能量，这些能量以潮汐、波浪、温度差、盐度梯度、海流等形式存在于海洋之中。海洋能通常不包括海底或海底下储存的煤、石油、天然气等石化能源和天然气水合物，也不含溶解于海水中的铀、锂等化学能源。

受到太阳、月球等天体的吸引力的影响，大海有潮涨潮落，也带来了巨大的潮汐能与潮流能；风与海面的摩擦，产生了一波波的海浪，形成了波浪能；风的吹动、海水的密度差，引发了巨大的海流，形成了海流能；海水与淡水之间的含盐浓度的差异形成了盐差能；海洋各处水温的差异形成了温差能。这些都是取之不尽、用之不竭的可再生能源，是我们人类的巨大财富。

海洋能具有如下特点。

① 海洋能在海洋总水体中的蕴藏量巨大，但能量密度较低，即在单位体积、单位面积、单位长度中所拥有的能量较小，只有从大量的海水中才能获得数量足够大的能量。

② 海洋能具有可再生性。海洋能来源于太阳辐射能与天体间的万有引力，只要太阳、月球等天体与地球共存，这种能源就可再生，取之不尽，用之不竭。

③ 海洋能可划分为较稳定与不稳定能源。温差能、盐差能和海流能较稳定。不稳定的海洋能又可分为变化有规律与变化无规律两种。潮汐能与潮流能属于不稳定但变化有规律的。人们根据潮汐潮流变化规律，编制出各地逐日逐时的潮汐与潮流预报，预测未来各个时间的潮汐大小与潮流强弱，潮汐电站与潮流电站可以此为依据安排生产。波浪能是既不稳定又无规律的海洋能。

④ 海洋能是清洁能源。

11.1.3 我国的海洋能资源

我国有 $3\times10^6\,km^2$ 的广阔海域，北起白山黑水的鸭绿江口，南至热带雨林的北仑河口，东西横越经度近 $32°$，南北跨越纬度约 $44°$，跨经温带、亚热带和热带。海域划分为渤海、黄海、东海和南海四个海区，为北太平洋西部的陆缘海。我国大陆海岸线长度为 18000 多千米。我国拥有海洋岛屿 6500 多个，总面积近 $8\times10^4\,km^2$，海洋岛屿岸线长度为 14000 多千米。

我国海洋能源十分丰富，利用价值极高。据估算，我国可开发装机容量在 200kW 以上的潮汐能电站坝址有 424 处，总装机容量达 $2179\times10^4\,kW$，主要集中在浙江、福建一带，占 88.3%，其次是长江口、辽宁和广东。我国沿岸潮流能理论平均功率为 13948.52MW，以东海沿岸最多，占全国总量的 78.6%，其次是黄海沿岸，占 16.5%。我国沿岸波浪能资源理论平均功率为 12852MW，台湾地区最为丰富，占全国的 1/3，浙江、广东、福建和山东沿岸也较多。我国海洋温差能资源蕴藏量大，居各类海洋能之首，主要分布在南海和台湾以东海域。南海温差能资源的理论蕴藏量约为 $(1.19\sim1.33)\times10^{19}\,kJ$，装机容量可达 $(13.21\sim14.76)\times10^8\,kW$。我国台湾以东海域温差能蕴藏量约为 $2.16\times10^{14}\,kJ$。我国沿岸盐差能资源蕴藏量约为 $3.9\times10^{15}\,kJ$，主要集中在长江口及其以南的大江河沿岸，占全国总量的 92.5%。

目前，我国对海洋能的利用才刚刚起步，科技创新水平相对落后，激励机制不够完善，尚未形成持续发展的长效机制。特别是由于海洋能的研发、生产投资成本高，短时间内难有明显的经济效益，目前在沿海大多数地区海洋能研发仍受到冷落，没有引起有关方面足够的重视，相信随着不可再生能源的日益减少，以及人们资源、环境意识的加强，海洋能将成为科技创新和投资的新热点。

11.2　潮汐能

11.2.1　潮汐发电原理

　　海水在月球和太阳的引潮力作用下所产生的周期性运动，造成海水平面在垂直方向的涨落称为潮汐。因海水涨落及潮水流动所产生的动能与势能称为潮汐能，从能源的属性上划分，潮汐能属于往复的低水头、大流量水力能源。

　　潮汐能的利用方式主要是发电。潮汐发电原理与水力发电类似，首先选择海湾、河口等有利地形，修建堤坝，形成水库；在涨潮时将海水储存在库内，以势能的形式保存；在落潮时放出海水，利用高、低潮位之间的落差，推动水轮机组发电。潮汐电站原理如图 11-1 所示。与普通水力发电的不同之处为，潮差一般不大，但流量相当大，属于低水头大流量发电。世界上最大潮差约为 $13 \sim 15m$，我国约为 $8.9m$（杭州湾澉浦）。从技术的角度来说，平

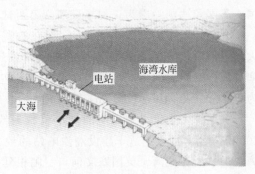

图 11-1　潮汐电站原理图

均潮差在 3m 以上就有实际应用价值。此外，潮水的流动方向呈周期性改变，也是在设计上要考虑的问题。

　　潮汐发电主要有以下三种形式。

　　（1）单库单向式

　　在海湾或江河入海口筑起堤坝、厂房和水闸，将海湾或江河入海口与外海隔开，形成潮汐电站水库。涨潮时开启水闸，海水充满水库；落潮时关闭水闸，利用库内与库外的水位差，引导海水冲击水轮发电机组发电。另一种是利用涨潮时海水由外海向库内流动时发电，落潮时开闸泄水。这种方式只在落潮或涨潮时发电，所以称单库单向发电。

　　（2）单库双向式

　　同样只建一个水库，但可以采取巧妙的水工设计，如利用两套单向阀门控制两条引水管，在潮起潮落时，分别将海水通过不同的引水管道引入水轮机；也可以采用双向水轮发电机组，使电站在涨、落潮时都能发电（见图 11-2）。我国的江厦潮汐电站就属于这种类型。

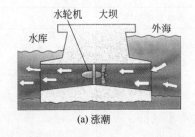
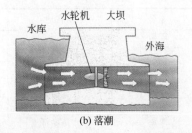

图 11-2　单库双向水轮机组发电原理图

　　可以想象，在涨潮落潮的周期间，会出现库内外水位相等的情况，这时上述两种方式的水轮发电机组将停止工作。江厦电站运行数据显示，在每个涨落潮周期中，发电时间约为 5h，

间断发电时间约为 1～1.5h，两者比例约为 3∶1。为了解决这个问题，可采用双库联程式。

（3）双库联程式

在条件有利的海湾或江河入海口建起两个水库，它们的水位一高一低。高库仅在高潮位时与外海相通，而低库仅在低潮位时与外海相通，因此两库的水位始终保持一定的落差，水轮发电机组安装在两水库之间，就可以连续不断地发电。

11.2.2　潮汐能的储量和分布

就世界范围来看，开阔海域低纬度为半日潮，高纬度为全日潮。北大西洋加拿大、英国、美国和法国沿岸为正规半日潮。墨西哥湾、东南亚沿海为正规全日潮。

开阔大洋中的潮差不足 1m，而在一些浅的边缘海、喇叭形减缩河口和海湾，潮差较大，最高可达 5～15m，如加拿大东北部的昂加瓦湾、东南部的芬迪湾、英国布里斯托尔的塞汶河口、法国的格朗维尔等，都有 15m 左右。在芬迪湾顶部曾观察到世界上最高的潮差，为 16.2m，格朗维尔 14.7m，塞汶河口 14.5m。我国的杭州湾的"钱塘潮"潮差达 9m。

据估算，全世界潮汐能的理论蕴藏量约为 $3×10^9$ kW。有开发潜力的潮汐能量每年约 200TW·h。世界上适于建设潮汐电站的地方有 20 多处，其中包括美国阿拉斯加州的库克湾、加拿大芬地湾、英国塞文河口、阿根廷圣约瑟湾、澳大利亚达尔文范迪门湾、印度坎贝河口、俄罗斯远东鄂霍茨克海品仁湾、韩国仁川湾等地。

我国潮汐能的理论蕴藏量达到 $1.1×10^8$ kW，在我国沿海，特别是东南沿海有很多地方能量密度较高，平均潮差 4～5m，最大潮差 7～8m。其中浙江、福建两省蕴藏量最大，约占全国的 80.9%。我国仅长江口北支就能建 $80×10^4$ kW 的潮汐电站，年发电量为 $23×10^8$ kW·h，接近新安江和富春江水电站的发电总量。钱塘江口可建 $500×10^4$ kW 潮汐电站，年发电量超过 $180×10^8$ kW·h。

11.2.3　应用现状及前景

目前世界上最大的潮汐电站是法国的朗斯潮汐电站，我国最大的是江厦潮汐实验电站。国内外主要潮汐电站及技术参数如表 11-1 所列。由于潮汐发电与常规发电在价格上尚无法竞争，目前建成投产的商业用潮汐电站不多，然而，由于潮汐能巨大的蕴藏量以及潮汐发电的诸多优点，人们对潮汐发电的重视程度在不断提高。随着技术的进步，潮汐发电成本不断降低，将会有大型现代潮汐电站陆续建成使用。

表 11-1　国内外主要潮汐电站及技术参数

站名	所在地	装机容量/MW	运行方式
朗斯	法国	24×10	单库双向
安娜波利斯	加拿大	1×20	单库单向
基斯洛湾	俄罗斯	2×0.4	单库双向
MeyGen	英国	700	双库连程
江厦	中国浙江	1×0.5,1×0.6,3×0.7	单库双向
瓯江	中国浙江	5	单库双向
海山	中国浙江	2×0.075	双库连程
白山口	中国山东	0.96	单库单向
浏河	中国江苏	2×0.075	单库双向
镇口	中国广东	6×0.026	单库双向

20 世纪初，欧洲及美洲一些国家开始研究潮汐发电。第一座具有商业实用价值的潮汐

电站是 1967 年建成的法国郎斯电站（见图 11-3）。该电站位于法国圣马洛湾郎斯河口，该处最大潮差为 13.5m，平均潮差 8.5m。横跨郎斯河口的大坝长 750m，坝上可通行汽车，坝下设置船闸、泄水闸和发电机房，电站机房中装有 24 台双向涡轮发电机，涨潮、落潮都能发电，总装机容量 240MW，年发电量 5 亿多度，输入国家电网。

我国的江厦潮汐实验电站（见图 11-4），位于浙江省温岭市乐清湾北侧的江厦港，平均潮差 5.08m，最大潮差 8.39m，大坝全长 670m，高 15.5m，水库集水面积 5.3km^2。电站于 1970 年勘测选址，1972 年动工兴建，1980 年 5 月，1 号、2 号机组发电，1985 年 12 月，3 号、4 号、5 号机组并网发电，总装机容量 3200kW，年发电量 600×10^4 kW·h，是我国最大、世界第三的潮汐电站。

图 11-3　法国的朗斯潮汐电站

图 11-4　江厦潮汐实验电站

潮汐发电的主要研究与开发国家包括法国、俄罗斯、加拿大、中国和英国等，它是海洋能中技术最成熟和利用规模最大的一种。全世界潮汐电站的总装机容量为 265MW。我国潮汐发电量仅次于法国、加拿大，居世界第三位。随着技术的不断进步，我国沿海将不断有更多、更大的潮汐电站建成。

潮汐能发电没有大规模发展起来主要是其自身的不足。首先，潮汐电站的建设投资大，以法国的朗斯潮汐电站为例，该电站大约用了 20 年才收回建设投资。其次，潮汐电站只能在潮水流入和流出时发电，也就是说，每天电站的工作时间只有 10 个小时左右。潮汐的涨落起伏变化也会影响发电和供电的质量。从生态系统角度来看，无论是堰坝式潮汐电站还是配置涡轮机的潮汐电站，都可能会影响鱼虾的产卵和栖息。

11.3　潮流能

11.3.1　潮流与潮流能

潮汐引起海水水位的周期性变化，涨潮落潮过程中也引起海水的大量流动，称为潮流，潮流所具有的动能称为潮流能，周期性是潮流的特征。

潮流通常可以分为往复式和旋转式两种。

往复式是在近海出现的一种潮流形式。在近岸、海峡、港湾及江河入海口等处，潮流受地质结构的限制，只能作往复运动。涨潮时，海水由外海向大陆方向流动，这种潮流称为涨潮流；反之称为落潮流。在两个潮汐周期间，会出现涨潮流与落潮流交替的时刻，这时海水流速为零，称为憩流。

在外海或广阔海域，潮水的流向不是直线式的往复运动，而是旋转运动。这种旋转式潮流的产生是由于地形条件及科氏力（地转偏向力）综合作用的结果。北半球一般为顺时针旋转，南半球则为逆时针旋转。对于具体的地点，由于受地形的引导，顺时针或逆时针旋转都可以出现。旋转流不会出现憩流，流速最大时称为最强潮流，反之称为最弱潮流。

由于大陆架具有各种结构，在海峡、岛屿等处形成很多水道，这些地方潮流特别强，具有利用价值。英国、挪威、日本、朝鲜半岛、加拿大和美国等地的一些水道，潮流流速可达4.0～5.0m。我国舟山群岛地区岛间水道潮流可达4.0m，是我国潮流最大的地区。东海沿岸的一些水道，潮流也有1.5～3.0m。表11-2和表11-3所列分别为我国按海区和省份或地区统计的潮流能资源。

表 11-2　我国海区潮流能资源

项　　目	渤海	黄海	东海	南海
水道个数/个		12	95	23
潮流类型	半日潮	正规半日潮	正规半日潮	正规全日潮 非正规半日潮 非正规全日潮
一般地区流速范围/(m/s)	0.5～1.0	1.0	1.0～1.5	0.5
最大流速/(m/s)	3.0	4.0	4.0	2.5
最大流速地区	辽宁半岛 老铁山水道	江苏斗龙岗 至小洋口	杭州湾、龟山、 西侯门、金塘水道等	琼州海峡
平均功率/MW		2300	11000	680
占全国资源百分比/%		16.5	78.6	4.9

表 11-3　我国沿海各省或地区潮流能资源

省份或地区	辽宁	山东	长江口	浙江	福建	台湾	广东	广西	海南	全国
水道个数	5	7	4	37	19	35	16	4	3	130
平均功率/MW	1130.5	1177.9	304.9	7140.3	1280.5	2282.5	376.6	23.1	282.4	13998.5
占全国资源百分比/%	8.1	8.4	2.2	51.0	9.1	16.3	2.7	0.2	2.0	100

11.3.2　潮流发电

潮流发电是潮流能利用的主要形式，其基本原理是将潮流的动能转换成为电能。与其他动能-电能转换装置相同，水平轴流式水轮机是主要的形式，此外，类似风力发电的垂直轴水轮机也可以使用。图11-5所示为几种水平轴流式潮流发电装置示意图。

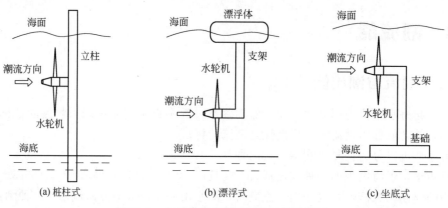

图 11-5　水平轴流式潮流发电装置示意图

桩柱式的支撑体通常为钢结构，分为单桩和三脚架结构。单桩式适用于海水深度在20～

30m 的海区，三脚架式适用于水深 30～60m 的海区。桩柱式的优点是结构稳固，技术较成熟，但对海上打桩及安装技术要求较高，对船舶航行也造成一定的影响。漂浮式装置的漂浮体为趸船、双体船或其他形式的漂浮体，水轮机置于漂浮体下方，发电系统置于漂浮体内。其优点是结构简单、安装维护方便，但对航道造成一定的影响。坐底式装置适用于浅海区，由于装置完全在海面以下，因而受风浪影响较小，结构稳固，也不会影响水面交通，但安装和检修费用较高。

11.4 波浪能

11.4.1 波浪与波浪能

与所有流体一样，海水的质点是可运动的，波动是海水的重要运动形式之一。海水的波动既可出现在海洋表面，又可出现在海洋深处。在风等外力的作用下，海水的质点离开其平衡位置作运动。由于海水的连续性，这种运动必将带动其邻近的质点，导致其运动状态在空间上发生传播。通常可以把海水的波动看作是简谐波动（正弦波）或简谐波动的叠加。波浪通常可细分为风浪和涌浪。风浪是指由当地风作用下产生的，且一直处在风的作用下的海面波动状态。涌浪则是指由其他海区传来的波动，或者在当地风力已减弱甚至消失，以及风向发生改变后海面上遗留下来的波动。

波浪能是指波浪所具有的动能和势能，它与波高的平方、波浪的运动周期以及迎波面的宽度成正比，通常以单位时间在传播峰面单位长度上的能量 P_W 来表示：

$$P_W = \frac{\rho g^2}{32\pi} H^2 T \tag{11-1}$$

式中，ρ 为海水密度；g 为重力加速度；H 为波高；T 为波周期。如一个周期为 10s，波高为 2m 的波浪蕴藏的功率为 40kW/m。波浪产生的随机性很大，在狂风巨浪中，波浪能可以达到 1×10^3 kW/m 的数量级，而在平静的海面，却只有 1×10^{-3} kW/m 的数量级。

从全球范围看，纬度 40°～50°区域的波浪能最大。北大西洋的波浪能达 80～90kW/m，日本海域有 50kW/m，地中海因其封闭性，只有 3kW/m。据世界能源委员会的调查显示，全球可利用的波浪能达到 20×10^8 kW，相当于目前世界发电量的 2 倍。

我国近海属季风区，风向、风量以及因其而引起的波浪都与季节有密切的关系。冬季平均风力大，浪高也大。每年的 10 月至次年的 2 月平均浪高可保持在 1.5m 以上，台湾海峡到南海中部在 2m 以上。夏季各海区平均浪高均明显降低，通常在 1.2m 以下，但台风经过的海域，浪高可达 8～10m。据估计，我国波浪能的理论存储量为 0.7×10^8 kW 左右，沿海波浪能能流密度大约为 2～7kW/m。在能流密度高的地方，每 1m 海岸线外的波浪能流就足以为 20 个家庭提供照明。表 11-4 所列为我国沿海各省市可开发的波浪能资源。

表 11-4 我国沿海各省、市及地区可开发的波浪能资源

省、市及地区	平均功率/MW	省、市及地区	平均功率/MW
辽宁	255.03	福建	1659.67
河北	143.64	台湾	4291.22
山东	1609.79	广东	1739.50
江苏	291.25	广西	80.9
上海	164.83	海南	562.77
浙江	2053.40	全国	12852.00

11.4.2 波浪能发电

波浪能发电是波浪能利用的主要方式。波浪能是海洋能源中能量最不稳定的一种能源，这给波浪能的利用带来了一定困难，如何高效稳定地利用波浪能，给人们留下了很大的发明空间，出现了数以千计的发明和设想，该领域被称为"发明家的乐园"。所有这些装置的共同之处，是将波浪的往复运动的机械能转变为电能，因此，它们都由以下三大部分组分：

① 随波浪运动的物体 A；

② 与物体 A 产生相对运动的物体 B；

③ 将物体 A 与 B 之间的相对运动的机械能转换为电能的能量转换器 C。

图 11-6 为波浪能发电原理图。图中的物体 A 为漂浮在波浪中的浮筒，其下连接的是活塞；物体 B 是固定在海底的类似汽缸的圆柱体。当海面上出现波浪时，活塞随浮筒上下运动，压缩或推动缸内的流体（气体或液体），带动能量转换器 C（发电机）发电。根据这种原理，人们发明了许多波浪发电装置，其中振荡水柱（OWC）式波能发电装置（见图 11-7）为最有代表性的一种。

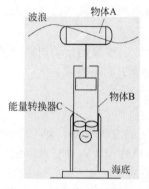

图 11-6　波浪能发电原理图

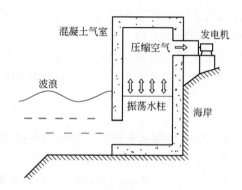

图 11-7　振荡水柱（OWC）式
波能发电装置原理图

利用橡胶等弹性材料制造波浪发电装置也是研究的热点之一。英国科学家发明了一种形如海洋生物水蟒的管状波浪发电装置，并取名为"水蟒"（见图 11-8）。该装置长约 182m、宽约 6m，由橡胶制成。将"水蟒"安装在距离海岸 1.6～3.2km 远、36～91m 深的水下，并系在海床上，同时使"水蟒"的橡胶管道内充满海水。当有波浪时，弹性极强的橡胶管就

图 11-8　英国波浪能发电装置"水蟒"

会随之上下摆动，橡胶管内部就会产生一股水流脉冲。随着波浪幅度的加大，脉冲也会越来越强，并汇集在尾部的发电机中，最终产生电能，然后通过海底电缆传输出去。试验表明，每条"水蟒"最多可以产生1MW的电能，足以满足数百个家庭的日常电能需要。如果进一步的测试取得成功，首批"水蟒"将在五年内安装完毕，从而替代未来几十年需要建造的数千台风力发电装置。据该项目负责人介绍，安装地点可能选择在苏格兰和爱尔兰的西海岸，因为那里可以产生更长距离的水下海浪。

11.5　温差能

海水表面受太阳照射，使得海面水温上升，从而使得表面的海水与深处海水存在温差。温差能就是指这种温差之间的热能。海洋的表面把太阳的辐射能大部分转化为热水并储存在海洋的上层。在北纬20°至南纬20°之间的热带海域，海洋表层温度常年保持在25℃以上。另一方面，接近冰点的海水大面积地在不到1000m的深度从极地缓慢地流向赤道。这样，就在许多热带或亚热带海域终年形成20℃以上的垂直海水温差。利用这一温差可以实现热力循环并发电。

首次提出利用海水温差发电设想的是法国物理学家阿松瓦尔。1926年，阿松瓦尔的学生克劳德的海水温差发电试验取成成功。1930年，克劳德在古巴海滨建造了世界上第一座海水温差发电站，获得了10kW的功率。1979年，美国在夏威夷的一艘海军驳船上安装了一座海水温差发电试验台，发电功率53.6kW。1981年，日本在南太平洋的瑙鲁岛建成了一座100kW的海水温差发电装置，1990年又在鹿儿岛建起了一座兆瓦级的同类电站。

温差发电的基本原理就是借助一种工作介质，利用热能循环，使表层海水中的热能向深层冷水中转移，从而做功发电。海洋温差能发电主要采用直接使用海水做工作介质的形式和利用低沸点工质的闭式两种循环系统。温差能利用的最大困难是温差太小，能量密度低，其效率仅3%左右，而且换热面积大，建设费用高，目前各国仍在积极探索中。

11.6　盐差能

地球上的水分为两大类：淡水和咸水。全世界水的总储量为$1.4 \times 10^9 km^3$，其中97.2%为分布在大洋和浅海中的咸水，2.15%为位于两极的冰盖和高山的冰川中的储水，余下的0.65%才是可供人类直接利用的淡水。

盐差能是指海水和淡水之间或两种含盐浓度不同的海水之间的化学位差所具有的能量。盐差能主要存在于河海交接处，淡水丰富地区的盐湖和地下盐矿也有可以利用的盐差能。

在淡水与海水之间有着很大的渗透压力差，一般海水含盐度为3.5%时，其与河水之间的化学位差有相当于240m水头差的能量密度。一条流量为$1m^3/s$的河流所含的能量可达2.24MW。据估计，世界各河口区的盐差能达30TW，可能利用的有2.6TW。盐矿和盐湖所蕴藏的盐差能也非常引人注目，在流入死海的约旦河口处，河水与湖水间的渗透压力高达49MPa，相当于5000m高的水柱，而盐穹中的大量干盐拥有更密集的能量。

我国盐差能的理论功率可达$1.6 \times 10^5 MW$，主要集中在15条江河入海口，其中长江口占46%，珠江口为15.3%。同时，我国青海省等地还有不少内陆盐湖可以利用。

盐差能利用的基本原理如图11-9所示。在U形容器中放入半透膜，将其左右两端隔开，

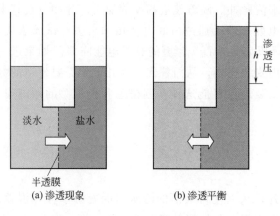

渗透压

h

淡水　盐水

半透膜
(a) 渗透现象 　　　 (b) 渗透平衡

图 11-9　盐差渗透示意图

分别放入等量的淡水和盐水。经过一段时间后，会发现淡水穿过半透膜进入盐水侧，在达到平衡后，两端形成了高度为 h 的液位差，这种现象称为渗透，液柱 h 所代表的压力称为渗透压。渗透现象的推动力是纯水的化学位与盐水的化学位之差。有了水位差，就具有了做功的能力。在 20 世纪 70 年代初，开始有人将渗透压产生的能量作为能源看待，并提出利用这种能源的方案。

盐差能的研究以美国、以色列的研究为先，中国、瑞典和日本等也开展了一些研究。但总体上，对盐差能这种新能源的研究还处于实验室实验水平，发电成本相当高，离实际应用还有较长的距离。

11.7　海流能

海流是指海洋中海水大规模地、相对稳定地流动，主要是指海水的水平运动。这种运动导致大量海水以相对稳定的流向和流速从一个海域长距离地流向另一个海域。海流的成因总体上有如下两大类。

（1）风力驱动

由海面上的风力驱动而形成的海流称为风生海流。风吹动表层海水使其流动，海水的黏滞性又将动能传到海洋深处，随着深度的增加，动能逐渐消耗，流速也随之减慢，直至几乎静止。虽然海洋局部的风力和风向变化无常，但从大面积的海域来看，却存在着相对稳定的海洋风。如赤道南侧常年吹东南风，北侧为东北风，从而形成了风生环流。太平洋环流与大西洋环流有相似之处，在南半球都存在一个与副热带高压相对应的巨大反气旋式大环流，北半球为顺时针旋转，南半球为逆时针旋转；在它们之间为赤道逆流；两大洋北半球的西边界都存在着强大的海流，大西洋称为湾流，太平洋称为黑潮；南半球的西边界流则较弱，称为巴西海流和东澳大利亚海流；北太平洋和北大西洋沿洋盆西侧都有来自北方的寒流。

（2）温度和含盐度效应

海洋温度与海水含盐度直接影响海水的密度，温度越低、含盐度越大，海水的密度就越大，密度的分布决定了海洋压力场的结构，从而导致相邻海域间由于海水密度差而出现环流，这种影响简称为温盐效应。

世界著名的海流有大西洋的墨西哥湾海流、北大西洋海流、太平洋黑潮暖流和赤道潜流等。其中，墨西哥湾海流和北大西洋海流是北大西洋里两股相连的最大的海流，它们的流动速度为每小时 $1\sim2$n mile❶，贯穿大西洋，从冰岛和大不列颠岛中间通过，最后进入北冰洋。太平洋黑潮暖流宽约 100n mile，平均厚度达 400m，平均流速达 $30\sim80$n mile，其流量相当

---

❶ 1n mile＝1852m。

于全球河流总径流量的 20 倍。赤道潜流属深海流，总长度约 8000n mile，宽度在 $120\sim$ 250n mile，流速为每小时 $2\sim3$n mile。

海水的大规模流动含有巨大的能量，据估计，全球海流能高达 5×10^6MW，我国可开发的海流能约为 3×10^4MW。海流能与潮流能同属因海水流动所携带的动能，可参照潮流能发电技术对其进行利用。

参 考 文 献

[1] 李允武. 海洋能源开发. 北京：海洋出版社，2008.
[2] 褚同金. 21 世纪可持续能源丛书——海洋能资源开发利用. 北京：化学工业出版社，2005.
[3] 鹿守本. 海洋资源与可持续发展. 北京：中国科学技术出版社，1999.
[4] 王革华. 新能源概论. 北京：化学工业出版社，2006.
[5] 国家海洋局，水电部. 中国沿海农村海洋资源区划. 国家海洋局，1989.
[6] 黄素逸，高伟. 能源概论. 北京：高等教育出版社，2004.
[7] 本间琢也，黑木敏郎，梶川武信. 海洋能源. 唐传宝，李春明译. 北京：海洋出版社，1985.
[8] 沈祖诒. 潮汐能电站. 北京：中国电力出版社，1998.

第12章

氢能与燃料电池

　　氢是自然界最轻，也是最丰富的化学元素，大约占宇宙所有物质的 80%。氢是一种能源载体，有最好的能/重比。氢能是指氢在发生化学变化和电化学变化过程中产生的能量，是最理想的清洁能源之一，具有可再生、环保无毒、燃烧热值高、利用形式多、可储存等其他能源无法取代的优势。目前，氢能的生产成本是汽油的 $4\sim6$ 倍，其运输、存储、转化过程的成本也都较化石能源高。但随着技术的进步，氢能作为清洁的替代能源其优越性日渐显现，受到越来越多的关注。美国、日本、欧盟、中国和加拿大等都制定了氢能源发展规划，并投入大量经费支持其理论研究和应用开发。可以预见，氢能在 21 世纪能源舞台上将成为一种举足轻重的能源。

　　燃料电池是氢能利用的最理想方式。由太阳能或其他可再生能源制氢，用氢燃料电池发电，将构成近"零排放"可持续利用的氢能系统，可广泛作为分布式电源。近十年来，氢燃料电池技术取得了突破，可用于驱动交通工具，使氢能替代液体、气体燃料成为可能。

12.1　氢的制备与纯化

　　氢能的开发利用首要解决的是廉价氢源的制备问题。全世界现生产氢气 $5400\times10^8\,\mathrm{m^3}$，主要是由石化燃料（如煤、石油和天然气等）经重整反应而来。根据目前的研究开发和生产现状，在相当长的时期内，氢气的生产还将主要依赖于化石原料。现阶段，国内外大宗氢气的生产依然来源于烃类水蒸气重整技术。甲醇及乙醇水蒸气重整或部分氧化制氢也已取得很大的进展。但在重整的过程中，不但会排放一定量的污染物和二氧化碳，且摆脱不了人们对天然气和煤等常规能源的依赖。从长远的可持续发展观点来看，应着重发展以可再生能源为一次能源的生物质制氢技术，以太阳能为一次能源的光分解水制氢技术以及以核能为一次能源的热化学循环分解水制氢技术。

　　目前，利用太阳能、水能、风能等提供电力，经电解水制氢已具备规模化生产能力。光解水制氢其能量可取自太阳能，这种制氢方法适用于海水及淡水，资源极为丰富，也是一种非常有前途的制氢方法。此外，生物制氢和核能制氢等方法也越来越受到人们的关注。

12.1.1　制氢技术

（1）化石能源制氢

　　① 天然气水蒸气转化（SMR）制氢　天然气的主要成分是甲烷。天然气制氢的方法主要有：天然气水蒸气转化，天然气部分氧化（POX），天然气水蒸气重整与部分氧化联合制

氢，天然气（催化）裂解制氢。生成物主要为氢、一氧化碳和二氧化碳。

天然气水蒸气转化（SRM）制氢反应式如下：

$$CH_4 + 2H_2O \longrightarrow CO_2 + 4H_2 \tag{12-1}$$

天然气水蒸气重整制氢是目前工业化制氢应用最广泛的方法。该法以脱硫后的天然气为原料，利用蒸汽将其在高温条件下通过催化剂作用，发生复杂化学反应，从而生产出氢气、甲烷、二氧化碳和水的平衡混合物，经变换、变压吸附（PSA）提纯等工艺流程，净化后的工业氢纯度大于99%，导出装置即可使用。PSA装置排放的解吸气，可作转化炉的燃料。此反应的缺点是设备投资大、能耗高，尤其是目前使用的Ni基催化剂要求较高水碳比。但该法原料便宜，在生产成本上比较有优势。

② 煤气化制氢　以煤为原料制取含氢气体可通过煤的焦化（高温干馏）或煤的气化。焦化是指煤在隔绝空气的条件下，在900~1000℃下制取焦炭，副产品为焦炉煤气。焦炉煤气组成中含氢55%~60%（体积分数）可做为提取氢气的原料。煤的气化则是煤在高温常压或加压下，与气化剂反应转化成气体产物，且一般指煤的完全气化，即将煤中的有机质最大限度地转变为有用的气态产品。气化剂为水蒸气或氧气（空气）。气体产物中含有氢气等组分，其含量随着不同气化方式而异。传统的煤制氢技术主要以煤气化制氢为主。

煤炭制氢涉及复杂的工艺过程。煤炭经过气化、一氧化碳变换、酸性气体脱除、氢气提纯等关键环节，可以得到不同纯度的氢气。气化反应过程如下：

$$C(s) + H_2O(g) \longrightarrow CO(g) + H_2(g) \tag{12-2}$$

$$CO(g) + H_2O(g) \longrightarrow CO_2(g) + H_2(g) \tag{12-3}$$

我国的能源结构以煤为主，因此以煤炭为原料制取廉价氢气在一段时间内将是我国发展氢能的一条现实之路。

③ 烃类部分氧化制氢（POX）及自热重整（ATR）制氢　以气态和液态烃类为原料的水蒸气重整法是工业上制取氢气的最基本方法。近几年来，国内外在烃类制氢原料的开发、工业技术的改进与完善、催化剂的研制以及氢气的分离等方面开展了大量的研究开发工作。

烃类部分氧化制氢是SMR之外的另一种重要技术，其优点是所有的烃类化合物如轻质油和重油均可作为其原料。典型的部分氧化反应如下：

$$C_nH_m + \frac{n}{2}O_2 \longrightarrow nCO + \frac{m}{2}H_2 \tag{12-4}$$

$$C_nH_m + \frac{n}{2}H_2O \longrightarrow nCO + \left(n + \frac{m}{2}\right)H_2 \tag{12-5}$$

$$CO + H_2O \longrightarrow CO_2 + H_2 \tag{12-6}$$

该过程在一定压力下进行，可采用催化剂，也可不采用催化剂，这取决于所选原料与过程，催化部分氧化通常是用以甲烷或石脑油为主的低碳烃作为原料，而无催化剂部分氧化则以重油为原料，反应温度在1150~1315℃，制得的气体中H_2含量一般为50%左右。

烃类自热重整制氢，在国内外受到极大关注。该技术将烃类部分氧化和水蒸气重整反应偶合，在同一反应器中实现催化反应。烃类自热重整工艺将强吸热的烃类水蒸气重整反应与放热的烃类部分氧化、一氧化碳水气变换及一氧化碳的甲烷化反应偶合，变外供热为自供热，反应热量利用合理，既可限制反应器的高温，又降低了体系的能耗，通过控制烃与氧、烃与水的比例，可实现绝热操作，因此是一条很有希望的工艺路线。

(2) 可再生能源制氢

① 太阳能光解水制氢　利用太阳能作为获取氢气的一次能源，主要有以下几种方式：

太阳能光解水制氢、太阳能光化学制氢、太阳能电解制氢、太阳能热化学制氢、太阳能热水解制氢、光合作用制氢及太阳能光电化学制氢等。

自然条件下，水对于可见光至紫外线范围内是透明的，不能直接吸收光能。在1972年首次报道通过 TiO_2 单晶电极光催化水降解可产生氢气现象后，光水解制氢逐渐成为太阳能制氢的研究热点。太阳光中的光子在一定的环境下可以被水中加入的光敏化剂吸收并使它激发，当光子吸收能量达到一定水平时，在光解催化剂的作用下，就能把水先分解为氢离子和氢氧根离子，再生成氢和氧。基于这个原理，先进行光化学反应，再进行热化学反应，最后再进行电化学反应即可在较低温度下获得氢和氧。在上述三个步骤中可分别利用太阳能的光化学作用、光热作用和光电作用，这种方法为大规模利用太阳能制氢提供了基础。利用太阳能光解水制氢，相当于把间歇分散的太阳能直接转变成高度集中的洁净氢能源。其关键是寻求光解效率高、性能稳定、价格低廉的光敏催化剂，提高光解水的效率。

② 生物质制氢　生物质具有可再生性且储量丰富，被誉为即时利用的绿色煤炭。生物质具有易挥发组分高，碳活性高，硫、氮含量低，水分低等优点，是完全清洁的燃料。生物质制氢技术由于具有能耗低、环保等优势而成为国内外研究的热点，将成为未来氢能制备技术的主要发展方向之一。

a. 微生物转化技术　微生物制氢是利用某些微生物代谢过程来生产氢气的一项生物工程技术。在生理代谢中能够产生分子氢的微生物可以分为两个主要类群：光解产氢生物（绿藻、蓝细菌和光合细菌）和发酵产氢细菌。

光解产氢生物是利用光合细菌直接把太阳能转化为氢能，产氢率和对太阳能的转化效率比较低，同时由于工业化生产设备和光源等诸多问题，制约了光解产氢技术的发展。发酵法生物制氢技术是利用异氧型的厌氧菌或固氮菌分解小分子有机物制氢，其产氢能力和生长速率较高，无需光源，生产原料成本低廉。

b. 生物质气化技术　在高温下通过化学方法将生物质经热解、水解、氧化、还原等一系列过程转化为以 H_2、CO、CO_2、CH_4 为主的产品气体。之后经过蒸气重整、变换、氢气的分离和压缩等工业上成熟的化工过程生成高纯氢气。

③ 风能等可再生能源电解水制氢　在目前的各种制氢技术中，利用风能、地热能、潮汐能等丰富、清洁的、可再生的新能源所产生的电能作为动力来电解水是较为成熟和有潜力的技术，是通向氢经济的最佳途径。

风能发电由于具有较高的能量利用效率和良好的经济性，最近几年得到了很快发展。风力发电机组利用风的动能推动发电机而产生交流电风力发电的最大效率理论上可达59%。在风力充足的条件下，风力发电的规模越大，其经济性越好。因此，近几年风力发电朝着大规模的方向发展。由于海上风力较陆地大，并且不占陆地面积，最近也有将风力发电机组建在海上的趋势。风能发电只需交流-直流转换即可与电解槽相接产氢，经济性较好，目前不少风力资源充足的国家都将风能-电解槽系统列为重点发展的方向。此外，地热能、波浪能所发的电都可以作为电解槽的推动力，但和太阳能与风能一样，都受地域的限制。

(3) 醇类水蒸气重整制氢和部分氧化制氢

在醇类原料中，甲醇和乙醇是醇类制氢原料的首选。其中甲醇因为运输、储存、装卸都十分方便且甲醇水蒸气重整移动制氢技术因为高效传热反应器技术的应用正得到更大的关注及发展。甲醇水蒸气重整制氢具有重整反应温度低（200～250℃）及其后续氢纯化步骤少的优点。由甲醇为原料制氢技术包括甲醇裂解制氢、甲醇水蒸气重整制氢和甲醇部分氧化制氢等工艺过程。

其中甲醇裂解制氢由于产物混合气中含有摩尔分数 30% 以上的一氧化碳，不利于燃料电池的电极反应，因而其后续的水汽变换反应需要较大的转化器。甲醇水蒸气重整制氢可得到氢气含量较高的富氢气体。与传统的大规模制氢相比，其流程短，设备简单，投资和能耗低，且同时可副产 CO_2，具有独特的优势。但该反应是吸热反应，反应温度较高（300℃左右），起始反应速率慢，且由于该反应实际上是甲醇裂解反应和水汽变换反应的总包反应，一氧化碳副产物的选择性也较高，对一氧化碳净化的要求高。甲醇部分氧化制氢是利用氧气氧化甲醇的放热反应，可自供热，反应速率快，效率高，但由于通入空气氧化，其中的氮气降低了混合气中氢气的含量，不利于燃料电池的正常工作。从国际范围内看，POX 研究起步较晚，目前研究主要局限在催化剂的筛选、工艺设计、反应行为的初步考察等。

为降低反应温度、加快反应速率，同时还要有效降低一氧化碳含量，很多研究采用将吸热反应的水蒸气重整和放热反应的部分氧化偶合的重整方式，即开发甲醇自热重整制氢反应，其反应式如下：

$$CH_3OH + xO_2 + (1 \sim 2x)H_2O \longrightarrow (2 \sim 3x)H_2 + CO_2 (0 \leqslant x \leqslant 0.5) \qquad (12-7)$$

近年来，甲醇自热重整制氢受到很大的重视，成为甲醇重整制氢的研究热点。通过比较不同原料（燃料）的制氢过程及其工艺特点，认为甲醇水蒸气重整和部分氧化偶合制氢是车载质子膜燃料电池供氢方式的首选。

(4) 水电解制氢

水电解法是一种成熟和清洁的制氢方法。电解水制氢过程是氢与氧燃烧生成水的逆过程，因此只要提供一定形式的能量（$\Delta Q \approx 242 kJ/mol$），则可使水分解。将浸没在电解液中的一对电极接通直流电后，水就被分解成氢气和氧气。反应方程式如下：

阳极 $\qquad\qquad 4OH^- + 4e^- \longrightarrow 2H^+ \qquad\qquad\qquad (12-8)$

阴极 $\qquad\qquad 4H^+ + 4e^- \longrightarrow 2H_2 \qquad\qquad\qquad (12-9)$

通电 $\qquad\qquad 2H_2O \longrightarrow 2H_2 + O_2 \qquad\qquad\qquad (12-10)$

水电解制氢的原理如图 12-1 所示。

水电解制氢一般都采用碱性水溶液作电解质。电解槽的主要参数包括电解电压（决定电解能耗的技术指标）和电流密度（决定单位面积电解池的氢气生产量）。为了提高制氢效率，电解通常在高压下进行，采用的压力多为 3.0～5.0MPa，电解效率可达 50%～70%。

水电解制氢具有操作简单、原料不受供应限制、产品纯度高等优点，缺点是生产成本较高。目前利用电解水制氢的产量仅占总产量的 1%～4%。

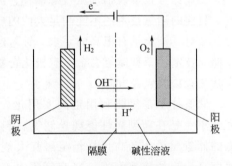

图 12-1　水电解制氢原理示意图

水电解制氢可用于电能存储，在用电低谷期，发电站可将多余的电能电解水制氢；而在用电高峰期，通过化学或电化学方法，将氢能中储存的化学能转化为电能。

(5) 其他制氢法

除了上述方法外，以下方法也可以制得氢气，如炭黑的制氢方法、氨裂解制氢、新型氧化物材料制氢、NaBH$_4$ 的催化水解制氢、硫化氢分解制氢、太阳能直接光电制氢、辐射性催化剂制氢、各种化工过程副产氢气的回收、电子共振裂解水制氢、陶瓷和水反应制取氢气等。

12.1.2　氢的纯化技术

氢作为能源的用途有很多，如燃料电池、氢发动机的燃料等。同时，氢还在各领域中有着广泛的用途，如石油化工的高级油料生产工艺、电子工业的半导体器件的制造、金属工业的金属处理、玻璃及陶瓷的生产、电力工业的大型发电机冷却系统等都需要大量氢。各种过程对氢的品质要求各不一样，这就要求对氢进行纯化处理。

氢的纯化有很多种方法，可分为以催化纯化为主的化学法和包括金属氢化物分离、变压吸附、低温分离的物理法。每一种方法都有其优势，但也有其局限性。

从规模上看，实验室一般采用催化纯化法、聚合物膜扩散法、金属氢化物法；而在大规模生产中，通常采用低温吸附、低温分离、变压吸附及无机膜分离等方法。

12.2　氢的储存与运输

氢是含能体能源，储存了氢，就意味着储存了能量。由于氢的特殊性质，其在储运过程中存在以下三个突出的问题：①氢气极轻，体积太大，占空间太多；②氢燃料"逃逸"率高，即使是用真空密封燃料箱，也以每天 2% 的速度"逃逸"，而汽油一般每个月才"逃逸"1%；③加注氢燃料比较危险、费时，且液氢温度很低，容易造成冻伤。因此，氢能在储运过程中的安全性引起了广泛的关注。

12.2.1　氢的储存

氢能工业对储氢的要求总体来说是储氢系统要安全、容量大、成本低、使用方便。目前，液态氢、气态氢的储备方式应用较多，技术发展也比较健全；而固态氢的储备正在积极研究中。

工业储氢技术包括加压气态储存、加压液化储存、金属氢化物储氢、非金属氢化物储存等。目前的储氢技术还不能满足人们的要求，特别是氢燃料汽车的继驶里程与其携氢量成正比，故对其储氢量有很高的要求。针对这一问题，储氢研究受到很大的关注，研究热点在高压储氢技术、新型储氢合金、有机化合物储氢、碳凝胶、玻璃微球、氢浆储氢、冰笼储氢、层状化合物储氢等方向。

储氢技术是氢能利用走向实用化、规模化的关键。根据技术发展趋势，今后储氢研究的重点是在新型高性能规模储氢材料上。国内的储氢合金材料已有小批量生产，但较低的储氢质量比和高价格仍阻碍其大规模应用。镁系合金虽有很高的储氢密度，但放氢温度高，吸放氢速度慢，研究镁系合金在储氢过程中的吸放等关键问题，将是解决氢能规模储运的重要途径。近年来，纳米碳在储氢方面已表现出优异的性能，有关的研究尚处于初始阶段。

12.2.2　氢的运输

按照输送氢时所处状态的不同，可以分为：气氢（GH$_2$）输送、液氢（LH$_2$）输送和固氢（SH_2）输送。其中，前两者是目前正在大规模使用的方式。

根据氢的输送距离、用氢要求及用户的分布情况，气氢可以用管网，或通过储氢容器装在车、船等运输工具上进行输送。管网输送一般适合于用量大的场合，而车、船运输则适合于用户比较分散的场合。液氢输运方式一般是采用车船输送。表 12-1 给出常用的氢储运方式及优缺点。

表 12-1　常用的氢储运方式及优缺点

氢储运方式	优　点	缺　点
高压容器	运输和使用方便、可靠、压力高	有危险；钢瓶的体积和质量大，运费较高
液氢	储氢能力大	液化氢气、储氢过程能耗大，使用不方便
金属氢化物	能可逆吸放大量氢气	单位质量的储氢量小，金属氢化物易破裂
低温吸附	低温储氢能力大	运输和保存需低温
氢气网管输送	实现氢气的规模生产和广泛应用	投资大、配件开发及安全规范须进一步研究

12.3　燃料电池

燃料电池是一种直接将储存在燃料和氧化剂中的化学能高效地转化为电能的发电装置。这种装置的最大特点是由于反应过程不涉及燃烧，因此其能量转化效率不受"卡诺循环"的限制，能量转换效率高达 $60\%\sim80\%$，实际使用效率是普通内燃机的 $2\sim3$ 倍。

12.3.1　燃料电池特点

与干电池、蓄电池等一次电池不同，燃料电池不是一个能量储存装置，而是一个能量转化装置。燃料电池需要不断地向其供应燃料和氧化剂，以维持其连续的电能输出。当供应中断时，发电过程就会结束。

燃料电池具有以下优点。

① 效率高　燃料电池依照电化学原理直接将化学能转换为电能，目前正在使用的燃料电池实际的电能转换效率均在 $40\%\sim60\%$，若热电合计则效率可达 80%。单位质量燃料所能产生的电能，除了核能发电以外，其他发电技术均不能与之相比。

② 噪声低　常规发电技术如火力发电、水力发电、核能发电等，设备运转过程噪声非常大，燃料电池结构简单而且没有转动组件，可以安静地将燃料转化为电能。

③ 污染低　燃料电池以氢气为主要原料，以石化燃料来提炼富氢燃料作为燃料电池的燃料时，制取过程中二氧化碳的排放量比热机过程减少 40% 以上。

④ 原料广　理论上只要含有氢原子的物质都可以作为燃料进入燃料电池发电，如天然气及石油、煤炭的气化产物，或是沼气、酒精、甲醇等。因此，燃料电池为能源多元化提供了很好的技术平台。

⑤ 用途多　燃料电池的发电容量由单电池的功率和数目决定，无论发电规模大小均能保持高发电效率，它的机组大小与发电规模具有弹性。目前燃料电池所能提供的功率范围在 $1W\sim100MW$ 之间，可应用的范围非常广，包括便携式电源、车辆电源、分布式发电站及集中型发电厂等。

此外，与传统电池比较，燃料电池还具有能量密度高、无需充电及使用时间长等特点。

12.3.2　燃料电池工作原理

燃料电池由阳极、阴极和电解质隔膜构成。燃料在阳极氧化，氧化剂在阴极还原，从而完成式(12-11)、式(12-12)两个半反应，总反应为式(12-13)。

阳极反应：
$$H_2 \longrightarrow 2H^+ + 2e^- \tag{12-11}$$

阴极反应：
$$\frac{1}{2}O_2 + 2H^+ + 2e^- \longrightarrow H_2O \tag{12-12}$$

总反应：
$$H_2 + \frac{1}{2}O_2 \longrightarrow H_2O \tag{12-13}$$

燃料电池的基本工作原理如图 12-2 所示。氢气由燃料电池的阳极进入，氧气（或空气）则连续吹入燃料电池的阴极。为了加速电极上的电化反应，燃料电池的电极上都包含了一定的催化剂（触媒）。催化剂一般做成多孔材料，以增大燃料、电解质和电极之间的接触面。

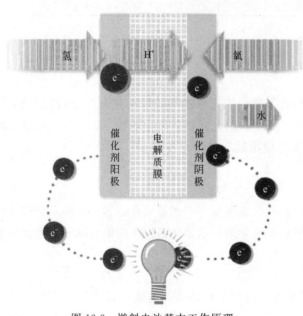

氢分子在阳极分解成两个氢质子与两个电子，其中质子被吸引到薄膜的另一边，电子则经由外电路形成电流后，到达阴极。在阴极催化剂的作用下，氢质子、氧及电子发生反应形成水分子，因此水可以说是燃料电池唯一的排放物。燃料电池与一般传统电池一样，是将活性物质的化学能转化为电能的装置，因此都属于电化学动力源，但燃料电池的电极本身不具有活性物质，只是个催化转换组件。

由于燃料电池工作时要连续不断地向电池内送入燃料和氧化剂，所以燃料电池使用的燃料和氧化剂均为流体，即气体和液体。最常用的燃料为纯氢、各种富含氢的气体（如重整气）

图 12-2　燃料电池基本工作原理

和某些液体（如甲醇水溶液），而氢燃料可以来自于任何的碳氢化合物，例如天然气、甲醇、乙醇、水的电解、沼气等。常用的氧化剂为纯氧、净化空气等气体和某些液体（如过氧化氢和硝酸水溶液等）。

12.3.3　燃料电池分类

燃料电池可以按照其工作温度或电解质分类，也可以按其所使用的原料来分类。燃料电池的电解质决定了电池的操作温度和在电极中使用何种催化剂，以及对燃料的要求。

(1) 碱性燃料电池（alkaline fuel cell，AFC）

AFC 是最先开发的燃料电池。20 世纪 50 年代 GE 公司从事燃料电池的开发，AFC 被应用于空间技术领域，装备在美国双子星航天飞行器上。之后，在汽车和潜艇上也有应用。与其他燃料电池相比，AFC 不仅具有很高的能量转化率，还具有高比功率和高比能量等优点，性能较为可靠。

AFC 以石棉网作为电解质的载体，以氢氧化钾溶液为电解质，石棉膜的两侧分别是黏结型的氢电极和氧电极，组成了电极-膜-电极形式，采用密封结构使其与双极板组装成电池组。生成的水要及时排除，以免将电解质溶液稀释或淹没多孔介质气体扩散电极。

CO_2 会导致 AFC 特性下降，空气中的 CO_2 浓度要控制在 0.035% 左右，所以氧化剂必须采用纯氧或净化后的空气。催化剂使用铂、金、银等贵重金属，或者镍、钴、锰等过渡金属。AFC 电解质的腐蚀性很强，因此电池寿命较短。这些弱点限制了 AFC 的发展，至今仅成功地运用于航天或军事领域，而不太适合在民用领域开发使用。

（2）磷酸燃料电池（phosphoric acid fuel cell，PAFC）

PAFC 是一种以浓磷酸为电解质的燃料电池，采用重整气作燃料，空气作氧化剂，浸有浓磷酸的 SiC 微孔膜作为电解质，产生的直流电经过直交变换后以交流电的形式供给用户，是目前单机发电量最大的一种燃料电池。其电极反应为：

阳极：
$$H_2 \longrightarrow 2H^+ + 2e^- \tag{12-14}$$

阴极：
$$\frac{1}{2}O_2 + 2H^+ + 2e^- \longrightarrow H_2O \tag{12-15}$$

在该电池中，阳极燃料气中的 H_2 在多孔扩散电极表面生成 H^+ 并释放电子，H^+ 通过电解质迁移到阴极，并同外部供应的 O_2 及外部电路流入的电子反应生成水。为完成上述反应，PAFC 采用高活性、寿命长的电催化剂及浓度为 98%～99% 的浓磷酸作为电解质。浓磷酸电解质不仅能耐燃料气及空气中的 CO_2，承受 CO 导致的中毒现象，而且可以降低电池内水蒸气的分压。但磷酸在低温时的离子传导度差，PAFC 的工作温度需控制在 160～220℃ 之间。

目前 PAFC 的发电效率能达到 40%～45%，但燃料必须外重整，且磷酸电解质的腐蚀作用使 PAFC 的寿命难以超过 40000h。

PAFC 的技术已属成熟，产品也已进入商业化，多作为特殊用户的分布式电源、现场可移动电源及备用电源等。目前，美国、加拿大、欧洲和日本建立的大于 200kW 的 PAFC 电站已运行多年，美国已于 1994 年推出了以甲醇为燃料的 PAFC 电动汽车。

（3）质子交换膜燃料电池（proton exchange membrane fuel cell，PEMFC）

典型的 PEMFC 电池单体主要由膜电极、密封圈和带有导气通道的集流板组成（见图 12-3）。膜电极中间为质子交换膜，它除了有质子交换功能外，还可以起到隔离燃料气体和

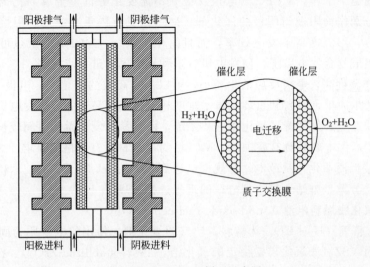

图 12-3　PEMFC 剖面示意图

氧化气体的作用。膜两边是气体电极，它由兼作电极导电支撑体和气体扩散层的碳纸和催化剂（多采用纳米金属 Pt）组成。

PEMFC 中膜电极是主体，氧气和氢气通过双极板的导气通道分别到达电池的阳极和阴极，再通过电极上的扩散层到达质子交换膜。离解后的氢离子通过质子交换膜中的一个又一个磺酸基（—SO_3H），逐步转移到阴极。与此同时，阴极的氧分子在催化剂的作用下与氢离子和电子发生反应生成水。电极反应如下：

$$阳极： \qquad\qquad\qquad H_2 \longrightarrow 2H^+ + 2e^- \qquad\qquad\qquad (12\text{-}16)$$

$$阴极： \qquad\qquad\qquad \frac{1}{2}O_2 + 2H^+ + 2e^- \longrightarrow H_2O \qquad\qquad (12\text{-}17)$$

PEMFC 以质子传导度佳、不传导电子的固态高分子膜为电解质。当以富氢气体为燃料时，不能含有过量的 CO［容忍度 $<10\times10^{-6}$（体积分数）］，以避免毒化阳极催化剂。

PEMFC 的工作温度较低（$\approx80℃$），使得 PEMFC 具有激活时间短的特性，可以在几分钟内达到满载。此外，PEMFC 的电流密度和比功率都较高，发电效率在 $45\%\sim50\%$。与 PAFC 和 MCFC 等液体电解质燃料电池相比，PEMFC 具有寿命长、运行可靠的特点，目前在车辆动力、移动电源、分布式电源及家用电源方面有一定的市场，但不适合用于大容量电厂。

直接采用甲醇作为燃料的 PEMFC 称为直接甲醇燃料电池（DMFC）。它的突出优点是甲醇来源丰富、价格便宜，其水溶液易于储存和携带，特别适宜作为各种用途的可移动动力源，是目前世界上燃料电池研究和开发的热点。

（4）熔融碳酸盐燃料电池（molten carbonate fuel cell，MCFC）

MCFC 所使用的电解质为分布在多孔陶瓷材料（$LiAlO_4$）的碱性碳酸盐。碱性碳酸盐电解质在 $600\sim800℃$ 的工作温度下呈现熔融状态，通过电解质的载流子是碳酸根离子，此时具有极佳的离子传导度。MCFC 燃料电池的电极反应为：

$$阳极： \qquad\qquad H_2 + CO_3^{2-} \longrightarrow H_2O + CO_2 + 2e^- \qquad\qquad (12\text{-}18)$$

$$\qquad\qquad\qquad CO + CO_3^{2-} \longrightarrow 2CO_2 + 2e^- \qquad\qquad\qquad (12\text{-}19)$$

$$阴极： \qquad\qquad \frac{1}{2}O_2 + CO_2 + 2e^- \longrightarrow CO_3^{2-} \qquad\qquad\qquad (12\text{-}20)$$

由于是在高温下工作，MCFC 的电极反应并不需要铂等贵重金属催化剂，一般可以采用镍与氧化镍分别作为阳极与阴极的催化剂。MCFC 具有内重整能力，甲烷与一氧化碳均可直接作为燃料，不但提高了发电效率，而且简化了系统。MCFC 的余热可以回收或与燃气轮机相结合组成复合发电系统，使发电机容量和发电效率进一步提高。

MCFC 工作温度高，电极反应活化能小，可以不用高效的催化剂，电极、电解质隔膜、双极板的制作技术简单，密封和组装的技术难度相对较小，易于大容量发电机组的组装，而且造价较低。缺点是必须配置二氧化碳循环系统，而且易挥发；激活时间较长，不适合作为备用电源。由于高温电解质具有腐蚀性，MCFC 对电池材料有严格的要求。

MCFC 已接近商业化，示范电站的规模已达到 3MW。从 MCFC 的技术特点和发展趋势来看，MCFC 是分散型电站和集中型电厂的理想选择之一。

（5）固体氧化物燃料电池（solid oxide fuel cell，SOFC）

SOFC 以重整气（H_2+CO）为燃料，空气为氧化剂，使用的电解质为固态非多孔金属氧化物，通常为 YSZ（三氧化二钇稳定的氧化锆，Y_2O_3-stabilized-ZrO_2），在 $650\sim1000℃$ 的工作温度下，不需要使用昂贵的贵金属为催化剂，氧离子在电解质内具有很高的离子传导度。一般而言，阳极使用的材料为钴-氧化锆或镍-氧化锆（Co-ZrO$_7$或Ni-ZrO$_7$）陶瓷，阴极则为掺入锶的锰酸镧（Sr-doped-LaMnO$_3$）。

SOFC电池的工作过程与其他燃料电池有所不同。由于固体电解质不允许电子和氢离子通过，而只允许带负电的氧离子通过，其电极反应为：

阳极：
$$H_2 + O^{2-} \longrightarrow H_2O + 2e^- \qquad\qquad (12-21)$$
$$CO + O^{2-} \longrightarrow CO_2 + 2e^- \qquad\qquad (12-22)$$
$$CH_4 + 4O^{2-} \longrightarrow CO_2 + 2H_2O + 8e^-$$

阴极：
$$O_2 + 2e^- \longrightarrow O^{2-} \qquad\qquad (12-23)$$

由于电解质是固体，SOFC外形较具灵活性，可以被制作成管型、平板型或整体型等。与液态电解质的燃料电池相比，SOFC避免了电解质蒸发和电池材料的腐蚀问题，电池的寿命较长。燃料在高温工作的SOFC内可以进行重整，因此，一氧化碳和甲烷均可直接作为SOFC的燃料。此外，由于在高温下运行，反应热的品位较高，可以用于发电或供热，如果将高温反应热综合利用，其能量利用率可达80%左右。但同时由于工作温度很高，金属和陶瓷材料之间不易密封。此外，与低温燃料电池相比，SOFC的激活时间较长，不适合作紧急电源。

SOFC是未来化石燃料发电技术的理想选择之一，既可以用作中小容量的分布式电源（500kW～50MW），也可用作大容量的集中型电厂（>100MW）。尤其是加压型SOFC与微型燃气轮机结合组成复合发电系统，更能表现出高温型SOFC的优越性。但高温始终是SOFC发展的一个障碍，国际上已经开始研究温度较低的中、低温SOFC电解质了。

表12-2所列为常见燃料电池的分类与基本特性。

表12-2 常见燃料电池的分类与基本特性

温度类型	低温燃料电池			中温燃料电池	高温燃料电池	
电解质类型	碱型 AFC	质子交换膜 PEMFC	直接甲醇型 DMFC	磷酸型 PAFC	熔融碳酸盐型 MCFC	固体氧化物型 SOFC
工作温度/℃	60～90	80～100	约100	160～220	600～700	900～1000
电解质	KOH	高分子质子膜	质子交换膜	磷酸溶液	熔融碳酸盐	固体氧化物
阳极材料	C、Pt	碳纸、C/Pt	C、Pt	碳纸、C/Pt	Ni、Cr、Al	Ni、YSZ
阴极材料	C、Pt	碳纸、C/Pt	C、Pt	碳纸、C/Pt	LiCoO$_2$	La、Sr、MnO$_3$
反应离子	OH$^-$	H$^+$	H$^+$	H$^+$	CO$_3^{2-}$	O^{2-}
功率密度/(mW/cm^2)	20～30	35～60	1～20	20～25	10～20	24～30
寿命/h	10000	40000	10000	40000	40000	40000
适用领域	太空飞行、国防、车辆	汽车、便携式电源、住家电源	移动电源	热电合并电厂	热电合并电厂、复合电厂	热电合并电厂、复合电厂、住家电源

12.3.4 燃料电池的应用范围

在氢能利用方面，燃料电池发电系统是实现氢能应用的重要途径。燃料电池不仅可以满足不同功率要求，而且安装、维修方便。由于燃料电池的特性，使其应用范围非常广泛，航天器、潜艇、手机、汽车、发电设备等均可使用。燃料电池在交通领域（汽车、无人机）的市场导入已经开始。未来几年有望逐步放量，未来或许成为主流动力汽车能源之一。2011年燃料电池汽车市场仅为3亿元，未来随着技术升级、加氢站等基础设施的完善、政策支持力度的加大，预计到2025年全球燃料电池汽车市场有望扩大到人民币1900亿元，占整体市场一半以上，增长潜力巨大。

（1）固定式电站

固定式电站可以分两类。一类是大型区域性电站。这类电站以高温燃料电池为主体，建立煤气化和燃料电池复合能源系统，以实现煤化工和热、电、冷联产联供的新型能源系统。另一类是中小型分布式供能电站。这类电站作为区域性大型电站的补充，提供超量和补充负荷。利用农村生物质产生的沼气作为燃料电池的燃料，将是解决广大农村未来供电问题的重要选择之一。燃料电池可以积木式地从单电池形成电池堆，因此，可以按实际需要的功率大小来确定所需的电池个数和电站尺寸。

目前，大型燃料电池发电系统已步入快车道。陶氏化学公司与通用汽车公司合作，在美国建设大型燃料电池发电系统，可供应 35MW 电力。

（2）交通运输

燃料电池作为动力系统在摩托车、小轿车、大客车、机车、船舶及飞机上被广泛地研究和运用。燃料电池汽车就是将燃料电池作为驱动能源的电动汽车，它是从高压气瓶供应燃料氢，从空气供给系统提供氧化剂的。

由于燃料电池具有优越的启动性、环保特性以及简单的供料支持系统，将是现有汽车内燃机最有希望的取代者。化学品生产商、燃料电池开发商、汽车生产商及汽车公司巨头纷纷联手开发燃料电池和燃料电池汽车。目前国际上各大汽车生产商都已经研制出了以质子交换膜燃料电池为电源的电动车，我国也成功地开发了燃料电池公交车和轿车，燃料电池正在向商业化迈进。

本田从 1989 年开始，就着手进行燃料电池汽车的研发，FCX 是本田在长期汽车环保技术研发下的成果（见图 12-4），搭载新一代本田 FC Stack 燃料电池组，采用高压氢气为燃料，最高速度可达 150km/h，一次加氢可持续行驶 395km。

2006 年，由我国自主研发并得到了国家电动汽车重大科技专项支持的"超越三号"燃料电池轿车（见图 12-5），其燃料经济性、噪声、排放、二氧化碳等指标均达到理想的水平。

图 12-4　本田公司 FCX 燃料电池轿车

图 12-5　"超越三号"燃料电池轿车

（3）便携式电源

微小型便携式燃料电池可作为移动电话、照相机、摄像机、计算机、无线电台、信号灯和其他小型便携电器的电源，无论是民用还是军事用途，都具有广泛的应用前景。便携式燃料电池以碱性燃料电池和质子交换膜燃料电池为主要类型。美国 Medis 燃料电池技术公司已开发出手机便携式充电设施，使用替代铂和其他贵金属的催化剂，从乙醇、甲醇直接产生能量。燃料电池的使用避免了传统电池的回收和再利用等技术和环境难题，但需要解决如何方便地携带和储藏燃料的问题。

12.4 氢能的其他应用

作为燃料,氢能主要的使用方式是直接燃烧和电化学转换。氢内燃机是一种以氢为燃料的发动机,能较好地满足车用发动机在动力、连续行驶里程和排放等方面的要求,与目前使用的汽油、柴油内燃机相比,其排放物污染少,系统效率高,发动机的寿命长。

氢内燃机车(HICE)继承了传统内燃机(ICE)发展的全部理论和经验,在第一次石油危机爆发后由德国、日本、美国进行了全面、系统的开发研究。其中,德国 BMW 公司从 20 世纪 70~80 年代迄今,研制的 HICE 轿车及 HICE 公共汽车(排量 12L,140kW),至今工作良好。2007 年,BMW 公司推出了世界第一款供日常使用的氢动力豪华高性能轿车——BMW 氢能 7 系(见图 12-6)。该款车型代表未来汽车技术,实现零油耗,并且几乎零排放。美国 Ford 公司的 HICE 开发始于 1998 年,旨在以较低的费用制造出能满足 LEV-Ⅱ排放标准的汽车发动机。目前,该公司研制的 HICE 在不采用任何催化剂转换装置的情况下,HC和 CO 的排放接近于零。Ford 公司于 2003 年推出的 HICE 越野车(见图 12-7),采用高压氢气为燃料,2.3L 四缸内燃机,加一次氢可行驶 500km 以上。

此外,氢内燃机在飞机、氢燃料火箭上也得到了应用。

图 12-6　BMW 氢动力豪华高性能轿车　　　　图 12-7　Ford 公司氢内燃机越野车

参 考 文 献

[1]　毛宗强. 氢能——21 世纪的绿色能源. 北京:化学工业出版社,2005.
[2]　黄素逸,高伟. 能源概论. 北京:高等教育出版社,2004.
[3]　王革华,艾德生. 新能源概论. 北京:化学工业出版社,2006.
[4]　黄镇江,刘凤君. 燃料电池及其应用. 北京:电子工业出版社,2005.
[5]　衣宝廉. 燃料电池——高效、环境友好的发电方式. 北京:化学工业出版社,2000.
[6]　钱伯章. 新能源——后石油时代的必然选择. 北京:化学工业出版社,2007.
[7]　翟秀静,刘奎仁等. 新能源技术. 北京:化学工业出版社,2005.
[8]　左然,施明恒等. 可再生能源概论. 北京:机械工业出版社,2007.
[9]　(日)电气学会,燃料电池发电 21 世纪系统技术调查专门委员会编著. 燃料电池技术. 谢晓峰,范星河译. 北京:
　　化学工业出版社,2004.
[10]　毛宗强. 燃料电池. 北京:化学工业出版社,2005.
[11]　王林山,李瑛. 燃料电池. 第 2 版. 北京:冶金工业出版社,2005.

第三篇 节能与储能篇

第13章

节能概论

节能被人们称为除石油、天然气、煤炭和水电外的"第五大常规"能源，足见它的重要性。什么是节能、它涉及哪些内容、其理论基础是什么、如何才能正确有效地节能，这些问题已越来越引起人们的关注。只有解决好这些基本问题，才能够更好地开展节能工作，充分发挥节能带来的效益。本章将就这些问题展开讨论。

13.1 节能的定义及分类

13.1.1 节能的定义

节能就是节约能源。狭义而言，节能就是节约石油、天然气、电力、煤炭等能源；而更为广义的节能是节约一切需要消耗能量才能获得的物质，如自来水、粮食、布料、塑料和纸张等。节约能源并不是不使用能源，或是降低原有生活质量少用能源，而是善用能源，巧用能源，充分提高能源的使用效率，在维持目前的工作、生活、环境状态的前提下，减少能量的使用。

《中华人民共和国节约能源法》第三条对节能作出如下定义："节能是指加强用能管理，采取技术上可行、经济上合理以及环境和社会可以承受的措施，从能源生产到消费的各个环节，降低消耗、减少损失和污染物排放、制止浪费，有效、合理地利用能源"。它从管理、技术、经济、环境和社会五个层面对节能工作给出了全面的定义。

节能工作必须从加强用能管理抓起，向管理要能源，杜绝在各行各业中存在的能源管理无制度、能源使用无计量、能源消耗无定额、能源节约奖励制度不落实等现象，从管理开始抓好节能工作。国家可以通过制定节能法律、政策和标准体系，实施必要的管理行为和节能措施；用能单位要注重提高节能管理水平，运用现代化的管理方法，减少能源利用过程中的各项损失和浪费。

从技术层面来说，节能工作必须是技术上可行的，也就是说节能工作必须符合现代科学原理和先进工艺制造水平，它是实现节能的前提。任何节能措施，如果在技术上不可行，它不仅不具有节能效果，甚至还会造成能源的浪费、环境的污染、经济的损失，严重的还可能造成安全事故等。

节能工作必须在经济上合理。任何一项节能工作都必须经过技术经济论证，只有那些投入和产出比例合理，有明显经济效益的项目才有生命力。否则，尽管有些节能项目具有明显的节能效果，但是没有经济效益，也就是节能不节钱，甚至是节能费钱，这就没有实施的必要了。

任何节能措施必须是符合自然环境和人类社会可持续发展的要求，安全、实用、操作方便，价格合理，质量可靠，并符合人们的生活习惯的。如果满足不了这些要求，即使经济上合理，也不能作为法律意义上的节能措施加以推广。如夏时制是一项非常有效的节能措施，实行夏时制可以充分利用太阳光照，节约照明用电，现在许多国家特别是西方发达国家都在实行。而在我国实施一段时间后，就停了下来，没有推广开。主要原因是我国横跨多个时区，如果全国统一，会给某些地区人们的生活带来不便；如果全国不统一，又会对人们坐飞机、火车等出行带来诸多不便，夏时制所带来的节能效果将被这些无效的工作所抵消。综合的社会效果，很可能不节能，甚至浪费能源，这也是我国停止实施夏时制的主要原因之一。

各行各业对节能的定义也有不同的阐述，如由化学工业出版社出版的《化工节能技术手册》中，对化工企业节约能源的定义是：在满足相同需求或达到相同生产条件下使能源消耗减少（即节能），能源消耗的减少量即为节能量。在这个定义中，我们必须注意到在化学工业中节能必须满足两个前提条件其中的一个，否则就不是节能。比如在某工艺中每小时需要0.8MPa的水蒸气1t，如果仅仅通过降低水蒸气的压力或减少流量而使消耗的能量减少，就认为是节能的观点是错误的，因为它没有满足相同的需求。

从20世纪70年代发生全球性的石油危机以来，建筑节能的含义经历了三个不同的阶段：第一阶段是建筑中节约能源（energy saving in building），也就是在房屋的建造过程中节约能源；第二阶段是建筑中保持能源（energy conservation in building），也就是在建筑中减少能源的散失；第三个阶段是建筑中提高能源利用率（energy efficiency in building）。就一般而言，建筑节能是指在建筑材料生产、房屋建筑施工及使用过程中，合理地使用、有效地利用能源，以便在满足同等需要及达到相同目的的条件下，尽可能降低能耗，以达到提高建筑舒适性和节省能源的目标。建筑物的节能是一项综合性的措施。

对日常生活而言，节能并不是简单的少用或不用能源，而是在目前技术可行的前提下善用能源、巧用能源，充分发挥能源的所有价值，减少不必要的浪费，提高能源的使用效率。例如我们目前需要40℃的热水100kg，假设目前自来水温为10℃，方案一是将100kg温度为10℃的水直接加热到40℃；而方案二是将50kg温度为10℃的水加热到70℃，再和未加热的50kg温度为10℃的水混合，也得到40℃的热水100kg（忽略混合过程的能量损失）。从表面上看，两者最后的结果相同，被水所吸收的总能量也相同，但是方案二中需要将水加热到70℃，那么在加热过程中，散失到环境中去的能量损失就可能大于方案一中的能量损失，如果是燃气加热的话，就一般而言，方案一所消耗的能量就会比方案二少，这就是善用能源，充分发挥所用能源的一切价值所带来的节能效果。在日常生活中这种节能的例子数不胜数。

13.1.2 节能的分类

节能工作可从多个角度进行分类。

① 从节能的领域来分，节能的内容包括工业节能、交通节能、建筑节能、农业节能及日常生活节能等大类，而每一个大类又可以细分为若干个子类。如工业节能可分为燃料动力工业节能、冶金工业节能、金属加工节能、机械制造业节能、石油化学工业节能、电机、电器工业节能及纺织轻工业等其他工业领域的节能。

② 从节约的能源种类来分，有节煤、节油、节气、节电等。当然，节油也可以细分为节约柴油、节约汽油、节约煤油等。从广义节能的角度来看，节能的内容几乎包含任何所有的物质，因为几乎没有一种物质的获得不需要消耗能量，只要消耗了能量，那么我们节约这种物质就等于节约了能量，如节约用水、节约粮食、重复利用资源等，都属于广义节能的范畴。

③ 从节能的方法来分，有管理节能、技术节能、结构调整节能。而技术节能又可以细分为工艺节能、控制节能、设备节能；结构调整节能又可以分为产业结构调整节能、产品结构调整节能。

④ 从能源开采、加工和转换过程来分，包括能源开采过程节能、能源加工节能、转换和储运过程节能及能源终端利用过程节能。

13.2 节能的层次及准则

13.2.1 节能的层次

为了更好地展开节能工作，可将节能工作分成不同的层次。在不同的层次中，节能工作有着不同的重点。按照节能工作的难易程度，可分为以下四个层次。

(1) 不使用能源

这是一个最简单易行的节能工作，如不开车外出、不用空调。目前世界上和我国一些大城市设立的"无车日"就属于不使用能源来达到节能减排目的这个层次的工作。但该层次节能工作的宣传教育意义大于实际效果，通过各种大型活动，引起人们对节能工作的重视，使人们认识到，如果没有能源将会给人们的工作和生活带来不便，从而更加自觉地节约能源。

(2) 降低能源的使用质量

例如相对于高速行驶而言，通过降低汽车的行车速度来减少汽油的消耗，即通过行车时间的增加来换取能源消耗的减少，这对于时间相对宽裕的出行者而言是可行的，但当时间价值大于所节约的能源价值时，该方法就显得不可行了。又如降低热水器温度、提高空调房间温度等，在不严重影响生活质量的前提下，通过适当降低生活的舒适度以达到节能效果，这在某些情况下是值得推广的一种节能方法。

(3) 通过技术手段提高能源使用效率

这一层次的节能工作属于目前正在采用的真正意义上的节能工作，通过各种技术手段，在不改变生产、生活状况的前提下，减少能源的消耗。开发和推广应用先进高效的能源节约和替代技术、综合利用技术及新能源和可再生能源利用技术，加强管理，减少损失浪费，提高能源利用效率，就属于这个层次的内容。

(4) 通过调整经济和社会结构提高能源利用效率

这是一个最高层次的节能工作。主要通过调整产业结构、产品结构和社会的能源消费结构，淘汰落后技术和设备，用高新技术和先进适用技术改造传统产业，促进产业结构优化和升级换代，提高产业的整体技术装备水平。

13.2.2 节能的准则

准则就是标准和原则。通俗地说，就是法律、法规、标准和各种管理办法。

近十余年来，我国加大了节能工作法制化的进程，一批重要的法律法规相继实施。例如

1997 年 11 月 1 日第八届全国人大常委会通过、2016 年 7 月修订的《中华人民共和国节约能源法》，2005 年 2 月 28 日全国人大通过、2006 年 1 月 1 日实施《中华人民共和国可再生能源法》，2008 年 7 月 23 日国务院常务会议通过、自 2008 年 10 月 1 日起施行、2017 年 3 月 1 日修订的《公共机构节能条例》，2008 年 7 月 23 日国务院第 18 次常务会议通过、2008 年 10 月 1 日施行的《民用建筑节能条例》，国家经济贸易委员会 1999 年 3 月 10 日公布并实施、国家发展改革委 2016 年修订的《重点用能单位节能管理办法》，国家经济贸易委员会、国家发展计划委员会 2001 年 1 月 8 日公布并实施的《节约用电管理办法》，国家发展计划委员会、国家经济贸易委员会、建设部、国家环境保护总局 2000 年 8 月 25 日公布并实施的《关于发展热电联产的规定》，国家发展改革委、国家能源局等五部委 2016 年 3 月 22 日发布并实施的《热电联产管理办法》等。

此外，还有国家、各部委和地方制定的各种节能标准，如：GB 50189—2015《公共建筑节能设计标准》、GB/T 14951—2007《汽车节油技术评定方法》、GB/T 15320—2001《节能产品评价导则》、CBJ 6—1985《工程设计节能技术暂行规定》等。

世界各国也出台了许多与节能有关的法律及标准。为了减少能源消耗，欧盟在 2006 年重新制定并实施了新的《终端能源效率和能源服务准则》。并要求各成员国根据新的准则，在 2007 年 6 月 30 日前制订出相应的行动计划，以实现欧盟到 2016 年，每年的能源消耗减少 9% 的目标。

日本是世界上最典型的"资源小国、经济大国"。不仅能源的 80% 需要进口，且煤炭、铁矿石及有色金属等多种原材料都需要进口。1973 年第一次石油危机后，日本将重要的能源和工业资源的石油战略放到首位，制定了《节能法》，实施节能制度，推广节能设备，加快节能技术研发，并先后颁布了《企业节能准则》、《汽车燃料标准》、《建筑节能准则》以及《居民房屋节能准则》等，从工业、交通运输到商民两用设施，全面展开节约资源运动，将节约意识渗透到国民心中。

13.3 节能技术的理论基础

13.3.1 常用节能术语

在节能工作中，会碰到一些专用术语，下面简要加以介绍。

(1) 燃料的发热量

发热量是指单位质量（固体、液体）或体积（气体）物质在完全燃烧，且燃烧产物冷却到燃烧前的温度时发出的热量，也称热值，单位为 kJ/kg 或 kJ/m³。在具体应用上，又将发热量分为高位发热量和低位发热量。

高位发热量是指燃料完全燃烧，且燃烧产物中的水蒸气全部凝结成水时所放出的热量，也称为高热值，用符号 Q_{gw} 表示。

低位发热量是指燃料完全燃烧，且燃烧产物中的水蒸气仍以气态存在时所放出的热量，也称为低热值，用符号 Q_{dw} 表示。

高位发热量与低位发热量的关系：

$$Q_{dw} = Q_{gw} - r W_{H_2O} \tag{13-1}$$

式中，r 为水的汽化潜热，kJ/kg；W_{H_2O} 为燃烧所产生的水，kg/kg。

燃料在锅炉中燃烧时，其原有的水分及燃烧生成的水均呈蒸汽状态随烟气排出，难以利用。因此低位发热量更接近实际可利用的燃料发热量，在热力计算中均以低位发热量作为计算依据。表13-1所列为常见燃料的低位发热量概略值。

表13-1　常见燃料的低位发热量概略值

固体燃料	低位发热量/(MJ/kg)	液体燃料	低位发热量/(MJ/kg)	气体燃料	低位发热量/(MJ/kg)
木材	13.9	原油	41.86	天然气	37.63
泥煤	15.89	汽油	43.12	焦炉煤气	18.82
褐煤	16.7	液化石油气	47.47	高炉煤气	3.76
烟煤	27.18	煤油	43.12	发生炉煤气	5.85
木炭	29.27	重油	43.91	水煤气	10.45
焦炭	28.47	焦油	37.22	油气	37.65
焦块	26.34	甲苯	40.56	丁烷气	126.45
		苯	40.14		
		酒精	26.76		

（2）能源折算系数

在节能统计工作中，需要将不同种类的能源及耗能工质的能源消耗量折算为某一标准能源，如标准煤、标准油等，表13-2所列为一些常用能源及物质消耗折算标准煤参考系数。

表13-2　常用能源和物质消耗折算成标准煤参考系数

名称	折算系数/(kgce/kg)	名称	折算系数/(kgce/m³)	名称	折算系数
原煤	0.7143	油田天然气	1.3300	低压蒸汽	128.6kgce/t
洗精煤	0.9000	气田天然气	1.2143	外购水	0.0857kgce/t
洗中煤	0.2857	压缩空气	0.0400	软水	0.4857kgce/t
泥煤	0.2857～0.4286	鼓风	0.0300	除氧水	0.9714kgce/t
焦炭	0.9714	氧气	0.4000	热力	0.03412kgce/MJ
原油	1.4286	氮气	0.6714	电力	0.4040kgce/(kW·h)
燃料油	1.4286	二氧化碳气	0.2143		
汽油	1.4714	氢气	0.3686		
煤油	1.4714				
柴油	1.4571				
液化石油气	1.7143				

（3）能源效率

能源效率的定义式为：

$$\eta = \frac{E_e}{E_0} \tag{13-2}$$

式中，η 为能源效率；E_e 为系统有效利用的能量；E_0 为供给系统的总能量。

能源系统的总效率由三部分组成：开采效率、中间环节效率和终端利用效率。其中能源开采效率是指能源储量的采收率，如原油的采收率、煤炭的采收率等。通常这一环节的效率是最低的。中间环节效率包括能源加工转换效率和储运效率，如原油加工成汽油、柴油等成品油的效率，将原煤加工成焦炭的效率，将原煤从煤矿运至发电厂发电的效率。终端利用效率是指终端用户得到的有用能与过程开始时输入的能量之比，如电力用户通过电力获得的所需能量（热能、机械能）与输入电力之比。在节能工作中，有时也将中间环节效率与终端利用效率的乘积称为"能源效率"。

(4) 单位国民生产总值能耗

单位国民生产总值能耗是指每单位国民生产总值（GDP）所消耗的能量，一般用"t 标煤/万元 GDP"作单位，不同年份进行比较研究时，需将国民产值进行折算，一般以某一年的不变价进行折算。

(5) 能源消费弹性系数

能源消费弹性系数可用下式表示：

$$能源消费弹性系数 = \frac{能源消费年增长率}{国民经济年增长率} \tag{13-3}$$

世界各国经济发展的实践证明，在经济正常发展的情况下，能源消耗总量和能源消耗增长速度与国民经济生产总值和国民经济生产总值增长率成正比关系。能源消费弹性系数等于1 时，说明能源消费增长率与国民经济增长率相等。在相同的国民经济增长率的前提下，这个数值越小，则能源消费增长率越低，反之则相反。能源弹性系数的大小与国民经济结构、能源利用效率、生产产品的质量、原材料消耗、运输以及人民生活需要等因素有关。

世界经济和能源发展的历史显示，处于工业化初期的国家，经济的增长主要依靠能源密集工业的发展，能源效率也较低，因此能源弹性系数通常大于1。进入工业化后期，由于经济结构转换及技术进步促使能源消费结构日益合理，能源使用效率提高，单位能源增加量对国民产值的增加量变大，从而使能源弹性系数小于1。尽管各国的实际条件不同，但只要处于类似的经济发展阶段，它们就具有大致相近的能源弹性系数。发展中国家的能源弹性系数一般大于1，工业化国家能源弹性系数大多小于1；人均收入越高，弹性系数越低。

13.3.2　节能技术的热力学基础

热力学是节能技术的理论基础，现将其相关知识作简要介绍。

(1) 体系

在热力学中，为明确讨论对象，将感兴趣的一部分物质或空间称为"体系"，其余部分称为环境。体系和环境之间由界面分开，常见的体系有以下几种。

① 孤立体系或隔离体系　体系和环境没有任何物质和能量交换，它们不受环境改变的影响。

② 封闭体系　体系和环境只有能量而无物质的交换。但是这并不意味着体系不能因为化学反应的发生而改变其组成。

③ 敞开体系　体系和环境可以有能量和物质的交换。

以上体系的分类是人为的，目的是为了便于研究和处理问题，而不是体系本身有什么本质不同，某一个体系在研究不同的问题时可以是孤立体系，也可以是封闭体系。有时也将体系称为"系统"、"物系"。

(2) 能量

能量是物质固有的特性，一切物质或多或少都带有一定种类和数量的能。在热力学中经常涉及以下几种能量。

① 内能　内能又称热力学能，以 U 表示。它是体系内部所有粒子除整体势能和整体动能外全部能量的总和。它包括分子的平动能、转功能、振动能、电子的运动能、电子与核及电子之间、核与核之间的作用能、核能、电子及核的相对静止质量能（mc^2）、化学键能、

分子之间的作用能等。体系内能的绝对值尚无法确定，但我们所关心的是内能的变化 ΔU。在确定的温度、压力下体系的内能应当是体系内各部分内能之和，即具有加和性。

② 动能　这里的动能是指体系整体具有的动能，一般以 E_K 表示，某物体的质量为 m，并且以速度 v 运动，那么，体系就具有动能 $\frac{1}{2}mv^2$。

③ 重力势能　这里的势能是指体系整体具有的重力势能，一般以 E_P 表示，某物体具有质量 m，并且与势能基准线的垂直距离为 h，那么，体系的势能就是 mgh。

④ 热　由于温差而引起的能量传递称为热，以 Q 表示。热涉及传递方向的问题，即 Q 不仅有绝对数值，而且需要传递方向。一般规定体系得到热时 Q 为正值，相反 Q 为负值。

⑤ 功　除了热之外的能量传递均称为功，以 W 表示。是体系发生状态变化时与环境交换的能量，功和热一样，不仅有绝对数值，而且需要传递方向。一般规定体系得到功时 W 为正值，相反 W 为负值。

综上所述的五种能量大致可以分为两类，一类是内能、动能、势能，它们是由于物质本身具有质量并且处在一定的状态下（温度、速度、高度），简单说就是因体系自身的存在而蓄积的能量，故又称为储存能。储存能（内能、动能、势能）与过程的始末状态有关，与过程本身无关；另一类是热和功，它们以能量传递的形式来体现，因此称为传递能，它们不是状态函数，只与过程途径有关，而且热 Q 和功 W 还有正负号以区分这股能量的传递方向。

(3) 热力学第一定律

能量是物质做功的本领。物质的能量有各种不同的形式，如动能、势能、电能、化学能等。能量守恒定律即热力学第一定律认为：能量既不能创造，也不会消灭。但各种能量之间可以一定的当量转换，当能量以一种形式消失时，必以另一种形式出现。如果简单地理解能量守恒定律，可能会产生如下错误的认识：节能不仅没有可能，也没有必要。因为能量是守恒的，不管我们如何低效地使用能源（能量的载体），也没有消灭能量；不管我们采取何种节能措施也不能创造能量。其实并不如此，热力学第一定律所说的能量守恒是将我们所考察的体系和环境一起考虑时的能量守恒，而不是单独应用于体系。能量守恒的最基本的形式可表示为：

$$E_s + E_0 = 0 \qquad\qquad (13\text{-}4)$$

式中，E_s 为体系的能量；E_0 为环境的能量。

体系是我们在研究问题时感兴趣的范畴，而环境则是不包括体系的其余部分。体系与环境之间可以通过热和功传递能量。这样，就产生了能量利用率的问题，也就是说我们在体系内的能量转变有多少转移到了环境中去，多少是体系内部的转移。例如我们在锅炉燃煤产生蒸汽的体系中，煤的燃烧过程中产生的能量一部分转移到了蒸汽中，这是我们所希望的；但另一部分却通过各种形式转移到了环境中去，节能的目的就是尽量减少这些转移到体系之外即环境中的能量。

能量守恒与转换定律是一个经验定律，无法用数学逻辑加以证明。它不涉及物质的微观结构和微观粒子的相互作用，是一种唯象的宏观理论，具有高度的可靠性和普遍性，经过一百多年的科学实践证明是完全正确的。在热能与机械能相互转换的过程中，如果系统消耗一定的热能，它就会完成相当数量的机械功；反之，若消耗一定的机械功，就会产生相当数量的热。热力学第一定律的表达方式很多，比如，第一类永动机是不可能制成的。它说明那种企图不消耗能量而可产生机械功的所谓第一类永动机是不可能造成的。工程中，我们称热能动力装置为热机，热机必须利用燃料燃烧产生热能来转换为机械能，而这种转换是通过热力循环实现的。

对于一个确定的系统，在一个无限小的时间间隔 dt 内进行一个微元过程，则在此时间内传入系统内的热量 δQ，与系统所做的功 δW 和系统内的总能量的增量 dE 之间的关系，根据热力学第一定律则为：

$$dE = \delta Q + \delta W \qquad (13-5)$$

对于单位质量工质则为：

$$de = \delta q + \delta w \qquad (13-6)$$

式中，δQ 规定为向系统传入热量时为正，而系统向外界放出热量时为负；δW 规定为系统对外界做功时为负，而外界对系统做功时为正。式(13-5)说明：在 dt 时间内，传入系统的热量和功的总和等于系统总能量的增量。它对静止的封闭系统和运动的敞开系统都适用。

系统所具有的总能量包括：

① 系统作整体宏观运动的动能 E_K；

② 系统在重力场中的势能 E_P；

③ 系统内部分子作无规则运动所具有的热力学能 U，简称内能；

④ 其他还有工质的化学能、核能和电磁能等。

一般情况下只研究前三种能量，而认为其他形式的能量在热力过程中保持不变。因此系统的总能量 E 为：

$$E = E_K + E_P + U \qquad (13-7)$$

对于单位质量工质则为：

$$e = e_K + e_P + u \qquad (13-8)$$

式中，$e_K = v^2/2$；$e_P = gh$；u 为内能，三者的单位均为 J/kg。其中 v 为系统作宏观运动的速度；h 为系统距势能基准线的垂直距离。

若系统相对于所选的坐标系没有宏观的运动，则该系统就是静止系统。对于静止系统，由于无整体运动，即系统的宏观速度为零，则宏观动能 E_K 为零。若不考虑重力势能时，系统总能量 E 简化为 $E = U$ 或 $e = u$，此时，热力学第一定律可简化为：

$$dU = \delta Q + \delta W \qquad (13-9)$$

热力学第一定律说明了能量在转换过程中总量的不变性，提示我们在能量转换过程中尽量将能量转换到我们感兴趣的体系中去，而不是我们不感兴趣的环境中去。以某锅炉燃烧产生蒸汽的能量守恒为例，该过程为连续过程，体系本身不累积能量，输入体系的总能量等于体系输出的能量，其热力过程如图 13-1 所示。

由图 13-1 可知，尽管进入体系的总能量等于体系输出的总能量，但体系（指燃烧过程）没有将所有的输入能量转移到人们感兴趣的蒸汽体系中去。蒸汽所带走的能量只有总输入能量的 73.2%，那么还有 26.8% 的输入能量去了哪里呢？通过能量守恒分析，就可以为人们指明节能的方向。原来输入能量的 17.2% 由锅炉的烟气带走，不完全燃烧也损失热量 9.1%，锅炉散热损失热量 0.5%。由此可见，尽管已经采取了一定的节能措施，将烟气中的大部分能量通过空气预热器回收再次进入锅炉燃烧过程，但烟气还是带走了 17.2% 的能量，是该工作状态下损失能量的最大部分。节能工作应首先加强烟气能量的回收，可采用回收效率更高的换热器，如各种强化传热换热器、热管换热器；其次，不完全燃烧也占了损失能量的很大一部分。进一步分析可知，不完全燃烧主要是由于机械不完全燃烧引起的，因此节能措施应主要在对煤块的粉碎、通风供气和锅炉的结构等问题上加以改进。

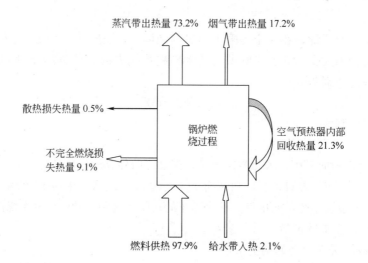

图 13-1　锅炉用能平衡图

（4）热力学第二定律

热力学第一定律指明了能量在传递过程中在不同物质中的分配，使人们可以判断能量转移到给定体系的程度，为节能工作指明了方向。但能量的转换过程并不是只要守恒就可以随便转换，比如将低温物流的能量转换到高温物流中，要解决这个问题，就需要热力学第二定律。热力学第二定律有各种不同的表述方法，其中涉及范围最广泛的一种说法是：自然界中的一切自发过程都是不可逆的。这里所说的自发过程是指不需要外界任何辅助条件就能自发进行的过程。例如两个温度不同的物体彼此接触，热量会从温度较高的物体自发地传给温度较低的物体。反之，热量绝不会从温度较低的物体自发地传给温度较高的物体。要想使自发过程逆向进行，必须提供一定的条件。要使热从温度较低的物体传给温度较高的物体，必须要有制冷机或热泵，同时要靠外界对其做功。这里所说的"外界做功"就是使热由温度较低的物体传给温度较高的物体所必须具备的条件。针对热量传递过程的方向性，1850 年德国物理学家克劳休斯提出了热力学第二定律的说法："不可能使热量由低温物体向高温物体传递而不引起其他的变化"。

要使热机将热能转换为机械能，同样也要具备某些条件。例如活塞式发动机，燃料在汽缸中燃烧，放出热量，对工质加热，相当于热源向工质供热。工质膨胀做功后从发动机排出。无论工质膨胀得如何完善，膨胀后的温度总还是比大气温度高。从而不可避免地有一部分热量排入大气，这相当于向冷源放热。在热机中，要使热能连续地转换为机械能，仅有一个热源是不行的，还必须有一个冷源，即除了必须有热源供热之外，还必须向冷源排热。这里所说的"向冷源排热"就是热机把热能不断地转换为机械能所必须具备的条件，这就是热力学第二定律的开尔文普朗克说法："要制成只从一个热源吸收热量并把它全部转换为功的热机是不可能的"。有的也说成："第二类永动机是不可能造成的"。

在以上阐述的基础上，我们来分析热功转换的热机效率及制冷或制热机的效率极限问题，从而找到节能的程度及极限方向。

（5）热机

图 13-2 为蒸汽轮机工作示意图。如果忽略循环泵对体系的做功，并忽略各种损失，则由能量守恒定律有：

$$W_1 + Q_2 = Q_1 \qquad (13\text{-}10)$$

蒸汽轮机消耗燃料的热量 Q_1 对外做功 W_1，其能量效率为：

$$\eta = \frac{W_1}{Q_1} = \frac{Q_1 - Q_2}{Q_1} = 1 - \frac{Q_2}{Q_1} \qquad (13\text{-}11)$$

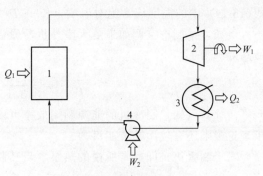

图 13-2　蒸汽轮机工作示意图

1—锅炉；2—蒸汽轮机；3—冷凝器；4—循环泵

由式(13-11)可知，能源效率恒小于1，要想提高蒸汽轮机的能量效率，只要减少冷凝器排放到环境中去的热量 Q_2，如果 Q_2 为零，则蒸汽轮机的能量效率为100%。但事实上这是不可能的，因为热力学第二定律已明确指出，不可能从单一热源吸取热量，使之完全变为有用功而不产生其他影响。也就是说，要想利用热量做功，不可能将热量100%地转换为功，必须付出一定的代价。这个代价和蒸汽轮机工作过程的可逆程度有关，最小的代价是在整个过程都可逆的情况下才能达到的，这是一个理想的情况，实际过程不可能达到。同时指出了热转换为功的极限程度。假设锅炉在 T_1 处获得热量，冷凝器在 T_2 处放出热量，在体系可逆的情况下，最大的输出功为：

$$W_{\max} = Q_1 \frac{T_1 - T_2}{T_1} = Q_1 \left(1 - \frac{T_2}{T_1} \right) \qquad (13\text{-}12)$$

由式(13-12)可知，热机的最高效率是由吸热环境的温度 T_1 及放热环境的温度 T_2 决定的。要想获得最大的功，可以使热机的吸热温度尽可能地高，放热温度尽可能地低。但受各种因素的影响，温度 T_1 只能达到 $500\sim600℃$，放热环境的温度 T_2 就是环境的温度，为 $20\sim30℃$。在此工作状态下，热机的最高效率只能达到60%左右，考虑到实际过程的不可逆性，通常燃煤发电的效率仅在40%左右。如果将冷凝器放出的热量加以利用，则可大大提高整体的能源利用效率。所以国家决定在"十一五"期间大力推广热电联供和冷、热、电三联供。

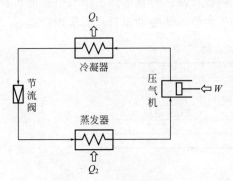

图 13-3　制冷或制热机工作原理示意图

式(13-12)同时也给出热量的品位高低计算公式。高温的热量品位高，做功能力强；低温的热量品位低，做功能力弱。如果是接近环境温度 T_0 的热量，基本上没有做功能力。

图 13-3 所示为制冷或制热机将功转换为热（冷）能的原理示意图，在忽略能量损失的前提下，根据热力学第一定律可得：

$$W + Q_2 = Q_1 \qquad (13\text{-}13)$$

对于制冷机，其工作的目的是获取冷量，通过蒸发器制得冷量为 Q_2，系统的能源利用效率为：

$$\eta_C = \frac{Q_2}{W} = \frac{Q_2}{Q_1 - Q_2} \qquad (13\text{-}14)$$

其理论极限可根据热力学第二定律推导得到：

$$\eta_{C\max} = \frac{T_2}{T_1 - T_2} \qquad (13\text{-}15)$$

式(13-14) 中的温度均为绝对温度（K），T_1 为冷凝器温度，T_2 为蒸发器温度。

例如，某制冷空调如果夏天室外机冷凝温度为 40℃，室内机蒸发温度为 10℃，则理论最高效率为：

$$\eta_{Cmax} = \frac{283.15}{313.15 - 283.15} = 9.44 \qquad (13\text{-}16)$$

由计算可知，制冷机的能源利用效率可以大于 1。目前商用空调的效率仅为 3～5，相对于理论极限还有较大的节能潜力。

对于制暖机，即通常所说的热泵，当其制热量为 Q_1 时，系统的能源利用效率为：

$$\eta_H = \frac{Q_1}{W} = \frac{Q_1}{Q_1 - Q_2} \qquad (13\text{-}17)$$

其理论极限为：

$$\eta_{Hmax} = \frac{T_1}{T_1 - T_2} \qquad (13\text{-}18)$$

例如，某制暖空调室外蒸发温度为 −20℃，室内冷凝温度为 20℃，则最大的可能效率为：

$$\eta_{Hmax} = \frac{293.15}{293.15 - 253.15} = 7.33 \qquad (13\text{-}19)$$

目前商用空调的制暖效率一般为 3～6，相对于理论极限也同样有较大的节能空间。

表 13-3 是利用上述原理及公式，对冬季直接使用电热器采暖和使用热泵空调采暖进行分析比较得到的数据。可见采用热泵空调制热的耗电功率仅为电热器制热耗电功率的 34.1%，但是空调的一次性投资大，使用起来没有电热器方便。究竟节约下来的电费能否补偿一次性投资大的损失，就需要进行技术经济分析，节能但不节钱的项目没有实用价值。

表 13-3 两种供暖方式比较

供暖方式	电热器	热泵空调
工作环境	室外 −20℃，室内 20℃	
制热量	100kJ/h	
功变热程度	100%	理论极限的 40%
效率	1	2.93
实际耗电/kW	27.8	9.48

参 考 文 献

[1] http://blog.sina.com.cn/s/blog_4c5800fd010008dz.html
[2] http://www.ceee.com.cn/info/shownews.asp? newsid=3859
[3] http://policy.techinf.cn/2006/5-23/a/72.html
[4] 中国电力报，2005-11-18.
[5] http://www.cngbn.com
[6] http://club.china.alibaba.com/forum/thread/view.html? forumId=220&threadId=23176756
[7] http://policy.techinf.cn/2006/5-23/a/72.html.
[8] 陈听宽. 节能原理与技术. 北京：机械工业出版社，1988.
[9] （美）史密斯（Smith C B）. 节能技术. 第 2 版. 殷元章等译. 北京：机械工业出版社，1987.
[10] 马庆芳等. 节能技术的热工理论基础. 北京：宇航出版社，1989.
[11] 黄素逸，高伟. 能源概论. 北京：高等教育出版社，2004.

第14章

工业节能技术

14.1 工业节能概述

14.1.1 工业节能潜力及要求

工业是国民经济发展的引擎。随着工业化进程的不断发展、转型升级的加速和新旧动能的转换，我国工业技术水平有了很大提高，工业能耗强度持续快速下降，消费总量峰值预期在 2020 年左右出现。近年来，我国工业部分行业技术装备达到甚至领先国际水平，主要工业产品中约有 40% 的产品质量接近或达到国际先进水平，行业节能先进技术开发和应用也取得显著突破，推动产品单位能耗持续下降。但是，以企业为主体的节能技术创新体系尚未形成，对工业绿色发展的科技支撑还不够显著。我国重点统计钢铁企业科技研发投入只占主营业务收入的 1.1%，远低于发达国家 3% 的水平。节能技术创新和成果产业化的配套政策不健全，中小型企业数量众多且节能技术研发和应用能力较弱，已有先进节能技术的市场化应用仍然存在障碍。以上原因使得许多高耗能工业产品的单位能耗平均水平比国际先进水平高出 15% 左右，我国工业节能仍有很大的空间。

国家在《"十三五"节能环保产业发展规划》对工业过程的通用系统提出了要求：

工业锅炉。加快研发高效低氮燃烧器、智能配风系统等高效清洁燃烧设备和波纹板式换热器、螺纹管式换热器等高效换热设备。支持开发锅炉系统能效在线诊断与专家咨询系统、主辅机匹配优化技术等，不断提高锅炉自动调节和智能燃烧控制水平。推进高效环保的循环流化床、工业煤粉锅炉及生物质成型燃料锅炉等产业化。鼓励锅炉制造企业提供锅炉及配套环保设施设计、生产、安装、运行等一体化服务。

电机系统。加强绝缘栅极型功率管、特种非晶电机和非晶电抗器等核心元器件的研发，加快特大功率高压变频、无功补偿控制系统等核心技术以及冷轧硅钢片、新型绝缘材料等关键材料的应用，推动高效风机水泵等机电装备整体化设计，促进电机及拖动系统与电力电子技术、现代信息控制技术、计量测试技术相融合。加快稀土永磁无铁芯电机等新型高效电机的研发示范。

能量系统优化。加大系统优化技术研发和推广力度，鼓励先进节能技术、信息控制技术与传统生产工艺的集成优化运用，加强流程工业系统节能。针对新增产能和具备条件的既有产能，以整合设计为突破口，形成贯通整个工业企业生产流程的综合性节能工艺技术路线。

余能回收利用。加强有机朗肯循环发电、吸收式换热集中供热、低浓度瓦斯发电等技术攻关，推动中低品位余热余压资源回收利用。加快炉渣、钢坯和钢材等余热回收利用技术开发，推进固态余热资源回收利用。探索余热余压利用新方式，鼓励余热温差发电、新型相变储热材料、液态金属余热利用换热器技术等研发。推动余热余压跨行业协同利用和余热供暖应用。

《"十三五"节能环保产业发展规划》还对重点行业能量系统优化的重点节能技术提出了具体的目标：

钢铁行业。开发热态炉渣余热高效回收和资源化利用技术、复合铁焦新技术、换热式两段焦炉技术等。推广"一罐到底"铁水供应、烧结烟气循环、高温高压干熄焦等技术。

有色行业。开发铝电解槽大型化及智能化技术、连续或半连续镁冶炼技术等。推广铝液直供、新型结构铝电解槽、高效强化拜耳法氧化铝生产、富氧熔炼、粗铜连续吹炼等技术。

石化和化工行业。开发油品及大宗化工原料绿色制备技术、石化装置换热系统智能控制技术等。推广炼化能量系统优化、烯烃原料轻质化、高效清洁先进煤气化等技术。

建材行业。开发水泥制造全流程信息化模糊控制策略、平板玻璃节能窑炉新技术、浮法玻璃生产过程数字化智能型控制与管理技术等。推广高效熟料煅烧、玻璃熔窑纯低温余热发电、陶瓷薄形化和湿改干等技术。

煤化工行业。大力发展焦炉煤气、煤焦油、电石尾气等副产品的高质高效利用技术。

14.1.2 工业节能方法

管理节能、技术节能和结构调整节能是工业节能的三部曲。

（1）管理节能

所谓管理节能，就是通过能源的管理工作，减少各种浪费现象，杜绝不必要的能源转换和输送，在能源管理调配环节进行节能工作。工业节能离不开技术改造，更离不开加强管理。

一些工厂，"浮财"遍地，跑、冒、滴、漏严重，余热资源大量流失，只要通过加强节能管理工作便会收到立竿见影的显著效果。近年来，许多企业在能源管理方面积累了很丰富的经验，认为工厂能源的管理必须做到五有：①有能源管理体系；②有产品耗能定额；③有计量仪表，管理节能工作做得好坏又影响到工艺节能、控制节能和设备节能的成效；④有管理制度；⑤有节能措施。

（2）技术节能

所谓技术节能就是在工业过程中利用各种技术手段进行节能。技术节能一般可以分为工艺节能、控制节能和设备节能。

工艺节能是工业节能过程中难度大、投资大但节能效果显著的节能措施。由于工艺节能需要改变工艺操作过程，一般很难单独进行，常常需要与控制节能和设备节能配合起来。如原来采用煤为原料生产合成氨的工艺，改成用石脑油为原料，就需要进行控制方案及设备的改造，工作量较大，故工艺节能通常在新项目上马或既有项目进行大型技术改造或部分设备更新时进行。

相对工艺节能措施，控制节能一般对整个工艺的影响不大，只对某一个变量的控制方案进行调整。通常需要注意以下几个问题：

① 每一台耗能设备的正常可靠运行；

② 车间、工厂实现自动化的经济目的，特别是节约能耗、提高产品产量、质量等；

③ 车间、工厂的能源（油、煤、气、水、风、电）进行集中监测、管理、调度和控制

等问题；

 ④ 各种耗能设备的性质和状态；

 ⑤ 控制技术实现的可能性、可靠性及稳定性；

 ⑥ 控制系统的总的发展趋势。

所谓设备节能就是对耗能设备进行局部或整体改造、替换，采用新材料新技术以及加强管理等各项措施将耗能设备的能源消耗降低下来。

信息化技术与智能设备将推进工业节能快速发展。在国际工业发展进程中，智能设备与工业的结合为节能提供了精细化管理和深入挖潜的可能，利用工业能源大数据进行能源诊断、改造和提升是未来工业节能的重要方向。通过信息技术、物联网技术、数值模拟、智能体等对工艺流程及能源消耗进行优化，提高组织效率，是未来节能技术的重要突破点。

跨行业协同节能将成为未来发展的趋势。随着工业节能工作的不断深入，单一行业内部能源效率的提升逐渐接近瓶颈，边际成本不断提升。同时，越来越多的先进技术研发致力于多行业联产系统的开发和应用。工业部门不同行业之间的联产，如冶金、化工、建材、电力通过物质流、能量流和废物流的优化，提升多联产系统能效和产品产值；工业和农业联产，如利用钢铁、电力等企业的低温余热资源用于海水淡化和生态养殖等。我国工业与各产业之间、工业与其他产业之间的联产节能潜力还值得进一步的深入挖掘。

（3）结构调整节能

结构调整节能是通过调整产业规模结构、产业配置结构、产品结构等进行的节能工作。它涉及的范围较广，但带来的节能效果也是十分巨大的。如我国许多产业的规模结构不合理，生产规模偏小，需要在逐步淘汰小规模企业的前提下，建立符合能源最佳利用生产规模的企业；产业配置包括同一产业在全国地理位置上的配置，也包括不同产业所占比例的配置问题。如由于历史原因，我国钢铁生产布局不够合理。全国75家重点钢铁企业中，有20多家建在省会以上城市；不少钢铁企业建在人口密集地区、严重缺水地区以及风景名胜区，对人居环境造成很大影响。炼油工业也是如此，历史原因造成部分沿江、沿海石化企业加工进口油接卸条件不完善、运输成本高等。原油资源配置方面存在的这些不合理现象不但增加了操作难度和生产成本，而且增大了资源的浪费。为此，在优化原油资源配置方面应尽量做到：结合市场需求和各企业的具体情况，充分利用已有加工能力和运输条件，保证宏观运输流向的顺畅合理，减少新建或改扩建工程量；对于不同特性的原油，要尽量合理加工，充分利用；要优先安排在有大型石油化工发展计划、市场状况良好的地区增加原油加工量等。此外，今后应综合考虑产品质量、能耗、环保等各方面因素，研究制订以效益为中心的、不同原油、不同区域的最佳加工方案，适度提高炼厂根据市场需求灵活组织生产的能力。

不同产业之间的配置结构也不尽合理，如2002年，一、二、三产业和生活用能分别占能源消费总量的4.4%、69.3%、14.9%和11.4%。其中，工业用能占68.3%，自1990年以来始终保持在70%左右的水平，虽然统计口径不完全可比，但与国外能源消费构成相比，我国工业用能比重明显偏高。在推进工业化的进程中，调整经济结构的任务十分艰巨。

产品结构调整也存在不少问题，如在钢铁总量中，低端产品所占的比重偏大。地条钢、热轧硅钢等国家早已明令禁止使用的产品，仍充斥于市场；棒线材、窄带钢等一般产品，在新增钢铁产量中占有较大比例；而轿车板、冷轧硅钢片、高档船板等高技术含量、高附加值产品，不能满足国内需求。加快关停和淘汰落后产能，可以优化钢铁工业布局，促使有条件的企业向运输便利、环境容量允许的地方调整，寻求更大的发展空间；也可以为高附加值产品腾出市场容量，促进钢铁行业改善品种、提高质量、增加效益。

总之结构调整节能工作具有全局性及超前性，它需要在企业生产前落实具体的节能工作，反之，一旦企业已经投入生产，再进行结构调整节能工作将碰到很大的困难和阻力。

14.2　工业通用节能技术

14.2.1　热泵节能技术

人们把能够将水从低位输送到高位的机械称为水泵，同理将能够把热量从低温位送往高温位的机械称为热泵。水泵需要消耗外功才能将水从低位送往高位，热泵也同样需要消耗外功才能将低温位的热量送往高温位。

某些物质具有相当大的相变热，如将 1kg 水升高 1℃需要 4.1868kJ 的热量，而在常压下要把 1kg 100℃的水变成 100℃的蒸汽，则需要 2257kJ 的热量。此外，物质由液体变为气体的相变温度（沸点）也与所处的压力成正比，即压力升高相变温度也升高，压力降低时则相变温度下降。例如，当压力从 1atm 上升到 2atm 时，水的沸点从 100℃升高到 120℃，压力降为 0.7atm 时，水的沸点为 90℃。热泵就是利用这种规律通过改变系统的压力使工质相变而将热量从低温位送往高温位的。

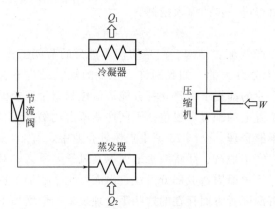

图 14-1　压缩式热泵原理示意图

按照工作原理可将热泵分为压缩式热泵、吸收式热泵、热电式热泵、化学热泵、吸附式热泵、喷射式热泵等多种形式。其中压缩式热泵应用最为广泛，图 14-1 为压缩式热泵原理示意图，可见，它由压缩机、冷凝器、节流阀和蒸发器四大部件组成。压缩机消耗功 W 从蒸发器抽取工质低压蒸汽，将其升温升压，并送至冷凝器，释放出高温热量 Q_1 供取暖用，蒸汽则凝结成高压液体，流经节流阀降压变成低压液体进入蒸发器，工质从低温热源（如环境）中吸收热量 Q_2 重新气化为气体进入压缩机，完成循环。

热泵是通过压缩机轴上输入的高品位机械功而使低品位的热量提高了品位，而机械功在工作中转化为热量而降低了本身的品位。根据热力学第一定律，冷凝器向用户提供的高品位热量 Q_1 应为蒸发器所吸收的低品位热量 Q_2 和压缩机所消耗的机械功 W 之和，热泵的能源利用效率为：

$$\eta_{\mathrm{H}} = \frac{Q_1}{W} = \frac{Q_1}{Q_1 - Q_2} \qquad (14\text{-}1)$$

其理论极限可根据热力学第二定律推导得到：

$$\eta_{\mathrm{H\,max}} = \frac{T_1}{T_1 - T_2} \qquad (14\text{-}2)$$

压缩式热泵的工作原理和压缩式制冷机的工作原理相同，所不同的是两者的应用目的。前者是利用冷凝器放出的热量，故一般要求冷凝器在较高温度下工作，在余热回收系统，甚至要求高达 200~300℃；而后者是利用蒸发器带走环境的热量，达到制冷的目的，要求蒸发器在较低温度下工作。其实，同一台设备，只要通过转向阀门的控制，就可以做到既是制冷机，又是制热机，这在热源热泵中已经实现。

热泵按照提供的热源一般可分为三种，分别为地源热泵、空气源热泵、工艺热源热泵，下面分别加以介绍。

（1）地源热泵

地源热泵是指以岩土体或地下水、地表水、海水、污水作为低温热源的供体或热量的释放体，由热泵机组、地能采集系统、室内系统和控制系统组成的供热（冷）空调系统。其工作原理如图 14-2 所示。图中 V_1、V_2、V_3、V_4 四个阀门由控制系统控制，虚线所示的路线是热泵冬天的工作路线，冬天室内需要供热时，阀门 V_2、V_3 打开，阀门 V_1、V_4 关闭，组件 5 作为冷凝器，放出热量传递给室内系统导热流体；夏天室内需要制冷时，组件 5 成为蒸发器，阀门 V_1、V_4 打开，阀门 V_2、V_3 关闭。

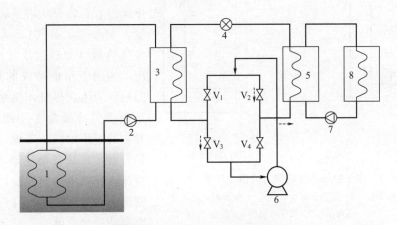

图 14-2　地源热泵工作原理示意图

1—地下换热埋管；2，7—循环泵；3—蒸发换热器（冬天）；4—节流装置；
5—冷凝换热器（冬天）；6—压缩泵；8—室内供热/供冷装置

根据地能采集系统不同，地源热泵又可以细分为土壤源热泵系统和水源热泵系统。土壤源热泵系统是利用土壤作为温热源的供体或热量的释放体，而水源热泵则是利用地表水（江、河、湖水）、海水、地下水、工业废水及生活废水等。地源热泵系统可利用浅层地热资源进行供热与制冷，具有良好的节能与环境效益，近年来在国内得到了日益广泛的应用。

（2）空气源热泵

空气源热泵是利用环境中的空气作为热泵的热源提供者，其最典型的应用例子是热泵空调和空气源热泵热水器，图 14-3 所示为空气源热泵热水器工作原理示意图。它将从空气中吸收的热量，提高温位后把水加热到 55~60℃。

目前，空气源热泵热水系统的制热系数可达到 3~4，随着能源价格的不断上涨，空气源热泵热水器的经济性已日益明

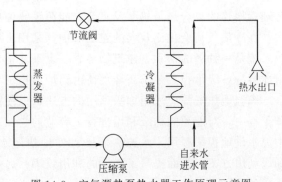

图 14-3　空气源热泵热水器工作原理示意图

显。热泵热水器在国外已经普遍被接受，以日本为例，大型的空调厂家开始开拓热泵热水器市场，2005 年销售在 30 万台以上，制造厂家也从 3 家扩展到 5 家，相信其市场会越来越大。

（3）工艺余热热泵

在工业生产中，既需要大量的热量，也会产生许多余热。由于余热的温度低，利用起来十分困难。工艺余热热泵的出现，为解决低品位余热的利用问题提供了技术支撑。工艺余热热泵和前面介绍的两种热泵工作原理基本一致，但形式更加多样化。前面介绍的两类热泵，通常的工作介质是封闭循环，称为闭式热泵，而在工艺余热热泵中则有开式和闭式两种。精馏是化学工业中常用于混合物分离的单元过程，需要从塔釜输入高品位热量（如通过水蒸气），从塔顶取出低品位热量（如通过冷却水），图 14-4 所示为用于精馏系统的热泵。其中，图（a）为闭式热泵，热泵中的工质在塔顶蒸气冷凝器 2 中吸收热量而蒸发，通过压缩机 4 压缩，温度、压力提升后进入塔釜再沸器 5，工质在其内放出相变潜热而冷凝，塔釜内物料则因为获得热量而气（汽）化。工质冷凝液通过节流阀 3 减压后再次进入

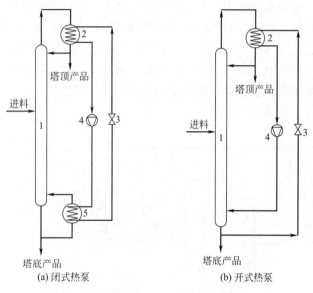

图 14-4　用于精馏系统的热泵结构示意图
1—精馏塔；2—塔顶蒸气冷凝器；3—节流阀；
4—压缩机；5—塔釜再沸器

塔顶蒸气冷凝器 2，实现热泵的循环工作。图（b）为开式热泵，其工作介质直接为工艺流股，一次性流经热泵系统。塔釜液态物料经节流阀 3 进入塔顶蒸气冷凝器 2，吸收塔顶蒸气所放出的热量，蒸发成气相，进入压缩机 4 压缩，将其温度提升到塔釜温度以上，然后直接进入塔釜，以使塔釜内液态物料气化。由此可见，通过利用热泵，将原来需要提供的公共热源（水蒸气）和公共冷源（冷却水）全部省去，节能效果十分明显。

（4）复合热源热泵

近几年，热泵节能、环保的优点逐渐被人们认识，热泵的应用越来越广泛。随着研究工作的深入，人们逐渐认识到：靠单一热泵来制热受到众多因素的限制。在这种条件下，以生态理念构建的复合热源热泵及复合式能源系统便应运而生了。

在冷热负荷变化比较大的建筑群中，采用土壤耦合热泵、冰蓄冷、锅炉组成的复合式能源系统是一种新的探索。建筑物冬季、夏季基本负荷由土壤耦合热泵来承担；夏季高峰负荷由冰蓄冷系统承担，冬季高峰负荷由锅炉承担。

高温地热资源应采用梯级利用的方法，以使能源得到充分的利用。在北京某热泵采暖空调工程中，对能源的梯级利用进行了有益的尝试。65℃高温地热水供建筑物采暖用，43℃的中温水供地板采暖，水源热泵从 25℃地热尾水中提取热量，供空调系统用。这种地热能梯级利用方案一方面提高了能源的利用效率；另一方面，也解决了低温地热尾水排放对环境造成的热污染。

热泵具有回收低温废热、节约能源、消除环境污染的特殊性能，已被公认是节约能源的重要措施之一，广泛应用于建筑暖通空调系统，木材、食品除湿，谷物、茶叶烘干，棉毛、纸张干燥，电机绕组无负载时防潮等。

14.2.2 热管节能技术

热管为一封闭的管状元件，由外壳、管芯和工质三大部分组成。外壳起隔离管内外、传递热量、提供刚性外型的作用；管芯将冷凝段的液态工质输送到蒸发段，并均匀分布在其上；工质通过在热管两端不断蒸发和冷凝，实现热管在小温差下传递大量热量的功能。如图 14-5 所示，热管的一端为蒸发段，外界热量由此输入；另一端为冷凝段，热管内的热量在此输出。当蒸发段受热时，毛细管芯中的工质液体吸取大量气化热后被气化，在压差的作用下通过管腔流向冷凝段，由于压差极小，工质几乎在与吸收气化热相同的工况下放出冷凝潜热并冷凝成液体，液体又在管芯的毛细作用下回到蒸发端。通过这种"蒸发-气体输送-冷凝-液体回流"的反复循环，完成将热管外一端的热量不断地输送到另一端的功能，而且是在极小的温差下将大量热量输送的。

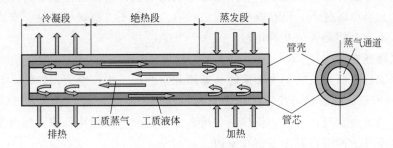

图 14-5 热管工作原理示意图

热管主要有以下特性。

① 有效热导非常高。由于热管的传热主要靠工质相变时吸收和释放潜热以及蒸汽流动传输热量，并且多数工质的潜热是很大的，因此不需要很大的蒸发量就能带走大量的热。

② 具有热流密度变换能力。热管中蒸发和凝结的空间是分开的，因此可以实现热流密度变换，在蒸发段可用高热流密度输入，而在冷凝段可以用低热流密度输出，反之亦然。

③ 具有低热阻的等温面。热管运行时，冷凝段表面的温度趋向于恒定不变。如果局部加上热负荷，则有更多的蒸汽在该处冷凝，使温度又维持在原来的水平上；同样，蒸发段也存在等温面，热管工作时，管内蒸汽处于饱和状态，蒸汽流动和相变时的温差很小，而管壁和毛细芯比较薄，所以，热管的表面温度梯度很小，即表面的等温性好。

热管的另一个显著的特点是在有引力和摩擦损耗下，完全从热输入中得到液体和蒸气循环所必需的动力，用不着使用外加的抽送系统。热管的传输效率比相同尺寸的铜棒高 500 倍，比不锈钢棒高 6300 倍。

根据热管的使用温度，可将热管分为深冷热管、低温热管、中温热管和高温热管，其中以中、高温热管在工业中的应用最为广泛，它们的工作温度范围分别为 −73～277℃ 和 277℃ 以上。根据热管液体的回流方式，可将热管分为利用重力回流的热虹吸管、利用毛细力回流的标准热管、利用离心力回流的旋转式热管、利用静电体积力回流的电流体动力热管、利用磁体积力回流的磁流体动力热管以及利用渗透力回流的渗透热管等，其中重力热管已广泛应用于热回收系统。

热管的工质可用液氮、丙烷、氨、甲醇、R12、水等，其适用温度范围参见表14-1。热管工质的选用要考虑到蒸汽运行的温度范围，以及工质与管芯和管壳材料的相容性问题。在合适的温度范围和相容性的前提条件下，还要根据热管内工质热流所受到的相关的热力学的各种限制来选择工质的种类和充装量。这些限制有黏性限、声速限、毛细限、携带限和核沸腾限等。

表 14-1　热管工质使用范围

工 质 名 称	适用温度范围/℃	工 质 名 称	适用温度范围/℃
氮	−200～−80	汞	190～550
丙烷	−150～80	钾	400～800
氨	−70～60	钠	500～900
甲醇	−45～120	锂	900～1500
氟里昂-12	−60～40	银	1500～2000
水	5～230		

热管在20世纪60年代首先在宇航技术和核反应堆中得以应用，进入70年代后，热管又在废热回收和节能方面大显身手，利用热管组成热交换器，具有体积小、传输距离远、无须辅助动力、无噪声等优点，已在航空、化工、石油、电子、机械、建筑、交通等许多领域中推广应用。下面介绍热管的几种用途。

（1）建筑暖通空调

美国等国家已在新建筑物的大型采暖、通风和空调设备中广泛采用热管，节省了大量费用。如图14-6所示，热管热交换器无论冬夏都可使用。冬天，把热量从烟道气或室内混浊热空气中传给新鲜冷空气。夏天，使热空气进入室内之前得到预冷处理，相当于把室内混浊的冷空气排出室外的同时将其冷量留在室内。

（2）CPU 芯片散热器热管

CPU芯片是计算机的核心部分，其体积小、发热量大，散热问题制约了CPU性能的进一步提升，对于处理量大的大型计算机，常规的散热技术有时候已显得无能为力。而CPU热管散热器的出现大大提高其散热性能，使CPU的性能得以进一步提升。图14-7为CPU热管散热器结构示意图。热管可以迅速地将CPU所产生的热量传到远离计算机处，在冷凝段，则可以采用风冷，甚至水冷的方式将热量带走。

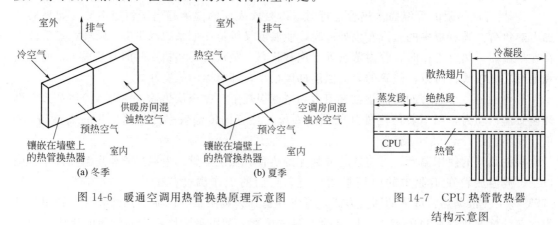

图 14-6　暖通空调用热管换热原理示意图

图 14-7　CPU 热管散热器结构示意图

（3）反应器内热管

反应器内热管是将热管技术与反应器相结合的一种特殊用途的热管。它的主要特点是利用热管的等温性能使反应器内催化剂床层轴向和径向温度分布均匀，从而使反应始终在最适宜的反应温度区间进行，以提高转化率、减少副反应，并使催化剂的利用率提高，寿命延长。热管还能及时补充化学反应热（对吸热反应）或导出化学反应热（对放热反应）。反应器式热管在反应器中的应用，使得反应器传热过程不再制约反应的进行程度，大大节约了能量的消耗。图 14-8 所示为乙苯脱氢反应器中应用的热管。乙苯脱氢反应温度为 560～600℃，反应热量由热管供给，热管底部采用电感应加热或烟道气加热，工作温度必须高于 600℃。热管底部的液态工质（一般采用钾或钠）受热蒸发上升，蒸气进入热管的上部，由于热管上部埋在反应器内，热管内的蒸气在热管上部冷凝成液体，

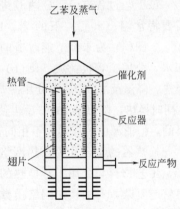

图 14-8 反应器内热管结构示意图

放出大量的热量传递给反应器内的物料，维持吸热反应的进行。当然，如果是放热反应，则可以将热管的蒸发段埋在反应器内，将冷凝段放在反应器外面，将反应器内的热量通过热管快速地传递到反应器外面，进而回收这部分热量，用于其他方面，达到节能的目的。

14.2.3　换热网络优化节能技术

(1) 换热网络简介

工业生产中存在着大量的需要换热的过程，有些物料需要加热，有些则需要冷却。传统的方法是向热公用工程（hot utilities）要热量，比如向锅炉要蒸汽，向加热炉要燃气等；向冷公用工程（cold utilities）要冷量，如使用冷却水、冷冻水等。如果通过合理的设计，将需要被加热的和需要被冷却的工艺物流交叉换热，则可以使热、冷公用工程的负荷同时降低，达到节能的目的。

在热能工程领域，要降低能量的消耗，提高能量的利用率，不仅要合理有效地产生、输送和利用热能，还要合理有效地回收热能。而热能的回收主要是通过换热器网络进行的，因此换热器网络也称为热量回收网络，它对于降低企业的能耗具有重要意义。

图 14-9 所示为三种不同的换热方案的比较。

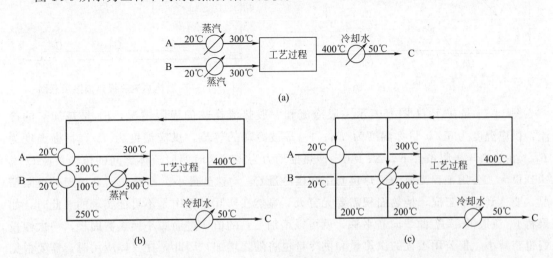

图 14-9　三种换热方案

该工艺过程有 A、B 两股进料，经加工后得到产品 C；要求进料温度为 300℃，因此，需要将常温（20℃）下的 A、B 加热；离开工艺过程的产品温度为 400℃，需要冷却至 50℃。图（a）为未经节能改造的方案，所有加热热源为锅炉提供水蒸气，冷却过程则使用冷却水，公用工程负荷大。图（b）为串联换热方案，即利用 400℃的产品 C 与 20℃的 A、B 分别换热，降温至 250℃后再使用冷却水。图（c）为并联换热方案，将 400℃的产品 C 与 20℃的 A、B 同时换热，降温至 200℃后再使用冷却水。从工艺的角度来看，三个方案均可以达到同样的目的，但能源的消耗则大不相同，定性地分析可知，图（a）的能耗最大，图（c）最小。

换热器的集合称为换热网络，其中工艺物料交叉换热的换热器组成的子网络称为内部网络，工艺物料与公用工程换热的换热器组成的子网络称为外部网络。工艺物料越多，换热方案就越复杂，有的换热网络由数百台换热器组成。因此，如何合理地设计好换热网络才能达到最佳化，已经发展为热能工程领域的一个重要的学科分支。

（2）夹点技术

B. Linnhoff 教授于 20 世纪 80 年代提出的一种简便实用的换热器网络优化方法，称为"夹点技术"（pinch point technology），下面对该技术的主要内容进行简要介绍。

① 复合 $T\text{-}H$ 曲线与夹点　换热网络中物料流股的热特性可以用温焓图（$T\text{-}H$ 图）表示。当某工艺流股从供应温度 T_s 加热或冷却到目标温度 T_t 时，其所需的热量或冷量为：

$$Q = Wc_p(T_t - T_s) \tag{14-3}$$

式中，W 为流股的质量流量，kg/h；c_p 为比热容，kJ/(kg·K)，如果将热容流率 $Wc_p = CP$ 当作常数，则：

$$Q = CP(T_t - T_s) = \Delta H \tag{14-4}$$

如果 Q 为负值，表明该流股被冷却，需要冷量；反之，表明该流股被加热，需要热量，两者在温焓图上的表示如图 14-10 所示。

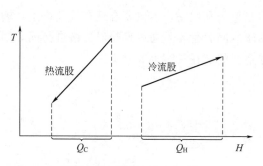

图 14-10　温焓（$T\text{-}H$）图

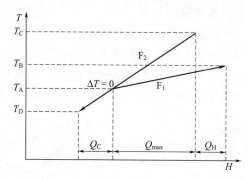

图 14-11　两股换热流股换热极限示意图

图 14-11 是在 $T\text{-}H$ 图上表示一股冷流和一股热流换热的极限情况，F_1 是被加热的冷流，供应温度为 T_A，目标温度为 T_B；F_2 是被冷却的热流，供应温度为 T_C，目标温度为 T_D。在热力学极限条件下，$\Delta T = 0$，传热推动力为零，这时两股流体之间的传热负荷 $Q_{\max}$ 达到极大。公用工程需要的供热量 Q_H 和供冷量 Q_C 均达到最小。当然，这是理想的极限情况，要达到这种工况，换热面积需要无穷大，显然在实际过程中是不可能实现的。此时，如果将 F_1 流股的 $T\text{-}H$ 曲线向右平移，就可以增加 ΔT 的值，进而减小换热器面积，一次性投资也将减小。但公用工程的供热量和供冷量也将随之增加，因此，在具体应用时，需要根据实际情况确定最佳的 ΔT。

在实际过程中，常有多股热流和多股冷流需要进行互相换热来达到各自的目标温度，这时就必须将所有的热流股的 T-H 曲线根据热力学原理合并成一条热物流 T-H 曲线；同理，也需要将所有冷流股的 T-H 曲线合并成一条冷物流 T-H 曲线。这种反映多股流股的 T-H 曲线称为复合 T-H 曲线，如图 14-12 所示。

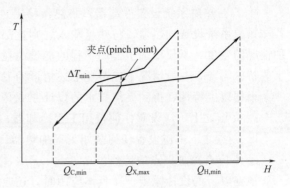

图 14-12　复合 T-H 曲线与夹点

② 夹点的确定　将热物流的复合 T-H 曲线沿 H 轴向右平移逐渐靠拢冷物流复合 T-H 曲线，两条曲线各部位的传热温差 WT 逐步减小，冷、热物流间的换热量增大，而冷、热公用工程负荷减小，最后某一部位的传热温差首先达到设定的最小传热温差 WT_{min}（通常为 $10 \sim 20℃$），这时就达到了实际可能的极限位置，即物流间的换热量达到最大（$Q_{X,max}$），而冷、热公用工程的热负荷达到最小（$Q_{C,min}$，$Q_{H,min}$）。图中热、冷复合曲线纵坐标最接近的一点，即温差最小的位置，称为"夹点"（pinch point）。它对整个换热网络的分析具有十分重要的意义。

上述作图法确定夹点位置虽然简单，但并不准确，也无法利用计算机计算。表格法解决了这个问题，该方法除了可以人工计算外，还可以利用计算机进行计算，由美国开发的 Aspen Plus 软件中就有关于夹点技术应用方面的内容。

③ 换热网络设计　计算夹点的目的是为了设计能回收最大能量的换热网络。由夹点的计算可知，夹点之上的高温部分没有能量传输给夹点之下的低温部分，在这种条件下，外界所需的加热量和冷却量为最小，而这时换热网络回收的热量也达到最大。这一性质正是夹点技术合成换热网络的关键所在。其具体情况如图 14-13 所示。

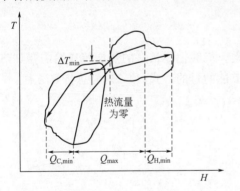

图 14-13　夹点处无热流流动示意图

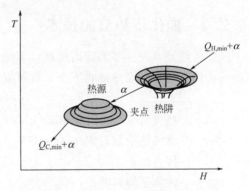

图 14-14　夹点处有热流流动示意图

夹点是复合 T-H 曲线中传热温差最小的地方，它将整个换热网络分成两个子系统，整个系统有以下特性。

a. 夹点之上只有热量流入，没有任何热量流出，可看成是一个热阱系统。

b. 夹点之下只有热量流出，没有任何热量流入，可看成是一个热源系统。

c. 夹点处两个子系统之间没有热流流动。

d. 如果在夹点处有热流 α 流动，则最小公用供热量需要增加 α；同时，最小公用供冷量也要增加 α，用以移出从热阱系统传递到热源系统的热量，其情形见图 14-14。

e. 若在热阱系统设置冷却器，将热量移出，则这部分热量必须由公用热工程额外输入；若在热源系统设置加热器，将热量输入，则这部分热量必须由公用冷工程额外移出。上述两种情况的发生，不仅增加了公用工程的能量消耗，同时也增加了换热网络的设备投资，除非工艺特殊需要，一般情况下应避免上述情形的发生。

根据以上特性，得到夹点技术的设计原则是：

a. 夹点之上不应设置任何公用工程冷却器；

b. 夹点之下不应设置任何公用工程加热器；

c. 不应有跨越夹点的传热。

根据以上的设计原则，在具体应用时，还应满足换热器的流股匹配法则，在夹点之上必须遵守所有的热流在夹点处只能和那些热容流率比自己大或相等的冷流匹配换热匹配法则，即满足式(14-5)：

$$CP_H \leqslant CP_C \tag{14-5}$$

只有满足了上式的条件，才能保证在传热过程中传热温差大于最小传热温差。

在夹点之下必须遵守所有的冷流在夹点处只能和那些热容流率比自己大或相等的热流匹配换热匹配法则，即满足式(14-6)：

$$CP_C \leqslant CP_H \tag{14-6}$$

只有满足了上式的条件，才能保证在传热过程中传热温差大于最小传热温差。

在满足了设计原则及流股匹配法则的前提下，还必须满足下面的基本要求，即最大限度地满足其中一个流股的换热，使这一流股的热量尽量用一台换热器用尽。如果是在夹点之上，则要首先满足热流股，因为冷流股不满足可以增设加热器；如果是在夹点之下，则要首先满足冷流股，因为热流股不满足可以增设冷却器。

通过夹点技术改造的装置，一般可节能 15%～40%，投资回收期缩短 1.5～3 年，经济效益和社会效益都非常明显。

14.2.4 强化传热节能技术

强化传热技术是许多节能措施赖以实施的关键。能够把尽量多的热能传递给需要加热的物质或者把尽量多的余热回收下来，就可以达到节能的目的。式(14-7) 为总传热方程：

$$Q = KA\Delta t_m \tag{14-7}$$

式中 Q ——热负荷（即传热速率），kJ/s；

K ——总传热系数，W/(m² · ℃)；

A ——传热面积，m²；

Δt_m ——传热平均温度差，℃。

可以看出，换热器的热负荷与总传热系数、传热面积及传热平均温度差成正比，这三个参数中的任一个增大，都可以使 Q 增大。而传热面积增大会造成换热设备体积的庞大及投资的增加，传热温差则主要取决于需要换热的两股物流的温度，由工艺参数决定，很难改变。所谓强化传热，就是通过各种技术手段，提高过程的传热系数，这是提高换热设备换热量比较理想的方法，节能效果显著。下面对几种主要的强化传热管型作简要介绍。

(1) 内翅片管

内翅片管（见图 14-15）是 1971 年首先由 A.E. 伯格利斯等提出来用来强化管内单向流体的传热的。这以后 T.C. 长内沃斯进一步对不同的内翅数、翅片高度、翅片螺旋角度及不同管径的内翅管，分别用空气、水、50％乙基乙二醇水溶液进行系统的性能测试，并与相同内径的光滑管作了对比，强化传热效果显著。内翅管的主要用途如下。

图 14-15　内翅片管示意图

① 内翅管可增加一些传热面积，同时也可破坏壁面附近传热层流底层，多用于湍流传热。

② 纽带加管内低翅可更有效强化高黏度流体传热。

③ 多通道铝芯翅片管主要用于氟里昂冷冻机的蒸发器，管子为铜制，管内芯子为铝制，铝芯的作用是使氟里昂在管道内分布得更均匀，同时也使管外的热量通过芯子均匀地传给氟里昂。

（2）螺旋槽管

螺旋槽管是最早被开发研究和应用于生产的一种优良的强化传热管件，对管内单相流体的换热过程有着显著的强化作用。研究及使用结果表明，螺旋槽管加工制造简单，传热性能好，适用面广。浅螺旋槽管阻力增加不多，节能效果显著，因而被认为是一种高效传热、易于推广的节能元件。

螺旋槽管的外形如图 14-16 所示，可通过对光滑管采用滚压加工的方法得到。根据扎制时的螺纹头数可分为单头和多头两种，目前管的螺纹头数最多可达 30 头，管参数主要有管子直径 D，槽距 p，槽深 h，槽与管轴线夹角 β，槽的头数等。大量研究表明，小槽距、浅槽深、大夹角的单头螺旋管较为有利。

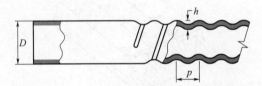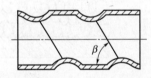

图 14-16　螺旋槽管结构示意图

螺旋槽管和光滑管相比，在相同泵功、换热面积条件下，螺旋槽管的换热量可增加40％以上；在相同换热面积和换热量条件下，螺旋槽管的泵功可减少 63％～73％；在相同换热量和泵功下，螺旋槽管的换热面积可减小 30％～37％。

（3）纵槽管

纵槽管的构造如图 14-17 所示。这种管是由 R. 格雷戈里克提出来的，近年得到了广泛的应用。纵槽管能够强化冷凝传热的原因主要是利用了冷凝液的表面张力。在表面张力的推动下冷凝液由槽顶推至槽底，然后借重力顺槽排走，而槽峰及其附近的液膜很薄。对垂直管而言，从上至下都是如此，使整根管的热阻从上到下都显著降低。其次，表面开槽后使管子传热表面积也增加 70％左右，进一步增加了传热能力，它适用于立式管外冷凝换热器中。

图 14-17　纵槽管结构示意图

（4）低肋管

低肋管又称螺纹管，主要靠管外肋化（肋化系数 2～3）扩大传热面积，主要适用于卧式管外冷凝过程。由于开停车时的热胀冷缩可使垢层脱落，因此具有较好的抗垢作用，其结构如图 14-18 所示。

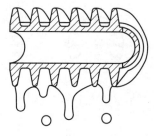

图 14-18　低肋管结构示意图

图 14-19　锯齿形翅片管结构示意图

（5）锯齿形翅片管

该管的外表面有锯齿状的翅片，其结构如图 14-19 所示。锯齿形翅片管的冷凝传热系数是光滑管的 8～12 倍，它适用于卧式管外冷凝过程，其具有的齿尖更有利于冷凝液滴滴落，使得滞留于管上的凝液更少。

锯齿形翅片管的最佳参数为翅片距 0.6～0.7mm，翅片高 1.0～1.2mm，将锯齿形翅片管应用于制冷系统中壳管式的水冷冷凝器中，与低肋管对比，冷凝器节省铜材 59%，体积缩小 1/3。

（6）表面多孔管

表面多孔管是在金属管的表面加工出多孔状的表面，加工方法有烧结、机械加工、电镀、电化学、火焰喷涂、激光等，以烧结、机械加工为多，图 14-20 为烧结和机械加工表面多孔管结构示意图。表面多孔管主要用于强化管外沸腾传热，多孔状的表面大大增加了汽化核心，减少了沸腾所需的过热度，可以显著提高沸腾传热系数。

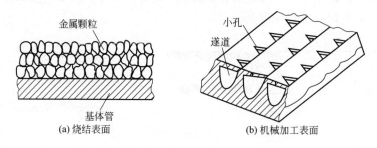

图 14-20　表面多孔管结构示意图

14.3　工业通用设备节能技术

14.3.1　锅炉节能技术

热能是人类使用最多的能量之一，锅炉则是将其他形式的能源转换为热能的设备，在生产、生活等各个领域被广泛使用。锅炉可将煤、油、气等一次能源转换成蒸汽、热水等载热体二次能源。图 14-21 为常见的链条炉结构示意图。锅炉主要由两大部分组成，第一部分是"锅"，包括汽包、各种受热面（辐射和对流）、省煤器、空气预热器、集箱、下降管、汽水分离装置、温度调节装置等部件；第二部分是"炉"，是指构成燃料燃烧场所的各个部件，包括炉膛、装料斗、渣斗、燃料输送装置、分配送风装置、炉排等。目前我国在用的中小型锅炉约有 50 万台，平均单台容量只有 2.5t/h，设计效率为 72%～80%，实际运行效率 65%

左右，其中 90％为燃煤锅炉，年消耗煤炭（3.5～4）亿吨，如将其实际运行效率从 65％提升到 80％，其年节煤可达 7500 万吨。国家要求"十一五"期间通过实施以燃用优质煤、筛选块煤、固硫型煤和采用循环流化床、粉煤燃烧等先进技术改造或替代现有中小燃煤锅炉（窑炉），建立科学的管理和运行机制，将燃煤工业锅炉效率提高 5 个百分点，预计年节煤 2500 万吨，5 年共计可节煤 1.25 亿吨，可见锅炉的节能潜力十分巨大。

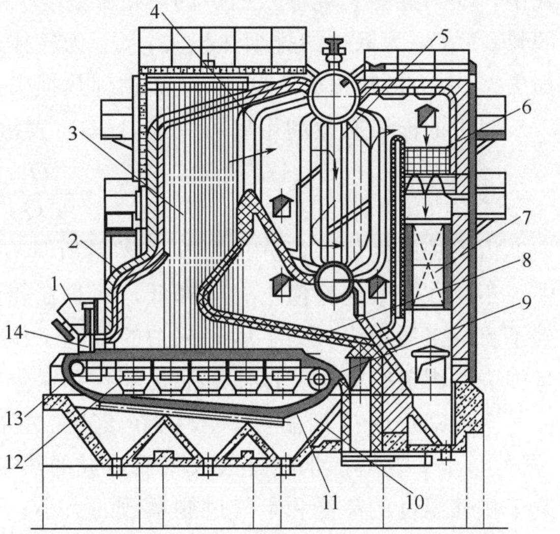

图 14-21 链条炉结构示意图

1—煤斗；2—前拱；3—水冷壁；4—凝渣管；5—对流受热面；6—省煤器；7—空气预热器；8—后拱；9—从动轮；10—渣斗；11—链条；12—风室；13—主动轮；14—煤闸门

(1) 锅炉的分类

锅炉按用途可分为固定式的工业锅炉、电站锅炉、生活锅炉和移动式的船舶锅炉、机车锅炉等。工业锅炉用于工业生产，电站锅炉用于发电，生活锅炉用于采暖和供应热水，移动锅炉用于各种移动设备。

按锅炉产生的蒸汽压力分为低压锅炉（$p \leqslant 2.5\text{MPa}$，$T \leqslant 400℃$）、中压锅炉（$2.5\text{MPa} < p \leqslant 6\text{MPa}$，$400℃ < T \leqslant 450℃$）、高压锅炉（$6\text{MPa} < p \leqslant 14\text{MPa}$，$460℃ < T \leqslant 540℃$）、超高压锅炉（$14\text{MPa} < p \leqslant 17\text{MPa}$，$540℃ < T \leqslant 570℃$）、亚临界压力锅炉（$p = 17 \sim 18\text{MPa}$，$540℃ < T \leqslant 570℃$）、超临界压力锅炉（出口水蒸气压力在 18MPa 以上的锅炉）。

锅炉按所用燃料或能源可分为燃煤锅炉、燃油锅炉、燃气锅炉、余热锅炉、原子能锅炉和垃圾锅炉等。值得一提的是随着城市垃圾量的不断增加，传统的垃圾填埋处理方法已很难适应，目前全国已有多个城市采用垃圾焚烧发电处理技术，其所用的锅炉就属于垃圾锅炉。

锅炉按燃烧方式可分为火床锅炉、火室锅炉、流化床锅炉和旋风锅炉。

锅炉的压力、所用燃料、燃烧方式是体现锅炉性能的主要指标，也是锅炉分类的主要方法。当然，锅炉的分类方法还有很多，如按通风方式分类，可分为自然通风锅炉和机械通风锅炉；按炉膛内烟气压力分为负压锅炉、微正压锅炉和增压锅炉；按安装方式分为散装锅炉、组装锅炉和快装锅炉等。

当锅炉载热体被用于向机械能转换时（如蒸汽机，透平机等），被称作"工质"。如载热体只用于采暖或供热，则称为"热媒"。锅炉中的工质一般为水，但在余热锅炉中也有使用其他工质的。这主要是由于以水为工质的锅炉，若用于动力循环系统，当余热的温度低于 400℃时，在经济上是不合算的，而在工业生产中常常有大量的 150～300℃的余热可以利用，如果采用低沸点的有机工质回收中低温余热可以有较高的能量回收效率。

(2) 锅炉的用能分析

锅炉用各种燃料燃烧产生的热能来加热锅炉中的工质，使其蒸发产生蒸汽（热水）供生产和生活使用。在忽略燃料的物理显热、外来加热量及自用蒸汽带入炉内的热量的前提下，锅炉内的用能平衡可用式(14-8) 表示：

$$Q = Q_1 + Q_2 + Q_3 + Q_4 + Q_5 + Q_6 \tag{14-8}$$

式中，Q 为燃料燃烧输入锅炉的热量；Q_1 为锅炉有效利用热，包括锅炉中水和汽吸收得到的热量；Q_2 为锅炉的排烟热损失；Q_3 为气体未完全燃烧热损失；Q_4 为固体未完全燃烧热损失；Q_5 为散热损失；Q_6 为灰渣物理热损失。

锅炉的能量有效利用率可用式(14-9) 表示：

$$\eta = \frac{Q_1}{Q} \times 100\% \tag{14-9}$$

由锅炉的用能平衡分析可知，燃料所具有的化学能在转移到目标工质水和蒸汽的过程中，不仅在有效能价值上有所降低，而且在能量的数量上也有所下降，只有一部分能量转移到了目标工质中去。为了做好锅炉的节能工作，必须对锅炉中除能量有效利用以外的其他能量损失原因进行分析，以便对症下药找到锅炉节能的方法。

工业锅炉的排烟温度一般都在 200℃ 左右，在没有省煤器的情况下，排烟温度可达300℃以上。这些热烟气排入大气而造成的热量损失称为排烟热损失，排烟热损失的大小取决于排烟温度的高低和空气过剩系数的大小。排烟温度越高，排烟热损失越大。一般排烟温度每降低 12～15℃，可减少排烟热损失 1% 左右。但想要降低排烟温度，就要增加受热面积，如在没有省煤器时增设省煤器，没有空气预热器时增设空气预热器或将锅炉本体的受热面积增加。这些将使锅炉的金属消耗量增大，投资也增加，在投资与节能两者之间需找到一个最佳点。

锅炉排出的烟气中，往往含有一部分可燃气体，如 CO、H_2 和 CH_4 等。这些气体在炉膛中没有燃烧就随烟气排出炉外。这部分可燃气体未完全燃烧而造成的热损失称为气体未完全燃烧热损失。产生气体未完全燃烧热损失的原因很多，空气不足、空气和可燃气混合不良、炉膛温度太低、炉膛容积不够大、高度太低等，都会造成这项损失。对燃煤锅炉，可燃气体的主要成分是 CO，其他成分可以忽略。如供应的空气量适当，混合又良好，气体未完全燃烧热损失是不大的，一般层燃炉的热损失率为 1%～3%。

由于在锅炉的炉渣、漏煤、烟道灰和飞灰中都含有可燃的炭，这部分炭没有燃烧而造成的热量损失称为固体未完全燃烧热损失，它是锅炉的一项主要热损失。它与锅炉炉型、容量、煤种、燃烧方式和运行操作水平有关。机械化层燃炉热损失率达 8%～15%；手烧炉热损失率可达 15%～20%。

由于受到炉墙绝热程度的限制，锅炉内高温热量总有一部分通过炉墙散失到四周的空气中去，这部分散失的热量称为散热损失，它主要和锅炉的外表面积及表面温度有关。有尾部受热面的锅炉散热损失就大一些。炉墙表面温度一般要求不超过 50℃，以使散热损失不致太大。一般而言，散热损失率为 1%～4%。

灰渣物理热损失是由于燃料在锅炉中燃烧后，炉渣排出锅炉时所带走的热量引起的，这部分的热量在整个锅炉的热量损失中所占比例很小，一般可忽略不计。只有对于沸腾炉及煤中含灰分高的燃烧设备必须考虑此项损失。

(3) 锅炉的节能技术

根据前面的分析可知，影响锅炉热效率的主要因素是排烟损失和不完全燃烧损失，所以应从这两方面对锅炉进行改造。首先可强化燃烧，以减少不完全燃烧损失。要使燃料充分燃烧，必须同时满足下述三个必要条件；①是要有足够的空气，并能同燃料充分接触，以满足燃烧的需要；②要求炉膛有足够的高温使燃料着火；③燃料在炉内的停留时间，能使燃料完全燃尽。基于上述条件，应采取合理送风，随时调节；采用二次风，强化燃烧；优化控制过剩空气系数（一般为1.3～1.5）；实现自动控制改善燃烧条件等措施促进燃烧，提高效率。其次是减少排烟损失，主要工作是控制适当的过剩空气系数，强化对流传热，同时对那些没有设置省煤器或空气预热器的锅炉进行改造，增设省煤器或空气预热器。如不方便增设，可考虑利用余热热管换热器回收排烟气体的热量，但需作全面的经济核算，以判断究竟采用哪种节能措施效果最佳。

锅炉节能除了锅炉本身层面提高热利用率以外，还需在整个能量系统的宏观层面做好节能工作。主要可以从以下几个方面展开节能工作。

① 推行集中供热，发展热电联产。

推广热电联产、集中供热，提高热电机组的利用率，发展热能梯级利用技术，热、电、冷联产技术和热、电、煤气三联供技术，是提高热能综合利用率的有效方法。

常年稳定供热，最好考虑热电联产。联产后，既可保持正常供热，又可使热源得到充分利用。利用供热锅炉采用热电结合的方式发展电力生产，具有上马快、投资少、效率高等优点。一般6000kW以下的小型自备热电站在1～2年就可建成。由于发电、供热共用一套锅炉，在计算发电的净投资时，只需计算汽轮发电机机组和电器控制设备，以及发电锅炉比供热锅炉增加的投资，因此，发电装置每千瓦的投资将大为降低，一般750～6000kW的工厂自备热电厂每千瓦投资在600元左右。扣除正常供热费用，计算电能耗和成本时，也较单纯发电的大型发电机能耗和成本低得多。可见，热电联产对经济运行具有重要意义。

② 二是加强运行管理、堵塞浪费漏洞。

可从以下几个方面开展工作：a. 做好燃料供应工作，不同的锅炉应该供应不同规格的煤（主要是粒度和含水量，以链条炉为例，煤粒度应为6～15mm）；b. 严格给水处理，防止锅炉结垢；c. 清除积灰，提高锅炉效率；d. 防止锅炉超载，保持稳定运行；e. 加强保温，防止漏风、泄水、冒汽；f. 提高入炉空气温度，一般入炉空气温度增加100℃，可使理论燃烧温度提高30～40℃，可节约燃料3%～4%。

③ 采用新设备新工艺技术

随着科学技术的不断发展和节能工作的深入展开，越来越多的新设备、新工艺在工业锅炉节能工作中得到了广泛运用。很好地利用这些技术成果，将使锅炉节能工作收到显著效果。主要有以下几个方面。

a. 采用换热器或热管回收锅炉烟道余热。

国内已有一些单位将气-液式热管换热器安装在锅炉烟道内，进行烟气余热回收以加热锅炉给水。某单位一台10GJ/h热水锅炉装设此热管换热器后，排烟温度由原来的230℃下降到170℃，给水温度由10℃上升到60℃。余热回收率达26%以上，锅炉热效率提高3.1%，节能效果显著，仅用一个采暖期就由节约的燃料费中将热管换热器的投资全部收回。可见，换热器在余热回收和节能工作中效果巨大。

b. 采用蒸汽蓄热器，保证锅炉在最佳工况下运行。

蒸汽蓄热器是在锅炉用汽负荷减少时，将多余蒸汽自动存入蓄热器中，使蒸汽在一定压力下变为高压饱和水。当蒸汽负荷增大，锅炉蒸发量供不应求时，降低了蓄热器的压力，高压饱和水即汽化为蒸汽和低压饱和水，产生的蒸汽和锅炉蒸汽一并供负荷使用，起到调峰作用。据资料介绍，在10t/h锅炉上配备蒸汽蓄热器，可供最大负荷为15～20t/h的不均衡负荷使用。由于设置了蓄热器，使锅炉能够经常处于最佳工况下运行，消除了负荷波动对锅炉燃烧和热效率的影响，可比设置前节能5%～15%。此外，由于锅炉燃烧稳定，可使供汽质量提高，使用寿命延长，烟尘污染减少。

c. 设置冷凝水回收装置，减少锅炉一次供水量。

工业锅炉回收冷凝水，可以降低煤耗，减少软化水和水处理费。一般采用密闭系统来尽量回收接近工作蒸汽压力下的饱和水温度的凝结水，这就有效地利用了蒸汽的热量，使锅炉燃料消耗量大幅度降低。此外，密闭系统还可降低疏水阀排放噪声，减少锅炉水处理量，降低锅炉排污量。由于给水温度提高，还可以提高锅炉蒸发量，节能效果可达25%以上。

d. 采用真空除氧器，可克服热力除氧器在除氧过程中的能量消耗。

它利用低温水在相应的真空状态下达到沸腾，从而使水中的溶解氧及其他有害气体随之析出。析出的程度与真空度有关。借助于真空泵使除氧器内的真空度维持在 60mmHg、水温 60℃，即可达到除氧的目的，而且能耗大为减少，提高了锅炉的运行效率。根据使用部门统计，真空除氧器可比热力除氧器节能 50%以上。

e. 采用新型节能保温材料，减少炉壁、管道的热量损失。

f. 采用添加剂及磁化节能技术。

14.3.2　炉窑节能技术

工业炉窑是为了达到某些工艺目的，如改变固体或液体材料的质地、形状，取得新材料或新材料制品等而设置的直接使用电能或燃料的加热装置，它在冶金、机械、建材、轻工、化工等部门得到广泛应用，是消耗能源较大的一类设备。工业炉窑将能源转换过程和能量利用过程结合起来，使能源转换设备和用热设备融为一体，省掉了中间的热能传输环节。在使用燃料（煤、油、气）热能的工业炉窑中，燃料的化学能转换为热能，热能储存在燃烧产物的烟气中，以烟气为载体向被加热对象传递热量。由于其工作机理与锅炉中之"炉"部分有相似之处，所以有些锅炉节能措施，此处可以照样采用。使用电能的工业炉窑，则以电阻加热、电弧加热、高频加热、感应加热、电火花加热等方式进行工作。此类炉窑，可根据其特点采取相应的节能措施。

（1）炉窑的分类

工业炉窑种类繁多，用途广阔，一般按工艺用途、使用热源、结构形式以及热工操作进行分类。按工艺用途分：有熔炼炉、熔化炉、加热炉、热处理炉、焙烧炉、干燥炉等。按热源分：有煤炉、煤气炉、油炉、电炉、天然气炉等。按结构形式分：有推料连续加热炉、室式炉、台车式炉、缝隙炉、井式炉、步进式炉、环形炉等。按热工操作分：有连续作业炉、间歇式炉、分段变温炉、恒温炉等。

（2）炉窑的用能分析

炉窑的用能分析和锅炉基本相同，主要的不同点是锅炉工作的目的是将热量传递给水使其升温或产生蒸汽，而窑炉工作的目的是将热量传递给被加工物质，使其脱水干燥、升温、熔化等。在忽略燃料、空气的物理显热及自用蒸汽带入炉内的热量的前提下，窑炉内的用能平衡可用式(14-10) 表示：

$$Q = Q_1 + Q_2 + Q_3 + Q_4 + Q_5 + Q_6 + Q_7 \tag{14-10}$$

式中，Q 为燃料燃烧（或电能）输入窑炉的热量；Q_1 为窑炉有效利用热，主要是被加工或处理物料进入窑炉后获得的净热量，此净热量等于物料离开窑炉时带出的热量与其进入窑炉时带入的热量之差；Q_2 为窑炉的排烟热损失；Q_3 为气体未完全燃烧热损失；Q_4 为固体未完全燃烧热损失；Q_5 为炉体蓄散热损失；Q_6 为水冷、逸气、孔洞辐射等各项热损失；Q_7 为化学反应所需要的热量。

窑炉的能量有效利用率可用式(14-11) 表示：

$$\eta = \frac{Q_1}{Q} \times 100\% \qquad (14\text{-}11)$$

一般而言，窑炉的工作温度比锅炉要高，故在窑炉带出的热量中，被加工物料一般占到 40% 左右，烟气占到 30% 左右，窑体占到 15% 左右，反应热占到 15% 左右。

(3) 炉窑的节能技术

我国现有炉窑多达几十万台，有些旧窑炉能耗高、效率低、可靠性差，应逐步淘汰更新。利用高新科技对炉窑进行节能改造，也是重要的手段。炉窑的节能工作主要可从两方面展开：一是最大限度地将燃料或电能产生的热量转移到产品中去，这就需要从炉窑本身的改造入手，如改变窑炉的结构、燃烧方式、窑体耐火砖结构和材料、窑体内利用远红外涂料等方法；另一方面是将热损失减到最小或二次利用，如通过余热锅炉或助燃空气预热器回收烟道气中的热量，减少窑体辐射损失及逸气热损失。

主要有以下几方面工作。

① 正确选用燃烧装置，减少物理和化学不完全燃烧损失。

a. 烧嘴的合理选用和使用。

b. 推广使用平焰、双火焰、高速、可调焰等新型烧嘴，可节能 5%～10%。

c. 固体燃料要采用机械化加煤和煤粉燃烧。

② 烟气余热的回收利用，减少烟气热损失。

a. 利用烟气预热助燃空气，可获得 15%～25% 的节能率。

b. 选用合适的烟道换热器。

c. 提高换热器的使用效果。

d. 根据余热情况安装余热锅炉。

e. 降低烟气离开炉膛的温度。

③ 加强炉体绝热，减少炉体蓄散热损失。

a. 将炉膛改造为由耐火砖或轻质耐火砖加耐火纤维和保温材料的复合结构。

b. 采用复合浇注料吊挂炉顶，减少炉顶散热。

c. 在中温间断式炉上采用全耐火纤维炉衬。

④ 提高炉子的密封性，减少逸气热损失。

a. 减少开孔与安装炉门。

b. 采用浇注料炉衬结构外加炉墙钢板。

⑤ 合理安排水冷件，减少水冷件热损失。

a. 少用或不用水冷构件，减少热损失。

b. 对必须设置的炉内水冷构件进行绝热包扎。

c. 采用汽化冷却来回收水冷热损失，不仅可得到中压蒸汽，还可节约水源。

d. 采用热泵技术回收低温冷却水的余热，有明显节能效果。

利用计算机监控技术及远红外烘干技术也可达到显著的节能效果。炉窑的每一种节能技术均需要一定的投资，有些投资还比较大，如余热锅炉节能、远红外涂料节能等，在实际应用时需进行技术经济评价，选择合理、有效、经济的节能措施。

14.3.3 换热器节能技术

工业生产过程尤其在化学工业中，需要大量的换热设备。从能量守恒的角度来看，换热设备似乎只将能量从 A 物流转移到 B 物流，没有节能的可能，其实不然。如果该换热设备是回收废热的，那么，高效的换热设备能够尽量多地把废热中的热量回收下来，当然废热流最后排放到环境的热能就减少了。因此，在整体能量上是守恒的，但回收的能量就增加了。高效换热设备的关键是提高传热系数，而传热系数的提高，需要根据换热物流的具体性质，选择合适的高效换热设备。常见的换热设备有夹套换热器、喷淋式换热器、套管式换热器、固定管板式换热器、U 形管式换热器、浮头式换热器、螺旋板式换热器、板式换热器等。图 14-22～图 14-29 是各种换热器的结构意图。在其应用过程中，应根据具体的换热要求，选择合适的换热器，或者采用强化传热技术，以提高换热效率，达到节能的目的。

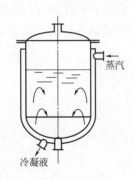

图 14-22　夹套式换热器结构示意图

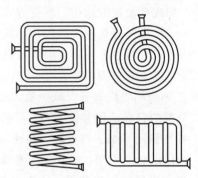

图 14-23　各种换热蛇管结构示意图

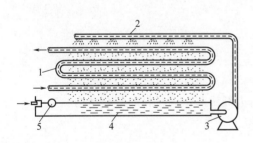

图 14-24　喷淋式换热器结构示意图

1—换热弯管；2—淋洒器；3—循环泵；

4—受液池；5—控制阀

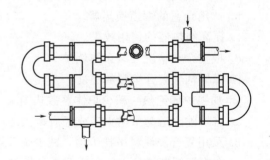

图 14-25　套管式换热器结构示意图

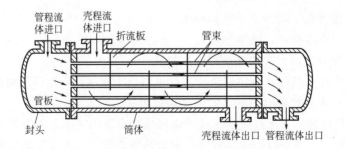

图 14-26　固定管板式换热器及其折流板结构示意图

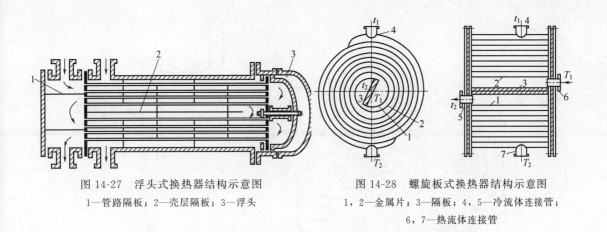

图 14-27　浮头式换热器结构示意图　　　　　图 14-28　螺旋板式换热器结构示意图

1—管路隔板；2—壳层隔板；3—浮头　　　　1，2—金属片；3—隔板；4，5—冷流体连接管；

6，7—热流体连接管

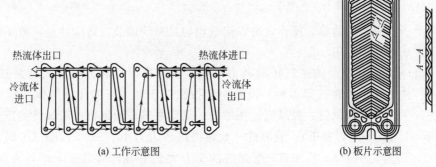

(a) 工作示意图　　　　　　　　　　　　　(b) 板片示意图

图 14-29　板式换热器结构示意图

14.3.4　泵和风机节能技术

泵和风机是输送物料的一种动力机械，其中泵用来输送液体物料，风机用来输送气体物料。它们被广泛地应用于电力、化工、冶金、建材、建筑空调等各个领域。据文献报道，目前我国风机的耗电量占全国发电量的 10%，泵的耗电量占全国发电量的 25%，两者合计占全国发电量的 35% 左右。由于泵和风机所占的用电量在全国发电量中的比例大，并且其消耗的是高品位的电能，因此，对泵和风机的节能工作显得十分必要。

(1) 泵和风机的分类

① 泵的分类　泵的种类繁多，适用广泛，其分类方法很多，如果按工作原理分，主要有离心泵和正位移；如果按其工作形式分，主要有叶片泵和容积式泵；如果按其工作压力分，主要有低压泵、中压泵、高压泵。

其中离心泵是利用叶轮叶片旋转运动时，对充满在叶片内的液体做功，使液体获得能量，提高压力能和动能，从而使工作流体用以克服管道阻力，并以一定的速度在管道内流动，达到输送液体的目的。图 14-30 为离心泵结构示意图。正位移泵中最典型的是往复泵，它是一种利用活塞的往复运动达到输送流体目的的机械，与离心泵的最大区别是排液能力与活塞位移有关，与管路阻力情况无关，而压头则根据系统需要可无限增大，但要受管路的承压能力的限制。往复泵的结构如图 14-31 所示。正位移泵的种类较多，除活塞式往复泵外，还有计量泵、隔膜泵、齿轮泵、螺杆泵等。

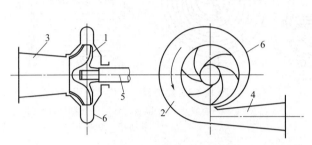

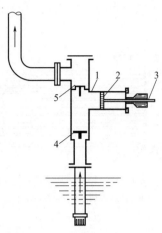

图 14-30　离心泵结构示意图
1—叶轮；2—压水室；3—吸入室；
4—扩散管；5—泵轴；6—泵壳

图 14-31　往复泵结构示意图
1—泵缸；2—活塞；3—活塞杆；
4—吸入阀；5—排出阀

离心泵由于具有结构简单，操作容易，流量均匀且易于调节，适应性强，效率较高，价格低廉等优点而被广泛应用。

②　风机的分类　风机是输送气体的动力机械，其工作原理和分类形式与泵基本类似，也有离心式、往复式、旋转式等多种。风机一般按出口压强或压缩比（气体加压后和加压前）来分类，主要分为通风机、鼓风机、压缩机、真空泵等。通风机一般最终的压力不大于 14.7kPa（0.015kgf/cm^2，表压）；鼓风机一般最终的压力为 14.7～294kPa（0.015～3kgf/cm^2，表压），压缩比小于 4；压缩机一般最终的压力大于 294kPa（3kgf/cm^2，表压），压缩比大于 4；真空泵和压缩机的功能正好相反，目的是抽去设备内的气体，使其产生真空。

(2) 泵和风机的节能技术

①　合理选型　泵和风机均有一个最佳的工作范围，在此范围内，泵和风机的效率较高，离开了这个范围，其效率会大幅度降低。所以，在选购泵和风机前，须对工艺管路作详细的分析，建立管路特性曲线方程，选用和管路特性相匹配的泵和风机型式及大小，尽量使其在最佳工作点附近工作。

②　合理组合　当需要多台泵共同工作时，需要根据不同的管路特性，选择合理的串联或并联组合方式。

③　变频调速　每一台泵都有一个最佳的工作点，但实际情况并非能一直满足最佳工作点的位置，有时需要对流量作一个较大幅度的调整。调整的基本方法有两种：一种是节流调整，另一种是变频调速。节流调节是人为地在管路中加大阻力，如关小阀门，获得的流量小了，但泵送的功率基本没有变化。而变频调速则是利用变频器通过改变电源频率来调节电动机转速，而转速的改变又可以改变离心泵的特性曲线，从而使泵的工作点发生改变，达到在不改变管路阻力的情况下，改变流量的目的，进而达到节能的目的。使用变频调速装置后，由于变频器内部滤波电容的作用，从而减少了无功损耗，增加了电网的有功功率。同时利用变频器的软启动功能将使启动电流从零开始，最大值也不超过额定电流，减轻了对电网的冲击和对供电容量的要求，延长了设备和阀门的使用寿命。

如果泵的流量调整幅度较大，变频调速节能效果就十分明显。举例而言：一台水泵电机功率为 60kW，当转速下降到原转速的 90% 时，其耗电量为 43.74kW，节电 27.1%。在工业生产中，泵的流量是一个需要经常调节的参数，因而变频调速的节电效果非常明显。风机、泵类等设备采用变频调速技术实现节能运行是我国节能的一项重点推广技术，受到国家政府的普遍重视。

④ 叶轮切割　如果某些流量调节具有一定的季节性，不同的季节对流量的要求不一样，又不想利用变频进行流速调节的话（变频调速适合于流量变化比较频繁的场合），可以考虑对叶轮进行切割。当然被割小的叶轮是无法再变大的，其实是更换叶轮。当流量小时，使用小叶轮；当流量大时，使用大叶轮。具体的更换时间要根据实际工艺要求而定。

⑤ 增加叶轮寿命　对于钢厂的回热风机、水泥厂的引风风机，由于工作介质中含有大量尘粒，使得叶片的寿命受到影响，如果在实际生产中因风机叶轮损坏而停产，其引起的损失是相当巨大的。因此对这类风机，提高其叶轮的寿命，提高耐磨性能就是最大的节能工作。风机叶轮磨损主要部位是叶片进口和叶片出口与后盘交界处、靠近后盘的叶片工作面，可通过改变叶轮的抗磨损材料、修改叶轮流道、调整叶片流场，提高叶轮寿命。

⑥ 提高稳定性及耐用性　对于那些功率达数千千瓦的大型轴流泵和风机，提高稳定性及耐用性成了节能的主要因素。因为如此巨大功率的风机或泵，其对应的生产规模也是相当大的，如果是建材生产企业，一旦因风机非正常停产一天，如需恢复正常生产，系统需要调试多天，如 5000t/d 的水泥厂，系统需要调试 5 天左右才能恢复正常生产，其损失是十分可观的。所以泵和风机的节能工作必须结合实际的生产工艺，选择合理有效的节能方法。不管采用哪一种方法，保证生产是第一要素，不能因节能而影响了生产的稳定和安全。

改善管路性能、减少管路上不必要的阻力、优化管路设计、采用自动控制技术及对泵和风机产品进行精心设计，提高产品性能等也都是泵和风机节能的有效方法。

参 考 文 献

[1]　http://www.chinavac.net/analysis/html/analysisView200749_3378.shtml
[2]　http://www.Ccement.com.
[3]　http://www.88088.com/gqxx/sydt/2007/0413/198915.shtml.
[4]　http://www.espt.cn/ypnew_view.asp?id=1583.
[5]　http://www.ylrq.org.cn/Html/qynews/20076/2007619154726.html.
[6]　殷际英. 一种热管式 CPU 芯片散热器的原理结构设计. 轻工机械，2004，(1)：105-107.
[7]　徐伟等. 热管技术在余热回收中的应用研究进展. 广东化工，2007，34 (2)：40-43.
[8]　赵宇. 热管式反应器的应用研究进展. 化工装备技术，2006，27 (4)：27-29.
[9]　郑小平，丁信伟，毕明树. 旋转热管应用及特殊结构设计. 石油化工设备，2005，34 (6)：46-49.
[10]　http://www.jnjqgs.com/product.asp.
[11]　郭仁宁，王海刚. 变频泵和风机的节能分析. 煤矿机械，2007，28 (6)：164-166.
[12]　张勇. 冶金行业风机节能分析. 通用机械，2006，(7)：32.
[13]　周霞萍. 工业热工设备及测量. 上海：华东理工大学出版社，2007.
[14]　刘慰俭，陶鑫良. 工业节能技术. 北京：中国环境科学出版社，1989.
[15]　范冠海等. 工业节能指南. 北京：机械工业出版社，1988.
[16]　国家发展改革委，科技部，工业和信息化部，环境保护部. 关于印发《"十三五"节能环保产业发展规划》的通知 [A/OL]. 2016-12-26. http://hzs.ndrc.gov.cn/newzwxx/201612/t20161226_832641.html.
[17]　温宗国. 工业节能技术进展及应用效果. 中国工业报，2017-6-16 (2).

第15章

建筑及民用节能技术

15.1 建筑节能概述

自从 20 世纪 70 年代发生世界全球性的石油危机以来，建筑节能的涵义经历了三个不同的阶段：第一阶段是建筑中节约能源（energy saving in building），也就是在房屋的建造过程中节约能源；第二阶段是建筑中保持能源（energy conservation in building），也就是在建筑中减少能源的散失；第三个阶段是建筑中提高能源利用率（energy efficiency in building）。

建筑节能是指在建筑规划、设计、施工和使用维护过程中，在满足规定的建筑功能要求和室内环境质量的前提下，通过采取技术措施和管理手段，实现降低运行能耗、提高能源利用效率的过程。建筑节能是一项综合性的措施，它通过一定的技术手段获得使人舒适健康环境的同时，在建筑中提高能源利用价值，以有限资源和最小能源消费为代价获取最大的经济效应和社会效应。建筑节能包括建筑物节能、建筑设备节能、建筑节能管理技术和建筑节能评价等技术，涉及建筑、设计、规划、施工、管理、环境等多专业领域，为达到最终节能目的，必须加强相关行业和专业的合作交流。

建筑是用能大户，全世界有 1/3 左右的能源消耗在建筑物上。我国建筑能耗约占社会总能耗的 33%，与世界水平相当，是我国三大重点用能领域之一。一方面，随着城镇化进程加快，我国建筑面积持续快速增长，建筑总量的增长致使能耗增长较快。另一方面，人民生活水平及建筑服务水平的提高，对建筑内用能设备需求的增加导致建筑能耗的增加。如冬季采暖、夏季制冷设备成倍增加。此外，农村建筑用能量也快速增长。从发达国家的情况看，随着经济社会的发展，建筑行业将逐渐超过工业、交通成为用能的重点行业，占全社会终端能耗的比例将超过 40%。

"十二五"时期，我国建筑节能工作取得重大进展，主要体现在如下五个方面：

（1）建筑节能标准稳步提高。全国城镇新建民用建筑节能设计标准全部修订完成并颁布实施，节能性能进一步提高。城镇新建建筑执行节能强制性标准比例基本达到 100%，累计增加节能建筑面积 70 亿平方米，节能建筑占城镇民用建筑面积比重超过 40%。北京、天津、河北、山东、新疆等地开始在城镇新建居住建筑中实施节能 75% 强制性标准。

（2）既有居住建筑节能改造全面推进。截至 2015 年底，北方采暖地区共计完成既有居住建筑供热计量及节能改造面积 9.9 亿平方米，是国务院下达任务目标的 1.4 倍，节能改造惠及超过 1500 万户居民，老旧住宅舒适度明显改善，年可节约 650 万吨标准煤。夏热冬冷地区完成既有居住建筑节能改造面积 7090 万平方米，是国务院下达任务目标的 1.42 倍。

（3）公共建筑节能力度不断加强。"十二五"时期，在 33 个省市（含计划单列市）开展能耗动态监测平台建设，对 9000 余栋建筑进行能耗动态监测，在 233 个高等院校、44 个医院和 19 个科研院所开展建筑节能监管体系建设及节能改造试点，确定公共建筑节能改造重点城市 11 个，实施改造面积 4864 万平方米，带动全国实施改造面积 1.1 亿平方米。

（4）可再生能源建筑应用规模持续扩大。"十二五"时期共确定 46 个可再生能源建筑应用示范市、100 个示范县和 8 个太阳能综合利用省级示范，实施 398 个太阳能光电建筑应用示范项目，装机容量 683MW。截至 2015 年底，全国城镇太阳能光热应用面积超过 30 亿平方米，浅层地能应用面积超过 5 亿平方米，可再生能源替代民用建筑常规能源消耗比重超过 4%。

（5）农村建筑节能实现突破。截至 2015 年底，严寒及寒冷地区结合农村危房改造，对 117.6 万户农房实施节能改造。在青海、新疆等地区农村开展被动式太阳能房建设示范。

由于我国建筑节能工作起步较晚，20 世纪 80 年代之前的老旧建筑及 80 年代后建设的大量建筑，仍为不节能建筑。2014 年全国城镇既有建筑中不节能建筑占比仍达 60% 左右。同时，我国目前的新建建筑节能标准要求与发达国家相比，仍有不小差距。我国北方住宅全年供暖能耗指标，依然为发达国家的 1.5～2 倍，公共建筑的供冷供热全年能耗指标，我国约为发达国家的 1.2～1.5 倍。建筑节能工作任重而道远。

国家住房城乡建设部制定的《建筑节能与绿色建筑发展"十三五"规划》提出，"十三五"时期建筑节能发展的目标为：建筑节能标准加快提升，既有建筑节能改造有序推进，可再生能源建筑应用规模逐步扩大，农村建筑节能实现新突破，使我国建筑总体能耗强度持续下降，建筑能源消费结构逐步改善。到 2020 年，城镇新建建筑能效水平比 2015 年提升 20%，部分地区及建筑门窗等关键部位建筑节能标准达到或接近国际现阶段先进水平。完成既有居住建筑节能改造面积 5 亿平方米以上，公共建筑节能改造 1 亿平方米，全国城镇既有居住建筑中节能建筑所占比例超过 60%。城镇可再生能源替代民用建筑常规能源消耗比重超过 6%。经济发达地区及重点发展区域农村建筑节能取得突破，采用节能措施比例超过 10%。

15.2 建筑节能技术

建筑节能涉及范围广，产品生命周期长，节能技术也涉及众多领域。本章中主要对建筑设计、建筑围护结构、建筑暖通空调系统、建筑智能控制等节能技术展开讨论。

15.2.1 建筑设计节能技术

建筑工程设计是指设计一个建筑物或建筑群所要做的全部工作，一般包括建筑设计、结构设计、设备设计等几个方面的内容。

建筑设计又包括总体设计和个体设计两个方面，一般是由建筑师来完成的。主要有以下两个方面的设计内容。

① 建筑空间环境的组合设计 主要是通过建筑空间的限定、塑造和组合，综合解决建筑物的功能、技术、经济和美观等问题。它通过建筑总平面设计、建筑平面设计、建筑剖面设计、建筑造型与立面设计等来完成。

② 建筑空间环境的构造设计 主要是对建筑物的各构造组成部分，确定其材料及构造方式，来确定建筑物的功能、技术、经济和美观等问题。它包括对基础、墙体、楼地面、楼

梯、屋顶、门窗等构配件进行详细的构造设计，也是建筑空间环境组合设计的继续和深入。

结构设计主要是根据建筑设计选择切实可行的结构方案，进行结构计算及构件设计，结构布置及构造设计等，一般是由结构工程师来完成。

设备设计主要包括给水排水、电气照明、通信、采暖、空调通风、动力等方面的设计，由有关的设备工程师配合建筑设计来完成。

所谓建筑设计节能，就是在设计阶段引入节能技术，使建筑物以后的运行节能工作能更好地开展。

（1）建筑格局朝向设计节能技术

在地理环境许可的前提下，建筑物格局和朝向设计时应尽量坐落于坐北朝南的方向，有利于冬暖夏凉。这样一方面降低了夏天制冷空调的能量消耗，另一方面也降低了冬天制暖能量的消耗，从而达到节能降耗的目的。当然，如果地理位置不允许，则另当别论。

（2）外形结构设计节能技术

除了建筑物整体格局朝向在设计规划阶段注意节能设计外，在建筑物本身的外形结构设计中也要注意节能设计。建筑物外形结构设计主要涉及建筑物的体形系数、面积、长度、宽度、幢深、层高、层数等设计。这些外形结构的数据对建筑物制冷和采暖负荷有较大的影响。

建筑物的体形系数 β 就是指建筑物与室外大气接触的外表面积 A（m^2）与其所包围的体积 V（m^3）的比值。外表面积中，不包括地面和不采暖楼梯间隔墙和户门的面积。在其他条件相同的情况下，建筑物耗热量指标随体形系数的增长而增长。研究表明，体形系数每增大 0.01，能耗指标大约增加 2.5%。从有利于节能的角度出发，体形系数应尽可能地小，一般宜控制在 0.30 及以下。在相同体积的建筑中，以立方体的形体系数为最小。在形体系数受到客观条件限制时，尽量使建筑物外围护结构的平均有效传热系数大的面，其相应面积相对较小；而平均有效传热系数小的面，其相应面积应相对较大，以便使在限定了形体系数的情况下，达到最佳的节能效果。

建筑幢深是指建筑物沿纵向轴线方向的总尺寸。对于单幢建筑物来说，当其层数相同、幢深不同时，随幢深的加大，也就是建筑的长度增加，其体形系数变小，其传热耗热指标明显降低。下面通过具体的数学推导来说明建筑物长度增加时，其形体系数的改变情况，推导结果同样适用于建筑物宽度、高度等其他结构参数的改变。假设建筑物的高度为 h，宽度为 w，长度为 l，外立面没有凹凸，则其体形系数 β 的计算公式为：

$$\beta = \frac{A}{V} = \frac{wl + 2wh + 2wl}{whl} = \frac{1}{h} + \frac{2}{l} + \frac{2}{w} \tag{15-1}$$

由于只改变长度，楼高和楼宽不变，由式（15-1）可知，当幢深增加时，即长度 l 增加，体形系数 β 就减小，而形体系数减少有利于节能，所以在客观条件许可的情况下应尽量加大幢深以较少能量损耗。其他如面积、长度、宽度、层高、层数等概念较易理解不再赘述。但是通过式（15-1）可知，增加建筑物的宽度、高度均可以减小形体系数，有利于节能工作。但高度增加，建筑成本将上升，需协调优化设计。总之，在建筑外形结构设计上，需在考虑实际建筑的地理位置的基础上，结合节能技术，设计出能量消耗最小的最佳建筑体形，而不是一成不变的一种体形。

然而，体形系数一味减小，将带来不少麻烦。因为体形系数不只是影响建筑物外围护结构的传热损失，它还与建筑造型、平面布局、采光通风等紧密相关。体形系数过小，将制约建筑师的创造性，使建筑造型呆板，平面布局困难，甚至损害建筑功能。因此权衡利弊，兼顾不同类型的建筑造型，尽可能减小房间外围护结构的面积，使体形不要太复杂，凹凸面不要过多。

(3) 热工参数优化设计节能技术

所谓建筑物热工参数就是建筑物在制冷和供暖时的工作参数，它包括建筑物室外的热工参数、建筑物本体的热工参数、建筑物室内的热工参数。建筑物热工参数的改变，对建筑物的能源消耗有较大的影响。

建筑物室外的热工参数主要受气象控制，只能适应，无法改变。主要有室外的温度、湿度、日照、风速等。建筑物本体的热工参数可以改变，如采用双层玻璃窗可减小窗户的传热系数，减少能量损耗；采用绝热墙体，可减少墙体的热损失达到节能的目的。由于建筑本体热工参数的选定与建筑物的设计是紧密相连的，我国对不同地区的建筑热工设计提出了不同的要求，对建筑的体形系数、窗户设计、墙体、楼顶及地板等隔热性能均提出要求。具体的节能方法将在围护结构节能技术中加以阐述。

室内热环境参数主要包括：室内空气温度、空气湿度、气流速度和环境热辐射等。在满足生产要求和人体健康的基本要求的情况下，室内空气温度和湿度的取值，冬季取暖应尽量取低，夏季制冷应尽量升高。根据数据显示，在加热工况下，室内计算温度每降低 $1\,\mathrm{℃}$，能耗可减少 $5\% \sim 10\%$；在冷却工况下，室内计算温度每升高 $1\,\mathrm{℃}$，能耗可减少 $8\% \sim 10\%$（公共建筑节能设计标准），而且夏季过低、冬季过高的室内温度不仅会造成能源的浪费，也会给人体带来不适。譬如，根据 ISO 7730 规定，考虑经济节能等因素，我国长江流域住宅室内环境要达到一级，即舒适性标准，冬季取暖只要不低于 $18\,\mathrm{℃}$，夏季制冷不高于 $28\,\mathrm{℃}$ 即可（夏热冬冷地区住宅室内热环境质量控制标准）。所以在暖通设计计算当中，应尽量根据当地具体情况，尽量按照"冬季取低，夏季取高"的原则来进行参数选择。

室内环境当中，新风量标准的取定也对降低空调系统的能耗有很重要的意义，但是一味地降低新风标准并不是解决问题的根本方法，在热工参数优化设计时，需要在舒适健康、经济环保和节约能源之间寻找到平衡点才是建筑节能的关键所在。

15.2.2　围护结构节能技术

建筑物的围护结构主要由窗体、墙体、楼顶、地面组成。这些围护部件除了热性能好外，对建筑物的能源消耗有很大的影响，必须采取节能措施。

(1) 窗体节能

现代楼层建筑窗体面积越来越大，建筑窗体在整个围护结构中占据相当的比例，是整个建筑热交换的主要途径，其散热量占到整个建筑散热量的 60% 左右，同时又是室内光环境和内外交融的主要途径，因此玻璃幕墙作为建筑的主要围护结构既是影响能耗的关键部位，又是影响室内舒适度的主要因素。随着玻璃加工技术的不断发展，可供选择的范围越来越大，但不管选择哪种玻璃，都应把玻璃能否有效控制太阳能和隔热保温（即节省能源）放在重要位置来考虑。

对建筑物而言，环境中最大的热能是太阳辐射能，从节能的角度考虑，建筑玻璃应能控制太阳辐射和黑体辐射，照射到玻璃上的太阳辐射，一部分被玻璃吸收或反射，另一部分透过玻璃成为直接透过的能量。玻璃吸收的太阳能使其自身温度升高并通过与空气对流及向外辐射而散失。对远红外热辐射而言，玻璃不能直接透过，只能反射或吸收它，被吸收的热能最终将以对流的形式透过玻璃。

目前窗体面积大约为建筑面积的 1/4，为围护结构面积的 1/6。单层玻璃外窗的能耗约占建筑物冬季采暖夏季空调降温的 50% 以上。窗体对于室内负荷的影响主要是通过空气渗透、温差传热以及辐射热的途径造成的。根据窗体的能耗来源，可以通过相应的有效措施来达到节能的目的。

① 采用合理的窗墙面积比，控制建筑朝向。

在兼顾一定的自然采光的基础之上，尽量减少窗墙面积比。根据模拟计算结果显示，窗墙比取值在 30%~50% 范围内时，年总耗能大致相同，当窗墙比超过 50% 之后，负荷将随窗墙比的增加明显升高。建筑朝向对于窗墙比的取值也有一定的影响。一般对于夏季炎热、太阳辐射强度大的地区，东西应尽量开小窗甚至不开窗；对于南面窗体则需要加强防止太阳辐射，北面窗体则应提高保温性能。在国家节能标准对窗墙比的要求中，北向的窗墙比为0.25，东西向的窗墙比为 0.30，南向的窗墙比为 0.35。

② 加强窗体的隔热性能，增强热反射，合理选择窗玻璃。

不同的玻璃其光热性能是不同的，表 15-1 列举了几种常用玻璃的主要光热数据。

表 15-1　几种常用玻璃的主要光热数据

玻 璃 名 称	种 类 结 构	透光率/%	遮阳系数 SD	传热系数 K
单片透明玻璃	6C	89	0.99	5.58
单片热反射玻璃	6CTS140	40	0.55	5.06
双层透明中空玻璃	6C+12A+6C	81	0.87	2.72
热反射镀膜中空玻璃	6CTS140+2A+6C	37	0.44	2.54
低辐射中空玻璃	6CEB12+12A+6C	39	0.31	1.66

注：6C 表示 6mm 透明玻璃，CTS140 是热反射镀膜玻璃型号，CEB12 是 Low-E 玻璃型号。

单片透明玻璃是目前一般建筑中应用最广的窗玻璃，尽管具有很好的透光率，但其传热系数相对较大，冷热保持性能较差，建筑物能量损失大。

热反射玻璃是镀膜玻璃的一种，又称为阳光控制镀膜玻璃。随着玻璃镀膜制备技术的不断发展，其节能效果也在不断提高。这种玻璃对阳光的反射和吸收都比透明玻璃高出很多，在南方炎热地区的夏季发挥着最大的节能效果。

双层中空玻璃具有很好的热力学性能，它提供一种"空气流动的密封"，即它可以让空气流动进行通风，但同时又具有良好的热绝缘性能。和传统窗户相比，双层中空玻璃幕墙大体能够减少 20%~25% 的能耗。

低辐射玻璃（也称 Low-E 玻璃）能有效阻挡远红外热辐射性能，并可根据需要限制太阳直接辐射，是目前公认的理想窗玻璃材料之一。低辐射膜本质上是一种透明导电薄膜，对可见光有良好的透光性，对红外线有很高的反射性。从低辐射膜种类来看，目前主要分为两类：一种是以电介质/金属/电介质为主构成的多层复合膜；另一种是以掺杂宽禁带半导体（如 SnO_2、ZnO 等）为主的透明导电单层膜。

在大多数地区，采用低辐射玻璃和热反射玻璃进行保温节能，相对单层白玻璃而言，能够较多地降低能耗；在严寒地区隔热要求很高的建筑中，则可使用中空玻璃来进行隔热节能。

人们为了验证普通白玻璃和其他节能玻璃的具体性能，进行了实验模型比较研究，通过模型对比实验，研究普通白玻璃的能耗以及节能玻璃的节能情况。具体操作步骤如下：

① 首先根据实验的实际情况选择适当的涂膜配方，制造出一定量的涂膜溶胶；

② 制作热电偶并对其进行冷端温度补偿；

③ 制造玻璃模型房间，采集实验温度数据；

④ 对所得数据进行分析并计算涂膜玻璃的节能效率。

通过对实验数据进行分析处理可知：在接受同样条件光照的情况下，低辐射玻璃和热反射玻璃的温度比白玻璃的温度高，并且不管是双层玻璃还是单层玻璃，低辐射玻璃和热反射玻璃房内的温度比白玻璃房内的温度明显低。这说明，低辐射玻璃和热反射玻璃具有良好的太阳辐射吸收和反射能力，能把大部分热量抵挡在房外。因此在南方炎热的夏季安装低辐射玻璃或热反射玻璃外窗能有效降低室内的温度，减少了空调的负荷，从而达到节能的目的。对于普通白玻璃，太阳光几乎能完全透过，并且白玻璃对太阳光的吸收能力差，导热性能不足。而对于中空玻璃，由于两玻璃间存在空气夹层，空气的导热系数低，因此双层中空白玻璃的保温隔热性能明显优异普通白玻璃。

我国中空玻璃门窗起步虽晚，但发展较快，尤其东部及东北、内蒙古一带普及应用率逐年提升，出现了方兴未艾的势头。但在全国每年约 $2 \times 10^8 m^2$ 的门窗使用量中所占的比例只有 5%，这与迅速增长的建筑能耗是极不相称的。

节能中空玻璃窗配合使用节能型窗框才能取得更好的节能效果。目前国内市场上常见的有铝合金、塑钢两大类，玻璃钢窗框作为第五代产品也相继在北京、辽宁、河北、江苏、上海、西安等地上市，并已显示出它巨大的复合材料技术优势及市场前景，表 15-2 所列为四种材料窗框的参数。

表 15-2 四种材料窗框的参数

类 别 指 标	PVC 塑钢	铝合金	钢	玻璃钢
质量密度/(10^3 kg/m^3)	1.4	2.9	7.85	1.9
热膨胀系数/(10^{-6}/℃)	7.0	21.0	11.0	7.0
导热系数/[W/(m·℃)]	0.43	203.5	46.5	0.30
拉伸强度/MPa	50.0	150.0	420.0	420.0
比强度/(N·m/kg)	36.0	53.0	53.0	221.0
使用寿命/年	10	45	10	50

由表 15-2 可知，铝合金及玻璃钢窗框的寿命较长，基本达到了一般建筑物的使用寿命，而 PVC 塑钢及钢窗框的使用寿命偏短。就市场而言，坚固耐用、水密性、气密性好、外观颜色多样性、热导率低、价格适中的窗框材料更易被接受。

③ 增加窗体外遮阳，减少热辐射。

根据实践证明，适当的外遮阳布置，会比内遮阳窗帘对减少日射得热更为有效。有的时候甚至可以减少日射热量的 70%～80%。外遮阳可以依靠各种遮阳板、建筑物遮挡、窗户侧檐、屋檐等发挥作用。对于夏热冬暖的地区，由于不需要考虑冬季采暖需求，可以设置固定的外遮阳设施，譬如利用遮阳板和阳台等建筑结构来适当减少夏季日射热量。而对于冬季需要考虑采暖的地区，则可以采用活动遮阳设备，像活动百叶外遮阳。北方地区在安装宽度 0.5～0.9m 之间的外遮阳板之后，南向窗可减少太阳辐射 80～110MJ/m^2。

不同的窗体材料，其热工性能、价格、节能效果均不同，单从某一个方面有时很难判断其优劣，目前对玻璃窗体最新的优劣评价是采用生命周期评价法（见图 15-1）。生命周期评价是一种评价产品、工艺或活动从原料采集，到产品的生产、运输、销售、使用、回用、维

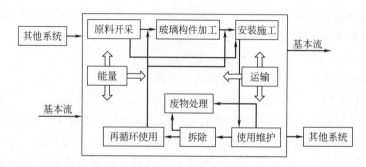

图 15-1　玻璃窗体生命周期评价系统

护和最终处置整个生命周期的有关环境负荷过程。

在玻璃窗体的整个生命周期中，主要包括以下几个方面的能源消耗：a. 生产能耗，指玻璃所消耗的建材和设备材料的获取、制造加工、包装运输过程中所消耗的能源；b. 安装施工能耗，指在玻璃窗体安装过程中所需要的资源的开采利用，机械设备的安装使用等安装活动所消耗的能源；c. 居住使用能耗，主要指玻璃窗体的维修清洁活动中所消耗的能源；d. 破坏拆除能耗，是指玻璃窗体陈旧破损需拆除所消耗的能源；e. 废旧材料处理能耗，指可回收材料的回收、二次加工以及不可回收材料处理过程中所消耗的能源。

生命周期内玻璃窗体总能耗为：

$$E_{Tot} = E_{manu} + E_{erect} + E_{occup} + E_{demo} + E_{dis}$$

式中，E_{Tot} 为玻璃窗体生命周期总能耗，kJ；E_{manu} 为材料生产阶段总能耗，kJ；E_{erect} 为安装施工阶段总能耗，kJ；E_{occup} 为使用阶段总能耗，kJ；E_{demo} 为破坏拆除阶段总能耗，kJ；E_{dis} 为废料处置阶段总能耗，kJ。

玻璃窗体生命周期评价法的标准是玻璃窗体生命周期总能耗 E_{Tot} 最小者为最优的窗体。显然，它涉及的计算内容较多，有些数据不容易获得，但它为玻璃窗体节能提供了一种思路，变被动设防为主动利用能源的设计思想。

（2）屋顶与地板节能技术

① 屋顶节能技术　在建筑物的外围护结构中屋顶占了很大的份额，所以加强屋顶节能是建筑节能当中的相当重要的一个环节。屋顶按其保温层所在位置分类，目前主要有：单一保温屋顶、外保温屋顶、内保温屋顶和夹芯屋顶四种类型，目前绝大多数为外保温屋顶。屋顶若按保温层所用材料分类，可以分为加气混凝土保温屋顶、乳化沥青珍珠岩保温屋顶、憎水型珍珠岩保温屋顶、玻璃棉板保温屋顶、浮石砂保温屋顶、水泥聚苯板保温屋顶、聚苯板保温屋顶以及彩色钢板聚苯乙烯泡沫夹芯保温屋顶等。

屋顶的节能工作应注意以下几个问题。

a. 屋面保温层不宜选用吸水率较大的保温材料，以防止屋面湿作业时，保温层大量吸水，降低保温效果。

b. 屋面保温层不宜选用堆密度较大、热导率较高的保温材料，以防止屋面质量、厚度过大。

c. 在确定具体屋面保温层时，应根据建筑物的使用要求、屋面的结构形式、环境气候条件、防水处理方法和施工条件等因素，经技术经济比较后确定。

屋顶与外界接触的面积较大，会产生冬冷夏热的问题。除了加强屋面保温效果之外，需设置通风屋面和屋面洒水装置。屋面的保温设置和洒水通风应该根据具体情况来综合考虑，平顶屋面和尖顶屋面会有所不同。

　　国外对屋顶节能工作也非常重视，方法多种多样。如采用尖顶屋面，其最大的优点是防水效果好，但造价比平顶屋面贵。有的采用铝箔波形纸保温隔热板作为隔热天棚，提高屋面的隔热性能。它是以波形纸板作为基层，铝箔作为复面层（贴在复面纸上）经加工而成的，分三层铝箔波形纸板及五层铝箔波形纸板两种。前者系由两张复面纸和一张波形纸组合而成（在复面纸表面上裱以铝箔）；后者系由三张复面纸和两张波形纸组合而成（在上下复面纸的表面上裱以铝箔）。为了增强板的刚度，两层波形纸可互相垂直放置。铝箔保温隔热纸板可固定于钢筋混凝土屋面板下及木屋架下作保温隔热天棚使用。有的采用屋顶现场发泡，喷涂聚氨酯涂层，它是一种双组分的保温防水涂层，由于现场发泡，从而代替了保温材料，保温层也就是防水层，两者为一个整体。一些发达国家研制太阳反射涂料来解决屋面的隔热问题，提出用热塑性树脂或热固性树脂和高折射率的透明无机材料制成的太阳热反射涂料喷涂屋面。该涂料对太阳光反射率达 75% 以上，热遮断率为 90% 左右。这种太阳热反射涂料用于建筑物的屋顶隔热处理，可解决屋面温度升高而造成室内环境恶劣和电能消耗过大的问题。

　　② 地板节能技术　地板（指不直接接触土壤的地面）是楼层之间的分割构件，在保证强度、隔声及防开裂渗水的前提下，尽量减少传热及导热性能，可参考屋顶的节能方法加以实施。

（3）墙体节能技术

　　墙体是围护结构的重点。目前在建筑物墙体中可选择的新型墙体材料主要是新型砖材料、建筑砌块及新型保温节能墙板三大类。新型砖材料主要指各种空心砖，如煤矸石烧结空心砖、粉煤灰烧结空心砖、页岩烧结空心砖等。这些产品因具有一定的孔洞率，热导率比传统的实心黏土砖低得多，如优质的空心砖热导率为 $0.35 \sim 0.40 W/(m \cdot K)$，而实心黏土砖为 $0.7 \sim 1.1 W/(m \cdot K)$，因此，既保温又隔热，提高了环境的舒适感。特别是煤矸石和粉煤灰空心砖以工业废弃物为主要原料，节约了大量能源和土地资源。建筑砌块主要是加气混凝土砌块、轻骨料砌块、粉煤灰空心砌块等。这些砌块保温隔热性能优异，如加气混凝土热导率只有 $0.12 \sim 0.15 W/(m \cdot K)$，仅为黏土砖的 1/5 左右；而且这类产品生产能耗低，效能明显，同时，这些产品利用工业废弃物生产，可节约土地资源，符合国家可持续发展的要求，被列入绿色建材范围。新型保温节能墙板主要有彩钢聚苯乙烯复合墙板、彩钢聚氨酯复合墙板、彩钢岩棉复合墙板、钢丝网架聚苯乙烯保温墙板、钢丝网架硬质岩棉夹芯复合板等，这类产品均为复合墙体材料，具有很好的保温隔热性，且施工方便，近年发展较快。

　　上述三类节能墙体材料都具有较好的保温隔热性，但随着建筑节能要求的逐步提高，单一砌筑的墙体结构热导率将不能满足要求。为此，出现了外墙内保温、夹芯保温和外墙外保温等复合节能墙体。这类墙体主要是以空心砖、砌块或现浇混凝土墙板为承重材料，与高效保温的聚苯板、玻璃棉板或岩棉板组成复合墙体。这些复合墙体保温隔热效果很好，完全能满足建筑节能的要求，其中以外墙外保温复合墙体节能效果最佳。

　　对于一般的居民采暖空调系统而言，通过采用节能墙体材料，可以在现有基础上节能 50%~80%。复合材料墙体节能的关键问题就在于保温性能，其方式包括：内保温复合外墙、外保温复合外墙以及夹芯保温复合外墙。对于最佳建筑节能墙体方式的选择，由于受到很多客观因素的影响，譬如材料、价格、施工技术、政策等方面的制约，目前尚无节能形式孰优孰劣的判断标准。普遍认为，在采用同样规格、尺寸和性能保温材料的前提下，外墙保温比内墙保温的效果好。但也有文献提出在非稳态传热情况下，内保温体系比外保温体系更为节能。

墙体外保温是将保温隔热体系置于外墙外侧，使建筑达到保温的施工方法。由于结构层在系统的内侧，外界环境对墙体影响甚微，而其高值的蓄热性能得到了充分利用。当室内受到不稳定的热波作用（如室内温度上升或下降）时，结构层能够通过吸热或释放热量平衡温度，有利于室内温度保持稳定。保温层位于建筑物围护结构的外侧，还可避免或大大缓冲了外界温度变化导致结构变形而产生的应力及应力积聚，避免了雨雪冰冻、湿热干燥循环造成的结构破坏，显著降低了外界有害气体和物质对结构的侵蚀，对主体结构起保护作用，从而有效地提高了主体结构的耐久性能。

采用墙体外保温与内保温相比，可增加建筑使用面积；在既有建筑节能改造时对原有住户生活的干扰较少；在建筑物内部二次装修时对原有的外保温层造成的破坏也较小。但采用墙体外保温技术，也存在一定的问题。一旦施工质量出现问题，将导致外保温材料开裂、脱落并可能由此引发安全事故，存在一定的安全隐患。同时，由于其在墙体的外侧，其修复工作也十分困难。

15.2.3　建筑暖通空调节能技术

暖通空调系统占到建筑能耗的 $60\%\sim70\%$，占全国总能耗的 25% 以上。2005 年 7 月建设部颁布了新的《公共建筑节能设计标准》，从根本上对建筑总平面的布置和设计、建筑主朝向，对建筑的体形系数、窗墙比例以及围护结构的热工性能规定了许多刚性指标。把重点放在了围护结构、暖通空调设备、照明设备等建筑的基础性设计内容上。

建筑暖通空调系统（HVAC 系统，heating ventilating and air-conditioning system，采暖通风与空气调节系统）是建筑物当中对建筑物内环境空气进行调节的所有设备所组成的系统，该系统通过相应空调及空调相关设备创造并保持能够满足人们需求和一定要求的室内环境。也就是说：当室内得到热量或失去热量时，则从室内取出热量或向室外补充热量，使进出房间的热量相等，即达到热平衡，从而保持室内一定温度；或使进出房间的湿量平衡，以保持室内一定湿度；或从室内排除污染空气，同时补入等量清洁空气（经过处理或不经处理的），即达到空气平衡。进出房间的空气量、热量以及湿量总会自动地达到平衡。任何因素破坏这种平衡，必将导致室内状态（温度、湿度、污染物浓度、室内压力等）的变化，并将在新的状态下达到新的平衡。建筑暖通空调系统的直接目的就是在系统所希望的室内状态范围内实现热湿量和空气量的动态平衡。

建筑暖通空调的节能工作首先应将空调系统合理分区，尽可能根据温度、湿度要求，房间朝向，使用时间，洁净度等级划分为不同的空调分区系统。在此基础上，在暖通空调系统中的节能方法为：第一，加大冷热水和送风的温差，以减少水流量、送风量和输送动力；第二，降低风道和水管的流速，减少系统阻力；第三，采用热回收系统，回收建筑内多余的能量；第四，采用蓄冷蓄热系统储藏多余的能源；第五，采用全热交换器，减少新风冷、热负荷；第六，采用变风量、变水量空调系统，节约风机和水泵耗能；最后，采用能效比较高的空调器和风机盘管。下面介绍暖通空调系统的主要节能技术。

（1）中央空调余热回收技术

工作原理：在用户制冷机组上安装余热回收装置，回收制冷机组冷凝热量，在制冷的同时能免费提供生活热水。该技术是提升制冷机组综合能效的有效方法。

适用场所：宾馆、酒店、度假村、桑拿、医院等既需要制冷又需要热水的单位。

节能率：100%。

投资回收期：10～12个月。

（2）中央空调闭环变频节能技术

工作原理：对中央空调系统的制冷压缩机、循环水泵（包括冷却水泵和冷冻水泵）、散热风机（包括盘管风机、新风系统风机和冷却塔风机）外加闭环变频节能系统后，可大幅减少系统能量散失，延长机组使用寿命。

应用场所：中央空调系统。

节能率：25%～50%。

投资回收期：10～12个月。

（3）中央空调机组自动清洗技术

工作原理：该技术是由以色列专家发明的，用于自动清洗冷凝器管壁上的附着污染物，包括水垢、有机物、腐蚀、杂质等，从而最大限度地发挥冷凝器的热交换效果，达到节约能源的目的。

应用场所：中央空调冷凝器自动清洗，不用人工化学清洗。

节电率：10%～30%。

投资回收期：12个月左右。

（4）热泵空调技术

工作原理：热泵机组以空间大气、自然水源、大地土壤为空调机组的制冷制热的载体。冬季借助热泵系统，通过消耗部分电能，采集空气、水源、地源中的低品位热能，供给室内取暖；夏季把室内的热量取出，释放到空气、水源、地源中，以达到夏季制冷的目的。该技术具有高效节能、一机多用的特点。

适用场所：凡需要同时制冷、供暖、提供生活热水的场所。

节能率：30%～60%。

投资回收期：12～30个月。

（5）冰蓄冷空调技术

工作原理：利用夜间廉价的谷段电力将建筑物所需的空调冷量部分或全部制备好，并以冰的形式储存起来，在白天用电高峰时将冰融化提供空调用冷。该技术是转移用电负荷和平衡用电负荷的有效方法。

适用场所：有峰谷电价差的制冷场所，以及大空间、大面积的体育馆、影剧院等短时间、大容量的制冷场所。

节能率：不节能，但只要峰谷电价比达到3：1以上时，就可以大幅度降低空调运行费用。

投资回收期：主要考虑转移用电负荷和平衡用电负荷的问题，投资回收期较长。

（6）变频调速技术

工作原理：通过实时检测系统运行参数（包括压力、流量、温度等），调整电动机的电源输入频率，改变电机的转速，控制电动机的输入功率，实现所供即所需。该技术能有效降低电机运行噪声，延长电机使用寿命，提高系统的自动化水平。

适用场所：负载变化频繁，对转速变化不敏感的用电场所，特别是风机、水泵类流量变化的场所。

节电率：20%～60%。

投资回收期：8～15个月。

上述建筑暖通空调系统节能目前已有工程实例，其实施难度也不大。关键是具体场合的具体应用，即使是变频调速这类成熟的技术，在实施中，如果不能与现场条件很好地结合，也会存在着节能率过低的风险。因此上述建筑暖通空调系统节能项目的成败很大程度上取决于节能技术的具体应用，没有一个固定的模式可言。

15.2.4 新能源和能源供给模式在建筑节能中的应用

(1) 新能源

节能的含义本身就包括两个方面，一是对于当前能源利用效率的综合提高，二为对新能源的开发和利用。新能源的开发和利用对于建筑节能中的暖通节能环节有着举足轻重的作用。

目前，全球空调冷热源的新能源研究主要集中在太阳能、地热能、风能上。我国太阳能热水器、太阳能光热、光电制冷系统在各个领域均得到了较为有效的利用和发展。"九五"攻关项目——100kW 太阳能空调示范工程已在广东省江门一座新建的 24 层大楼上实施。2008 年北京奥运场馆中安装了太阳能光伏装置，用以驱动场馆内照明和空调设备。地热能在建筑暖通空调中也得到了广泛的应用，它主要通过地源热泵系统在冬天将地源的热量通过热泵提升传给建筑物供暖；在夏天，将建筑物内的热量传递到地源，大大节省了建筑物暖通空调系统的电力消耗。

(2) 能源供给模式的开发

在传统的建筑物能量供给模式当中，电与冷/热的供给是非联产的，即分开的。其模式主要分为两种：①从市政电网输送的电力满足照明、动力用电负荷以及驱动制冷机组来满足建筑物空调系统冷热负荷，同时从市政燃气网络或者购买燃油来提供生活热水；②从市政电网输送的电力满足照明和动力用电负荷，同时从市政燃气网络或者购买燃油供直燃式溴冷机来提供冷水或热水。这样的传统能量供给模式存在能量利用效率低、对电网依赖性强、燃气和电在峰谷期无互补性三大缺点。

在传统集中式能源供给模式的种种弊端的基础上，新的分布式——热电冷联产建筑能源系统孕育而出。热电冷三联产是指利用燃料燃烧产生的热量在首先发电的同时，根据用户的需要，将发电后的余能用于制冷或制热，实现能量的梯级利用。发电后的余能一般指高温烟道气热、各种工艺冷凝冷却热，其具体实现的途径有多种。

《中华人民共和国节约能源法》明确指出："推广热电联产，集中供热，提高热电机组的利用率，发展热能梯级利用技术，热、电、冷联产技术和热、电、煤气三联供技术，提高热能综合利用效率"。相关标准中也明确指出：具有多种能源（热、电、燃气等）的地区，宜采用复合式能源供冷、供热技术。分布式热电联产能量供给系统与传统的能量供给模式相比，其燃料多元化，弥补了电能、燃气等传统能源的供给不足以及能源峰谷落差大的严重问题；设备小型化、微型化，小区域的热电冷供给系统减少了对于传统集中供给，诸如市政电网、市政燃气管网的依赖，能够对于突发性的大面积停电迅速地采取弥补措施，安全性和稳定性得到了很大的提高；其热电冷联产的区域供给模式，很大程度上降低了配电损耗和输送损耗，而且在热、电、冷的比例上可以得到较灵活的控制。最后，分布式能量系统的应用，为可再生能源的利用开辟更广的发展空间。热电冷联产能量供给模式由于实现了能源的综合梯级利用，能源利用率高达 90% 以上。

在目前的热电冷联产项目中，最常见是吸收式制冷系统，包括溴化锂吸收式制冷系统和氨吸收式制冷系统。溴化锂吸收式制冷机组由于制冷剂的限制，其制冷温度不能低于 5℃，因此多用于小型 CCHP 机组中；而氨制冷机组由于制冷温度范围大，且可利用低品位的热能，技术成熟，因此在大型系统中应用较多。

15.3　民用节能技术

15.3.1　民用节能的概念及内容

节能并不是少用或不用能源，而是在目前技术可行的前提下善用能源、巧用能源，充分发挥所用能源的一切价值，减少不必要的浪费，提高能源的使用效率。

近几年，伴随着我国人民生活水平的提高，能源消费急剧增长，尤其是城镇居民用电量猛增。2016 年，我国城乡居民用电占全社会用电的 13.61%，其中以冰箱、空调、电热水器和烹饪用电为主。

面对日益紧缺的能源，我国民用能源浪费现象十分严重，已经严重地威胁着未来的发展。造成这样的局面，虽然有政策上的因素，但是社会习俗和文化也起着决定性的作用。我国由于近年来经济起飞，许多人有强烈的暴发户心态，喜欢摆阔斗富。更重要的是，中国没有经历 1970 年代石油危机的大恐慌。虽然政府和媒体在节能问题上进行了相当大的努力，但是一般老百姓没有切肤之痛，节能只是嘴上说说，真到实际生活中就忘得一干二净。

提高能源效率不仅是解决能源短缺问题的重要手段，也是一种良好的社会习惯。在这方面，英国通过政府的各项节能政策，能源与环境协调，交通节能措施以及改变人们生活方式等手段，形成了一种有效的节能氛围。同欧洲其他许多国家一样，英国每年从 3 月底开始实行夏令时，把时间提前 1 小时，直至 10 月的最后一个周末。在这期间，由于有效利用日照时间，降低照明需要，全国可减少大量能源消耗。这虽然改变了人们的自然时间，但生活节奏并不会受到影响。与此同时，节能还体现在生活的方方面面。英国城市大型彻夜灯光照明现象很少见。夜晚漫步在伦敦街头，看不到大面积光华淌泻与楼体通明的景观，所有照明都以不影响人们正常生活节奏为准。许多店铺橱窗的灯光在打烊后会全部关闭，有些店铺还采用定时关灯装置。在住宅楼和公寓楼内，楼道里的公用灯也大多采用自动断电装置。

采用节能新技术和开发可再生新能源，既可有效缓解当前严重的大气污染现状，又可填补能源缺口，减少对不可再生资源的开采，符合国家可持续发展的战略目标，是一项具有深远意义的事业。目前，许多节能和开发新能源的技术还处于发展的初期，国家及地方应制定扶持政策，如增加财政资助和投资力度，加大信贷规模，提供低息贷款，减免税收等。节能事业的发展还需民众的积极参与，增加理解，帮助宣传，进行投资。在政府的支持及民众的理解和参与下，相信节能和开发新能源的事业一定会有更美好的明天。环顾我们的工作环境，节能意识强不仅会大大降低工作成本，还会有效提高工作效率。节约能源和各类物质资源作为一种自觉意识，其影响所及和发生作用的范围，不会仅限于节能本身，还会自然地反映到生活、工作的方方面面。因此，节约能源，我们必须动员全社会的力量，使人人皆知，家喻户晓。从身边小事做起，拧一下龙头，拉一下开关，家电不用时关闭掉电源。这些看似琐碎的生活行为，实际上是建立全社会环境行为准则和生活理念的基础。勤俭节约、节约资源需要我们从点滴做起，以自己的消费行为和生活方式，造就一个崇尚节约，反对浪费的良好的社会风气。

15.3.2 民用节电

对于许多中国人来说，从来没有像现在这样对"电"有如此的"敬畏"。从某种意义上讲，正是越来越严重的电能紧缺使我们开始反思过去几十年来对电的"滥用"。对于民用节能来说，搞好家用电器的节电工作是一个重要方面。但是，目前家用电器的节电工作还没有受到足够的重视。一些家用电器的生产厂家还不大注意改进产品的耗电量指标，从消费者方面来说，许多人在购置家用电器时，往往不了解产品的耗电量情况如何，有的则是只注意产品价格的多少，却没有考虑耗电量的大小，如果耗电量太大，每月都要多花电费，那么即使产品价格便宜，算总账也并不合算。下面介绍常用电器的节能方法。

(1) 照明灯具节能

照明灯具能量消耗的大小跟灯具的功率和照明时间成正比。而照明灯具的实际照明亮度除了跟灯具的功率大小有关之外，还跟照明灯具的发光效率有关。因此，根据实际的环境，合理地配置照明灯具，选择合适的节能灯具是照明节能的主要手段，一般来说，可有以下一些具体措施。

① 应尽量采用高光效照明灯具。如日光灯用电量仅为白炽灯的 1/3 左右；三基色日光灯管寿命较长，也给人较为明亮的感觉；LED 灯具有更高的光效，更为省电。

② 选用电子式镇流器，可比传统镇流器省电 30%。或者选择节能电感镇流器，它比传统电感镇流器节能约 25% 以上，已接近电子式镇流器的水平。节能电感镇流器具有售价低、谐波含量低、无高频干扰、可靠性高、节能效果明显等优点。

③ 要选用瓦数高的灯泡，因为灯泡效率随着灯泡种类的不同而有所差异，金属卤化物灯的效率最高，在同种类的灯泡中，瓦特数高的灯泡效率较高。比如，40W 单管日光灯（含镇流器）较 20W 双管日光灯效率高出 30% 以上。

④ 采用全面照明与局部照明相结合的原则，全面照明不需太亮的场合可采用局部照明来加以补充。

⑤ 家中现有的白炽灯（包括吊灯、壁灯、长明灯等），如果不需要高亮度，可在电路中串入一个整流二极管，这样可节电 40% 左右。

⑥ 一个房间安装多个照明器具，能享受各种情调的气氛。而回路分得越细，越能利用所需使用的灯光，所以就能更省电。

⑦ 天花板及墙壁尽量选用反射率较高的乳白色或浅色系列，增强照明效果。

⑧ 利用建筑物的自然采光不但可减少照明用电，也可降低因照明器具散热所需的空调用电。

⑨ 走廊内尽量使用声控灯，这样方便又省电。多使用节能灯，减少厨房和卫生间的长明灯，选用灯具时尽可能少用阻碍光源光线通过的磨砂玻璃、半透明灯罩。

⑩ 灯管及灯具应该定期擦拭、清扫，通过提高反射率，提高已有灯具的照明效率，来维持室内亮度。灯具的灯罩也要经常打扫，明亮、干净的灯具也能节约用电。

⑪ 日光灯管的两端若已经有黑化的现象，应及早更换灯管以保持室内充足的亮度。

⑫ 家庭使用的照明灯具，应尽可能选用高亮度、小功率的节能灯具。一般钨丝灯所消耗的能源 90% 都会变成热能，只有 10% 转化为光；而用节能灯，既可使屋内光线充足，又

可节省 75％的电力，并且比普通灯泡耐用 5～10 倍。

⑬ 对于新建筑环境的照明，应在充分考虑照明需求的前提下，全面选用节能灯具。

（2）电视机节能

电视的能量消耗除了所用型号外（这对已购机用户无法改变），还跟电视的音量及屏幕亮度有关。音量越高、屏幕越亮，耗电量也就越大。所以，使用电视机最好的节电办法就是降低这两个指标。电视机显示器从最亮到最暗电耗可能差 30～50W，应该将电视机调到适合的亮度及适合的音量，可节能 10％～20％。

（3）电冰箱节电

家用的电冰箱是间歇性制冷机械，对于一个固定型号的冰箱，能量消耗的大小跟其总工作时间及启动次数有关。因为电冰箱在启动瞬间，所消耗的能量比在正常工作时要多，所以即使总工作时间相等，若启动频繁，其能量消耗就会增加。另外，电冰箱工作的目的是要保持冰箱内空间的温度在设定的温度范围内，并将冰箱内的热量排到冰箱周围的室内空间中。基于此，电冰箱节电可从以下几个方面展开工作：一是尽量减少开门次数和时间，并将调整电冰箱冷冻室的温度调整到合适的温度，一般用−18℃代替−22℃，从而减少冰箱频繁启动的次数及工作时间，可节省 30％的耗电量；二是将冰箱尽可能放置在远离热源、通风背阴的地方，这样有利于降低冰箱制冷机中冷凝器的温度，提高制冷机工作效率。冰箱周围的温度每提高 5℃，电冰箱就要增加 25％的耗电量；三是食品不宜装得太满，与冰箱壁之间应留有空隙，以利于冷气流动。准备食用的冷冻食物，可提前在冷藏室里慢慢融化，这样可以降低冷藏室温度，节省电能消耗。另外，在冰箱里放两个超级冰袋，电冰箱制冷时冰袋就会吸收冷冻室内的多余热量，起到蓄冷作用，减少冰箱冷量的损失。当然，在采购新冰箱时，如果经济条件许可的话，可以考虑采购制冷效率高的节能冰箱，但需进行全面比较，注意节电不节钱的问题。

（4）空调节电

家用空调的工作原理与家用电冰箱相仿，能量消耗的大小跟其总工作时间及启动次数有关。同时，空调冷凝器的冷凝温度，对空调的制冷效率有较大的影响。所以家用空调节能工作应从以下几个方面展开：一是安装的时候要尽量选择背阴的地方，或者在空调器上加遮阳罩，避免阳光直接照射，从而降低冷凝温度，提高工作效率；二是分体式空调器室内、外机组之间的连接管越短越好，连接管要做好隔热保温，以减少耗电；三是夏季空调温度以设定在 26～28℃为宜，冬天空调温度宜设定在 16℃左右。开空调时关闭门窗，不要频频开门，以减少热（冷）空气渗入。空调制冷时，导风板的位置调置为水平方向，制冷效果会更好。空调的空气隔尘网每周清洗一次，可省 5％的电能。另外，如有可能的话，空调的室外冷凝器最后定期清洗，每年至少清洗一次，这样可增加冷凝器的传热性能，提高空调的制冷效率。

空调节电除了采取技术措施外，采取行为节能技术也大有可为。所谓"行为节能"是在无法改变系统形式、无法对系统进行较大调整的情况下，通过人为设定或采用一定的技术手段和做法，既能满足人们生活的需要，又能减少不必要的能源浪费或有利于节能的行为。由于空调制冷或供暖效果直接受到建筑物性质、建筑结构、维护结构的保温蓄热能力、天气情况和系统形式的影响，因此，必须根据不同的情况采用不同的"行为节能"手段，才能取得良好的效果。例如在离家前 10min 即可关闭空调，晚上开空调的时候，制冷 1～2h 就关闭，然后打开电扇吹风，降温又省电，要充分利用建筑物的蓄能能力。

（5）洗衣机节电

洗衣机是通过洗衣桶的旋转及水流的流动借助洗涤剂达到洗涤各种物品的目的。洗衣机的总耗电量与洗涤时间和洗涤强度成正比。只要能保证将物品洗干净，应尽量缩短洗涤时间和洗涤强度。洗衣机一般设有强、中、弱三挡，其耗电量逐挡减少。洗涤时间可根据不同的洗涤程序选择。在洗涤物品时应根据物品的肮脏程度及厚度等因素，选择不同洗涤挡位或洗涤程序加以洗涤。一般使用中、弱两挡，只有洗绒毯、沙发布、帆布时才用强挡。每次衣物清洗要额定容量，若洗涤量过少，电能白白消耗；反之，一次洗得太多，不仅会增加洗涤时间，还会造成电机超负荷运转，既增加了电耗又容易使电机损坏。厚薄不同的衣服最好分别洗涤，这样能够有效缩短洗衣机的运转时间。采用集中洗涤及分色洗涤的方法，可缩短洗涤时间，比混在一起洗可缩短 1/3 的时间，能够有效地达到节电节水的目的。

（6）电风扇节电

电风扇按照它的电动机类型来分，可分为蔽极式和电容式两种。一般情况下，蔽极式电风扇耗电量较大，以 400mm 的电风扇为例，在相同时间内，蔽极式电风扇耗电 80W，而电容式电风扇耗电量只有 60W，因此，一般家庭应选用电容式电风扇。

电风扇最快挡与最慢挡的耗电量相差约 40%，在快挡上使用 1h 的耗电量可在慢挡上使用将近 2h。故一般应将风扇设置在中、慢挡上。在白天使用电风扇时，把它放在室内角落里，能把室内气体吹出室外；如果在夜间使用，应当把电风扇放在窗口，以便将室外的清凉气体吹入室内，缩短使用时间，减少耗电量。

在空调房间中，可采用一种带有超微风功能的电风扇。该种电风扇除了具备一般风扇具有的弱风、中风、强风三挡风外，还有一种超微风。超微风似一阵若有若无的风徐徐拂来，丝毫没有迎风扑面的感觉，较适合在空调房间内辅助使用，比使用普通电风扇节电。

（7）电脑节电

随着电脑性能的不断升级，电脑的耗电功率已从几十瓦、一百多瓦上升到几百瓦，庞大的电脑用户，长时间的使用，已使电脑的节能工作显得十分重要。全国电脑数量应以亿计，假设为 1 亿台电脑正常工作，平均功率为 150W，平均每日使用 8h，若可节能 20%，则一年可节约 $87.6 \times 10^8 kW \cdot h$ 的电能。

对于电脑节能，我们可以从以下几个方面加以展开。

① 使用电脑时，各种文档尽量在硬盘上运行，最后保存后再复制到移动存储设备上。一方面由于电脑直接读取硬盘，运行速度快；另一方面就是硬盘容量大，储存信息多，处理时间也快。

② 当有事需要离开几分钟的时候，一般不需要关掉电脑，此时不妨让其进入"睡眠"状态，直到被鼠标和键盘输入等外来信号"唤醒"，这样可自动降低机器的运行速度，使硬盘停止转动，降低电脑的耗电量。

③ 对机器要经常保养，注意防潮、防尘。电脑积尘过多而不清洁，将影响散热，显示器积尘会影响亮度。保持环境清洁，定期清除机内灰尘，擦拭屏幕，既可省电，又可大大延长电脑的使用寿命。

④ 不用电脑时关闭电脑并关闭电脑插头的电源（如插头上无开关，则必须拔掉插头）。因为如不关闭电脑，即使不使用电脑，处于"睡眠"模式的电脑也有 7.5W 的能耗；即便关了机，只要插头还没拔，电脑照样有 4.8W 的能耗。

⑤ 电脑需要升级设备时，在购买新设备时不要贪大、贪全。须知这些大而全的东西都

需要消耗能量，只要能满足工作需要就可以了。如喷墨打印机使用的能源比激光打印机少90%；打印机与复印机联网，可以减少它们的空闲时间，使效率更高；而且还应当选择适当大小的显示器，因为显示器越大，消耗的能源越多。

（8）减少待机能耗节电

待机能耗是指产品在关机或不行使其原始功能时的能源消耗。具有待机功能的电器有：空调、加湿器、ISDN 电话线、录音机、抽油烟机、音响系统、微波炉、洗衣机、手机充电器、电脑、便携式电暖气、电脑调制解调器、电扇、电源适配器、电脑打印机、电饭煲、无绳电话、电话答录机、消毒橱柜、电视机、DVD/VCD 视盘机、录像机、传真机等。与产品在使用过程中产生的有效能耗不同，待机能耗基本上是一种能源浪费。据资料介绍，一套普通的家庭影院，其未切断电源时的待机能耗竟然高达 36.7W，几乎相当于 DVD 影碟机额定功耗的 1.5 倍。上海市节能协会公开测试了主要家电设备的待机能耗，结果证实，一户普通家庭中的所有家电，一天的待机浪费就大约相当于 $1kW \cdot h$。以全国 2 亿户家庭、20% 的待机能耗计，全国每年待机能耗达 $146 \times 10^8 kW \cdot h$，这还是比较保守的估计。减少待机能耗应从两方面着手：一是养成良好的习惯，不需要使用电器时，彻底切断电源；二是提高各种电器的技术性能，减少在待机状态时的能耗。因为有些设备必须处于待机状态，以方便使用，如家用空调。

针对家电待机能耗问题，技术人员最新研发了家用电器智能化待机节电插座，使用了这种高科技产品，普通家电在正常使用遥控器关闭后的 30s 内，节电插座就会自动切断电源，将动辄数十瓦的待机能耗瞬时归零。而国际能源署（IEA）早在 2000 年就推出了"1 瓦计划"倡议，其核心就是为了节能降耗，减少产品在待机状态下的电耗。这一倡议得到了欧美、日本、澳大利亚等国的积极响应。目前最为人们所熟知的，是由美国环保署发起的名为"能源之星"的计划。

我国的"1 瓦计划"起步稍晚，2002 年由中标认证中心开始执行中国的"1 瓦计划"，目前已将产品种类从彩电扩展到打印机、计算机等 11 类产品，现已有 2208 种产品达到了节能产品认证要求。

据资料统计显示，待机能耗已经占到了国际经济合作组织国家（OECD）民用电力消耗的 3%～13%。降低待机能耗已不仅仅意味着消费者节省用电开支，而更直接地减少了能源浪费和环境压力。因此，降低待机能耗不再是消费者的个人问题，更成为全球关注、影响深远的持续发展问题。

（9）选择节能产品节电

节能型产品一般都比普通产品价格要高些，但是从产品的整个使用期来看，节能型产品其实更经济实惠。例如同一规格的空调，普通空调和节能空调差价不过几百元，按夏冬两季运转 200 天，每天开机 5h 计，使用功率 2.5kW、能效比为 3.0 的节能空调比起能效比为 2.5 的普通空调，一年就可以省电超过 $520kW \cdot h$，节约 300 元左右。一只普通 40W 白炽灯泡约 2 元，同样亮度的 8W 节能灯管在 10 元左右，按每日照明 6h 计，节能灯每年可节电 $70kW \cdot h$，使用寿命还是普通灯的 8～10 倍。同样，节能电冰箱、洗衣机等每年节省的电费都非常可观。

2005 年 9 月强制实施的《国家空调能效标准》，将空调分成五个能效等级，1 级的最节能，能效比在 3.4 以上；2 级为 3.2；3 级为 3.0；4 级为 2.8；5 级为 2.6，同时也是准入门槛。在正式实施该能效标准后，有关机构统计，国内市场至少有 20%（大约 1320 万台）的空调为不合格产品，被直接清理出局。即便如此，目前我国家用空调年耗电量也超过 $400 \times 10^8 kW \cdot h$，并且使用中的空调绝大部分仍是 4 级、5 级的低能效产品，但实际上国家更提倡 2 级以上等级，生产企业为了节约成本并在市场上取得价格优势，生产大量的 5 级能效空调只求过关，进一步提升空调能效标准同样迫在眉睫。

15.3.3 民用节水

水是人类生存和经济社会发展的生命线，是实现经济可持续发展的重要物质基础，水资源问题已成为全人类关注的话题。我国是一个水资源贫乏的国家，水资源总量约为 $2.8 \times 10^{12} m^3$，人均占有水资源量约 $2200 m^3$，只有世界人均占有量的 1/4。全国目前缺水总量约为 $300 \sim 400 \times 10^8 m^3$。全国 660 多座城市中，有 400 多座缺水，年缺水量 60 多亿立方米。全国有近 50% 的河段、90% 的城市水域受到不同程度的污染。以水资源紧缺、洪涝灾害频发、生态环境恶化为特征的水灾害已成为我国经济可持续发展的重要制约因素之一。我国一方面水资源短缺，另一方面却存在水浪费和利用率不高的问题。2001 年全国万元 GDP 用水量为 $580 m^3$，是世界平均水平的 4 倍左右，是美国的 8 倍左右。2001 年全国工业万元增加值用水量为 $268 m^3$，是发达国家的 $5 \sim 10$ 倍。全国农业灌溉短年平均缺水 300 多亿立方米，3000 多万人饮水困难。全国灌区农业用水有效利用率平均不足 45%，而发达国家农业用水有效利用率平均可达 70% ～ 80%。城镇生活用水供水跑、冒、滴、漏现象严重，40% 的特大城市供水漏失率达 12% 以上。全国缺水比较严重的城市有 110 多个，全国城市日缺水量为 $1.6 \times 10^7 m^3$，每年因为缺水影响工业产值 2000 亿元以上，影响城市人口约 4000 万人。

随着人口的增长、国民经济持续快速发展、城市化进程的加快和人民生活水平的不断提高，我国的用水量将大幅度增加，水资源供需矛盾更趋尖锐，节约用水已是全民必须关心，引起高度重视的问题。

(1) 洗衣机节水

洗衣机节水主要在于控制漂洗的次数和漂洗的时间。除了在民用节电中介绍的方法外，还可以通过选用低泡节水洗衣粉节水。洗衣粉的洗涤能力不一定跟洗衣粉泡沫的多少成正比。节水型洗衣粉是通过降低泡沫的产生，减少清洗的次数来达到节水的目的。尽管节水型洗衣粉的泡沫不多，但其洗涤效果没有降低。

(2) 水龙头节水

家庭因为水龙头没关紧而"跑冒滴漏"造成的浪费是惊人的。据测定，"滴水"在 1h 里就可以集到 3.6kg 水，一个月里可集到 2.6t 水。如果是连续成线的小水流，每小时可集水 17kg，每个月可集水 12t。如果全国 1 亿户家庭每户有一个水龙头滴水，每年全国因滴水就要浪费 864 万吨水，因此推广节水龙头刻不容缓。

(3) 马桶节水

卫生间用水量占家庭用水的 60% ～ 70%，而抽水马桶水箱过大是造成大用水量的一个重要原因。但单纯减少用水量也并不见得能节水，因为如果一次冲洗不净，反复冲洗，反而浪费水。

马桶节水首先是将单键马桶改为双键马桶，根据不同情况冲洗。以每个家庭 3 口人计算，每人每天冲水 4 次，如果是 9L 的单键马桶，每月用水约为 3240L；如果用 3/6L 双键马桶，为每月 1350L，不仅能节省 1890L 自来水，还能减少 1890L 污水的排放。全国按 2 亿家庭，若全部按此改造，一年可节水 $45.36 \times 10^8 m^3$。这还不包括为生产这么多自来水所消耗的水资源及处理同量的污水所消耗的水资源。所以马桶节水的前景十分可观。其次应提高马桶冲洗能力，目前市场上开发了多种节水型马桶，有 6L、3/6L、5L、4L 甚至 1L 的座便器，但必须保证冲洗能力，否则得不偿失，反而不节水。

由于生产节水型马桶可能需要消耗大量资源，因此对马桶节水问题，应该被纳入一个整体系统中进行。要从马桶生产的原材料、所耗费的资源以及整个生产过程是否环保、是否能节约很多社会资源等方面进行综合思考。也就是说，只有在节约资源及财富的情况下生产出来的节水马桶，才是真正的节水马桶。如果因为生产节水马桶而耗费的工业用水却成倍地增长，这远远比因为马桶不节水而浪费的水资源可怕。

(4) 各种洗涤行为节水

改变不良洗涤行为，实行节水洗涤，也可以达到节水的目的。比如，刷牙的时候如果采用"牙刷浸湿，短时冲刷"的方法用掉两个单位的水，水长流的方法则需要用掉 38 个单位的水。洗碗的时候用水龙头冲洗需要 114 个单位的水，在盆中清洗、漂净则只用 19 个单位的水。用水长流的方法淋浴需要 95 个单位的水，采用冲湿、抹肥皂、清洗的程序需要 34 个单位的水。

洗脸水用后可以洗脚，然后冲厕所；家中应预备一个收集废水的大桶，它完全可以保证冲厕所需要的水量；淘米水、煮过面条的水，用来洗碗筷，去油又节水；养鱼的水浇花，能促进花木生长；家里洗餐具，最好先用纸把餐具上的油污擦去，再用热水洗一遍，最后才用较多的温水或冷水冲洗干净；收集的家庭废水冲厕所，可以一水多用，节约清水。

15.4 建筑及民用节能技术案例分析

15.4.1 建筑节能案例分析

(1) 工程背景

本工程是集播映、录音、会议及办公为一体的多功能综合性电视中心建筑，共有 12 层，建筑面积 18900m²，全部需要安装空调。由于建筑物本身的特性，窗户所占比例较大，选用不同的窗体，对空调负荷有较大影响；而不同的窗体，其投资也不同，故窗体的节能方案需和空调负荷、窗体投资、运转费用结合起来综合考虑，否则难以确定优劣。

(2) 三种方案分析及讨论

方案一，采用单片普通白玻璃；方案二，采用中空白玻璃；方案三，采用镀膜中空玻璃。对三种不同材料的窗体进行比较，表 15-3 所列为三类不同窗体的投资概算。

表 15-3　三类不同窗体的投资概算

外　窗　材　料	方案一	方案二	方案三
玻璃单价/(元/m²)	75	150	400
外窗总投资/元	354375	708750	1890000

如果只看窗体投资，似乎采用单片普通白玻璃最经济，但单片普通白玻璃的隔热性能没有其他两种玻璃好，对室内冷负荷需求不同，表 15-4 所列为采用上述三种不同窗体玻璃时室内达到相同制冷温度时的所需冷负荷。如果只考虑节能效果，镀膜中空玻璃的方案为最佳，但其一次性用于窗体的投资也增加，需继续结合制冷设备投资及运行费用进行全面考虑。

表 15-4　三类不同方案室内所需冷负荷

外窗材料	方案一	方案二	方案三
末端冷负荷总量/kW·h	3400	3060	2575
冷负荷减少率/%	—	10	24.26

根据电视中心的建筑结构，以水冷空调为空调系统设计方案，分别对三类围护窗体结构的方案所需要的制冷设备进行了设备选型，并得出表 15-5 所列的制冷设备投资情况。

表 15-5　三类不同方案制冷设备投资情况　单位：万元

项　目	方案一	方案二	方案三
冷水机组初投资	129.0	120.0	100.0
冷却塔初投资	11.4	10.8	10.5
冷却水泵初投资	4.0	3.6	3.2
冷冻水系统初投资	3.2	2.8	2.4
空气处理机组初投资	20.0	16.0	16.0
风机盘管初投资	37.5	35.0	27.8
工程安装调试费用	180.0	180.0	150.0
总　计	385.1	368.2	310.0

结合制冷设备的投资，得到如表 15-6 所列的三类方案总投资及年运行费用比较数据。

表 15-6　三类方案总投资及年运行费用比较　单位：万元

项　目	方案一	方案二	方案三
窗体总投资	35.44	70.88	189.00
空调系统总投资	385.1	368.2	310.0
方案总体投资	420.54	439.08	499.00
制冷系统年运行费用	77.55	72.28	64.25

假设三个方案的折旧率均为 10%，按静态计算，三个方案的年总费用分别为 119.6 万元、116.19 万元、114.15 万元。则第三个方案为最佳方案，相对于方案一而言，需增加总投资 78.46 万元，但每年的实际运行费用可节省 13.3 万元，静态投资期为 5.9 年，应在所有设备的使用寿命以内。另外需要指出的是，由于价格的波动，方案的优劣随时会发生变化。如果镀膜中空玻璃价格超过了 800 元/m^2，则静态投资期为 20.2 年，已超过了设备使用年限，则不具备投资价值。同理通过镀膜中空玻璃与中空白玻璃的价格差额超过了 400 元/m^2，则方案三的年均投资费用就高过方案二的年均投资费用，则方案二变成为最佳窗体选择方案。由于近年科学生产技术的迅速提高，窗体制造成本的下降直接影响到窗体市场售价的下降，镀膜中空玻璃则成为了目前"物美价廉"的选择，但是近年随着节能玻璃市场的回暖，玻璃价格一路攀高，所以在进行方案选择的时候需要进行综合考虑。

15.4.2　民用节能案例分析

(1) 工程背景

这是一个某两房一厅普通照明系统的节能改造问题。原照明全部采用白炽灯，两个房间和一个客厅各采用一个 80W 的白炽灯，厨房和洗手间各采用一个 40W 的白炽灯。现拟进行节能照明改造，但需要达到相同的照明效果。

（2）节能方案

拟将原照明系统中的所有白炽灯换成节能灯。考虑到要达到相同的照明效果，将原厨房和洗手间 40W 的白炽灯换成 10W 的节能灯，将房间和客厅的 80W 的白炽灯换成 25W 的节能灯。

（3）技术经济评价

40W 和 80W 的白炽灯泡价格为 2 元/只，使用寿命为 1000h；10W 的节能灯价格为 40元/只（质量较好者），使用寿命为 8000h；20W 的节能灯价格为 50 元/只（质量较好者），使用寿命也为 8000h。节能改造前，初始的投资只为 10 元，而采用节能灯改造后，初始投资为 230 元，两者相差 220 元，相当于 314kW·h 电的价值（按每千瓦时电 0.7 元计）。如果只看初始投资，许多家庭可能就不考虑改造了。但如果将节能灯整个寿命周期内的总费用和采用白炽灯也达到如此使用时间的总费用进行计算就会发现情况完全不同。节能灯寿命周期内的总费用为：

$$C_节 = 3 \times 50 + 2 \times 40 + 8000 \times 0.7 \times (2 \times 0.01 + 3 \times 0.025) = 772.6 \text{ 元}$$

白炽灯在相同的时间内总费用为：

$$C_白 = 8 \times 5 \times 2 + 8000 \times 0.7 \times (2 \times 0.04 + 3 \times 0.08) = 1876 \text{ 元}$$

两者相比较可知，在节能的寿命周期内，使用节能灯照明比使用白炽灯照明总费用可以节省 1103.4 元。如果按每天平均使用 5h 计，使用节能灯一年电费为 121.4 元，使用白炽灯一年的电费为 408.8，两者相差 287.4 元。故节能灯的静态投资回收期为 0.77 年。也就是说在不到 1 年的时间内，就可以回收节能灯的投资改造成本，后面将有 6 年左右的时间是净节省电费。

使用节能灯的关键一是寿命，二是实际的照明效果是否能达到理论上所说的水平，如果上述两点都能圆满解决，那么，只要大力做好推广宣传工作，在照明系统全面采用节能灯，就能带来很好的节能效果。

参 考 文 献

[1] http://www.zizhong.com.cn/AB/AB/200508/761.html.

[2] 华虹，陈孚江. 国外建筑节能与节能技术新发展. 华中科技大学学报：城市科学版，2006，23（增刊）：148-152.

[3] 沈燕华. 浅谈住宅建筑外墙外保温技术现状与发展. 煤炭工程，2007，（2）：35-36.

[4] 何水清，魏德林，张福荣. 新型墙材制品在不同气候区建筑节能的应用（一）. 砖瓦世界，2007，（1）：40-44.

[5] 邵宗义，陈红兵，史永征. 供热采暖与"行为节能". 建筑节能，2007，35（4）：13-15.

[6] 中国每年浪费水多少吨. 管理与财富，2007，（3）：22-23.

[7] 张其林. 玻璃幕墙结构. 济南：山东科学技术出版社，2006.

[8] Barthel E，Perriot A，Dalmas D. Surface mechanics of functional thin films on glass surfaces. Surface & Coatings Technology，2006，200：6181-6184.

[9] 王强，黄义龙. 双层玻璃幕墙节能效果实验研究. 新型建筑材料，2006，（7）：70-72.

[10] 涂逢祥. 节能窗技术. 北京：中国建筑工业出版社，2003.

[11] 周仲凡. 产品的生命周期设计指南. 北京：中国环境科学出版社，2006.

[12] 赵键. 建筑节能工程设计手册. 北京：经济科学出版社，2005.

[13] 李德英. 建筑节能技术. 北京：机械工业出版社，2006.

[14] 住房城乡建设部. 住房城乡建设部关于印发建筑节能与绿色建筑发展"十三五"规划的通知：建科 [2017] 53 号 [A/OL]. 2017-03-14. http://www.mohurd.gov.cn/wjfb/201703/t20170314_230978.html.

[15] 住房城乡建设部. 建筑节能与绿色建筑发展"十三五"规划. 2017.

第16章

交通节能技术

16.1 交通节能概论

交通运输是国民经济的动脉，是我国经济腾飞的基础。无论是货物的运输，还是人员快速、便捷、舒适的流动都有赖于交通系统。建立强大高效的海、陆、空立体交通运输网络是我国国民经济持续稳定发展的需要，也是实现"两个一百年"奋斗目标的基本保障。

据国家交通运输部《2016年交通运输行业发展统计公报》，至2016年末，全国铁路营业里程达到12.4万公里，其中高铁营业里程超过2.2万公里；全国铁路路网密度129.2公里/万平方公里；铁路营业里程中，复线里程6.8万公里，电气化里程8.0万公里。全国公路总里程469.63万公里，公路密度48.92公里/百平方公里，高速公路里程13.10万公里，公路桥梁80.53万座、4916.97万米，公路隧道15181处、1403.97万米。全国内河航道通航里程12.71万公里。全国港口拥有生产用码头泊位30388个，其中沿海港口生产用码头泊位5887个，内河港口生产用码头泊位24501个。全国拥有民航机场218个，其中定期航班通航机场216个，定期航班通航城市214个。2016年，全社会完成营业性客运量190.02亿人，货运量431.34亿吨。在水陆运输方面，全国拥有铁路机车2.1万台，其中内燃机车占41.8%，电力机车占58.1%；拥有公路营运汽车1435.77万辆；拥有载客汽车84.00万辆，拥有载货汽车1351.77万辆，拥有公共汽电车60.86万辆；拥有水上运输船舶16.01万艘。

随着交通运输网络的不断发展和完善，为维持该网络高速运转消耗在交通工具运转（汽车、火车、船舶、飞机）、交通节点（站、场）建设、交通线路开辟（公路、铁路、航线）以及交通指挥系统的能源也随之增加。2014年，我国交通运输能耗为4.3亿吨标准煤，占全社会终端能耗的13.7%，增速明显快于全社会终端能源消费量。预计到2030年，我国交通运输对能源的需求还将快速增长，到2050年不会出现明显的拐点，能耗占比将达到发达国家20%～40%的水平。

交通节能工作涉及交通工具、交通站场、交通线路、交通调度等各个方面，是一个复杂的系统工程。光有先进的交通工具，没有与之配套的交通站场、交通线路、交通调度等子系统，交通节能工作收效甚微；同样，尽管有先进的交通站场、交通线路，但交通工具不节能，交通调度不先进，整个交通系统存在较大的隐性浪费，交通节能的效果也会大打折扣。

交通工具节能包括陆路的汽车和火车节能，水路的内河船舶和远洋船舶节能，航空的民航客货运节能。不同的交通工具，通过不同的交通路径及站场，为不同的需要提供各种交通运输服务。各种交通工具的能耗效率是不同的，在进行节能规划时应充分考虑其特点。表16-1所列为我国不同运输方式能耗效率。在需求相近的前提下，应尽量选择能耗效率高的运输方式。由表 16-1 的数据可知，单位重量、单位距离运输耗油最小的为海洋运输，耗油最多的为民航飞机，但两者的时间效率是不一样的。海洋运输的周期长，但能耗小、成本低，而航空运输正好相反，仅用某一指标对两者进行比较是不合理的。又如高铁耗时虽比飞机长，但比其他交通工具都短。在中短途旅程中，高铁耗时与飞机的差距已不明显，且基本不受天气影响，出行计划得以保证。更重要的是，从节能的角度，高铁人均百公里能耗仅为飞机的 1/12。因此，高铁是中短途旅客较佳的出行方式。

表 16-1　我国不同运输方式能耗效率比较　　单位：kg/(1000t·km)

内容	1980 年	1995 年	2005 年	2010 年
铁路机车综合耗油	15.18	5.99	4.28	3.62
汽车运输耗油	87	75.5	84.56	88.44
民航飞机耗油	662	420	342	308
内河运输耗油	12.28	7.30	5.54	4.43
海洋运输耗油	4.71	4.45	4.13	3.31

我国在 2004 年颁布的《节能中长期专项规划》中对交通运输节能工作的各个方面提出了如下要求：对公路运输，要求加速淘汰高耗能的老旧汽车；加快发展柴油车、大吨位车和专业车；推广厢式货车，发展集装箱等专业运输车辆；改善道路质量；加快运输企业集约化进程，优化运输组织结构；减少单车单放空驶现象，提高运输效率等。对新增机动车要求制定和实施机动车燃油经济性标准并实施车辆燃油税等相关制度，促进汽车制造企业改进技术，降低油耗，提高燃油经济性，引导消费者购买低油耗汽车。对于城市交通，要求合理规划交通运输发展模式，加快发展轨道交通等公共交通，提高综合交通运输系统效率。在大城市建立以道路交通为主，轨道交通为辅，私人机动交通为补充，合理发展自行车交通的城市交通模式；中小城市主要以道路公共交通和私人交通为主要发展方向。对于铁路运输要求加快发展电气化铁路，实现铁路运输以电代油；开发交-直-交高效电力机车；推广电气化铁路牵引功率因数补偿技术和其他节电措施，提高用电效率。内燃机车采用高效柴油添加剂和各种节油技术和装置；严格机车用油收、发计算机集中管理；发展机车向客车供电技术，推广使用客车电源，逐步减少和取消柴油发电车，加强运输组织管理，优化机车操纵，降低铁路运输燃油消耗。对于航空运输要求采用节油机型，加强管理，提高载运率、客座率和运输周转能力，提高燃油效率，降低油耗。对水上运输要求制定船舶技术标准，加速淘汰老旧船舶；采用新船型和先进动力系统；发展大宗散货专业化运输和多式联运等现代运输组织方式；优化船舶运力结构，提高船舶平均载重吨位等。对农业、渔业机械要求淘汰落后机械；采用先进柴油机节油技术，降低柴油机燃油消耗；推广少耕、免耕、联合作业等先进的机械化农艺技术；在固定作业场地更多地使用电动机；开发水能、风能、太阳能等可再生能源在农业机械上的应用。通过淘汰落后渔船，提高利用效率，降低渔业油耗。

对于我国整体的运输方式来说，是更多地依靠铁路还是公路运输？在城市里面是更多地依赖公共交通还是私人小汽车？城市的轨道交通应如何发展？选择什么样的运输方式以及确定各种运输方式的比例，来实现可持续发展，是更关键、更长远的战略问题。在公路、铁路、航空之间，必须确定一个科学合理的基本比例。

建设好我国铁路、公路、水路（包括海洋和内河）、航空及管道运输体系，是交通运输节能工作系统工程中的其中一个基础环节，也是一个重要的环节。因为，没有先进的铁路、公路、水路（包括海洋和内河）、航空及管道运输体系，先进的交通工具就无法使用，交通节能工作也无从展开。在交通节能工作的基础环节建设方面，要强调交通运输的系统性和规划的前瞻性，以及基础设施的先导性对交通节能的战略意义。充分发挥铁路、公路、水运、民航和管道等运输的优势，合理配置运输资源，提高交通运输能耗的整体效率。各种运输方式发展要充分利用市场和政府两类调控机制，强化科技在交通中的应用，提高运输组织水平，最大限度地减少无效运输，避免交通能耗中的隐性浪费。

16.2 汽车节能

汽车是我国中短程交通的主要工具，随着我国城市化进程的不断深入，全国汽车保有量不断增加，但燃油经济性仍有待提高，节能潜力巨大。

汽车燃油经济性水平与汽车本身的性能、道路状况、交通流量、交通调度等主要因素有关。因此对于汽车节能工作需从提高汽车本身性能、改善道路状况、提高交通指挥疏导能力、大力调整现有城市交通方式结构等方面展开工作。

16.2.1 汽车节油效果评价指标及燃油经济性

(1) 汽车节油效果评价指标

汽车节油效果的好坏，一般用节油率 ε 来表示。

$$\varepsilon = \frac{B_0 - B}{B_0} \times 100\% \tag{16-1}$$

式中，B_0 为油耗定额，kg/h；B 为实际油耗，kg/h。

我国的油耗定额有两种：一是内燃机（或车辆）使用说明书规定的油耗定额；二是各地汽车运输企业规定的油耗定额。由于我国各地的气候条件、道路条件差别很大，所以一般采用第二个油耗定额。

节油率可以用下式计算：

$$\varepsilon = \frac{b_{eo} - b_e}{b_{eo}} \times 100\% \tag{16-2}$$

式中，b_{eo} 为装节油器前的油耗，kg/(kW·h)；b_e 为装节油器后的油耗，kg/(kW·h)。式(16-2) 计算的节油率实际上是某种节油器的节油率。

(2) 燃油经济性

汽车的燃油经济性是指汽车在一定的使用条件下，以最小的燃料消耗量完成单位运输工作的能力，这是汽车的主要使用性能之一，它直接关系到汽车能否节能。汽车燃油经济性常用一定运行工况下汽车行驶百公里的燃油消耗量，或一定燃油量使汽车行驶的里程来衡量。在我国及欧洲，燃油经济性指标的单位为 L/100km，即 100km 所消耗的燃油升数。其数值愈大，汽车燃油经济性愈差。美国为 MPG 或 mile/USgal，即每消耗 1US gal 燃油行驶的英里数（1mile＝1.6093km，1US gal＝3.785L，1UK gal＝4.546L）。这个数值愈大，汽车燃油经济性愈好。

燃油经济性指标的确定有两类方法，一类是道路试验法，另一类是统计法。道路试验法又分为两种，一种是等速行驶燃料消耗量试验，另一种是模拟城市工况循环燃料消耗量试验。等速行驶百公里燃油消耗量是常用的一种评价指标，它指汽车在额定载荷下，以最高挡在水平良好的路面上等速行驶 100km 的燃油消耗量。该试验既可在测功机上进行，也可在道路上进行。常测出每隔 10km/h 或 20km/h 速度间隔的等速百公里燃油消耗量，然后在图上连成曲线，称为等速百公里燃油消耗量曲线，它用来评价汽车的燃油经济性，如图 16-1 所示。

由图 16-1 可知，不同的汽车基本上都存在一个最佳行驶速度，在该速度下等速行驶，每百公里消耗的燃油量最小，当超过该速度时，有的车型耗油量急剧上升，有的上升较缓慢。等速百公里燃油消耗量曲线的这种特性为驾驶过程中如何节能提供了依据。如在时间不是十分紧张的情况下，尽量不要开快车，可减少耗油。但是，等速行驶工况并没有全面反映汽车的实际运行情况，

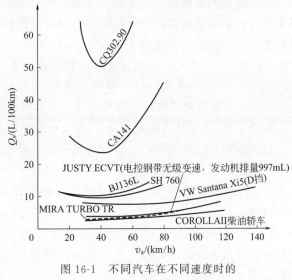

图 16-1　不同汽车在不同速度时的
等速百公里燃油消耗量

特别是在市区行驶中，频繁出现加速、减速、怠速、停车等行驶工况。因此各国都制定了一些典型的循环行驶实验工况来模拟实际汽车运行状况，并以百公里燃油消耗量来评价相应行驶工况的燃油经济性。如欧洲经济委员会（ECE）规定，要测量车速为 90km/h 和 120km/h 的等速百公里燃油消耗量和按 ECE-15 循环工况的百公里燃油消耗量，并各取 1/3 相加，作为混合百公里燃油消耗量来评定汽车燃油经济性。美国环境保护局（EPA）规定，需要测量市内循环工况（UDDS）及公路循环工况（HWFET）的燃油经济性（单位为 mile/gal），并按下式计算综合燃油经济性：

$$综合燃油经济性 = \cfrac{1}{\cfrac{0.55}{城市循环燃油经济性}} + \cfrac{1}{\cfrac{0.45}{公路循环燃油经济性}} \qquad (16\text{-}3)$$

国家标准 GB/T 12545.1—2008 和 GB/T 12545.2—2001 对乘用车、商用车、轻型汽车的燃油经济性测量方法作了详细规定，乘用车需模拟 15 种循环工况；商用车需模拟 4 种循环工况（城市客车及双层客车）或 6 种循环工况（其他商用车）；轻型车在模拟城市和市郊工况循环下，通过测定排放的二氧化碳（CO_2）、一氧化碳（CO）及碳氢化合物（CH），用碳平衡法计算行驶 100km 的燃料消耗量。

16.2.2　汽车车体节能技术

(1) 汽车发动机节能技术

汽车依靠发动机发出的动力，通过传动装置推动汽车前进。发动机是汽车的核心部件，其工作性能的好坏直接影响汽车整体的性能。发动机的工作性能主要包括动力性、经济性、运转性和可靠性等几个方面。其中动力性、经济性与节能密切相关。

① 主要技术参数　为了更好地分析和理解发动机的节能技术，先介绍几个重要的指标或参数。

a. 指示效率 η_i　燃料在发动机中燃烧放出的热量，使燃气的温度和压力提高，体积膨

胀，从而推动活塞做功。气体膨胀推动活塞在单位时间内所做的功称为指示功率 P_i。指示效率是推动活塞所做功的有效热量与发动机内燃料燃烧的总热量之比，它表明了发动机内热量转变为功的程度，一般用 η_i 表示。

$$\eta_i = \frac{\text{推动活塞做功的有效热量}}{\text{燃料总热量}} \times 100\% = \frac{P_i}{B\lambda} \times 100\% \qquad (16\text{-}4)$$

式中，η_i 为发动机的指示效率；B 为发动机在单位时间内的燃油消耗量，可通过试验测定，kg/h；P_i 为发动机指示功率，kW；λ 为燃用燃料的热值，kJ/kg。

发动机指示效率越高，表示发动机工作得越完善，热量损失越少，发动机指示功率也越高。一般四行程的汽油发动机指示效率仅为 25%～35%，通过排气、散热、漏气等形式大约损失 65%～75% 的热量。所以提高发动机的指示效率是汽车节能的源头，它涉及热力转换的过程。

b. 有效功率 P_e　发动机的指示功率并不能全部作为发动机的输出功率，有部分功率要消耗在发动机本身的摩擦损失上。有效功率是发动机经飞轮输出的功率，是发动机机械效率和指示功率两者的乘积，用 P_e 表示。

$$P_e = P_i \eta_m = \frac{K_1 i V_h \eta_v \eta_i \eta_m n}{30 \tau \alpha} \qquad (16\text{-}5)$$

或

$$P_e = B\lambda \eta_i \eta_m \qquad (16\text{-}6)$$

式中，P_e 为发动机的有效功率，kW；K_1 为系数；i 为发动机的汽缸数；V_h 为每个汽缸的工作容积，L；η_v 为发动机的充气效率；η_i 为发动机的指示热效率；η_m 为发动机的机械效率；n 为曲轴转速，r/min；τ 为完成一个工作循环的冲程数；α 为混合气的过量空气系数。

c. 机械效率 η_m　机械效率是发动机有效功率和指示功率之比，它反映了发动机机械性能的好坏程度。汽油发动机的机械效率大约为 70%～90%，说明发动机的功由活塞经曲轴转到飞轮时，摩擦损失达 10%～30%。其计算公式如下：

$$\eta_m = \frac{P_e}{P_i} \times 100\% \qquad (16\text{-}7)$$

d. 燃油消耗率 b_e　发动机每发出 1kW 的有效功率，在 1h 内所消耗的燃油的质量，称为燃油消耗率，用 b_e 表示，单位为 kg/(kW·h)。显然，燃油消耗率越低，发动机的经济性越好。燃油消耗率可按下列公式计算：

$$b_e = \frac{B}{P_e} \qquad (16\text{-}8)$$

e. 传动效率　发动机所发出的有效功率，经过传动装置传到驱动轮时，由于摩擦的存在，又有一部分有效功率损失，所以驱动轮获得的功率又小于有效功率。为表明有效功率的利用程度，可用传动效率 η_t 来表示。

$$\eta_t = \frac{P_d}{P_e} \times 100\% \qquad (16\text{-}9)$$

车辆的传动效率大约为 80%～95%，即有 5%～20% 的有效功消耗在传动装置中。根据以上几个数据，经过分析可知，燃料所放出的热量最后只有 16%～30% 转化为驱动功率，其实这部分驱动功率还不能全部用来有效驱动，还有很大一部分是无效驱动。发动机的节能工作主要就是将燃料的化学能最大限度地转化为驱动功率，至于将驱动功率最大限度地转化为有效驱动功率则是汽车整体及行驶过程的节能工作。

② 发动机节能途径　为了将燃料的化学能转化为汽车的驱动功率，可从燃料的充分燃烧、改善热力循环系统、减少活塞及发动机内的其余摩擦、减少泵气损失等方面展开工作。下面围绕这些问题，分析发动机节能的几个主要途径。

a. 提高充气效率 η_v。充气效率 η_v 是指在发动机进气行程时，实际进入汽缸内的新鲜气体（空气或可燃混合气）的质量 m_1 与在进气行程进口状态下充满汽缸工作容积的气体质量 m_0 之比。在同样大小的汽缸容积 V_h 下，提高 η_v 可使进入汽缸的实际空气量增多。当保持混合气浓度一定时，允许进入汽缸的燃料量就增加，在同样燃烧条件下，发动机发出的功率增大。另一种情况，当燃料供给量一定时，提高 η_v，使混合气的浓度变稀，即过量空气系数 α 适当加大，使燃料在发动机内充分燃烧，提高燃料能量转化为驱动功率的百分率。要提高充气效率 η_v，应从改进气门配气机构、凸轮外形、配气相位及减少进排气管道流动阻力等内燃机的换气过程方面着手。

b. 提高发动机的机械效率。这是不言而喻的问题，因为机械效率提高了，在相同的指示功率下，发动机的有效功率就提高了。而机械效率的提高就是减少发动机的各种摩擦损失，据试验研究表明，当减少总摩擦损失的 17%～21% 时，可以提高整机经济性 3%～7%。发动机的机械损失主要由机械摩擦损失、附件消耗损失和泵气损失三部分组成。减少发动机机械摩擦损失主要应从以下几个方面展开工作：一是降低活塞、活塞环、连杆等往复运动机件的质量；二是减少滑动部件的滑动速度及高面压比，例如减小曲轴轴径尺寸，缩短轴承宽度等；三是减小润滑油的搅拌阻力并改良润滑油；四是合理选择摩擦零件的材料，优化材料配对，提高摩擦表面加工精度。

c. 提高发动机循环热效率。发动机循环热效率越高，汽车的燃油经济性越高，越有利于汽车节能。主要通过提高压缩比、尽量使燃料在上止点附近燃烧完毕、采用稀混合气等方法来提高热效率。

d. 提高发动机的压缩比。发动机的压缩比是指压缩前汽缸内的最大容积与压缩后汽缸内的最小容积的比值。比值越大，则压缩比越大。发动机的热效率是随压缩比的提高而提高的。这是由于随着压缩比的提高，汽缸内混合气压缩终了时的温度和压力也随着升高，改善了燃烧条件，减少了不完全燃烧和传热损失；同时由于被燃烧气体膨胀充分，燃料燃烧产生的热量能够得到充分的利用；压缩比的提高，也有利于燃烧稀混合气。因此，同升量的发动机，选择较大的压缩比，不仅能获得较大的热效率，而且燃料的使用也愈加经济。单从提高发动机的指示负荷的角度来看，发动机压缩比愈大愈好。但实际上又不可能任意增大压缩比。如果压缩比过大，不但燃料超耗，还会引起不良后果。对于汽油发动机，如果在汽油辛烷值一定的条件下，压缩比过大，就会产生爆燃；对于柴油发动机，如果压缩比过大，会使零件的负荷过大。加速零件磨损并降低机械效率，燃料的消耗率也会提高。压缩比选择得过大或过小，对发动机工作都极为不利。

e. 采用可变压缩比发动机。可变压缩比的发动机其压缩比可以根据负荷的情况加以改变，在部分负荷时压缩比就可以高些，这样既可防止爆燃，又可以节约大约 20% 的燃油。如果压缩比能随着海拔的变化而变化，就可以满足不同海拔对发动机压缩比的不同要求。要改变发动机压缩比，一种办法是改变活塞行程；另一种办法是改变燃烧室容积，而且要随时可大可小，能满足工况变化的要求。要实现这一要求，其难度是十分大的，需根据需要加以实施。

根据以上几种途径，目前已经开发应用的发动机节能技术主要有发动机稀燃技术、汽油机的燃油电子喷射技术、分层燃烧技术、闭缸节油技术、电磁阀驱动系统技术、E-GAS电子节气门技术、废气涡轮增压技术、强制怠速节油器技术、磁化节油净化器技术等多种节能技术。随着科学的不断发展，发动机的节能技术也会随之不断提高，为汽车的全面节能奠定基础。

（2）汽车整车节能技术

影响汽车燃油经济性的因素除汽车发动机外，还有许多方面，如汽车传动系统、汽车行驶阻力、汽车整备质量等。

① 改进传动系统　提高传动系统的效率对燃油经济性的作用大约有10%。发动机的有效功率必须通过传动系统转变成驱动功率，提高驱动效率的主要途径有以下几个方面。一是采用节油自动离合器。所谓的"自动"离合器，是因为借正常操纵前加力手柄驱动前桥的过程中，实现半轴与轮自动离合，并未另增设其他操纵机构，又没有改变原操作方法，也不给驾驶员增添任何麻烦，靠机械式的联动，完成离合作用。采用自动离合器可以达到节油、消除机件空转、延长其使用寿命、减少行车阻力、增加汽车的滑行能力等目的。二是采用机械多挡变速器。传动系统的挡位越多，汽车在运行过程中越有可能选用合适的速比，使发动机处于最经济的工作状况，以提高汽车的燃油经济性。一般的轿车手动变速器已基本上采用5挡，大型货车有采用7挡，由专职驾驶员驾驶的重型汽车和牵引车，变速器的挡位多达10～16个。但挡位数过多会使变速器结构大为复杂，同时操纵机构也过于烦琐，操作不便，选挡困难。具体选用多少挡位，要结合车辆的实际用途，片面追求多挡位，并不能达到节能油的目的。三是采用无级变速器。无级变速器的挡数是无限的，它为发动机在任何条件下都工作在最经济的工况下提供了可能。如无级变速器始终能维持较高的机械效率，则汽车的燃油经济性将显著提高。

② 降低汽车行驶阻力　汽车在水平道路上等速行驶时，必须克服来自地面的滚动阻力和来自空气的空气阻力；当汽车在坡道上爬坡行驶时，还必须克服坡道阻力；汽车在加速行驶时，还需要克服加速阻力。上述诸阻力中，滚动阻力和空气阻力在任何行驶条件下均会产生，因此汽车经常需要消耗功率来克服这些阻力。所以，减小汽车行驶中的滚动阻力和空气阻力，对节约油料，提高汽车的燃油经济性很有意义。

汽车行驶时，发动机克服空气阻力所消耗的功率与车速的三次方成正比。随着我国高等级公路的发展，汽车的行驶速度将大大提高，通过减小汽车空气阻力来降低汽车的燃料消耗也是一种行之有效的措施。汽车的空气阻力主要为形状阻力，它与汽车车身的形状有着密切的关系。降低货运汽车空气阻力的主要方法是车厢采用箱式，再在车厢上安装导流罩、阻风板等。试验表明，如以普通长头货车的空气阻力系数为100%，则车厢加盖篷布后空气阻力降为73%，车厢改为箱式后空气阻力降为60%，如果再安装导流罩，空气阻力则降为43%。对于汽车驾驶员，不要在轿车顶上安装行李架，高速行驶时不要打开车窗等都是降低空气阻力的有效措施。

汽车的滚动阻力与路面状况、行驶车速、轮胎结构，以及传动系统、润滑油料等都有关系。路面状况、行驶车速都跟客观情况和驾驶情况有关，和汽车本身无关。从汽车本身来看，要减少汽车滚动阻力主要通过合适的轮胎并充至合适的气压。轮胎的充气压力对滚动阻力系数 f 影响很大，气压降低时，滚动阻力系数 f 迅速增大。在各种结构的轮胎中，子午胎是目前公认的滚动阻力系数较小的轮胎。由于子午胎的胎体柔软，胎冠的刚度大，滚动阻力小，使剩余功加大，试验资料表明，子午线轮胎的耐磨性与普通斜交胎相比提高了30%～

70%，轮胎的滚动阻力下降 20%～30%，汽车的燃油消耗降低 5%～8%。

③ 减少车身自重　节约能源首先是提高汽车的燃油经济性，而降低车辆自重是其重要的措施之一。汽车越重，驱动汽车所需要的功率就越大，消耗能量也就越多，因此，汽车轻量化对节约能源具有重要的作用。大量试验和数据表明，在风阻和滚动阻力不变的情况下，其自重每减轻 100kg，汽车每百公里耗油便会减少 0.6～0.7L。因此，利用铝或其他轻型材料来减轻汽车自重，同样可达到节省燃料的目的。近 20 多年来，汽车轻化技术有了很大的发展。日本丰田、本田等汽车公司研制出的轻量化汽车，其自重只有原来汽车自重的 1/3。汽车轻量化技术主要是广泛发展与应用轻质高强材料，同时优化汽车及其零部件结构，取消多余的零部件、多余的尺寸、多余的寿命等。目前奥迪、丰田、福特等公司都在制造铝车身，形成了车身铝化的趋势。对于一些较大零部件如发动机已开始使用镁压铸件，以减轻车身自重。戴姆勒-克莱斯勒公司研制了一款 CCV 复合材料概念车。它采用一种几乎全塑的车身外壳，质量轻，材料中含有玻璃增强纤维，加强了刚度和硬度，技术性能完全达到要求。还有一种用在发动机上的工程陶瓷，具有良好的综合性能：高温强度高、耐磨性强、隔热性好、密度比低、弹性好。因此用它代替金属材料，可大幅度提高热机效率，降低能源消耗，从而达到汽车轻量化的效果。

(3) 开发代用燃料发动机

石油资源日益枯竭，开发利用其他能源的发动机已是各国感兴趣的研究课题。目前包括我国在内的世界各国在开发应用替代燃料的技术研发上，取得了很大进展。车用替代燃料包括天然气、氢气、甲醇、乙醇、其他醇类、生物柴油、电力等。采用代用燃料发动机不仅是石油资源日益枯竭的需要，也是应对环境污染、减少温室气体排放的需要，具有综合的社会和环境效益，所以在开发代用燃料发动机时，应注意结合国情，综合考虑替代燃料从获取到使用，甚至相关设备、器具回收处理全过程的碳排放问题。

16.2.3　汽车驾驶节能

汽车行驶过程中，驾驶员的驾驶技术、驾驶习惯、节能意识等对汽车的耗油量有很大的影响。如果能够改进驾驶过程中不科学、不规范的动作，可收到立竿见影的稳定节油效果。汽车驾驶节能工作主要可以从以下几个方面进行。

(1) 发动机启动与节能

根据发动机温度和大气温度的不同，发动机启动分为常温启动、冷启动和热启动。当大气温度或发动机温度高于 5℃时，启动发动机比较容易，一般不需要采取辅助措施，这种情况称为常温启动；当气温或发动机温度低于 5℃时称为冷启动；发动机温度在 40℃以上时的启动，称为热启动。

常温启动发动机时，要注意化油器充满汽油，尽量做到启动发动机一次成功，如果三次仍不能启动，应进行检查，排除故障。每次启动发动机不得超过 5s，连续使用每次应间隔 10s。启动后以低速运转，并尽快转入怠速状态。

冬天冷启动发动机时，应预热发动机，可将 90℃以上热水注入发动机水套，并将放水阀打开，直至流出水温达到 30～40℃，将放水阀关闭，待发动机水套的水温与汽缸体的温度逐渐趋于一致后再启动。

热启动发动机时，要求踩加速踏板更轻一些，做到发动机一次启动成功，启动后立即进入怠速运转。

（2）汽车起步加速与节能

汽车水温 40℃ 以上时才起步。经科学试验证明，40℃ 以下水温的车辆起步行驶，会增加 6％ 的油耗。冬季汽车起步行驶在 10km 以内，车速不能超过 40km/h，根据当地不同气温可适当延长低挡行驶时间。一般情况下，气温 0～5℃ 以内的各挡行驶时间为：二挡 50s 左右，三挡和四挡为 35s 左右；气温 −20℃ 左右时，二挡 1～2min，三挡 3～4min，四挡 5～6min，待水温和各式润滑油温度升高后再进入正常车速。

行车起步需要较大的扭矩，而发动机所提供的扭矩远远不能直接满足需要。这就要通过变速器的减速增加扭矩作用加大车辆的驱动扭矩。在起步的挡位中，一般使用二挡起步最节油。做到起步用低挡，加速要缓慢。冬季车辆预热时间不宜过长，预热至正常工作温度后逐渐加速，以能启动为原则。不要猛加速开快车；避免不必要的怠速（怠速运转 1min 比重新启动一次发动机所耗燃油还要多）；也不宜突然停止发动机的运转或启动发动机（突然加速比平稳加速多燃油近 1/3）。

（3）合理选择挡位与节能

汽车在行驶过程中，由于道路及交通流量等状况的改变需要更换变速器的挡位，如何选择挡位及换挡的时机对汽车的耗油量有影响。从节油的角度要求，换挡动作要准确、迅速、及时，不要拖泥带水，要避免动作过慢而使车速下降过多。不要把油门加到很大，发动机转速很高时再慢慢换挡，而应在油门开度不大，发动机转速不高的情况下迅速换挡。一般应低挡起步，不应超速加大油门，车速比较高时应及时换入高一挡位，但不要在高挡位低速行驶。因为低挡高速与高挡低速同样费油，应根据车速及时调整行车挡位。换挡要适宜，以发动机动力能平稳运转为标准，不能拖挡太久或提前改换低速挡。车辆接近坡道时宜渐渐加速，但开始上坡就不宜加速了，否则也会增加燃油消耗。

（4）合理选择运行速度与节能

不同的车型在不同的挡位一般会有一个经济车速。在该经济车速下行驶汽车的燃油经济性最佳，也就是说每行 100km 所消耗的油量最小。汽车存在经济车速是由于汽车行驶过程中所消耗的燃油，不仅取决于发动机的单位燃油消耗，还取决于汽车克服行驶阻力所需要的功率。当车速较低时，虽然克服行驶过程阻力所需要的功率较小，但发动机负荷低而比油耗上升，导致油耗增加；当车速较高时，发动机负荷高而比油耗下降，但克服行驶过程阻力所需要的功率增加导致油耗增大。克服行驶过程阻力所增加的油耗超过了发动机比油耗的下降作用，汽车总的油耗也会增加。所以，汽车较低和较高车速行驶时都会增加油耗，只有在中间某个速度行驶时，油耗最低，一般称这个速度为经济车速。但是经济车速往往偏低，为了兼顾效率及其他原因，在长途驾驶中，驾驶员应尽量采取略高于经济车速的车速。当然对于救急物资及有时间限制的易变质物资的运送，时间是第一要素，此时不必考虑经济车速问题，一般只要在道路、安全有保证的前提下，全速前进，以最短的时间抵达目的地。对于有些物资尽管在运输途中不会变质，但考虑到生产率的问题以及快速到货带来的其他方面的收益，是否采用省油的经济车速需要进行全面的经济分析，才能确定最后选用何种车速。就目前的实际情况而言，一般采用比经济车速略大的 70～90km/h 车速行驶。

（5）安全滑行与节能

汽车在行驶过程中，不用发动机的动力，依靠汽车本身的动能（惯性）或下坡的势能继续行驶称为滑行。汽车在滑行时，发动机处于怠速运转或不运转状态，只消耗很少的油或不消耗油。所以在保证安全的前提下，滑行是汽车重要的节油措施，经验丰富的驾驶员在行驶过程中的滑行里程占总行程的 30%～40%。汽车的滑行一般有加速滑行、减速滑行和下坡滑行。汽车滑行具有以下优点：一是耗油减少，有利于节油和环境保护；二是车辆震动小，噪声低，使驾驶员和乘员感到舒适；三是减少了发动机、传动系统、悬挂系统、制动系统和轮胎的磨损，延长其使用寿命；四是预定点的停车，可通过滑行代替制动或停车，减少事故发生。

(6) 合理选择行车温度与节能

汽车的行车温度包括发动机温度、机油温度、发动机罩内空气温度等。这些温度直接影响行车燃料的消耗。发动机温度过高或过低不仅导致油耗增加，还会引起发动机磨损加剧。发动机的温度一般通过发动机水套的水温及发动机罩内空气温度来调整，行车中要保持发动机水套水温在 80～90℃，发动机罩内空气温度在 30～40℃，冬季发动机罩内空气温度要求保持在 20～30℃。在驾驶过程中，应注意调节百叶窗的开度，控制行车温度在合理范围内。

(7) 其他节能措施

尽量让汽车平稳行驶，避免停车和重新起步，避免频繁加速和随意减速。要选择技术状况较好的路面行驶，因为在松软等不良路面上行驶车辆，油耗可增加 10%～30%。行驶中尽量少使用制动器，情况处理要有预见性。控制紧急制动，因为车辆在制动后，重新加速将十分耗油。在时间允许的前提下，还可通过选择适当的时间上路，以避开交通高峰时段，则可大大减少制动操作。

经常检查并保持轮胎的标准气压。轮胎气压过低，将增加轮胎胎面与路面的阻力，增加燃油消耗。载货汽车装载货物时应注意减少货物迎风面或加导流罩；如无必要，车辆在行驶过程中不要打开车窗；尽量少使用车内空调系统，或尽量将空调温度设定在与大气温度相近的范围，减少空调油耗。

对车辆发动机应每年至少做一次预防性保养，因为发动机长久失调会多耗费燃油。经常进行日常维护，按生产厂家提供的保养计划检查燃油系统、空气滤清器、变速器、转向系统、制动系统、皮带、空调、减震器、四轮定位及其他易磨损和破碎的零件。选用合适的润滑油，定期检查机油和按时更换，可延长发动机寿命，降低油耗和尾气排放。

图 16-2 是对汽车节能工作的一个总结。汽车的节能工作涉及许多方面，除了汽车本身的技术性能与结构、汽车正确使用与维护之外，还需要改善公路路况，提高协调指挥能力，引入智能交通系统（ITS），大力推行公交优先，在城市交通中，大力发展轨道交通、快速公交系统（BRT）。

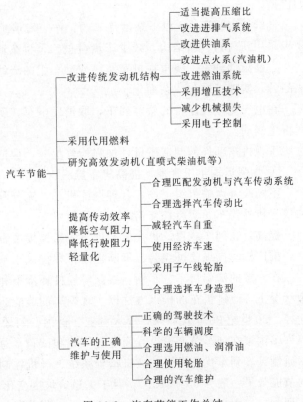

图 16-2　汽车节能工作总结

16.3 火车节能

铁路运输部门是耗能较大的单位之一，其节能研究有着重要意义。铁路运输的能源消耗涉及诸多因素，其节能工作主要从以下几个方面展开。

① 大力推进牵引动力改革，降低牵引动力能耗。

大力发展电力牵引，合理发展内燃牵引。积极发展交流传动方式和交流变流技术。在主要繁忙干线、运煤专线、客运专线、长大坡道和隧道线路上优先采用电力牵引。

② 采取各种技术手段，提高机车运行效率。

电力牵引应采用先进的供电方式，提高电力机车的功率利用率和牵引变压器的容量利用率，降低变压器和接触网的损耗，提高功率因数。

在不同纵断面的区段运行电力、内燃牵引，要积极发展控制合理用电、用油的节能装置。寒冷地区的内燃段应建立保温库或地面预热装置，以降低冬季内燃机车升温油耗。

加强对内燃机车用柴油、润滑油的质量检验，确保机车用油品标准。大力推广内燃机车低烧一号柴油和各种节能技术，努力降低机车能耗。

铁路线路要向重轨和无缝线路发展，要积极创造条件，发展超长无缝线路，减少机车运行能耗。要抓好铁路站场的照明节电改造，完善、提高铁路地面信号的显示能力。

③ 提高、改进国产机车、车辆质量，增加车辆载重，减少自重。

提高、改进国产内燃、电力机车质量，针对不同用途和使用环境，使机型标准化、系列化。要加快交直流机车传动技术的推广应用，并达到批量生产。要加快淘汰车型老、能耗高的机型。

继续开展报废50t以下杂型货车的工作，发展载重75t以上及轴重23t以上的大型货车，积极采用新材料、新结构，减少车辆自重。客货车辆应普遍采用滚动轴承，旧有货车加速改造，安装滚动轴承。要重视机车车辆或动车组的流线化设计，减少空气阻力。要合理配置车辆品种，实现标准化、系列化。

在电气化区段运行的旅客列车，取消发电车，实行接触网供电，在电气化区段研制和开发再生制动。

重视机车部件的制造质量，加强检修保养，保证机车总体及主要部件效率的发挥。

④ 加强运输组织管理，提高机车操纵水平。

不断改善运输组织工作，合理调配机车，充分利用运输能力，尽量避免和减少单机开行和信号机外停车。实行长交路，节约使用机车。

提高货物列车载重，扩大旅客列车编组。发展直达运输和集装箱运输。

推广机车操纵先进经验，不断提高机车操纵水平。

在一定的牵引机车、车辆、线路等硬件环境下和既定的运行图、列车编组计划等运营管理状况下，改进机车的操纵方法以实现列车的节能运行，是一条经济有效且直接可行的节能途径。20世纪80年代以来，澳大利亚、德国、匈牙利、丹麦、英国、日本、前苏联、美国等许多国家在列车节能操纵方面进行研究和试验，总结节能的列车操纵方式，并应用微机技术研制开发列车优化操纵的微机指导系统、微机控制系统、操纵模拟系统等。列车优化操纵的节能效果一般为5%~15%。对于平道或坡度变化很小的线路，理论证明存在最优的操纵序列为"最大加速、匀速运行、惰行、最大制动"。

16.4 船舶节能

船运是所有运输方式中能量利用效率最高的一种。我国争取到 2010 年，水路运输燃油单耗水平达到世界 2000 年的发达国家水平，其中远洋和沿海运输应接近或达到同期国际水平，其中海洋运输千吨公里燃油单耗，沿海运输由 4.8kg 降到 4.4kg，远洋运输由 4.44kg 降到 4.06kg。

船舶节能工作主要应从以下几个方面展开。

(1) 航运

① 加速淘汰老旧船，提高船队的整体技术水平。

a. 积极开发和采用节能新船型和先进动力系统，大力推广钢制船，淘汰水泥船、挂桨机船等落后船型，最大限度地降低老旧船和落后机型的比重和数量。

b. 加强对新建船舶和进口二手船舶能耗水平和指标的审批、监督和检查。

② 改善船队吨位结构和发展先进的运输方式，提高综合运输效益和能源利用效益。

a. 发展海峡、海湾和陆岛客货混装运输及商品车辆集装单元化运输。

b. 节能型散货船的开发、应用要与航道整治规划相适应。

c. 鼓励发展现代综合物流，引入运输智能化、电子信息化等先进技术。

d. 调整海洋和内河船队运力结构，远洋船队应大力发展大型集装箱船、LPG 船、LNG 船、滚装船以及大型散货船和专用化学品船；发展内河分节驳顶推船队和机动驳系列船队；发展系列江海直达船；促使船队向大型化、专业化、标准化方向发展。

③ 继续推广减速航行技术、主机与增压器优化调整技术、最佳纵倾节能技术、船体防污、除污和船舶营运优化节能技术。

(2) 基础设施

① 加大航道整治力度，逐步提高内河航道等级，打通江海限制口，形成支干直达和江海直达运输网络。

② 优化港口布局结构，发展大型专业化码头，重点建设集装箱干线港，相应发展支线港和喂给港。

③ 逐步更新港口装卸装备和工艺，杜绝能耗大、效率低的装卸设备进入港口行业。

(3) 其他方面

研制和推广液化天然气（LNG）和压缩天然气（CNG）海上运输技术；适度在船舶上推广应用燃料电池等清洁能源；研究、开发、应用和推广船舶新型替代燃料；推广应用有利于提高装卸设备机械效率、降低能耗的节能技术。

据专家指出，目前我国交通水运行业要实现节能降耗急需解决八大问题，分别是：节能管理机制不协调、不健全；运力结构调整缺乏适应市场经济体制的激励政策和手段；节能基础工作薄弱；固定资产投资体制不利于节能降耗；能耗增长源头控制尚不完善；现代化综合物流体系急需建设；基础设施建设需加大力度；节能信息服务需要加强。

针对交通水运行业这八大难题，首先是要从建立、健全水运行业节能管理体系，强化行业管理着手，理顺交通部能源管理部门与地方能源管理部门的关系，建议国家能源管理部门赋予交通部能源管理部门行业管理的权力，在此基础上，建立、健全交通各级能源管理机构，并制定相应的规章、政策，形成管理顺畅、机制严密、考核到位的节能管理体系。

其次，要研究并实施适应市场经济体制的激励政策和手段，如减免税费等，利用"经济手段"这一无形之手，加快内河船型标准化进程，促进运力结构调整，同时引导水运行业积极主动地采用节能新技术、新产品。

此外，交通水运行业要加快实现节能降耗，还要从下面几点入手：投入资金，加强节能基础工作，加强交通水运行业节能降耗基础性、前瞻性、战略性研究，尽快构建交通水运行业能源标准体系，制定实施交通水运行业能耗统计标准、能耗限额标准；严格执行固定资产投资项目节能评估制度，设立行业能效准入门槛，从源头把握住港口节能关，有效控制装卸工艺落后、能耗高的港口建设项目，新建船舶及二手船的节能审查制度也应逐步加以推行；加大基础设施建设力度，加强水运资源综合利用，合理规划，加大内河航道整治力度，全面改善航道等级结构，形成以高等级航道为主体的层次分明、干支相通、通江达海的航道体系，促进内河水运发展；加快水运行业节能技术服务中心重新布点建设的步伐，投入资金、重点扶持，尽快形成网络。充分发挥其桥梁、纽带作用，加大宣传，树立典型。

参 考 文 献

[1] 浦树柔. 三大领域节能前景. 瞭望新闻周刊，2004，3（18）：24-25.

[2] 赵家荣.《"十一五"十大重点节能工程实施意见》读本. 北京：中国发展出版社，2007.

[3] 刘新宇. 交通业：节能为本. 瞭望新闻周刊，2005，29（35）：17-18.

[4] 经济参考报，2005-8-24.

[5] 刘国卿. "十一五"规划建议与汽车工业的节能. 汽车与配件，2005，45（17）：18-21.

[6] 陈礼璠，杜爱民，陈明. 汽车节能技术. 北京：人民交通出版社，2005.

[7] 熊云，胥立红，钟远利. 汽车节能技术原理及应用. 北京：中国石化出版社，2007.

[8] 刘玉梅. 汽车节能技术与原理. 北京：机械工业出版社，2003.

[9] 王爱民，董俊武. 我国城市交通可持续发展初探. 中国地质大学学报：社会科学版，2002，3（2）：18-21.

[10] 刘宝家，李素梅. 节约能源 1000 例. 北京：科学技术文献出版社，1986.

[11] 张卫，曹淑艳，李庆祥. 水运交通节能效益评估. 生态经济. 学术版，2007，（1）：105-108.

[12] 国家计划委员会交通能源司，国家统计局工业交通司. 中国节能（1997 年版）. 北京：中国电力出版社，1998.

[13] http://finance.ce.cn/macro/gdxw/200706/01/t20070601_11565183.shtml

[14] 王学门. 汽车驾驶节能浅谈. 甘肃冶金，2007，29（4）：153-154.

[15] 常方奎. 当前汽车节能途径概述. 中国能源，2007，29（5）：45-46.

[16] 魏建秋. 当议汽车节能方法的运用. 交通节能与环保，2006，（4）：24-29.

[17] 张建英. 汽车节能与对策. 山西能源与节能，2007，（1）：33-34.

[18] http://www.zgjtb.com/101179/101184/11173.html

[19] 李连成. 交通节能的形势与对策. 中国发展观察，2006，（12）：39-40.

[20] 交通运输部. 2016 年交通运输行业发展统计公报［A/OL］. 2017-04-17. http://zizhan.mot.gov.cn/zfxxgk/bnssj/zhghs/201704/t20170417_2191106.html.

[21] 交通运输部. 交通运输部关于印发交通运输节能环保"十三五"发展规划的通知：交规划发［2016］94 号［A/OL］. 2016-06-03［2016-06-14］. http://kjjy.sub.xjjt.gov.cn/article/2017-6-14/art132361.html.

[22] 交通运输部. 交通运输节能环保"十三五"发展规划. 2016.

[23] 伊文婧. 我国交通运输能耗及形势分析. 综合运输，2017，39（1）：5-9.

第**17**章

储能技术

储能是指将电能、热能、机械能等不同形式的能源转化形成的能量存储起来，需要时再将其转化成所需要的能量形式释放出去。储能技术被认为是第三次工业革命的基础。储能技术根据储能原理的差异可分为机械储能、电化学储能和电磁储能等几大类。现代化的储能系统从第一个实用的铅酸电池发展至今已有 160 多年历史，从铅酸蓄电池、镍氢电池、超级电容器、飞轮储能、超导储能、液流电池到锂电池，以及抽水蓄能电站、压缩空气储能等，其发展历程主要体现在提高能量密度和功率密度，强化环境友好和资源可循环利用。

电能是目前应用最广泛的二次能源形式，电能储能为储能技术中的最主要方式。蓄能技术尤其是大规模蓄能技术具有调峰、调频、日负荷调节、系统备用、平滑可再生能源功率波动、电能质量控制等许多优点，使其在发电、输电、配电和用电等环节得到广泛应用。本章重点关注电能的储存技术。

17.1 抽水蓄能

17.1.1 基本概念

抽水蓄能电站是利用电力负荷低谷时的电能抽水至上水库，在电力负荷高峰期再放水至下水库发电的水电站，又称蓄能式水电站。在特定设备允许的范围内，抽水蓄能技术可以根据电力需求储存多余的能量。能量以水克服重力而产生的势能进行储存。简言之，需要储存能量时，水轮机将水从下游水库抽到上游水库，电能转化为水的势能；需要释放能量或蓄水回流时，水流从上游水库经过水轮机流回下水库，水的势能转化为电能。图 17-1 所示为简化的抽水蓄能系统图。它可将电网负荷低时的多余电能，转变为电网高峰时期的高价值电能，还适于调频、调相，稳定电力系统的周波和电压，且宜为事故备用，还可提高系统中火电站和核电站的效率。抽水蓄能将水抽到上游，再利用水位落差获取能量的过程中，效率并非 100%。一部分用于抽水的电能无法在水从上游落下时转换同等的电能，其主要原因在于转换过程中存在损耗，包括滚动阻力、压力管道和尾水渠中的湍流、发电机和水泵水轮机的损耗等。因此，抽水蓄能的一个循环周期的效率一般为 70%~80%，这取决于设计的特性。

通过对高度变化和水量的估计，可以确定抽水蓄能装置的功率和能量可利用率，根据重力势能或流体功率方程可得：

$$PE = mgH$$

式中，PE 为势能，J；m 为质量，kg；g 为重力加速度，9.81kg/s^2；H 为水头高度，m。

$$P = QH\rho g \eta$$

式中，P 为发电输出功率，W；Q 为流量，m^3/s；H 为水头高度，m；ρ 为流体密度，kg/m^3；水的密度为 1000kg/m^3；g 为重力加速度，m/s^2；η 为装置效率。由上式可以看出，其中可变量包括流量、水头高度和效率。选好设备的施工地点后，假设水头高度和效率已知，则流量成为抽水蓄能设计的关键。水头高度与流量呈反比关系：水头高度增高，则水流量可以减小；反之，若水流量增加，则水头高度可以降低。在抽水蓄能设备中，这两个变量的设计需要进行折中处理。抽水蓄能设备不消耗水量，水流随着抽水过程上下循环利用。一般情况下，在需要时水流可以流回系统。

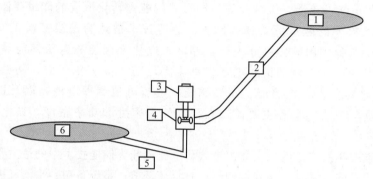

图 17-1　抽水蓄能系统图

1—上游水库；2—压力管道；3—发电机；4—水泵水轮机；5—尾水渠；6—下游水库

17.1.2　抽水蓄能的意义

由于当前电能系统往往是分布式的且不可调度的，所以能对运行区域内更大的发电量波动进行管理是非常重要的。抽水蓄能可以方便地调节发电与负荷之间的功率流动。实现对电能的削峰填谷。在抽水蓄能设备抽水时，临近抽水蓄能设备的电源都可以给其供电。例如，抽水蓄能设备附近的燃煤发电或风电都可以为抽水蓄能设备供电。特别是针对一些新能源发电系统呈现的不稳定性，有可能用新能源作为原动机驱动抽水蓄能设备。新能源在电力系统中所占比例越高，系统就应具有越大的灵活性。新能源接入较少时，所需储能能量少，非新能源资源为储能装置供电的可能性高；新能源接入较多时，所需储能能量高，新能源为储能装置供电的可能性高。因此，储能装置在电力系统降低总排放量时可以反映出排放的减少量，对于进一步发展新能源具有重要意义。

17.1.3　抽水蓄能开发

抽水蓄能电站选址具有挑战性，但这并不意味着没有适于开发抽水蓄能的地方。可以考虑一些灵活多样的开发方案。此外，还需要考虑电网中当前的能源。在一些情况下，电网运行区域需要可以回馈能量的储能装置，以实现对电力的削峰填谷。当更多变化的发电系统和负荷接入电网后，储能装置的应用可以帮助系统重新分配当前能量。抽水蓄能电站的两个基本要求是水位变化，可以采取一些办法更加有利于获取水和水头。传统方法是通过地面上的水位变化获取水头。在无法获取地面上水位变化时，可以利用地表和低于地表的位势变化，在地面上游和下游水库形成水头，这在矿井或地下含水层与地面水库之间通过抽水都可以实现。

利用抽水蓄能可以分配能量的优点，根据能量可利用率来实时调节水流运动，将抽水蓄能与电力需求响应结合起来。首先需要解决的问题是，实现抽水计划-操作者与电能计划-操作者之间透明、定期的通信。当水量不足时，可能需要利用一些创新的计划或备用设计来提供所需水源。例如，备用水源设计可以将抽水蓄能电站与农业用水耦合起来，也可以利用天然气和石油提取工业产生的水。后者产生的水需要净化处理，满足环境标准要求后才可以使用，避免水中有机和无机污染物的扩散。抽水蓄能电站的效益可以支撑水过滤处理的成本投入。这些获取水头和水的备用方案都可以考虑，将来可能需要一些工程项目去实践。

保持水的生态环境健康非常重要，任何基于水利开发的项目都需要考虑环境问题。前期对开发的多方综合考虑，可以尽量避免一些后期的问题。开发中对环境考虑的关键在于：提高水头，减少用水量；选择离开河道的位置建造抽水蓄能电站，避免筑坝拦水。环境考虑必须以逐一评估为基础，在规划前期如果多方利益体都表明对环境有利，则可以将其看作是可以解决的问题。

我国抽水蓄能电站的建设起步较晚，但由于后发效应，起点却较高，近年建设的几座大型抽水蓄能电站技术已处于世界先进水平，2016 年抽水蓄能装机容量为 0.27 亿千瓦。

17.2 电池储能

电池和电化学电容是目前主要的电能存储装置。蓄电池是应用最广泛的电池之一。蓄电池充电时是将电能储存起来，放电时又把化学能转化为电能。电化学蓄电池是一种"可逆"的电源，能够以化学能的形式储存电能，然后根据需要在任何时刻经过可逆变换释放储存的电能，如图 17-2 所示。

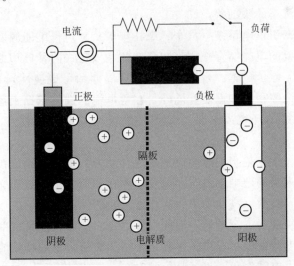

图 17-2 可充电蓄电池的运行原理示意图

蓄电池组是由一些完全相同的蓄电池单体通过串并联的方式组合而成的模组。电池容量，即电量，通常以安时（A·h）为单位，是指蓄电池在放电周期内可释放的电量。蓄电池的容量是放电倍率的函数，蓄电池的额定容量通常是在 10h 放完电（即放电倍率为 $C/10$）

下计算的。当放电倍率高于 $C/10$ 时，所能释放的电量减少。当放电倍率低于 $C/10$ 时，所能释放的电量增加。蓄电池的放电电流单位为安培，常用安时容量（$A \cdot h$）的分数来表示（如 $C/100$）。例如，容量为 $100A \cdot h$ 的蓄电池以 $C/10$ 倍率放电（10A），能够持续放电 10h。如果以 $C/5$ 的倍率放电，电池容量将会降为 $80A \cdot h$，而如果放电率为 $C/100$（1A），则电池容量将增加到 $140A \cdot h$。

蓄电池的法拉第效率是其放电时电量（Q_D）与充电电量（Q_C）之比，即 $\eta q = Q_D/Q_C$。蓄电池的能量效率是以 $W \cdot h$ 为单位的放电能量与充电能量之比。能量效率在很大程度上取决于所采用的充放电技术和应用环境。蓄电池的自放电率是指在特定的温度下蓄电池容量每月平均的相对容量损失量。自放电率是反映蓄电池内部特性的一个技术参数，这一参数通常在 20℃ 温度下标定。蓄电池的内阻一般非常小（约为几毫欧的量级），且与蓄电池的容量成反比。在多数情况下，与能量型储能相比，功率型储能内阻更低。蓄电池的低内阻给其应用带来一个问题，当不慎通过导电物体将蓄电池的两极相连时，由于导体本身几乎没有电阻，使得电源回路中的总电阻非常低，从而会产生巨大的电流，发生短路的蓄电池将会迅速失效而不能继续使用。蓄电池处于浮充状态时，其两个电极的荷电状态受端电压限制而趋于平衡。蓄电池的寿命与其工作环境有直接的关系。当用于能量缓冲式储能时，蓄电池的寿命基本上取决于充放电次数和充放电深度。无论采用什么类型的技术，蓄电池都有两个基本的性能指标。①比能量（$W \cdot h/kg$），表示单位质量蓄电池所能储存的能量；比功率（W/kg），表征单位质量蓄电池所能提供的功率（功率为单位时间所能提供的电能）。②循环寿命，单位为充放电循环次数，表示蓄电池的寿命。例如，我们常常用以高于 80% 额定容量进行放电的次数来衡量蓄电池的寿命。80% 这个值在蓄电池的移动式应用中经常被采用。由此可见，随着应用的不同，蓄电池寿命的衡量依据可以相应改变。

蓄电池或可充电电池被广泛应用于多种场合，如汽车的启动、照明和点火，应急和备用电源，便携式设备（电动工具、电动玩具、照明设备），以及消费类电子产品（电脑、摄像机、手机）和纯电动汽车的驱动等。

电化学蓄电池在牵引供电系统（汽车、摩托车等）和可再生能源发电系统（太阳能、风能等）中发挥非常重要的电能储存作用。在移动式和固定式两种典型的应用中，对蓄电池的选择具有不同的准则。除了成本、寿命（包括循环周期和可更换性）、能量密度、比功率密度（每单位质量或单位体积）和温度性能外，在蓄电池的选择依据上还有一些因素目前变得越来越重要，包括系统的环境友好性、元器件的可回收再利用程度和产品的自主生产能力等。

在交通运输领域，无论是当前成功应用的混合动力汽车，或是正在开发的新一代插电式混合动力汽车，还是未来的全电动汽车，以及业界在如何满足建筑和交通能源需求的诸多思考（如本田）等，找到高效（高比功率和高比能量）的储能技术解决方案，以克服当前电动汽车的储能瓶颈，已经成为汽车领域发展的当务之急。如何在能量密度、安全性、成本和再充电能力等方面提高电池性能，以满足在固定台站和交通应用的特殊要求，是电池研究的主要问题。对于混合动力电动汽车，根据其行驶时在一个驱动循环中对发电机的使用程度，可以分成不同程度的动力混合。具有高比能量（意味着续航能力）和高比功率（意味着加速和启动能力）特性的电池需求量越来越大。

蓄电池种类较多，如铅酸电池、锂离子电池、镍镉电池、镍氢电池、镍锌电池、钠硫电池、液流电池和锌空电池等。20 世纪 80 年代末以前，主要有两类蓄电池产品占据着储能市场：铅酸蓄电池（主要用于汽车起动，为通信网络提供可靠供电等）和镍镉蓄电池（主要用于移动工具、玩具、应急照明等）。锂离子电池在 20 世纪 90 年代初进入市场。锂电池在当时就已经具有很高的比能量（100W·h/kg），达到了镍镉电池的两倍，铅酸蓄电池的三倍以上。此后，锂电池的性能得到了极大地提高，到 2008 年，已经达到了 200W·h/kg。本章接下来重点介绍最常见的铅酸电池和锂电池。

17.2.1 铅酸电池

铅酸电池，是一种电极主要由铅及其氧化物制成，电解液是硫酸溶液的蓄电池。铅酸电池放电状态下，正极主要成分为二氧化铅，负极主要成分为铅；充电状态下，正负极的主要成分均为硫酸铅。所有铅酸电池的基本化学组成相同。正负电极中的活性物质都具有高孔隙率，以使表面积最大化。电解液是硫酸，当电池充满电时其质量分数通常约为 37%。主要原材料是高纯度铅。铅被用于制备合金（随后转化成板栅）和氧化铅。活性物质前体的准备包括对铅和氧化铅（PbO+Pb）混合物、硫酸和水的一系列混合和固化操作。反应物的比例和固化条件（温度，湿度和时间）影响结晶的发展和孔隙结构。固化的极板包含硫酸铅、氧化铅和少量残留的铅。通过电化学方式在固化的极板上生成的正极活性物质是影响铅酸电池性能和寿命的主要因素。一般而言，负极或者说铅极决定了电池的低温性能（比如低温下的发动机起动）。纯铅作为板栅材料太软，一般通过添加金属锑来增加硬度。锑的质量百分比主要取决于其供应情况和价格。现在常用的、特别是用于深循环铅酸电池的合金，含有 4%~6% 的锑。板栅合金的趋势是用更低比例的锑，在 1.5%~2% 的范围内，以减少电池所需的维护（加水）。当锑的含量低于 4% 时，有必要添加少量其他元素，以防止板栅的结构缺陷和脆裂。这些元素，比如硫、铜、砷、硒、碲，以及这些元素的各种化合物，可作为晶粒细化剂来减小铅粒的尺寸。氧化铅被转换成一种可塑的膏状物质，以便附着在板栅上。氧化铅在机械搅拌器中与水和硫酸混合。硫酸作为膨胀剂，硫酸越多，极板的密度越低。液体的总量和所用搅拌器的类型将影响最终的铅膏稠度。通过挤压可使铅膏与板栅结合起来，形成电池极板，这个过程被称为涂板。铅膏被手铲或涂板机压入板栅的空隙。通过固化处理使铅膏成为有附着力的、多孔的物质，并在铅膏和板栅之间产生黏结剂。最简单的单体由一个正极板、一个负极板和两者之间的隔板组成。多数单体包含 3~30 个极板以及所需数量的隔板。独立式或叶片式隔板被广泛运用。包围正极或负极极板，或同时包围两极极板的包状隔板被越来越普遍地用于小型的密封式电池、动力电漂和保证生产的备用电池，并且能控制制造过程的铅污染。隔板用于使每个极板与距之最近的反电极电气绝缘，但是必须有足够高的孔隙率，以允许酸液流入或流出极板。当单体放电时，两电极都转化成硫酸铅。充电时反应逆向进行。放电时的半电池反应如下：

正极： $PbO_2 + 3H^+ + HSO_4^- + 2e^- \longrightarrow PbSO_4 + 2H_2O$

负极： $Pb + HSO_4^- \longrightarrow PbSO_4 + H^+ + 2e^-$

放电总反应： $PbO_2 + Pb + 2H_2SO_4 \longrightarrow 2PbSO_4 + 2H_2O$

铅酸电池正、负电极的基本电极反应涉及溶解-沉淀机理，而不是固态离子迁移或成膜机理。由于电解液中的硫酸在放电过程中被消耗并生成水，所以电解液是"活性"物质，并且在某些电池产品中会成为限制容量的物质。当单体接近满充、大多数 $PbSO_4$ 已经转化成 Pb 或 PbO_2 时，单体充电电压变得高于析气电压，过充反应开始，导致氧气和氢气的产生和水的减少。在密封铅酸电池中，通过令产生的氧气在负极板与氢气复合来控制这个反应，以将析氢和失水降至最低程度。

固定的铅酸电池通常用于为控制或开关操作提供直流电源，以及用于变电站、发电厂和远程通信系统的应急备用电源。大多数情况下，这些电池处于所谓的浮充状态。充电器以较小的充电电流使它们保持满充电压，这样，它们在需要的时候可以被投入使用。继电器、断路器或电动机通电时以及供电中断期间，电池放电。在这种应用中，长寿命和少维护比能量和功率密度更为重要。

铅酸电池具有性价比高、大容量、高功率、长寿命、安全可靠等优点，成为目前产量最大，用途最广的一种蓄电池。铅酸电池目前占据二次电池80％以上的市场份额，主要应用于电动车市场和储能市场。铅酸电池在全球都具有巨大的市场。电动汽车保有量在我国呈逐年快速增长的趋势，与其相应的动力蓄电池的需求量的增长非常快。

铅酸电池含有重金属元素，在电池生产和使用过程中容易造成污染，成为限制其发展的最重要因素。铅是生产铅酸电池必不可少的重要原料，由于铅在开采、冶炼等一系列生产过程中会对环境造成一定程度的污染，随着世界各国对环保要求的提高，铅的生产成本也逐渐提高。铅酸电池还存在高水耗问题。一家中等规模的电池企业仅用于水洗工艺的年耗水量就高达300万吨，可供约7.2万居民一年生活用水。而铅酸电池在制粉和加酸两个生产环节，对周边环境污染较大，一旦在生产和回收环节处理不好，又极易对环境造成严重破坏。虽然目前国内生产企业采取了一定的防护措施，但其制铅粉时形成的大量粉尘和硫酸灌注过程中产生的酸雾仍会有部分弥散到空气中，严重时会引起铅中毒或导致酸雨的形成。欧盟、美国等发达国家出于保护本国环境的考虑，早已限制铅酸电池制造业在本国的发展，转而主要向我国等发展中国家采购。

蓄电池的使用寿命是制约电动汽车发展的另一个重要因素，提高电池的使用寿命至关重要。影响铅酸蓄电池使用寿命的因素主要有3个：①与之相配套的充电器；②蓄电池质量；③用户的正确使用。由于铅酸电池的记忆效力不是很强，经常是完全放电，这对电池的使用寿命影响很大。多数充电器在指示灯变灯指示充满电以后，电池充入电量可能是97％～99％。虽然仅仅欠充电1％～3％的电量，对续行能力的影响几乎可以忽略，但是也会形成欠充电积累，所以电池充满电变灯以后还是尽可能继续进行浮充电，这样对抑制电池硫化也是有好处的。电池放电以后就开始了硫化过程，及时充电可以清除不严重的硫化，否则这些硫化结晶会聚积而逐步形成粗大的结晶，一般的充电器对这些粗大的结晶是无能为力的，会逐步导致电池容量的下降，从而缩短了电池的使用寿命。

我国已成为名副其实的电池生产大国和出口大国，正在向铅酸电池强国迈进。铅酸电池在电池产业中的地位，乃至在整个能源安全领域的地位，很长一个时期仍然比较稳固。在处理好环境污染问题，进一步提升铅酸电池技术水平的前提下，铅酸电池应用领域仍会不断扩大。电动/混合动力汽车市场的高速增长及新能源储能电池市场的发展，又带来了新的发展契机。电力、铁路及电信的发展，也给铅酸电池的发展带来了巨大的市场驱动力。

17.2.2　锂电池

铅酸电池一般情况深充深放电在400次以内，有记忆，使用寿命也就在两年左右。并且铅酸电池里面包含液体，电池消耗一段时间后，如果发现电池发烫的厉害或者充电时间变得短了，就需要补充液体。而锂电池就不同了，它耐用性较铅酸电池强，消耗也很慢，深充电深放电超过500次，而且无记忆，一般寿命在4～5年左右。锂电池，是一类由锂金属或锂合金为负极材料、使用非水电解质溶液的电池。由于锂金属的化学特性非常活泼，使得锂金属的加工、保存和使用对环境要求非常高。所以，锂电池长期没有得到应用。随着科学技术的发展，现在锂电池已经成为了主流。锂电池大致可分为两类：锂金属电池和锂离子电池。锂离子电池不含有金属态的锂，并且是可以充电的。

在各种电化学储能电池中，锂电池短期内用于新能源储能将占有先机，产业链和技术最为成熟，成本下降空间大。锂电池是电动汽车发展的首选，电动汽车给锂电池的发展提供了广阔的市场前景。锂离子电池具有电压高、比能量高、比功率高、循环寿命长、自放电小、无记忆效应、对环境友好等特点，是应用最广的二次电池，也是目前唯一既能作手机和笔记本电脑等消费电子元件电源、又能作电动汽车动力和电网规模储能的二次电池。动力电池要求有高能量密度和高功率密度，即在给定的质量或体积中能储存尽量多的电能，并且能够在尽量短的时间内释放出去。对于电动汽车动力电池（模块），2015 年的要求是：能量密度 150W·h/kg，循环寿命 2000 次，成本 2 元/(W·h)；2020 年要达到：能量密度 300W·h/kg，循环寿命 3000 次，成本 1.5 元/(W·h)。对于储能电池，国家尚无明确规定，但希望达到 [单位千瓦时储能电池系统成本/(循环寿命×系统充放电效率)]≤峰谷电价差。如果循环寿命高于 5000 次，成本应低于 1500 元/(kW·h)。

材料（特别是电极材料和电解质材料）是提高锂离子电池性能的关键。对于动力电池，近几年主要靠现有材料的改性。正极材料主要是改性三元材料（包括 NCA，即掺铝镍钴酸锂）、锰基高电压材料和聚阴离子材料；负极材料主要是改性石墨、硬碳、硅碳复合材料；与此同时要发展与之相匹配的电解质添加剂，要开始全固态锂电池的研究。2015 年后，要着重发展新材料和新体系，如锂硫电池和锂空电池以及其他轻金属空气电池。对于储能电池，要研发含锰量高的三元正极材料和解决尖晶石锰酸锂的循环稳定性。与之相匹配的负极材料主要是硬碳和改性石墨基材料。

锂金属电池一般是使用二氧化锰为正极材料、金属锂或其合金金属为负极材料、使用非水电解质溶液的电池。按所用电解质不同分为：①高温熔融盐锂电池；②有机电解质锂电池；③无机非水电解质锂电池；④固体电解质锂电池；⑤锂水电池。锂电池的优点是单体电池电压高，比能量大，储存寿命长（可达 10 年），高低温性能好，可在 -40～150℃ 使用。缺点是价格昂贵，安全性不高。另外电压滞后和安全问题尚待改善。大力发展动力电池和新的正极材料的出现，特别是磷酸亚铁锂材料的发展，对锂电发展有很大帮助。

锂离子电池主要由正极、负极、电解质、隔膜、正极引线、负极引线、中心端子、绝缘材料、安全阀、密封圈、正温度控制端子、电池壳等组成。锂离子电池的原料中，正极材料最关键，它决定了电池的安全性能和电池能否大型化。目前在电动工具中使用的锂离子电池按照正极材料体系可以主要分为镍钴锰酸锂三元材料、磷酸亚铁锂、锰酸锂三大类。镍钴锰酸锂三元材料电池比容量高，可以达到 145mA·h 以上；18650 型电池容量可以做到 1300mA·h 以上，电池循环性能好，10C 放电循环可以达到 500 次以上；高低温性能优越；极片压实密度高，可以达到 3.4g/cm³ 以上。但其电压平台低，1C 放电中值电压 3.66V 左右，10C 放电平台在 3.45V 左右，而且电池安全性能相对差一点，成本较高。磷酸亚铁锂电池安全性好，是目前电动工具锂离子电池中最安全的电池，电池高温性能优越，循环性能好，自放电小，对环境友好。主要问题是电压平台低，1C 放电中值电压 3.25V 左右，10C 放电平台在 3.0V 左右；极片压实密度低，只有 2.25g/cm³ 左右；电池容量偏低，以 18650 动力电池为例，容量只有 1100mA·h 左右。锰酸锂电池安全性略好于镍钴锰酸锂三元材料；电压平台高，1C 放电中值电压 3.80V 左右，10C 放电平台在 3.5V 左右；电池低温性能优越；对环境友好；成本低。但电池高温循环性能差；极片压实密度低于三元材料，只能达到 $3.0g/cm^3$ 左右；锰酸锂比容量低，一般只有 $105mA \cdot h/g$ 左右；循环性能比三元材料差。

锂离子电池被广泛用于电子消费产品，但是迄今为止，它们的大规模应用（比如在电动汽车中的应用）仍然有限。延缓其应用的根本原因是安全性和高成本，而且这两点是相关的。尽管更大体积电池的规模经济性可以使成本降低，但是电池越大越难冷却，因而更倾向于获得热量而引起高温。在开始采用锂离子电池之前的十年，由于新的氢化物材料的发展，与原有的镍镉电池相比，镍氢电池的能量密度增长了 30%～40%。这是电池技术的巨大突破，足以使镍氢电池在便携式电子产品应用中领先。但是，镍氢电池存在一些问题，如放电电流有限、自放电率高、充电时间长，以及充电时发热严重等。锂离子电池的采用似乎解决了一些镍基电池技术固有的问题。锂离子电池具有甚至比镍氢电池还大的能量密度，自放电得到了改善，充电时间更短，放电电压约为 3.7V，比镍氢电池的 1.4V 要高。

锂离子电池的优势主要包括以下几点。

① 容量大。为同等镉镍蓄电池的两倍，更能适应战时长时间的通信联络。

② 荷电保持能力强。在 (20±5)℃ 下，以开路形式储存 30 天后，电池的常温放电容量大于额定容量的 85%。

③ 循环使用寿命长。连续充放电 500 次后，电池的容量依然不低于额定值的 60%，具有长期使用的经济性。

④ 安全性高。该电池具有短路、过充、过放、冲击（10kg 重物自 1m 高自由落体）、振动、枪击、针刺（穿透）、高温（150℃）不起火、不爆炸等特点。

⑤ 无环境污染。不含有镉、铅、汞这类有害物质，是一种洁净的能源。

⑥ 无记忆效应。可随时反复充、放电使用。尤其在战时和紧急情况下更显示出其优异的使用性能。

⑦ 质量轻。是镉镍或镍氢电池质量的 60%。

⑧ 比能量高。是镉镍电池的 5 倍，是镍氢电池的 2 倍。

锂电池也存在一些明显的缺点。锂原电池均存在安全性差，有发生爆炸的危险；钴酸锂的锂离子电池不能大电流放电，价格昂贵；锂离子电池均需保护线路，防止电池被过充过放电；生产要求条件高，成本高；使用条件有限制，高低温使用危险大。为了避免因使用不当造成电池过放电或者过充电，在单体锂离子电池内设有三重保护机构。一是采用开关元件，当电池内的温度上升时，它的阻值随之上升，当温度过高时，会自动停止供电；二是选择适当的隔板材料，当温度上升到一定数值时，隔板上的微米级微孔会自动溶解掉，从而使锂离子不能通过，电池内部反应停止；三是设置安全阀（就是电池顶部的放气孔），电池内部压力上升到一定数值时，安全阀自动打开，保证电池的使用安全性。有时，电池本身虽然有安全控制措施，但是因为某些原因造成控制失灵，缺少安全阀或者气体来不及通过安全阀释放，电池内压便会急剧上升而引起爆炸。一般情况下，锂离子电池储存的总能量和其安全性是成反比的，随着电池容量的增加，电池体积也在增加，其散热性能变差，出事故的可能性将大幅增加。对于手机用锂离子电池，基本要求是发生安全事故的概率要小于百万分之一，这也是社会公众所能接受的最低标准。而对于大容量锂离子电池，特别是汽车等用大容量锂离子电池，采用强制散热尤为重要。

随着手机和全球范围内日益增多的移动电子设备的广泛应用，促进了对小型电源的需求（可充电蓄电池，一次电池）。在中短期内，新型小型化和交互式产品在民用和军用领域（如开发"智能服装"所用的自主传感器、自动医疗系统、全球定位系统、机载传感器等）的应用将进一步促进微型电源的发展，并开辟新的市场。因此，这些为电池的生产、存储和能量再生提供了巨大的商机。但它们必须应对下一代应用需求对电池提出的技术挑战，从而对电池提出了新的功能需求。这包括使用户摆脱频繁充电的烦恼，能够提供一个更长的供电周期，保证信息不丢失，能够从外界环境中获取能量，以及实现独立和自主供电，使植入人体的生物相容性设备能够工作更长时间等。这种创新的历程已经涉及世界各地许多的研究机构和产业公司。

全球三大应用终端锂电池电芯需求总量从 2011 年的 34GW·h 增加至 2016 年的 129.4GW·h，年复合增长率达到 30.64%。从全球锂电池产品结构的销售额角度看，2016 年消费型锂电池市场份额占比有所下滑，但仍然占据着最大的市场份额，销售额占比达 52.9%。动力型锂电池市场份额逐年上升，2016 年销售额达 856 亿元，占比达 38.6%。储能及其他工业型锂电池销售额达 188 亿元，市场份额占比为 8.5%。中国是世界最大的锂电池生产制造基地、第二大锂电池生产国和出口国，锂电池已经占到全球 40% 的市场份额。2011 年，我国锂电池产量达到 29.66 亿只，同比增长 10.88%，锂电池出口额为 43.83 万美元，实现贸易逆差 33500.77 万美元。随着我国手机、笔记本电脑、数码相机、电动车、电动工具、新能源汽车等行业的快速发展，对锂电池的需求将会不断增长，同时，由于锂电池生产厂家在技术上的革新，人们对锂电池的需求仍会不断增长。从整体上看，国内锂离子电池市场的发展与全球市场基本同步，都处于行业的高速增长期。2010~2016 年我国锂离子电池下游应用占比呈现消费型电池占比逐年下降、动力类占比逐年提升的格局。尤其是 2014 年新能源汽车推广以来，动力类电池占比逐年翻番。消费型电池占比从 2010 年的 91.20% 下降至 2016 年的 42.42%，动力型电池占比从 2010 年的 4.60% 上升至 2016 年的 52.63%。2016 年受消费电子产品增速趋缓以及电动汽车迅猛发展影响，我国锂离子电池行业发展呈现出"一快一慢"新常态。2016 年，我国电动汽车产量达到 51.7 万辆，带动我国动力电池产量达到 33.0GW·h，同比增长 65.83%。同期我国消费型锂离子电池市场需求约为 26.6GW·h，同比增长 13.42%。与全球发展趋势一致，消费型锂离子电池需求占比下降至 42.42%，同比下降 8.7 个百分点，动力型锂离子电池占比快速提高 10 个百分点至 52.63%，随着储能电站建设步伐加快，锂离子电池在移动通信基站储能电池领域逐步推广，2016 年储能型锂离子电池的应用占比达到 4.94%。

随着锂离子电池应用范围的逐步扩张和生产成本的下降，全球锂离子电池产业呈现快速增长。根据统计数据，全球锂离子电池电芯产值从 2011 年 42 亿元增加至 2016 年 2217 亿元，年复合增长率达到 21.36%。2011 年之前，日本基本垄断了全球的锂离子电池生产。2016 年中国、日本和韩国的锂离子电池产量占全球产量的 98.11%，中国产量增长迅速且所占市场份额稳中有升。根据数据统计，我国锂离子电池产量占全球的市场份额由 2011 年的 33% 增至 2016 年的 50%，成为全球主要的锂离子电池生产国。近年来中国锂电市场份额的提升主要由中国电动汽车爆发式的增长带动，目前中国电动汽车主要采用国产电芯。2008 年以来我国锂离子电池产量保持了较快增速。国家统计局数据显示，全国锂离子电池产量从 2008 年的 10.33 亿自然只增加至 2016 年的 78.42 亿自然只，复合增长率为 28.84%。产值方面，我国锂电池产值从 2011 年的 277 亿元增加至 2016 年的 1110 亿元，复合增长率为

32.00%。2016年全国规模以上电池制造企业累计主营业务收入5501.2亿元，同比增长18.8%，实现利润总额373.4亿元，同比增长37.4%。其中锂离子产品主营业务收入2824亿元，同比增长33.3%，实现利润总额235.6亿元，同比增长73.5%。

在过去的十几年中，我国锂离子电池产业发生了巨大变化，形成了包括上、中、下游比较完整的产业集群，生产出与电动汽车发展进程相匹配的锂离子动力电池，积极推动了新能源汽车的发展。总体而言，锂离子电池在电动汽车中的应用是成功的，存在一些问题也不足为奇。主要有以下三个方面：一是行驶里程较短；二是价格较高；三是电动汽车存在燃烧甚至爆炸的安全隐患。这些问题都是发展过程中的问题，从电池层面，我在前面已经讲了，我们已经着手进一步提高电池性能、降低电池成本、改善安全性。但是，这需要汽车制造商、运营商和消费者协同努力才能解决。特别是推动纯电动汽车的发展不只是电池研发单位的事，也不只是电池制造商的事，而是汽车制造商、运营商和消费者共同的任务。

参 考 文 献

[1] Frank Barnes，Jonah Levine 等. 大规模储能技术. 肖曦等译. 北京：机械工业出版社，2013.
[2] Yves Brunet 等. 储能技术. 唐西胜等译. 北京：机械工业出版社，2013.
[3] 徐婉琛. 世界若干国家拟建及在建抽水蓄能项目综述. 水利水电快报，2017，(10)：1-4.
[4] 王福鸾，杜军，裴金海. 全球锂电池市场状况和应用发展综述. 电源技术，2014，(3)：564-568.
[5] 李伟，胡勇. 动力铅酸电池的发展现状及其使用寿命的研究进展. 中国制造业信息化，2011，(7)：70-72.
[6] 赵瑞瑞，任安福，陈红雨. 中国铅酸电池产业存在的问题与展望. 电池，2009，(6)：333-334.